超圖解

C 語言
用資料結構×演算法

突破 **APCS**

感謝您購買旗標書，
記得到旗標網站
www.flag.com.tw
更多的加值內容等著您…

● FB 官方粉絲專頁：旗標知識講堂

● 旗標「線上購買」專區：您不用出門就可選購旗標書！

● 如您對本書內容有不明瞭或建議改進之處，請連上
  旗標網站，點選首頁的 聯絡我們 專區。

  若需線上即時詢問問題，可點選旗標官方粉絲專頁
  留言詢問，小編客服隨時待命，盡速回覆。

  若是寄信聯絡旗標客服 emaill，我們收到您的訊息
  後，將由專業客服人員為您解答。

  我們所提供的售後服務範圍僅限於書籍本身或內
  容表達不清楚的地方，至於軟硬體的問題，請直接
  連絡廠商。

學生團體　訂購專線：(02)2396-3257 轉 362
　　　　　傳真專線：(02)2321-2545

經銷商　　服務專線：(02)2396-3257 轉 331
　　　　　將派專人拜訪
　　　　　傳真專線：(02)2321-2545

國家圖書館出版品預行編目資料

超圖解 C 語言-用資料結構×演算法突破 APCS /
趙英傑作. -- 初版. -- 臺北市：旗標科技股份有限公司,
2022.11　　面；　公分

ISBN 978-986-312-729-1(平裝)

1.CST: C (電腦程式語言)

312.32C　　　　　　　　　　　　111014762

作　　者／趙英傑

發 行 所／旗標科技股份有限公司

　　　　　台北市杭州南路一段15-1號19樓

電　　話／(02)2396-3257(代表號)

傳　　真／(02)2321-2545

劃撥帳號／1332727-9

帳　　戶／旗標科技股份有限公司

監　　督／黃昕暐

執行企劃／黃昕暐

執行編輯／黃昕暐

美術編輯／林美麗

封面插畫／趙英傑

封面設計／林美麗

校　　對／黃昕暐

新台幣售價：780 元

西元 2022 年 11 月初版

行政院新聞局核准登記-局版台業字第 4512 號

ISBN　978-986-312-729-1

"C" 是一種程式語言的名字，在計算機科學和電機工程領域，C 程式設計是必要的基本技能，因為每天都有數十億個微電腦設備，從血壓計、微波爐、交通號誌、個人電腦、無人機到人造衛星，它們大都仰賴採用 C 或 C++ 語言編寫成的程式和作業系統運作。

有人稱 C 語言為「程式語言之母」，C 不僅廣泛用於各種領域且執行效率高，它的語法也啟發了許多後進的程式語言，甚至某些程式語言本身或部分機能就是用 C 或 C++ 語言創造出來的，例如：Python, Java, JavaScript, PHP, …等等。

APCS 是教育部智慧創新跨域人才培育計畫的一項專案，代表 Advanced Placement Computer Science（大學程式設計先修檢測），主要目的是評量學生的程式設計學習狀況。APCS 官網 (https://apcs.csie.ntnu.edu.tw/) 指出，APCS 成績是數十所大學特殊選才等多元入學管道重要參考依據，其命題內容涵蓋：程式語法和邏輯，以及各種儲存、分析和處理資料的「資料結構」與「演算法」

工欲善其事，必先利其器――用料理來比喻，熟悉程式語法，相當於掌握料理的基本功，比方說，知道選用合適的刀具來處理食材：

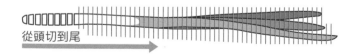

從頭切到尾

演算法則是優化處理步驟、讓你事半功倍，乾淨俐落地完成工作或者精進廚藝、提升食材風味的技能：

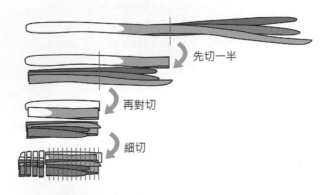

先切一半

再對切

細切

演算法的問題類似這樣：「用簡單的步驟計算 1+2+3+…+N」、「從一堆未整理的數據中找出某一筆資料」或者「探索並紀錄走出迷宮的路徑」。本書以 APCS 命題方向為藍本，佐以圖解說明搭配程式演練，涵蓋**程式設計入門**、**資料結構**和**演算法**三大主題，也包含考試不會考，但身為 C 程式設計師都必須了解的基礎知識，例如，程式編譯指令和檔案處理程式，是全方位的 C 程式入門教材。有了扎實的 C 程式語言基礎，加上資料結構與演算法功底，再學習其他程式語言或者閱讀進階書籍就不是難事。

牛頓曾說：「如果我能看得更遠，那是因為站在巨人的肩膀上。」

前提是，你要找到巨人並設法爬上他的肩膀。在網路上，我們和各方專業達人（巨人）僅僅相隔一片螢幕，各種專業知識信手拈來。然而，許多達人講解的程式設計專業知識，都要有基礎才能吸收理解。本書的目的，就是扮演學習程式設計和演算法的「階梯」，幫助沒有程式設計經驗、對大學電腦科學課程有興趣的讀者打好穩固的根基，進而攀上巨人的肩膀。

跟寫作和數理科目一樣，學習程式設計絕對不能只用看的，必須動手做才能真正學會。以前的程式開發工具需要付費，還要安裝設定才能使用。現在，程式開發工具也上雲端了，只要打開瀏覽器就能直接編寫、測試程式而且免費，只要你有心，隨時隨地都能練習寫程式。

資料結構和演算法也是程式設計人員求職面試的重點，國外的 LeetCode.com 網羅眾多求職面試的程式設計考古題，是許多有志成為軟體工程師必定造訪、勤加練習（也稱為「刷題」）的網站。網路上有許多達人分享 LeetCode 和 APCS 解題技巧，有些人採用 C++ 語言解說。C++ 比 C 語言複雜，程式的寫作手法和觀念也不一樣，但是在解決許多「演算法」問題方面，C 和 C++ 的程式寫法其實差異不大，所以本書附錄 C 比較了 C 和 C++ 的幾個不同點，作為學習 C++ 的入門磚，幫助讀者理解基本的 C++ 程式。

在撰寫本書的過程中，非常感謝旗標科技的黃昕暐先生提供許多專業的看法，例如，他建議在第 2 章加入「運算子的副作用」單元，並且在他的個人網站撰寫了相關的技術文件，第 14 章的「把陣列想像成環形」、第 16 章最後的「雜湊表」和其他幾個範例程式，也經他改寫得更精簡，還有其他糾正內容的錯誤、添加文字讓文章更通順、晚上和假日加班改稿…由衷感謝昕暐先生對本書的貢獻。筆者也依照這些想法和指正，逐一調整解說方式，讓圖文內容更清楚易懂。也謝謝本書的美術編輯林美麗小姐，容忍筆者數度調整版型。

趙英傑 2022.10.24

於台中糖安居
https://swf.com.tw/

範例檔案

書本範例程式檔以章節區分，放在各個資料夾，請在底下網址下載並解壓縮：

https://www.flag.com.tw/DL.asp?F2795

目錄

4 chapter 流程控制：選擇 (selection) 與 迴圈 (iteration) 敘述

5 chapter 排列與隨機

6 chapter 陣列與字串

7 chapter 遞迴和堆疊

8 chapter 指標與多維陣列

9 chapter 前置處理器、標頭檔與程式模組

10 自訂資料型態
chapter

11 演算法、資料排序和搜尋
chapter

12 chapter 動態配置記憶體與鏈接串列資料結構

13 chapter 樹狀結構

14 圖形、佇列、最長距離與最短路徑
chapter

15 動態規劃
chapter

16 回溯法與雜湊表
chapter

A
appendix

程式開發工具、GCC 以及 Makefile 編譯命令檔

B
appendix

讀寫檔案

C
appendix

C++

1

認識 C 語言、資料結構和演算法

1-1 認識 C 程式語言

小趙瞥見小昱頗有興致地觀看獨創號 (Ingenuity) 無人機在火星上飛翔的影片，對她說，許多無人機和機器人的程式都是用 C 和 C++ 語言寫的。

 程式語言的名字就叫做 C？好奇怪，是取自 Computer（電腦）的字首嗎？

 不是，C 語言是從 B 語言改良而來的，所以很合乎邏輯地取名叫 C。

 蛤？所以 B 語言的前任是 A，而 C 的繼任是頭文字 D，對不？

 別管它的名字啦，重點是它是歷史悠久且廣泛使用的程式語言，源自 1970 年代的美國貝爾實驗室，這個赫赫神威的實驗室發明了電話交換機、電晶體、太陽能電池…等改變人類科技文明的東西，C 程式語言的發明者是 Dennis Ritchie（丹尼斯·里奇）。

電腦跟人類世界一樣，有各種不同語言，維基百科的「程式語言」條目（https://bit.ly/3CsivUh），列舉了超過 700 種程式語言。而根據熱門程式語言排行榜 TIOBE Index 的 2021 年 9 月排行，C 是第一名。

C++ 相當於 C 語言的改進版，兩者很多指令和語法一樣，但並不完全相容。就好像「英式英語」和「美式英語」，有些單字拼寫和發音不太一樣，例如，薯條的美式英文是 Fries，英式英文是 Chips；Chips 在美國是指薯片。

 哇！天王巨星欸，數十年來屹立不搖而且鶴立雞群，這其中肯定有貓膩！那 C 語言到底長什麼樣子？

 這是 C 程式的初學者接觸的第一個程式碼：

```
#include <stdio.h>

int main() {
  printf("Hello, World!");
}
```

沒有想像中複雜耶～而且我還認識其中幾個英文單字，include 是「包含」，main 是「主要的」，"Hello, World!" 是 "你好，世界！"…我發現錯字了，print（列印）後面沒有 f！

 沒有錯哦！如同妳注意到的，C 程式是由英文單字和一些符號組成的。有些單字是 C 程式語言的發明者自創，或者幾個單字的縮寫拼湊在一起的新字，像 printf 代表 "print formatted"，也就是「傳送格式化文字給標準輸出裝置」的意思，而「標準輸出裝置」指的是螢幕。所以整個程式碼的用途是告訴電腦在螢幕上顯示 Hello，World!：

```
#include <stdio.h>          C程式碼

int main() {
  printf("Hello, World!");
}
```

執行結果 → Hello, World!

 呃…感覺有點蠢，打那麼多字只是為了在螢幕上顯示一句話，直接在文書處理軟體敲入文字，還可以設定字體樣式哩…還有啊，為何不寫 "Hello Kitty" 而是 "Hello, World!"？

 重點在自動化，程式寫好之後，可以無限次執行，讓電腦依照程式的指示完成交付的任務，而顯示文字是或者發出嗶嗶聲響，是電腦回應訊息給人的基本方式。

"hello, world" 源自出版於 1978 年的 C 語言第一本著作 The C Programming Language《C 程式設計語言》，作者是 Brian Kernighan（布萊恩‧柯林漢）與 Dennis Ritchie（丹尼斯‧里奇），他們的名字也被簡稱為 "K & R"。"Hello, World!" 後來成為初學各種程式語言，在螢幕輸出的第一行字。

 那「格式化」是指字體大小和色彩之類的樣式調整嗎？

 不是，這裡的「格式化」代表「合成」文字和資料，或者設定小數點的位數格式之類，第 2 章會有詳細的說明。現在只要知道 printf() 是在螢幕上輸出文字的指令。

在雲端執行 C 程式碼

 大概瞭解了，那要怎樣把程式交給電腦執行？

 通常要先在電腦安裝程式開發工具，不過，現在許多軟體都上雲端，用網頁瀏覽器直接操作，免去安裝和設定步驟，程式開發工具也一樣。在電腦或手機平板打開瀏覽器，輸入這個網址：https://www.online-ide.com/online_c_compiler，就能開啟線上 C 程式編輯器：

行號　　　　　　　　　　　　　　　　　這個按鈕可以切換白色或黑色背景

編輯器會在每一行程式前面標示行號，方便解說程式，或者在程式出錯時，能快速指認出錯的那一行。實際的程式碼裡面並沒有行號。

 那個預設的程式碼開頭多了雙斜線（//）開頭的文字，還有 main() 程式裡面多了一行 return 0;？

用雙斜線（//）開頭的文字屬於**註解**，也就是程式設計師留下的說明，寫給人類看的，電腦在解讀程式的時候會略過 // 開頭的文字。至於 return 0;，中文的意思是「傳回 0」，先別理它，那一行可有可無，以後會提到。

把 printf("○○○") 裡的○○○改成 "真香～"，再按下 Run（執行）。過一會兒，底下的窗格將顯示 "真香～"，代表程式執行成功：

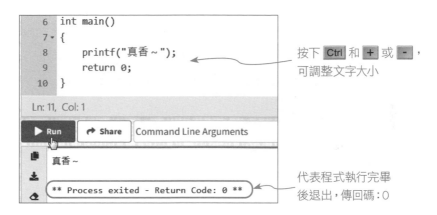

按下 Ctrl 和 + 或 -，可調整文字大小

代表程式執行完畢後退出，傳回碼：0

 好神奇啊，電腦居然能夠理解人類自創的縮寫單字。真可惜這些全都是英文，又要背一堆新單字了…

 C 程式只有幾十個基本單字（正確的說法是「關鍵字」）。交給電腦執行的任務，也就是我們的想法，要用這些**關鍵字**描述出來。你剛才輸入 'p' 的時候，編輯器彈出關鍵字提示，許多程式編輯器都有類似的功能，所以不用太擔心這些單字：

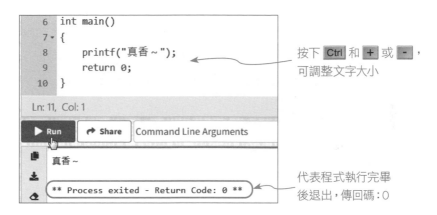

程式碼提示

 原來程式編輯器這麼好用，希望英文考試也有這種工具！

C 程式的基本語法

每一種語言都有它的關鍵字和語法。英文句子的每個單字都用空白隔開、句號結尾,像這個句子:

```
Print formatted text "hello" on the screen.
(在螢幕顯示格式化文字 "hello"。)
```

而 C 語言的一個句子,叫做**敘述**(statement),用**分號結尾**。printf 後面的小括號相當於一個入口,裡面填入要交給 printf 處理的資料。小括號的內容,正確的說法叫做**參數**,而帶有小括號的指令,叫做**函式**:

補充說明,文字參數分成單一個字的**字元**(character),以及**字串**(string)兩種,字串要用雙引號包圍:

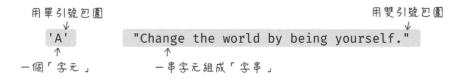

還有個小細節,引號必須成對,雙引號裡面的雙引號前面要加上反斜線(\):

喔~名稱後面有小括號,能夠接收**參數**的指令叫做**函式**,跟數學的函數很像嘛!

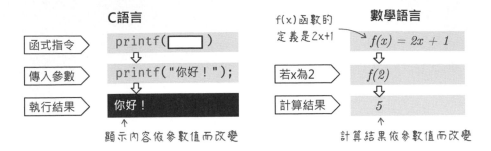

 沒錯！**數學的函數和程式的函式，英文都叫做 function**，這裡為了區分兩者，所以中文取不同的名字，但也有人把程式語言的 function 譯成「函數」，都可以。main() 也是一種函式，但是我們沒有輸入參數給它。

語法錯誤以及除錯

程式指令拼寫錯誤，如：printf() 寫成 prnt()，或者少了小括號，會導致**錯誤（error）**無法執行。刪掉 printf() 行尾的分號，再按下 Run 執行看看：

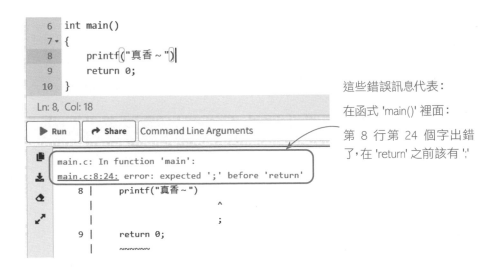

這些錯誤訊息代表：

在函式 'main()' 裡面：

第 8 行第 24 個字出錯了，在 'return' 之前該有 ';'

 好嚴格啊，連少打分號都不行。那程式碼的編排格式和空白，也要按照這個範例寫法嗎？

C 語言並不要求程式敘述的編排形式，底下三種寫法都沒錯：

```
printf("你好！");
```

```
printf ( "你好！" ) ;
```
加入一些空格

```
printf
(
"你好！"
)
;
```
分成數行

整個程式碼寫成這樣也行：

這個是「前置處理指令」，
必須單獨寫在一行。

```
#include <stdio.h>
int main() { printf("真香～"); }
```
程式敘述可以全部寫成一行

但請不要這樣寫，因為不易閱讀，日後修改、維護很麻煩。就像寫作和閱讀，**程式設計師花在閱讀（自己或者別人寫的）程式碼的時間遠比編寫程式的時間多**，所以程式的可讀性很重要。另外要留意的是，**C 語言會區分英文大小寫**，如果把 printf() 改成大寫開頭的 Printf()，也會產生錯誤：

這個錯誤訊息指出 'Printf' 指令未定義

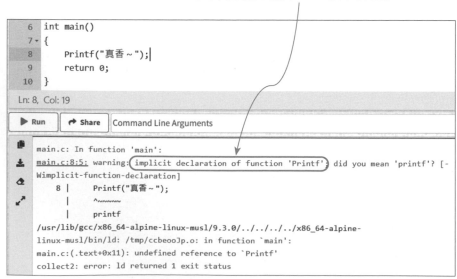

```
 6   int main()
 7 ▾ {
 8       Printf("真香～");
 9       return 0;
10   }
```
Ln: 8, Col: 19

▶ Run   ↱ Share   Command Line Arguments

```
main.c: In function 'main':
main.c:8:5: warning: implicit declaration of function 'Printf'; did you mean 'printf'? [-
Wimplicit-function-declaration]
    8 |     Printf("真香～");
      |     ^~~~~~
      |     printf
/usr/lib/gcc/x86_64-alpine-linux-musl/9.3.0/../../../../x86_64-alpine-
linux-musl/bin/ld: /tmp/ccbeooJp.o: in function `main':
main.c:(.text+0x11): undefined reference to `Printf'
collect2: error: ld returned 1 exit status
```

噢，並不是「字面」上的意思一樣就可以，所以 "Apple" 和 "apple"，也會被看作兩種不同的東西，對嗎？

 嗯，"Apple" 在電腦眼中只是一組字串資料。而 'A' 和 'a' 是不同字元，詳細後面再說。

 電腦很任性，我們要認命…

 拼寫錯誤屬於**語法錯誤**（syntax error），是初學者最常犯的毛病，找出錯誤並且修正的過程，叫做**除錯**（debug）。初學者難免會犯錯，記取過錯改正就好，最怕是錯過打折拍賣，價格回不去了…

1-2 C 語言的基本結構和執行流程

 我之前就想問了，這程式的作用是顯示字串，那不是只要寫一行 printf() 就得了？其他部份好像沒用到，而且它們的行末也沒有分號。

 C 程式碼的基本架構長這樣，main() 是程式碼的執行起點，意思是，**當 C 程式啟動時，電腦會從 main() 函式裡的第一行敘述開始往下執行。**

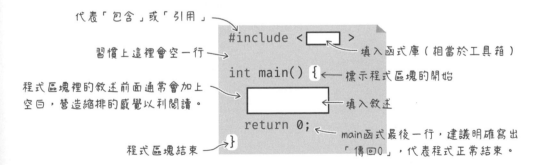

函式庫可以理解成「工具箱」，C 程式提供了多種工具箱，有處理文字的，也有處理算術運算的，要使用某個工具時，需要在程式開頭引用那個工具所屬的工具箱。

printf()這個指令（工具）收納在名叫 stdio.h 的函式庫（工具箱）中，所以若程式有用到 printf()，程式開頭就要寫 #include <stdio.h>。**引用函式庫和大括號（{及}）後面沒有分號**。補充說明，stdio 是 "standard input/output" 的縮寫，代表「標準輸入／輸出」，而 .h 可理解成函式庫檔案的副檔名。.h 檔的正式名稱叫做**標頭（header）檔**。

 程式設計師那麼愛用縮寫啊～

 因為可以少敲幾個字啊！我們也經常用代號、縮寫或者成語來代替冗長的描述，像「犯罪集團」簡稱「犯團」、「關在監獄的犯團」簡稱「獄犯團」。

 最好有這種簡稱啦～如果我的程式沒用到 printf() 或其他函式庫，是不是就不用寫 #include <stdio.h>，像這樣的寫法也對囉？

```
int main() {
}
```

 對，那就是什麼事都沒做的空白 C 程式碼，但 main() 絕對不能省略。

 main() 函式前面的 int 也不能省略嗎？

 以前可以省略，現在不行。程式語言也有版本的分別，隨著版本更迭，某些語法會改變。**美國國家標準協會（ANSI）**在 1989 年建立了第一個 C 語言的標準語法，通稱 **ANSI C** 或 **C89**，這個版本允許這樣寫：

舊版的C語言允許省略
main()函式的傳回值定義

```
#include <stdio.h>

main() {
    printf("Hello, World!");
}
```

但現在通行的版本是 1999 年發布，通稱 **C99** 的版本，以及 2011 年發布的版本（通稱 **C11**），不允許省略 main() 函式前面的 int。**int 代表 integer（整數）**，main() 函式正常執行完畢後，預設會傳回整數 0。關於函式的傳回值，以後再說。

嗯，趁著大腦還沒打結，我來修改一下程式讓它顯示兩行字：

```
#include <stdio.h>

int main() {
  printf("悠然天地間，");
  printf("得此大自在。");
}
```

```
悠然天地間，得此大自在。

** Process exited - Return Code: 0 **
```

 咦？為什麼執行結果是連成一行？

 因為執行第一個 printf() 後，文字游標位在句子的後面，所以下一個 printf() 的字串就接著顯示。你必須要在字串裡面插入代表**新行**（newline）的 "\n"，日後會再介紹這個特殊的寫法：

```
int main() {
  printf("悠然天地間，\n");
  printf("得此大自在。");
}
```

或

代表新行（newline）

```
int main() {
  printf("悠然天地間，\n得此大自在。");
}
```

```
悠然天地間，
得此大自在。

** Process exited - Return Code: 0 **
```

 我好像對編寫程式有一點概念了。之前提到維基百科列舉了 700 多種程式語言，所以我可以輸入任意一種語言讓電腦執行嗎？

 不行，就像英漢字典只能查閱英文和中文，不同程式語言要改用不同的工具。這個線上程式開發工具可以處理不同語言，但我們還是先專注在 C 語言，熟悉一種語言之後，再學習其他語言就很輕鬆了：

程式語言選單

1-3 電腦語言翻譯機：編譯器和直譯器

不同程式語言的語法不一樣，適用領域和執行效能也不同。就像文言文跟白話文，文言文比較簡潔但不易懂，白話文易懂但冗長。葡萄牙大學的研究人員測試評比 27 種知名程式語言的執行速度、記憶體用量以及能源消耗，結果顯示 C 語言在綜合評比中名列前茅，可謂最環保且高效能，表 1-1 列舉其中前 7 名的程式語言，這份研究報告的網址：https://bit.ly/3stQh8j

表 1-1

排名	程式語言名稱
1	C, Go
2	C++, Rust
3	Ada
4	Java, OCaml
5	C#, Swift
6	Dart, PHP
7	JavaScript, Python

電腦其實只認得 0 和 1；用 0 和 1 指令組成的程式稱為**機械碼**，機械碼不適合人類編寫和閱讀，所以電腦科學家才會發明各種適合人類編寫的程式語言。包含 C 在內的程式語言，都要先「轉譯」成機械碼，才能交付電腦執行；由我們人類編寫的程式碼，統稱**原始碼（source code）**。轉譯方式有三種：

● 編譯（compile）

● 直譯（interpret）

● 組譯（assembly）

如果把轉譯軟體看待成翻譯人員，**「編譯」相當於文稿翻譯**，要把整篇文章翻譯完畢才能交差。負責把原始碼「編譯」成機械碼的軟體，稱為**編譯器**（compiler）。C 語言是知名的編譯式語言。

「**直譯」相當於口譯**，採逐句翻譯方式，其優點是輸入程式碼的時候，可以立即得到回應，感覺像在和電腦對話，缺點則是執行效率較差。負責「直譯」原始碼的軟體，叫做**直譯器**（interpreter）。知名的直譯式語言有 **Python** 和 **JavaScript**。

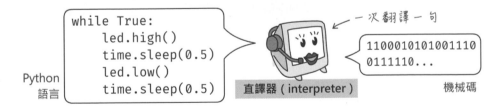

有一種多數程式設計師也感到很陌生的**組合語言**（assembly），許多人聽過它，但只有少數人懂。組合語言的執行效率高，程式碼也很精簡，但是不容易閱讀和維護，程式設計師必須先徹底了解處理器的架構才有辦法用組合語言寫程式：

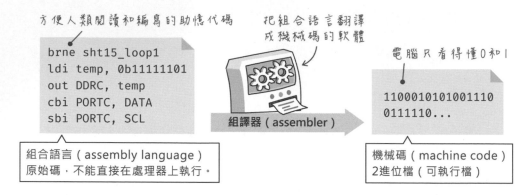

方便人類閱讀和編寫的助憶代碼

```
brne sht15_loop1
ldi temp, 0b11111101
out DDRC, temp
cbi PORTC, DATA
sbi PORTC, SCL
```

把組合語言翻譯成機械碼的軟體

電腦只看得懂0和1

```
1100010101001110
0111110...
```

組譯器 (assembler)

組合語言 (assembly language) 原始碼,不能直接在處理器上執行。

機械碼 (machine code) 2進位檔 (可執行檔)

 所以每次執行程式碼,都要先翻譯成機械碼?

 編譯和組譯都只翻譯一次,翻譯完成的檔案變成可執行檔,像 Windows 電腦的 .exe 檔,可直接執行,除非修改原始碼才需要重新編譯。直譯式語言是一邊翻譯一邊執行,所以效率比較差,但隨著技術的改良,有些直譯式語言加入編譯的機制,可提升執行效率…這話題超出討論範圍。

 也就是說,我之前在瀏覽器裡面輸入的 C 程式碼,是由瀏覽器翻譯,然後在瀏覽器裡面執行,對嗎?

 不是。在「線上 C 語言編輯器」輸入的程式碼,將在妳按下「執行」時,被傳送到那個網站的伺服器(電腦),然後交給安裝在該伺服器上的 C 語言工具編譯並且執行,最後傳回執行結果(文字)或錯誤訊息:

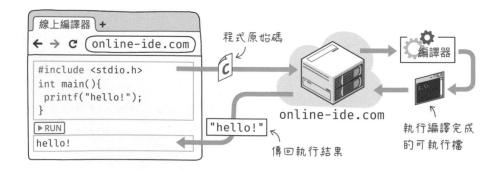

所以,這個網頁只包含程式開發工具當中的「編輯器」和操作介面。

C 程式的編譯或建置過程

C 程式碼的編譯過程大致經過 3 個步驟：

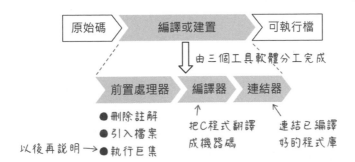

雖然編譯和連結是分開獨立的步驟，但一般口語上都統稱整個從原始碼轉成可執行檔的過程為「編譯」，也有人稱為**建置（build）**。程式設計或者開發軟體，跟手作料理有部份類似：有些東西是用現成的，像夾心餅乾的果醬或奶油：

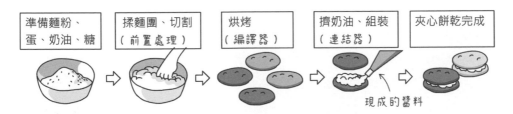

printf() 其實就是現成、已編譯好的程式元件，連結器會把它和我們自行編寫的部份合併成一個可執行檔：

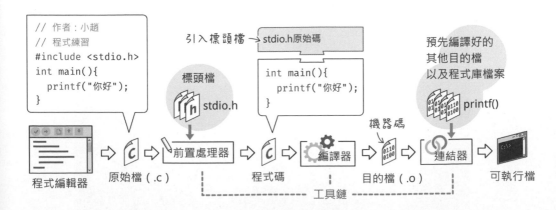

因為建置、編譯軟體的過程像是串聯運作的生產線，所以建置程式所需要的軟體也被稱作**工具鏈**（toolchain）。

按下線上編輯器的 **Run（執行）**，它會在編譯程式之後執行並且把結果傳給瀏覽器；我們無法保留這個編譯好的可執行檔，而該可執行檔也將在我們離開編輯器之後刪除。若是在自己的電腦用開發工具編譯程式，可執行檔會被保存下來。

我們日常使用的軟體，它們的程式原始碼通常都是歸原創作者或公司所有，不對外公開，但也有不少是公開且免費的**開放原始碼軟體**，任何人都能研究這個軟體究竟是怎麼寫成的，或者改進它的程式碼。APCS 考場的電腦安裝的 **Code::Blocks**，就是開放原始碼的 C 程式開發工具。

程式開發工具包含了編輯和編譯程式的功能，本書多數程式都可以在線上程式編輯器測試執行，但部份需要在 Code::Blocks 測試，這套工具的安裝和操作說明請參閱附錄 A。值得一題的是，C 語言編譯器有多種版本，Code::Blocks 工具允許我們自由選用，目前廣泛使用的**開放原始碼 C 語言編譯器叫做 GCC**，開頭的 G 代表 GNU（發音似「革奴」），是製作 GCC 編譯器的開放軟體專案名稱（其主要贊助者是自由軟體基金會）。

附帶一提，C++ 語言的編譯器也支援 C 語言，如果把線上 C 語言開發工具改成 C++，仍可編譯執行之前寫的 C 程式：

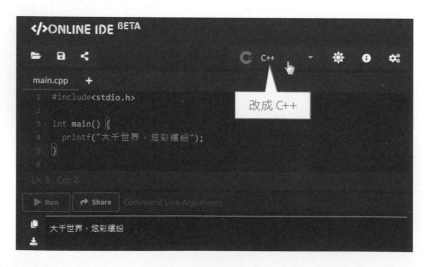

1-4 資料結構和演算法

雖然程式語言有很多種，語法也不太一樣，但寫程式的基本邏輯思維是相通的。發明過多種程式語言、獲頒圖靈獎的電腦科學家 Niklaus Wirth（尼克勞斯·維爾特），有一句名言：**程式=資料結構+演算法**。

「資料結構」指的是有效規劃與存取資料的方式，若把資料比喻成商品，資料結構相當於賣場貨架的大小和擺放位置的規劃。**「演算法」則是完成特定任務的過程或者步驟**，例如，按高低順序排列（也稱為「排序」）成績、找出相同嗜好的 IG (Instagram) 用戶、規劃最佳導航路線…等。

所以學習程式設計的重點不是認識關鍵字和語法，在程式求職面試和測驗的場合，資料結構和演算法也是必考的重點。考試題目可能像這樣：從一系列已排序的數字，找出兩者和為 0 的一對數字：

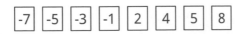

 蛤？我一眼就看出是第 2 個數字 -5 和倒數第 2 個數字 5，這低年級小學生都會吧？

 那妳描述一下怎樣在電腦上輸入、儲存這些數據並且在盡可能最短時間內找出答案。

 呃…我完全沒有頭緒。

 先在紙上整理、描述解題步驟，像這樣：從第 1 個數字開始，逐一跟第 2 到最後一個數字相加…最後找到第 2 個數字和倒數第 2 個數字的和為 0：

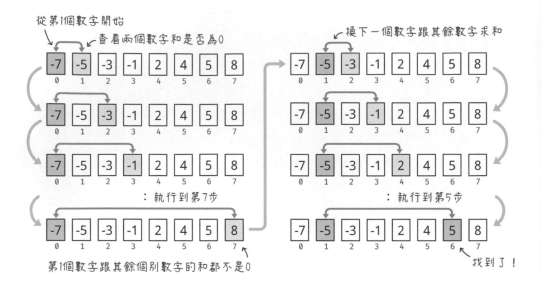

解決問題的方法往往不只一種，考試或是面試問題通常會加註類似「解題步驟」的限制，實際是用 **大 O 符號** 寫成 O(logn) 之類，以後再說明。上面的演算法花費 12 個步驟找到答案，底下的演算法只花費 4 個步驟，節省 2/3 的運算時間。

因為資料已經從小到大排列，而且兩個負數或正數的合，必定不等於 0，所以應該從負數和正數相加著手：

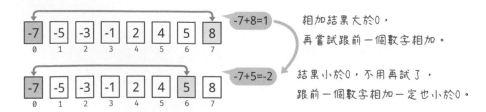

執行兩個步驟即可得知這組資料不存在與最小數字 (-7) 相加為 0 的數字：

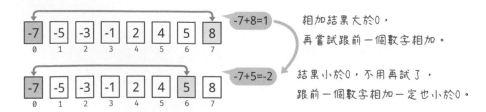

換下一個負數試試，執行兩個步驟就找到答案了！如果用這個演算法來解題，肯定會加分：

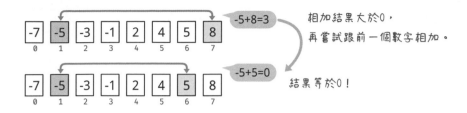

整理好思緒，再用程式語言寫出來，這個例子的實際程式碼以後會說明。

 了解～所以程式測驗不光只是考單字和語法。

 對啊，但是單字和語法是最基本的要求，就像英語閱讀測驗，妳也要讀懂
意思才不會落入陷阱。所幸前人已經歸納出解決不同問題的一些通則，
也就是各種**演算法模式**，類似解數學方程式的技巧和公式，例如：Dijkstra
（戴克斯特拉）計算最短路徑、快速排序、回溯法、動態規劃法…等，以後
再談。掌握這些模式技巧並且多加練習，才能從容面對測驗。

APCS 觀念題練習

1. GCC 是什麼？

   A) 編譯器　　　　B) 解譯器　　　　C) 翻譯器　　　　D) 組譯器

   答 A

2. C 程式執行起點的函式叫什麼？

   A) printf　　　　B) main　　　　C) begin　　　　D) include

   答 B

3. 作為註解的那一行文字用什麼開頭？

   A) #　　　　　　B) $　　　　　　C) //　　　　　　D) @

   答 C

2

數學運算子、變數
與資料型態

你看那些大胃王女生的身材大都很正常欸～

 你知道英國一份研究指出豬的體脂率平均 16% 嗎？和模特兒差不多。

 蛤…太蝦了吧～人怎麼跟豬比，美國孩之寶玩具公司在 2019 年以 40 億美金買下**粉紅豬小妹**（佩佩豬）的版權欸。

 但多數的豬都沒那麼好運…好在人類可以掌握自己的命運。學習程式設計提升好運氣吧～既然說到大胃王，我們就來寫一個計算 BMI（體重和身高平方的比值）的程式。

2-1 運算子、變數和常數

左下是 BMI 的計算公式，若要使用 C 程式來計算，這個式子可以寫成右下的敘述：

程式語言的乘、除符號不同於數學式子，它的運算符號叫做**運算子**(operator)，表 2-1 列舉 C 語言的基本**算術運算子**，其優先順序跟數學符號一樣：先乘除後加減，%（稱作**取餘數**、**模除**或**餘除**）的優先順序最高。

表 2-1

數學運算符號	C 語言的算術運算子
□ ＋ ○	□ ＋ ○
□ － ○	□ － ○
□ × ○	□ ＊ ○
□ ÷ ○ 或 □ / ○	□ / ○
□ ÷ ○ 的餘數	□ ％ ○

變數與常數

儲存資料的「容器」，在程式裡的正式說法是**變數**或**常數**，本章先介紹變數。

- 變數：存放的資料可以在程式執行過程中改變，如：溫度轉換值。

- 常數：儲存不能被修改的資料，如：一個星期的天數。

儲存資料之前，需要讓電腦在記憶體中安排一個空間並替它命名以方便識別。安排和命名儲存空間的步驟，稱為**宣告**（declare）。底下是宣告一個名叫 total 的變數的例子：

> 電腦記憶體宛如連續編號的儲存櫃，第 8 章會再介紹。

識別名稱由我們自訂，而**資料型態**相當於容器的尺寸和款式，有固定的寫法，基本的資料型態有 **char**（字元），**int**（整數）和 **float**（浮點數，帶小數點的數字）：

存放int（整數）
型態資料

存放float（浮點數）型態資料

存放char（字元）
型態資料

 這樣不是很麻煩嗎？為何不設置一種可以填裝任意資料的萬用型容器？

 因為可以提昇程式運作效率。就像迴轉壽司和某些餐館的小菜，用不同顏色和大小的盤子來區分價格，結帳時，很快就能算出總價。而且電腦的記憶體空間就像擺盤空間，都是有限的，如果只要儲存一點點資料，就不需要大容器。

定義變數

運算式的計算結果必須存入變數，否則會消失不見。底下的變數 total 將儲存 3+8 的計算結果：

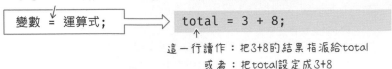

這是「指派運算子」，代表把「運算式的值指派給變數」。

變數 = 運算式; ➡ total = 3 + 8;

這一行讀作：把3+8的結果指派給total
或者：把total設定成3+8

程式裡的「單一等號」，代表「設定」或「指派」，不是「相等」的意思喔！ 從宣告變數、數值運算到顯示變數內容的完整程式碼如下：

```c
#include <stdio.h>

int main() {
  int total;        // 宣告整數型態資料的變數

  total = 3 + 8;    // 儲存計算結果
  printf("3 + 8 = %d", total);
}
```

執行結果 ➡ `3 + 8 = 11`

"%d"代表「整數型態資料」的預留位置，參閱下文說明。

宣告變數時可一併設定初始值，這樣的敘述稱為**「定義（define）變數」**：

`int total = 0;` ➡ 定義變數total，初設值為0 ➡ `0` → `total`

 宣告變數和**定義變數**的差別在於有沒有初始值，最終的執行結果都一樣，對嗎？

```c
int age;          // 宣告變數
age = 13;         // 存入 13
int age = 0;      // 定義變數，初始值為 0
age = 13;         // 改存入 13
```

上面兩個程式的 age 變數值都是 13，但是底下兩個程式的 age 值就不同了；宣告變數時沒有指定初始值，**在某些情況下（日後說明），該變數的內容是任意、不定值。**以這兩段程式碼為例：

```
int age = 13;
age = age + 1;
int age;
age = age + 1;
```

"age = age + 1;" 的意思是「age 值加 1，再指派給 age」，左上方的 age 值將是 14；右上方的 age 則是「不定值」：

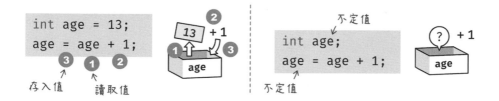

我們可以**一次宣告多個變數，名稱中間用逗號隔開**。指派給變數的內容，可以是單一資料、運算式或者另一個變數：

```
int box, price;
```
宣告兩個存放整數資料的變數：box和price。

```
int total = box = 3;
```
定義變數total，並且把total和box的值都設成3。

上一行已宣告box

底下的寫法是錯的，因為 rank 未被宣告，也就是不存在：

```
int total = rank = 3;
```
未曾宣告

運算子的副作用

 ＝（等號）被稱作**指派「運算子」**，代表它像其他運算子一樣，會產生（evaluate，或者說「評估」）運算值。**指派運算子的運算結果即是被賦予的值**，把運算結果指派給變數，則是它的**副作用**（side effect）：

 蝦毀～副作用不就是「不良反應」嗎？保存資料怎會是「不良行為」咧？

 嗯，乍聽確實有點牽強。但既然是運算子，它就可以被放在運算式裡面，像這樣：

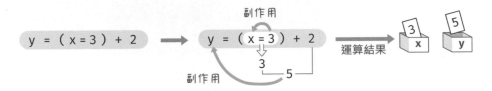

 這樣就有道理了，如果「臨時抱佛腳」產生「隔天全忘記」的副作用就不好了…我覺得把指派值稱為「副產物」或者「額外功效」更貼切。

 哈！我不只全忘記還有熊貓眼。沒關係，能理解它的行為就好。把指派運算子想成「設定值」比較容易理解，但其「副作用」是 C 語言的重要概念。

識別字的命名規定

變數以及函式的名字，也叫做**識別字**（identifier），有兩項命名的規定：

● **識別字**只能包含字母、數字和底線（_），某些編譯器，如：GCC（Code::Blocks 預設採用 GCC），也允許金錢（$）符號。

● 第一個字不能是數字。

還有幾個注意事項：

● 識別字**大小寫有別**，因此 app 和 App 是兩個不同的變數！

● 不可重複宣告同名的變數，這是錯的：

```
int num;
float num;    // 錯誤！前面已經宣告過變數 num
```

● 識別字應使用有意義的文字，例如，儲存成績的變數命名成 score，比起 abc，能讓人更容易理解程式碼。

● 若要用兩個以上單字來命名，例如，命名代表「血型」的 "blood type" 時，C 程式設計師的習慣是把兩個字連起來，第二個字的首字母大寫，像這樣：bloodType。這種寫法稱為「駝峰式」記法。有些程式設計師則習慣在兩個字中間加底線：blood_type。

● 識別字的長度依編譯器而定，有些只取前 31 個字，忽略後面的字。

● 避免用特殊意義的「保留字」來命名。例如，int 代表「整數型態」，若有變數命名為 int，編譯器會發出**錯誤**。C 保留字請參閱表 2-2。

表 2-2

auto	else	long	switch
break	enum	register	typedef
case	extern	return	union
char	float	short	unsigned
const	for	signed	void
continue	goto	sizeof	volatile
default	if	static	while
do	int	struct	_Packed
double			

底下列舉一些正確和錯誤的變數命名：

正確	原因	錯誤	原因
_gender	可用底線開頭	for	for 是保留字
gross_income	兩個單字可用底線隔開	4you	不可數字開頭
just4You	可結合任意大小寫字母和數字	keep walking	不能有空格
xyz123$	第 2 個字以後可以包含底線、數字和 $ 符號	admin@com.tw	不可包含底線和 $ 以外的符號
FOR	可以全部大寫	apple-ii	不可包含底線和 $ 以外的符號

變數要在使用之前宣告或定義，不能重複宣告，因此宣告變數的敘述，通常放在程式碼的開頭。

再談「註解」

第一章提到，程式裡面可以留下**註解**（comment），內容通常包括：

● 程式的作者

● 程式的用途

● 說明需要改進或者未完成的地方

註解有兩種寫法，用雙斜線 "//" 開頭或者用 "/*" 和 "*/" 包圍，例如：

/*和*/之間可包含多行說明文字 ⟶

單行註解用雙斜線開頭 ⟶

```
/*
  簡單寒暄的練習程式
  作者：小趙
*/
#include <stdio.h>

int main() {
  // 顯示訊息
  printf("Hello World!");
}
```

放在程式敘述後面的註解，不會影響前面的程式執行：

雙斜線只能標示單行註解 ⟶ // 儲存數學成績
```
int mathScore;
```
/*和*/也能標示單行註解 ⟶ /* 儲存總分 */   註解也可以放在敘述後面
```
int totalScore;         ↓
int ranking = 0;   // 儲存排名
```

也有人喜歡用一堆星號包含多行註解，這種寫法也很常見：

```
/*****************
 *
 * 這裡面的說明文字
 * 你想寫多少行都可以！
 *
 * ***************/
```

但多行註解裡面不可再包含另一個多行註解，這樣的寫法會產生錯誤：

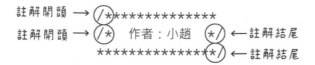

註解開頭 ⟶ /*************
註解開頭 ⟶ /*   作者：小趙   */ ⟵ 註解結尾
             *************/ ⟵ 註解結尾

良好的註解以及程式寫作的風格，都可以讓人更快速地理解程式碼的意義。

另外，對於想要保留，但不想讓電腦執行的程式碼，可將它設成註解：

```
// 底下這一行不會被執行
// printf("Hello, World!\n");
printf("眾人拾材火燄高\n");
```

2-2 運算式

本單元將介紹複合指派運算子，以及運算子結合性和優先順序，後兩者會影響運算式的處理方式。

遞增、遞減與複合指派運算子

"++" 和 "--" 運算子，分別代表「將變數內容加 1 和減 1」。假設有個整數型態的變數 clicks，底下三行敘述的意思是一樣的：

```
int clicks = 0;
clicks = clicks + 1;
clicks ++;
clicks += 1;
```

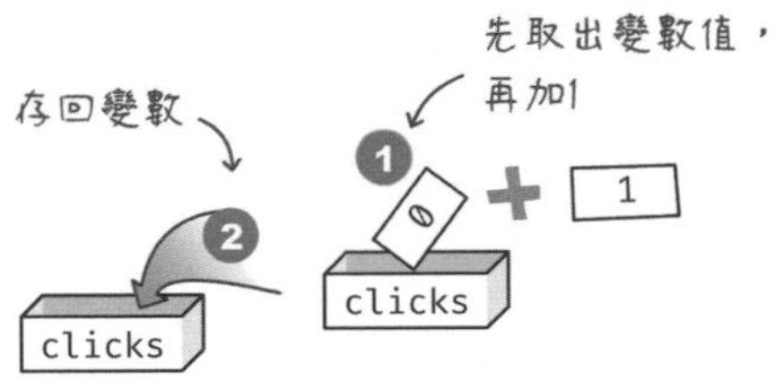

"+=", "-=", "*=" 和 "/=" 統稱為**複合指派運算子**（請注意運算子中間沒有空格），等號右邊的數字不限於 1。底下的變數 c 值將是 9：

```
int c = 3;
c *= 2 + 1;
```

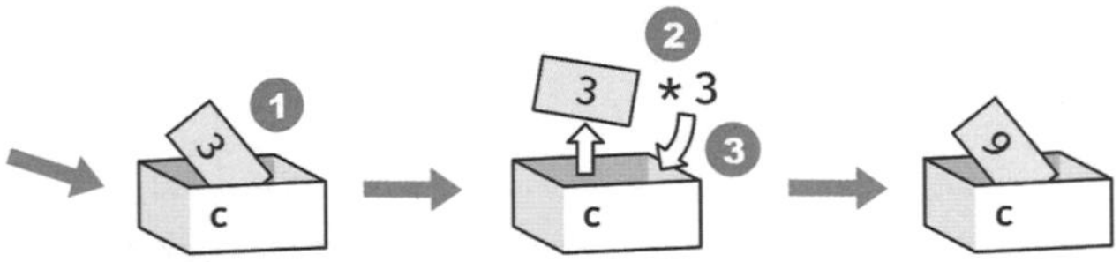

等一下會提到「運算子的優先順序」，這裡先説一下，因為 *= 的優先順序低於 +，所以電腦會先處理等號右邊的運算式：

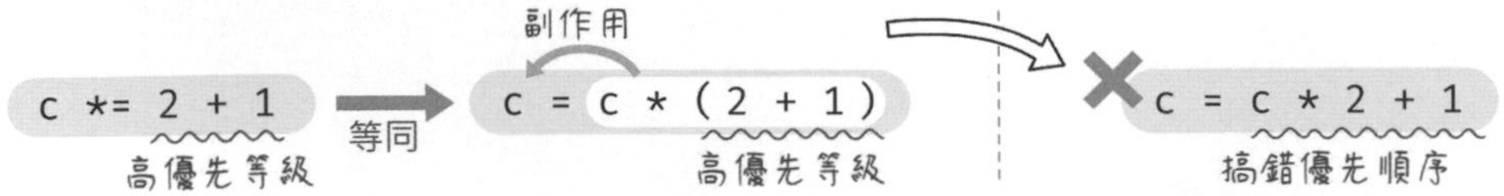

表 2-3

運算子	意義	範例	說明
++	遞增	x++;	運算結果：x 值加 1；副作用：x 存入運算結果
--	遞減	x--;	運算結果：x 值減 1；副作用：x 存入運算結果
+=	指定增加	x+=2;	運算結果：x 值加某數；副作用：x 存入運算結果
-=	指定減少	x-=2;	運算結果：x 值減某數；副作用：x 存入運算結果
*=	指定相乘	x*=2;	運算結果：x 值乘某數；副作用：x 存入運算結果
/=	指定相除	x/=2;	運算結果：x 值除某數；副作用：x 存入運算結果

++ 和 -- 運算子，可置於運算元後面或前面。"++" 擺在運算元前面，叫做「**前置**」，**代表運算元（數值）先加 1，再進行其他操作**；底下程式執行後，i 是 2、j 是 1：

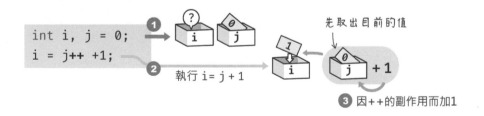

「後置」則是先取得變數的當前值，然後因 ++ 的副作用加 1。底下程式執行後，i 和 j 都是 1：

底下的例子更能看出「後置」運算對運算元的影響，計算結果 a 的值是 11：

C 和 C++ 程式語言線上參考文件的遞增與遞減運算子說明網頁（https://bit.ly/3iGLDiM，英文），把後置改變運算元的行為稱作「副作用」，詳細說明也可參考教學文章，網址：https://bit.ly/3JOgFkQ。

運算子的結合性和優先順序

數學運算有「先乘除後加減」的規定，C 語言的運算子也有優先順序，像底下式子的小括號的優先順序最高，最先運算：

$$\text{int a = b + } \underline{\text{(c - d)}} \text{ * e;}$$

表 2-4 列舉截至目前談論過的運算子的優先順序和結合方向（亦即，「求值」順序），其中的結合方向代表：

- →（從左到右）：優先順序相同時，先計算左邊，後算右邊。

- ←（從右到左）：優先順序相同時，先計算右邊，後算左邊：

優先順序

int i = 1 - 2 - 3;   i=-4

結合方向

int i = 1 - (2 - 3);   i=2

表 2-4

優先順序	運算子	結合方向
高	(), ++（後置）, --（後置）	→
	+（正號）, -（負號）, ++（前置）, --（前置）	←
↓	*（乘）, /（除）, %（餘除）	→
低	+（加）, -（減）	→
	=（指派）, +=, -=, *=, /=, %=	←

APCS 觀念題練習

1. 執行這個程式會顯示什麼？

```
#include <stdio.h>
int main() {
  int a = 10;
  int a = 25;
  printf("數值:%d", a);
  return 0;
}
```

A) 編譯錯誤　　　B) 數值:10　　　C) 數值:25　　　D) 數值:35

 A　因為不能重複定義變數。

2. 這個程式的輸出為何？

```
#include <stdio.h>
int main() {
  ans = 98;
  printf("數值:%d", ans);
  return 0;
}
```

A) 數值:98　　　B) 數值:0　　　C) 編譯錯誤　　　D) 數值:

 C　因為變數 ans 未定義。ans = 98; 那一行前面要加上資料型態，
　　　例如: int ans = 98;

3. 程式執行時，程式中的變數值是存放在？（APCS 106 年 03 月 觀念題）

A) 記憶體　　　　B) 硬碟　　　　C) 輸出入裝置　　　D) 匯流排

 A

4. 下列程式碼是自動計算找零程式的一部分，程式碼中三個主要變數分別為 Total（購買總額），Paid（實際支付金額），Change（找零金額）。但是此程式片段有冗餘的程式碼，請找出冗餘程式碼的區塊。（APCS 105 年 10 月觀念題）

```c
int Total, Paid, Change;
   ...
Change = Paid - Total;
printf ("500 : %d pieces\n", (Change-Change%500)/500);
Change = Change % 500;

printf ("100 : %d coins\n", (Change-Change%100)/100);
Change = Change % 100;

// A 區
printf ("50 : %d coins\n", (Change-Change%50)/50);
Change = Change % 50;

// B 區
printf ("10 : %d coins\n", (Change-Change%10)/10);
Change = Change % 10;

// C 區
printf ("5 : %d coins\n", (Change-Change%5)/5);
Change = Change % 5;

// D 區
printf ("1 : %d coins\n", (Change-Change%1)/1);
Change = Change % 1;
```

A) 冗餘程式碼在 A 區　　　B) 冗餘程式碼在 B 區

C) 冗餘程式碼在 C 區　　　D) 冗餘程式碼在 D 區

 D 　因為任何數字除或乘 1 都不變，所以是多餘的算式。

2-3 整數和浮點數資料型態

依儲存容量，整數型態分成 char, int, short 和 long，char 類型比較特別，留待第 3 章介紹：

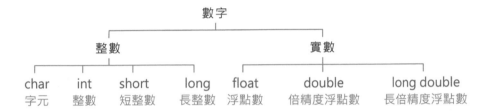

表 2-5 列舉一種資料型態的名稱及其所能表達的數值範圍。

表 2-5

資料型態	中文名稱	容量（位元組）	數值範圍	格式符號
char	字元	1	$-2^7 \sim 2^7-1$	%c 或 %d
int	整數	4	$-2^{31} \sim 2^{31}-1$	%d 或 %i
short	短整數	2	$-2^{15} \sim 2^{15}-1$	%hd 或 %hi
long	長整數	4	$-2^{31} \sim 2^{31}-1$	%ld 或 %li

格式符號（Format Specifier）和 printf() 函式搭配使用，參閱下一節說明。**int（整數）和 long（長整數）型態的容量視編譯器版本而定**，C99 語法標準對於**整數型態**的容量定義是：**最低 8 位元（1 位元組），最高 64 位元（8 位元組）**，參閱：https://bit.ly/3kLTRbe。表 2-5 是 Windows 10 版的 Code::Blocks 20.03 版內建的 GCC 8.1.0 版定義的容量；第一章介紹的線上 C 語言編譯器定義的 long（長整數），容量則是 8 位元組。

表 2-5 列舉的整數型態都有帶正負號，以下簡稱**有號整數**。以 **short（短整數）**型態為例，它的容量是 16 位元，但最高位元被用來表示正負號，所以實際的資料儲存空間是 15 位元：

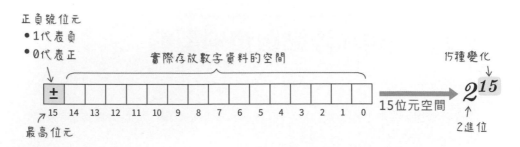

所以,short 型態可儲存介於 $-2^{15} \sim 2^{15}-1$(減去 1 是因為正數從 0 開始算),也就是 -32768 ~ 32767 之間的整數:

$$2^{15} = 32768$$

正整數範圍 ➔ 0 ... 32767

負整數範圍 ➔ -1 ... -32768

無號整數型態

如果資料都是正整數,可以在型態前面加上代表「無正負號」的 **unsigned 修飾字**,變成**無正負號整數**型態,簡稱「無號整數」。

表 2-6

資料型態	中文名稱	容量(位元組)	數值範圍
unsigned char	無號字元	1	0 到 2^8-1
unsigned int	無號整數	4	0 到 $2^{32}-1$
unsigned short	無號短整數	2	0 到 $2^{16}-1$
unsigned long	無號長整數	4	0 到 $2^{32}-1$

以 **unsigned short**(無號短整數)型態為例,資料可填滿整個 16 位元空間,因此數值表達範圍是 $0 \sim 2^{16}-1$,也就是 0~65535:

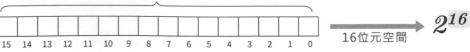

有號整數前面可加上 "signed",明確宣告它們是帶正負號的數字,不過這樣有點畫蛇添足:

```
signed int total=180;    // 定義一個「帶正負號」整數型變數
                         // "total" 並存入 180
```

實數型態

需要儲存帶有小數點的數字時，資料型態必須採用表 2-7 的任一種；這些型態的數值範圍比較龐大。

表 2-7

資料型態	中文名稱	容量 (位元組)	數值範圍	精確度	格式符號
float	單精度浮點數	4	1.2E-38 ~ 3.4E+38	小數點後 6 位	%f
double	倍精度浮點數	8	2.3E-308 ~ 1.7E+308	小數點後 15 位	%lf
long double	長倍精度浮點數	10	3.4E-4932 ~ 1.1E+4932	小數點後 19 位	%Lf

科學記號 E，代表 10 的幾次方，也就是說，1.2E-38 這個寫法等同 1.2×10^{-38}。

資料型態轉換

遇到變數型態與資料型態不同時，C 編譯器會**自動轉換資料型態**以符合變數的型態。若使用整數型態變數儲存實數，小數點後的數字將被**無條件捨去**；相反地，若在實數型態的變數中儲存整數，資料將變成實數型態：

```
short score = 89.9;
```
實數
89.9
實際存入89 → score

```
float C = 21;
```
整數
21.000000
實際存入21.000000 → C

所以宣告變數的時候，要留意它將要存放的資料型態；底下運算式中的 num 值將是 3，而非 3.5，原因不只出在變數的資料類型：

```
int num = 7/2;
```
$\Rightarrow$ 7÷2=3.5 計算後存入變數 → 3 → num

小數點數字會被刪除

整數型容器

底下敘述裡的 num 值也不是 3.5，而是 3.0，因為**運算式當中的數字都是整數**，所以計算結果也是整數，最後存入 float 型變數，資料才被轉換成浮點型態：

要取得正確、包含小數點數字的運算結果，除了變數的型態不可以是整數，**算式中至少要有一個浮點數**，例如：

```
float x = 3 / 2.0; // x 值為 1.5
```

```
float y = 3.0;
float z = y / 2; // z 值為 1.5
```

或者，在資料前面加上**用小括號包圍的資料型態名稱**，強制轉換資料型態：

```
float r = 3 / (float)2;
```
將後面的資料轉換成浮點型態

倘若運算式裡面包含不同型態資料，編譯器將自動把資料轉成容量較大者，運算完畢後再視需要，轉換成指派對象的資料型態：

補充說明，強制轉換型態指令不可放在指派運算子 (=號) 左邊。

```
int num;
(float) num = 3 / 2;   // 語法錯誤！
```

溢位：超過變數容量的值

設定變數資料型態時，要留意它的儲值上限。**如果存入值超過變數的容量，將產生溢位（overflow）**，就像水溢出容器。底下程式中的兩個變數值超出其型態容量的上限：

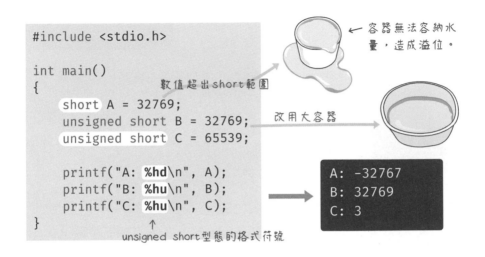

short 型態的上限是 32767，若存入 32769（超過 2），則實際的儲存值將是 -32767，如下圖所示：

數學運算式也要留意資料型態的上限，帶號 4 位元組長度整數（int）型態的上限是 +2147483647（約 $2.14×10^9$），底下變數 A, B 的資料都沒有超出其型態的上限，但執行結果是錯的：

```
#include <stdio.h>

int main()
{                          代表 2.13×10⁹
    int A = 2.13E9;
    long B = A * 100;
    printf("ANS: %ld\n", B);
}
```

ANS: -1748364800

問題出在這一行，兩個整數型態的運算結果，其型態仍是整數：

整數   整數
```
long B = A * 100;
```

為了避免溢位，需要把其中一個（或全部）數字指定為**長整數（long）**型態，辦法是在數字後面加上**格式字元**（參閱表 2-8），例如，100L 代表長整數 100：

長整數
```
long B = A * 100L;
printf("ANS: %ld\n", B);
```

ANS: 213000000000

格式字元不分大小寫，100L 可以寫成 100l，但小寫的 l 容易和數字 1 搞混，所以多數人慣用大寫的 L。

表 2-8　轉換數字資料類型的格式字元

格式字元	說明	範例
L 或 l	轉換成長整數 (long)	4000L
U 或 u	轉換成無號 (unsigned) 整數	32800U
UL 或 ul	轉換成無號長整數 (unsigned long)	7295UL

APCS 觀念題練習

1. 底下的運算式執行之後，a 的值是什麼？（註：＋ 兩邊皆有空白）

```
int a = 0;
a = a + + 1;
a = a + + + 2;
a = a + + + + 3;
```

A) 1　　　　B) 3　　　　C) 5　　　　D) 6

答 **D**　因為 ＋ 號前面沒有數字，會被當成「正號」：

優先順序

④ ③①②
a = a + + + 3;
　　結合方向

等同 → a = a + (+3);

a加上「正」3，再存回a。

所以：

```
int a = 0;
a = a + + 1;       // a+1 後存入 a，a 等於 1
a = a + + + 2;     // a+2 後存入 a，a 等於 3
a = a + + + + 3;   // a+3 後存入 a，a 等於 6
```

2. 底下變數 j 和 k 的值為何？

```
int i = 5;
int j = i / -2;
int k = i % -2;
```

A) j=1, k=-1　　　B) j=-1, k=1　　　C) j=-2, k=1　　　D) j=2, k=-2

答 **C**　i 和 j 都是整數型態，所以 i/-2 只留下整數。

3. 底下的運算式執行之後，a 的值是什麼？

```
int a = 3;
a += a += a -= 2;
```

A) 2   B) 3   C) 4   D) 5

答 C 複合指派運算子的結合方向是**由右至左** (←)，所以先解出最右邊的值，再串接其餘運算式：

```
int a = 3;
a += a += a -= 2;
```
➡
```
a += a += a -= 2;
```
⇩
a=a-2
⇩
a=3-2
⇩
a=1
➡
```
a += a += 1;
```
⇩
a=a+1
⇩
a=1+1
⇩
a=2

4. 底下的運算式執行之後，c 的值是什麼？

```
int a=1, b=2, c=3;
c *= a++ + ++b/2;
```

A) 5   B) 6   C) 7   D) 8

答 B 依照優先順序排列，式子最後變成 c*=2：

```
int a=1, b=2, c=3;
c *= a++ + ++b / 2;
```
⑤ ① ④ ② ③
↗ 優先順序　後加

➡
```
c *= 1 + 3 / 2;
```
③ ② ①
➡
```
c *= 2;
```
➡ c=6

5. 以下哪個算術運算子的優先順序 (從高到低) 排列是正確的？

A) %, *, /, +, -   B) %, +, /, *, -

C) +, -, %, *, /   D) %, +, -, *, /

答 A

6. 若 a, b, c, d, e 均為整數變數，下列哪個算式計算結果與 a+b*c-e 計算結果相同？(APCS 106 年 03 月 觀念題)

A) (((a+b)*c)-e) B) ((a+b)*(c-e))

C) ((a+(b*c))-e) D) (a+((b*c)-e))

答 C 下圖是題目和答案 C 的結合順序，兩者相符：

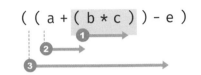

標示 2 進位、8 進位和 16 進位資料

程式裡面的數字資料，除了 10 進位，最常見的是 16 進位。因為電腦的原始資料是 2 進位格式，但是一堆 0 和 1 的數字組合，不適合人類讀寫，例如，底下的 2 進位數字，等於 10 進位的 214：

$$11010110_{2進位} \qquad 214_{10進位}$$

每個數字所在的位置，例如個位數或十位數，代表不同的**權值（weight）**，像百位數字代表 10 的 2 次方，十位數代表 10 的 1 次方；2 進位數字的每個數字的權值，則是 2 的某個次方：

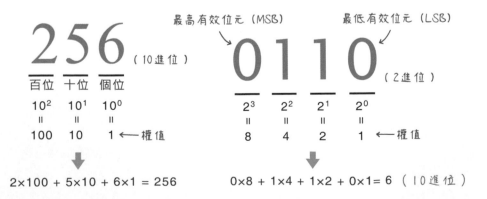

從上圖可得知，**數字乘上它所代表的權值的總和**，即可換算成 10 進位數字。

16 進位 (hexadecimal，簡稱 hex) 是一種容易解讀成 2 進位值，也適合人類讀寫的格式。16 進位數字寫成 0~9，10~15 用字母 A, B, C, D, E, F 表示 (不分大小寫)。所以 D 代表 10 進位的 13：

									進位↓									進位↓	
8進位	0	1	2	3	4	5	6	7	**10**	11	12	13	14	15	16	17	**20**	21
10進位	0	1	2	3	4	5	6	7	8	9	**10**	11	12	13	14	15	**16**	17
16進位	0	1	2	3	4	5	6	7	8	9	A	B	C	D	E	F	**10**	11

↑ 進位

從 2 進位換算成 16 進位時，4 個數字一組計算權值，即可輕易換算，如底下的 2 進位數字等於 16 進位的 D6；比起一堆 0 與 1，16 進位更容易閱讀：

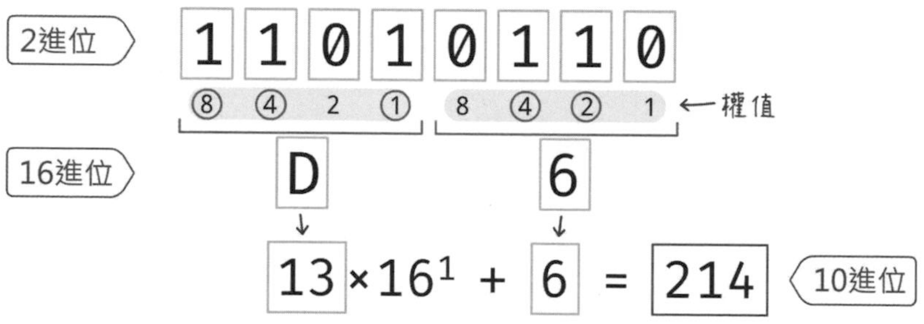

2進位　 | **1** | **1** | **0** | **1** | **0** | **1** | **1** | **0**

⑧ ④ ② ① 　 ⑧ ④ ② ① ← 權值

16進位　 D 　 6

$$13 \times 16^1 + 6 = 214$$ 〈10進位〉

Windows 內建的小算盤以及 Mac上的計算機，都具備能轉換不同數字進位的「程式設計」模式，操作方式請自行上網搜尋。

為了區分不同進位數字，10 進位以外的數字前面要添加：

● **0x**：代表 **16 進位 (hex)** 數字，例如：0x2D。以下兩個變數 a 的值相同：

```
int a = 0x2D;  // 16 進位數字
int a = 45;    // 10 進位數字
```

- **0b**：代表 **2 進位**（**binary**）數字，例如：0b1101：

```
int b = 0b1101;   // 2 進位數字
int b = 13;       // 10 進位數字
```

- **0**（數字 0）：代表 **8 進位**（**octal**）數字，例如：033：

```
int c = 033;      // 8 進位數字
int c = 27;       // 10 進位數字
```

2-4 printf()：合併字串和資料

printf() 函式可「合成」字串和資料的關鍵是相當於「預留空間」的**格式符號**。格式符號和資料可以有很多組，**資料中間用逗號分隔**：

指定顯示數字的進位

格式符號**用 % 開頭**，後面跟著縮寫字母，例如，int 型態的**整數格式符號**，可用 **d**（代表 **decimal**，**10 進位數字**）或者 **i**（代表 **integer**，**整數**），寫成 %d 或 %i。底下的 printf() 敘述將在字串中合併兩個 int 型態資料：

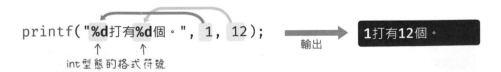

完整的範例程式碼：

```
#include <stdio.h>

int main() {
    printf("%d打有%d個。\n", 1, 12);
}
```

執行結果 ➡ **1**打有**12**個。

↑   ↑
可寫成%i

 printf() 的格式符號用 % 開頭，那如果我要它顯示一個 % 符號，怎麼辦？

 百分比符號的格式符號寫成 %%，像這樣：

```
printf("百分比符號寫成%%\n");
```

執行結果 ➡ 百分比符號寫成**%**

整數類型還可以透過表 2-7 的**格式符號**轉換成 16 進位或 8 進位數字。

表 2-9

格式符號	說明
%X	轉換成 16 進位（用大寫 A~F 表示 0~15）
%x	轉換成 16 進位（用小寫 a~f 表示 0~15）
%o	轉換成 8 進位

例如：

```
#include <stdio.h>

int main(){
  int num = 123;

  printf("%d 的 16 進位是%X\n", num, num);
}
```

編譯執行結果：

```
123 的 16 進位是 7B
```

有些數字資料，也許是為了編排美觀，會在前面補 0，例如：001, 002, 003, …等等，這些 0 開頭的數字在輸入 C 程式之前，都必須去掉 0，否則會被視為 8 進位數字。像底下的敘述，將顯示 "數值：83"。

```c
int num = 0123;  // 8 進位數字
printf("數值:%d\n", num);
```

小數點位數格式以及誤差

printf() 也能顯示浮點數，以顯示溫度值的敘述為例，攝氏和華氏溫度都可能帶小數點，所以變數型態定義成 float。左下是攝氏溫度轉成華氏的公式：

$$\mathscr{F} = \left(\mathscr{C} \times \frac{9}{5} \right) + 32$$

程式敘述 ➡ | F |=(| C | * 9 / 5) + 32;

完整的程式碼如下：

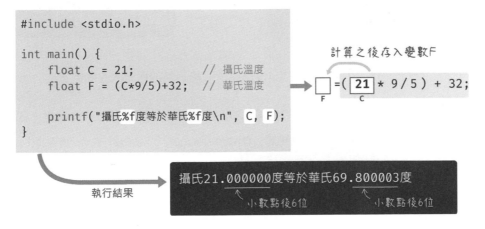

```c
#include <stdio.h>

int main() {
    float C = 21;           // 攝氏溫度
    float F = (C*9/5)+32;   // 華氏溫度

    printf("攝氏%f度等於華氏%f度\n", C, F);
}
```

計算之後存入變數F

| |=(| 21 | * 9 / 5) + 32;
F   C

執行結果 ➡ 攝氏21.000000度等於華氏69.800003度
小數點後6位　　　　小數點後6位

 程式輸出結果跟我想的不太一樣，小數點後面的 0 未免太多了，而且攝氏 21 度是華式 69.8 度，怎麼會是 69.80003 度呢？

 小數位數可藉由**格式符號**調整，預設是 6 位，像這個敘述可設定浮點數輸出到小數點後 2 位：

```
printf("華氏%.2f度\n", F);
```
                          ↑
                       小數點位數

執行結果 ➡ 華氏69.80度

至於溫度轉換值多了 0.000003 度，是**計算誤差**。人類使用 10 進制運算，而電腦使用 2 進制，程式裡的 10 進制數字，會被轉換成 2 進制再計算。某些數字（如：0.1）轉成 2 進制，會變成無限循環小數，想知道原因的話，可參閱本章末尾的計算式。電腦的記憶體是有限的，遇到無限循環小數，它只能截斷超出儲存空間範圍的數值，儲存**近似值**。

再舉個例子，4.2×4 是 16.8，但電腦的計算結果令人傻眼：

```
float num = 4.2*4;
printf("答案：%f\n", num);
```
結果 ➡ 答案：16.799999

若取計算結果到小數點後 1~5 位，顯示的結果就是 16.8 了：

```
float num = 4.2*4;
printf("答案：%.3f\n", num);
```
結果 ➡ 答案：16.800

 所以格式符號，不僅可設定小數點位數，還具備**四捨五入**的機制？

 應該這麼說：printf() 會根據格式符號的設定，將**小數四捨五入**。還有一個**格式符號 %g**，代表**一般格式**（general-format）的浮點數字，它類似 %f，但會刪除小數尾端多餘的 0。補充說明，printf() 會依據指定的**格式顯示數值**，但存在變數裡的**原始資料並沒有改變**喔！

```
float C = 21;              // 攝氏溫度
float F = (C*9/5)+32;      // 華氏溫度
float num = 4.2*4;

printf("4.2*4的答案：%g\n", num);
printf("攝氏%g度等於華氏%g度\n", C, F);
printf("華氏溫度原始值：%f\n", F);
```

4.2*4的答案：16.8
攝氏21度等於華氏69.8度
華氏溫度原始值：69.800003

執行結果

另一個解決方案是改用 **double（倍精度浮點數）**，也就是增加變數的儲存容量：

```
double C = 21;           // 攝氏溫度
double F = (C*9/5)+32;   // 華氏溫度
double num = 4.2*4;

printf("4.2*4的答案：%lf\n", num);
printf("攝氏%lf度等於華氏%lf度\n", C, F);
```

執行結果

```
4.2*4的答案：16.800000
攝氏21.000000度等於華氏69.800000度
                            正確了！
```

後面的章節會提到如何在計算過程做無條件進位／捨去、四捨五入以及捨去小數等運算。補充說明，小數部分的顯示位數，也能用變數設定，像這樣：

```
int digit = 2;   // 設定小數點位數
printf( "%.*f\n", digit, 12.456 );          12.46
```

小數點位數的預留位置用*號

 現在妳應該能寫出計算 BMI 值的程式了吧？

 簡單到爆：

```
#include <stdio.h>

int main() {
  float h = 161 / 100;  // 161 公分
  float w = 45;         // 45 公斤
  float BMI = w/(h*h);
  printf("BMI= %.2f\n", BMI);
}
```

執行結果顯示：BMI= 45.00。咦？怎麼差那麼多？

很好！身高習慣上用公分單位，妳有注意到要轉成公尺，但除號兩邊都是整數，所以結果也是整數。161 / 100 的結果是 1.0。這屬於邏輯錯誤。

 對厚～要強制轉換型態！改成這樣就好了：

```
float h = (float)161 / 100;  // 161 公分
```

指定顯示資料的預留空間大小

格式符號也可以設定整個數字的顯示位數，底下的敘述將**至少保留** 5 位數的顯示空間：

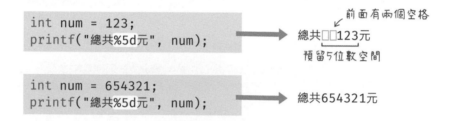

相同的設定也適用於浮點數字：

```
float num = 12.34;
printf("總共%7.3f元", num);
```

小數點也佔整體中的1位
總共□12.340元
預留7位數，小數佔3位。

有特殊作用的反斜線：轉義（escape）字元

printf() 的字串資料結尾經常包含 "\n" 字元，電腦讀到它，就知道要換到下一行。字串裡的反斜線 (\) 代表**轉義**（**escape**，也譯作「脫逸」），用於在字串中插入特殊字元，表 2-10 列舉常見的轉義字元。

表 2-10

轉義字元	說明
\	放在行尾，代表「續行」
\\	反斜線符號
\'	單引號
\"	雙引號
\n	新行 (LF，Line Feed)
\r	歸位 (CR，Carriage Return)
\t	定位 (Tab)；縮排。

例如：

```
printf("\"Spider-Man\"不是「失敗的人」");
```
➡ "Spider-Man"不是「失敗的人」

要顯示一個反斜線，需要輸入兩個反斜線，像下圖右的敘述：

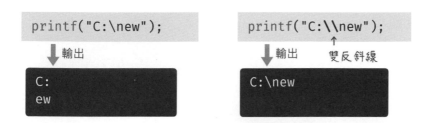

歸位（Carriage return，簡稱 CR）字元，寫成 '\r'，是一個讓輸出裝置（如：顯示器上的游標或者印表機的噴墨頭）回到該行文字開頭的控制字元。新行（Newline 或者 Line feed，簡稱 LF）字元，寫成 '\n'，則是讓輸出裝置切換到下一行的控制字元：

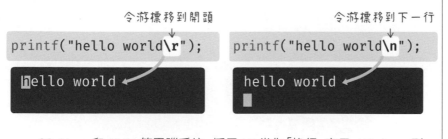

macOS, Linux 和 UNIX 等電腦系統，採用 LF 當作「換行」字元；Windows 則是合併使用「歸位」和「新行」兩個字元（寫成 "\r\n"），因此在 Windows 系統上，換行字元又稱為 CRLF。

程式碼裡的多行文字

如果要顯示一長串或者多行文字，可以在一個 printf() 之中包含數個字串：

```
int main() {                    每一行文字都用雙引號包圍
    printf("香煎雞腿排的作法：\n"        ↓
           "劃開較厚的部份、兩面灑鹽、黑胡椒、噴米酒，"
           "仔細按摩，醃%d分鐘...", 15);
}
```

⬇ 輸出

香煎雞腿排的作法：

劃開較厚的部份、兩面灑鹽、黑胡椒、噴米酒，仔細按摩，醃15分鐘...

或者把一個字串拆成數行，每一行末尾加上「續行」符號：

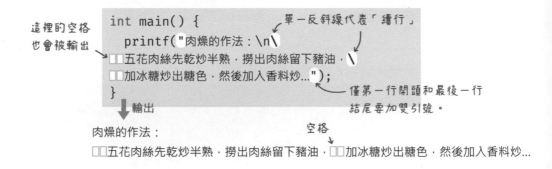

這裡的空格
也會被輸出

```
int main() {                    單一反斜線代表「續行」
    printf("肉燥的作法：\n\
  五花肉絲先乾炒半熟，撈出肉絲留下豬油，\
  加冰糖炒出糖色，然後加入香料炒...");
}
```

僅第一行開頭和最後一行
結尾要加雙引號。

⬇ 輸出

肉燥的作法：   空格

  五花肉絲先乾炒半熟，撈出肉絲留下豬油， 加冰糖炒出糖色，然後加入香料炒...

2-5 整理程式演算思緒的好幫手：
虛擬碼和流程圖

 寫作文的時候，妳會先打草稿嗎？

 通常會先在白紙上整理思緒和大綱，再謄寫到稿紙上。

 寫程式也經常是這樣，先用簡單的文字描述演算過程，以「從使用者輸入的 3 個數字中，挑選出最大值」的程式為例，演算的步驟可以寫成：

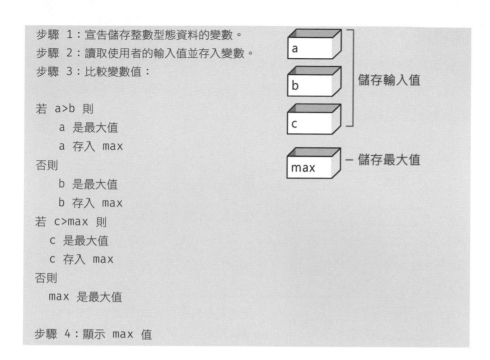

步驟 1：宣告儲存整數型態資料的變數。
步驟 2：讀取使用者的輸入值並存入變數。
步驟 3：比較變數值：

若 a>b 則
  a 是最大值
  a 存入 max
否則
  b 是最大值
  b 存入 max
若 c>max 則
  c 是最大值
  c 存入 max
否則
  max 是最大值

步驟 4：顯示 max 值

儲存輸入值

儲存最大值

像這樣的「程式演算草稿」叫做**虛擬碼（pseudocode）**，因為是寫給自己看的，所以不必拘泥於特定的形式和語法。就像出遊可以選用不同的交通工具，一個問題往往有不同的解法，寫下腦海中的想法時，也許會冒出新的想法。底下是找出 3 個數字中的最大值的另一個虛擬碼，多數程式設計師偏好使用程式語言的關鍵字編寫虛擬碼，如右下所示：

```
a 存入 max
若 b>max 則
    b 存入 max
若 c>max 則
    c 存入 max

顯示 max
```

```
max = a    // 先假設 a 最大
if b>max   // 和 b 比較看看
  max = b
if c>max   // c 和前一個較大者相比
  max = c

print max
```

整理好演算步驟之後，再開啟程式編輯器編寫真正的程式碼。

流程圖

流程圖是另一種分析和說明程式演算過程的常用表示方法，為了便於交流，程式設計師大多採用美國國家標準協會（ANSI）制定的流程圖符號，表 2-11 列舉其中常見的符號。

表 2-11

符號	名稱	說明
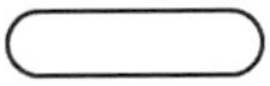	端點	代表程式的開始或結束點
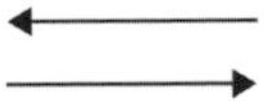	流程線	代表工作流程的進行方向
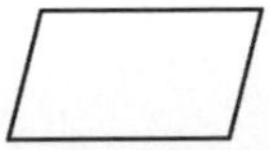	輸出輸入	代表資料的輸入或輸出，例如：讀取鍵盤輸入值
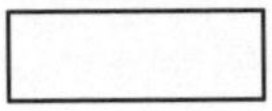	處理	代表處理某些作業，例如：設定變數值
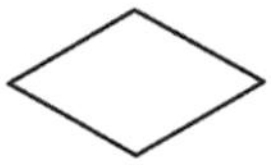	決策	依照條件選擇執行哪個敘述
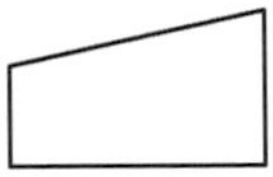	手動輸入	代表手動輸入的內容，通常用「輸出輸入」符號代表
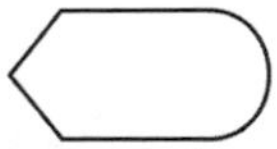	顯示	代表顯示在螢幕上的內容，通常用「輸出輸入」符號代表
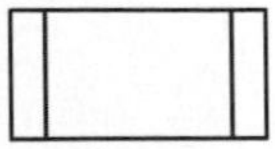	預先定義的處理程序	代表預先寫好、可重複使用的程式碼，在 C 語言中叫做「函式」

採用流程圖描述「取 3 個變數值中的最大值」程式如下，左右兩圖意義相同：

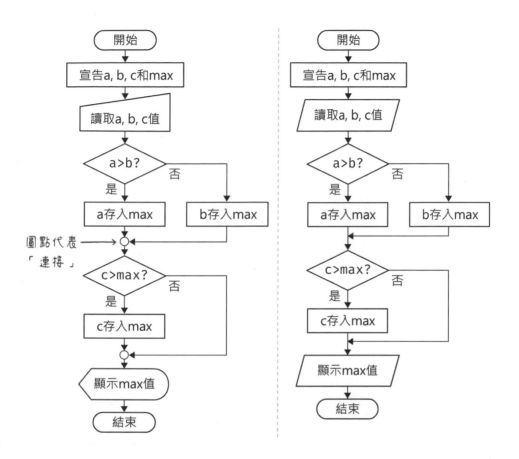

本書將交替使用虛擬碼和流程圖來解説程式。

APCS 觀念題練習

1. 底下程式的執行結果為何？

```c
#include <stdio.h>
int main() {
  char n = 128;
  printf("%d", n);
  return 0;
}
```

A) 128   B) -128   C) 編譯錯誤   D) 0

 B   因為 char 型態值介於 -128~127；超過變數範圍的數值將產生溢位。

2. 以下哪個資料型態的大小比較是正確的？

A) double > char > int   B) int > char > float

C) char < int < double   D) char > int > float

 C

3. 這個程式的輸出為何？

```c
#include <stdio.h>
int main() {
  int a = 10;
  float b = 3.8;
  int c = a + b;
  printf("%d", c);
  return 0;
}
```

A) 10   B) 3.8   C) 13   D) 13.8

 C   因為變數 c 是整數型態。

4. 這個程式的執行結果為何？

```
#include <stdio.h>
int main() {
  signed int a = -129;
  printf("數值:%d", a);
}
```

A) 數值:-129　　　B) 數值:127　　　C) 數值:　　　D) 編譯錯誤

 A　signed int 和 int 都是帶正負號整數。

5. int 資料型態的大小？

A) 4 位元組　　　B) 依作業系統和編譯器而定
C) 8 位元組　　　D) 2 位元組

 B

6. 底下變數 a 的值為何？

```
int a = 0x0G;
a = a + 1;
```

A) 16　　　B) 17　　　C) 18　　　D) 編譯錯誤

 D　因為 16 進位的有效數字是:0~9, A~F (不分大小寫)。

7. 下列哪一個變數定義敘述有誤？

A) int NT$=7.99;　　　B) float x=56;
C) int y-1 =39;　　　D) int _ = 13;

 C　變數名稱不能有 – 號。

8. 底下運算式運算結果的資料型態為何？

```
(float)a * (double)b / (int)c * (long)d
```

A) int   B) long   C) float   D) double

 D 取資料型態最大者。

9. 什麼情況需要強制轉換資料型態？例如，把 int 型態的變數 out 設成：
(char) out 或者 (long) out。

A) 減少或增加記憶體用量   B) 遇到變數不支援的資料型態
C) 資料值超過變數儲存上限   D) 以上皆是

答 D

10. 底下變數 a 的值為何？

```
float a = 8.0 % 2.0;
```

A) 0   B) 1   C) 4   D) 編譯錯誤

答 D %（模除）只能用於整數型態資料。

11. 底下變數定義敘述裡的空白應該要填入什麼？

```
□ x = 12.5;
printf("數值:%lf", x);
```

A) int   B) long   C) char   D) double

答 D

12. 這個程式的輸出結果為何？

```
#include <stdio.h>
int main() {
```

```
    printf("他在心中%s", "默數\n%d, 2, 1…", 3);
}
```

A) 編譯錯誤

B) 他在心中默數 3, 2, 1…

C) 他在心中默數
%d, 2, 1…

D) 他在心中默數
3, 2, 1…

 C 因為只有 printf() 的第 1 個參數當中的格式符號有效。

13. 在 Windows 系統的 Code::Blocks 編譯執行這個程式碼，會顯示什麼？

```
#include <stdio.h>
int main() {
    printf("看海天一色\r 聽風起雨落\n");
    return 0;
}
```

A) 看海天一色

B) 看海天一色
聽風起雨落

C) 聽風起雨落

D) 編譯錯誤

 C '\r' 令游標移到該行的起頭，後面的文字覆蓋之前的內容。

14. 如果 X_n 代表 X 這個數字是 n 進位，請問 $D02A_{16}$ ＋ 5487_{10} 等於多少？
（APCS 105 年 10 月觀念題）

A) 1100 0101 1001 1001_2

B) 162631_8

C) 58787_{16}

D) $F599_{16}$

 B

先把題目數字換算成 10 進位再相加：

$$D02A_{16} + 5487_{10} = (13 \times 16^3 + 2 \times 16 + 10) + 5487 = 58777_{10}$$

接著換算每個答案可知 B 是正解：

$$162631_8 = 1 \times 8^5 + 6 \times 8^4 + 2 \times 8^3 + 6 \times 8^2 + 3 \times 8^1 + 1 = 58777_{10}$$

10 進位小數點數字轉換成 2 進位

把 10 進位浮點數字轉換成 2 進位
的流程如右：

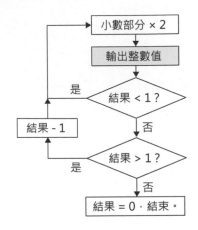

以 0.25_{10} 轉換成 2 進位數字為例，結果是 0.01_2；把 0.1_{10} 轉換成 2 進位，將產生無限循環小數：

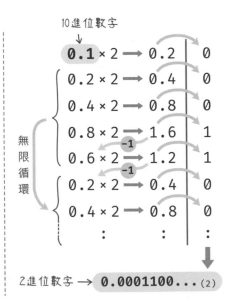

整數和小數點部分要分開轉換，以 6.75_{10} 為例，轉換成 2 進位的值是 110.11_2：

整數部分	小數部分
$6_{10} \rightarrow 110_2$	$0.75 \times 2 = 1.5 \rightarrow \boxed{1}$
	$0.5 \times 2 = 1.0 \rightarrow \boxed{1}$
	0

2 進位數字的每一位數，都是 2 的指數
冪。表 2-12 列舉了幾個浮點數字的 2 進
位和 10 進位的對照。

表 2-12

2 進位數字	10 進位數字
0.1	0.5
0.01	0.25
0.001	0.125
0.0001	0.0625

從表 2-12 可知，0.75_{10} 的 2 進位值是 0.11。如果 10 進位數字無法用 0.5, 0.25,
0.125, …等數字的和來表示，就無法用有限位數的 2 進位表示。

儲存浮點數字

在記憶體中保存浮點數字之前，還要把轉成 2 進位的數字正規化（normalize，
也就是轉成標準格式），變成類似右下圖的模樣：

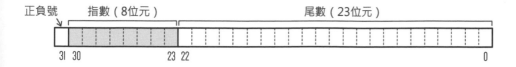

6.75_{10} →（轉2進位）→ 110.11_2 ┊ 110.11_2 →（正規化）→ 保留1位整數 ↓ $1.1011_2 \times 2^2$ ← 指數　這部分叫「尾數」

假設一個浮點數字（float）型態的資料占用 32 位元儲存空間，儲存格式分
成如下 3 個欄位，其中的尾數（mantissa）也稱為分數（fraction）或有效數字
（significand）：

正負號 ↓　指數（8位元）　　　　　尾數（23位元）

31 30　　　　　23 22　　　　　　　　　　　　　　　　0

2 進位浮點數字的正規化表達格式如下：

$$(-1) \times 正負號 \times 1.f \times 2^n$$

指數值要考量轉成
2進位的偏差值

0代表正、　代表尾數
1代表負。

2 的指數值（n）要先加上**偏差值（bias）**，再存入指數欄位。2 進位偏差值的計算公式為 $2^{k-1}-1$，k 是指數欄位的位元數。若指數欄位是 8 位元，$8=2^3$，所以 k = 3，因此偏差值為 $2^{3-1} - 1 = 3$。以 1.1011×2^2 這個例子來說，指數加上偏差值的結果為 101_2：

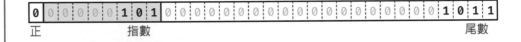

所以，6.75_{10} 以 32 位元浮點數字格式存入記憶體的模樣如下：

0	0 0 0 0 0 1 0 1	0 0 0 0 0 0 0 0 0 0 0 0 0 0 0 0 0 0 0 0 0 0 1 0 1 1
正	指數	尾數

3

字串、字元編碼與
自訂函式

截至目前，程式碼裡面的字串資料都是直接透過 printf() 輸出，本單元將說明如何儲存字串，以及讓電腦得以分辨不同文字的「編碼」。

3-1 確認資料型態大小以及注意事項

1996 年時，歐洲太空總署的人造衛星載運火箭 Ariane 5，在升空過程偏離航道而爆炸解體。事故調查分析指出，裝在火箭上的陀螺儀（用於感測飛行姿勢）送出的資料是 64 位元浮點數型態 (float)，而處理程式卻採用 16 位元有號整數型態 (unsigned int)，因為資料溢位（超出變數儲存容量）使得電腦誤判火箭的飛行姿勢，最終以任務失敗收場。由此可知，看似微不足道的小事，足以釀成大禍。

 額～有些網站的 bug 會造成網民暴動。

 哦…比方說？

 購物網站錯把商品標成超低價。

 那的確會引起騷動，但也是購物網站的災難…

用 sizeof 運算子確認資料型態的大小

資料型態佔用的記憶體大小，會因作業系統和編譯器而不同，具體的大小可從 sizeof 運算子得知，它的名稱源自 "size of"，代表「〇〇的大小」。sizeof 的運算值是叫做 **size_t** 的「自訂型態」（是的，C 語言允許我們自訂資料型態，留待第 10 章說明）：

資料型態名稱

```
printf( "int佔%lu位元組\n", sizeof( int ) );
```
↑ long型態的格式符號　　↑ 傳回long型態值　　輸出 → int佔4位元組。

在線上 C 語言編譯環境中，size_t 等同 unsigned long 型態（無正負號長整數）型態，所以字串裡的格式符號應該用 **%lu**，但如果數值範圍沒有超過 **int 型態**的表達範圍，格式符號用 %d 或 %i 也行：

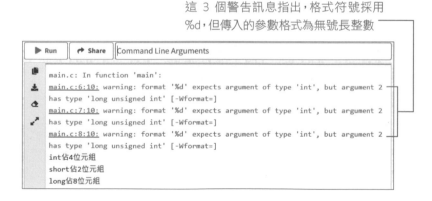

```
#include <stdio.h>

int main() {
  int n = 123;

  printf("int佔%ld位元組\n", sizeof( n ));
  printf("short佔%ld位元組\n", sizeof( short ));
  printf("long佔%ld位元組\n", sizeof( long ));
}
```

長整數格式符號，可改用%d

此參數可以是變數名稱或者資料型態名稱

int佔4位元組
short佔2位元組
long佔8位元組

上面是在線上 C 程式開發工具的執行結果。把格式符號 %ld 改成 %d，執行沒問題，但線上編譯器會提出警告：

這 3 個警告訊息指出，格式符號採用
%d，但傳入的參數格式為無號長整數

```
▶ Run    ↱ Share    Command Line Arguments

main.c: In function 'main':
main.c:6:10: warning: format '%d' expects argument of type 'int', but argument 2
has type 'long unsigned int' [-Wformat=]
main.c:7:10: warning: format '%d' expects argument of type 'int', but argument 2
has type 'long unsigned int' [-Wformat=]
main.c:8:10: warning: format '%d' expects argument of type 'int', but argument 2
has type 'long unsigned int' [-Wformat=]
int佔4位元組
short佔2位元組
long佔8位元組
```

3-2 字元與字串資料型態

C 語言把文字訊息分成**字元**（character）和**字串**（string）兩種資料型態。一個**字元**指的是一個半型文字、數字或符號；**字串**則是一連串字元組成的文字資料。

字元型態的資料值要用**單引號**(')括起來，宣告儲存**字元**型態變數的例子：

```
char data = 'A';
```
← 字元要單引號括起來，不能用雙引號，而且只能存放一個字。

認識文字編碼

電腦只知道 0 和 1，為了讓它分辨字元，電腦科學家事先替每個字元都安排**一個數字編號**。例如，字元 'A' 的數字碼是 0x41（或 10 進位的 65），'B' 是 0x42。字元編號的正確說法是「字元編碼」；為了讓不同的電腦系統能互通訊息，所有電腦都要遵循相同的字元編碼規範，否則，在甲電腦系統定義的字元編碼 A，在乙電腦上代表 B，那就雞同鴨講了。**目前最通用的標準文／數字編碼，簡稱 ASCII**（American Standard Code for Information and Interchange，美國標準資訊交換碼）。

ASCII 定義了 128 個字元，編碼範圍 0x00~0x7F， 0x00~0x1F 是控制字元（如：換行和標示字串結尾的編碼 0，NULL），沒有外觀。下表列舉 16 進位的 ASCII 編碼字元，讀者不需要記憶這張表，上網搜尋關鍵字 "ASCII"，或者用程式很容易就能查到字元的編碼值：

	0	1	2	3	4	5	6	7	8	9	A	B	C	D	E	F	
0	NUL 字尾										LF 換行			CR 換行			⎫ 控制字元
1																	⎬
2	SP 空格	!	"	#	$	%	&	'	(	)	*	+	,	-	.	/	← 2F
3	0	1	2	3	4	5	6	7	8	9	:	;	<	=	>	?	← 3F
4	@	A	B	C	D	E	F	G	H	I	J	K	L	M	N	O	
5	P	Q	R	S	T	U	V	W	X	Y	Z	[	\	]	^	_	
6	`	a	b	c	d	e	f	g	h	i	j	k	l	m	n	o	
7	p	q	r	s	t	u	v	w	x	y	z	{	|	}	~	DEL 刪除	

↑ 70　　　　　　　　　　↑ 7A

char 型態值其實是**一個位元組大小的整數**，可儲存 –128~127 或者 0~255 範圍的整數資料：

```
char data = 65;
```
以數字編碼格式儲存「字元」時，不用單引號！

請看底下的範例程式，在 printf() 使用 **%d 或 %i 格式符號**，將可呈現該變數的**整數值**；若使用 **%c 格式符號**（c 代表 character，字元），則會呈現文**字**：

```c
#include <stdio.h>

int main() {
  char c1 = 'A';    // 'A' 可改成 0x41 或 65
  char c2 = 97;     // 97 可改成 0x61 或 'a'

  printf("c1 的數值：%d，等同 ASCII 字元：%c\n", c1, c1);
  printf("c2 的數值：%d，等同 ASCII 字元：%c\n", c2, c2);
}
```

編譯執行結果：

```
c1 的數值：65，等同 ASCII 字元：A
c2 的數值：97，等同 ASCII 字元：a
```

中文編碼與 UTF-8 萬國編碼

 我把上面程式裡的字元變數 c1 的值改成 '美'，結果編譯時出現錯誤：

```
char c1 = '美';    // c1改成中文字
```
 編譯結果

```
main.c:4:15: warning: multi-character character constant [-Wmultichar]
    4 |    char c1 = '美';
      |              ^~~~~
```
這個警告訊息指出資料值是「多位元組字元」

 這是因為 char 型態值的上限是 0~255，最多能代表 256 個不同字元，但常用的中文字就好幾千個，char 型態容納不下；1 個中文字至少要用兩個位元組表達：

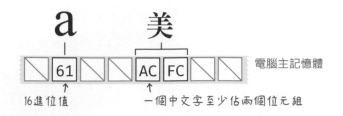

在 20 世紀 90 年代之前，不同國家語系都各自發展了自己的文字編碼，台灣開發的繁體中文編碼叫做 Big5（大五碼），中國大陸的簡體中文編碼叫做 GB23212，而日本的文字編碼則是 Shift JIS。下圖左列舉「美」這個字在不同的編碼系統的 16 進位編碼值，下圖右則是世界通行的 UTF-8 文字編碼：

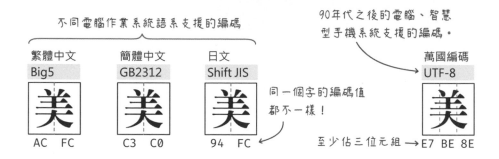

這意謂著，如果你在繁體中文版 Windows 系統的記事本用 Big5 編碼格式儲存一些中文字，然後在簡體中文版 Windows 系統開啟它，你將看到一堆亂碼：

為了解決不同語系萬「碼」奔騰的亂象，90 年代的電腦作業系統開始支援 **Unicode（統一碼）**。簡單的說，Unicode 的目標是為世界各國的文字，建立一個統一的編碼標準，讓不同語系的電腦系統能夠方便、正確地交換訊息，一份文件可包含各國文字而不會出現亂碼。

Unicode 是「統一文字標準」的名稱，它所採用的編碼有 UTF-8, UTF-16, UTF-32, …等 ("UTF" 代表 Unicode Transformation Formats，統一碼轉換格式)，文字占用的位元組大小也不一樣。最通用的是 UTF-8，主因是它的英文字元編碼和 ASCII 完全一致，所以舊有的 ASCII 編碼程式不用改寫，但其他語系的軟體就要改寫了。

在 **Windows 記事本**儲存文件時，從『**編碼**』選單選擇 **UTF-8** 格式，該文字檔就能在不同語系的 Windows, Mac, Linux 作業系統和智慧型手機正確呈現內容：

字串資料

在 C 語言中，把中文字設定給變數，要用「字串」形式。字串是**一連串字元（char 類型）**的集合，宣告字串型態變數時，變數名稱後面要加上代表「集合」的方括號：

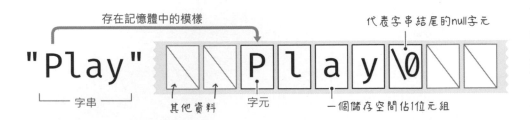

上面的敘述將宣告一個 str 字串變數，存入 "Play"。字串資料在電腦記憶體中的保存模樣如下，**每個字串都有一個 null 字元結尾，用來表示「此字元集合到此為止」**。用雙引號設定字串值時，編譯器會自動加上 null 結尾：

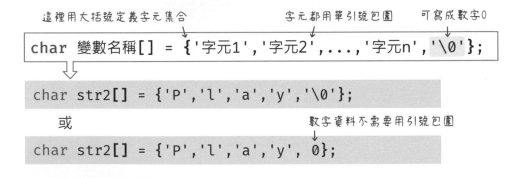

字串也能用底下的語法定義，字尾的 **null 字元要自己加入，寫成 '\0'**（用單引號包圍反斜線加上數字 0）**或者數字 0**：

這裡用大括號定義字元集合　　　　　　字元都用單引號包圍　　　可寫成數字0

```
char 變數名稱[] = {'字元1','字元2',...,'字元n', '\0'};
```

```
char str2[] = {'P','l','a','y','\0'};
```

　或

數字資料不需要用引號包圍

```
char str2[] = {'P','l','a','y', 0};
```

> Null 代表「無」或「結束」，在意義上並不等於 0，也不會顯示出來。但由於 null 的 ASCII 編碼是 0，寫成 '\0'，因此在 C 語言中，null 等同於數字 0。

 應該不會有人無聊到把整個字串拆解成一個個字元輸入程式吧？如果少了後面的 null 字元或數字 0，會導致編譯錯誤嗎？

不會發生編譯錯誤，也的確很少這樣定義字串。若省略 null 字元，可能會導致資料讀取錯誤。以底下的敘述為例，電腦會在記憶體中找一塊能儲存 5 個字元的空間，然後存入資料：

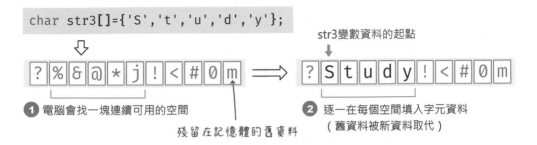

```
char str3[]={'S','t','u','d','y'};
```

str3變數資料的起點

| ? | % | & | @ | * | j | ! | < | # | 0 | m |

➡️ | ? | S | t | u | d | y | ! | < | # | 0 | m |

❶ 電腦會找一塊連續可用的空間

殘留在記憶體的舊資料

❷ 逐一在每個空間填入字元資料（舊資料被新資料取代）

將來讀取資料時，電腦會從 str3 變數的起點位置開始讀取，直到遇到 0 才停止，所以它讀到的字串資料是 "Study!<#"。

 哦～也就是說，雖然**字串 "Study" 由 5 個字元組成，但實際需要的儲存空間是 6 個位元組**；如果數字 0 到很後面才出現，電腦會讀入一長串垃圾資料。

還有之前提到，英文字元是 ASCII 編碼的資料，所以我也能用 ASCII 編碼數字來組成字串嗎？像底下兩行敘述是相等的吧？

'c'的ASCII編碼

```
char str4[]={ 99, 111, 100, 101, 0 };    等同    char str4[]="code";
```

 沒錯！很有概念哦～補充說明，定義字串的方括號裡面可以自行填入字元的數量：

連同null，共6個字元。

```
char str5[6] = {'s','l','e','e','p',0};
```

在 printf() 中合併字串時，**字串的格式符號寫成 %s**（s 代表 string，字串）。編譯執行底下這段程式將顯示：Study and play hard.

```
#include <stdio.h>

int main() {
  char str1[] = "play";
  char str2[] = {'S', 't', 'u', 'd', 'y', 0};
  printf("%s and %s hard.\n", str2, str1);
}
```

中文字不能用單一字元方式處理，必須視為字串，用雙引號包圍。編譯執行底下的程式將顯示：「書本」的英文是 "book"：

```
#include <stdio.h>

int main()
{
  char str1[] = "書本";
  char str2[] = "book";
  printf("「%s」的英文是\"%s\"。\n", str1, str2);
}
```

中文和其他多位元組字，不可用這種寫法。

char str1[] = {'書', '本', 0};

插入雙引號

繁體中文字集的 Big5 編碼（大五碼）使用雙位元組來代表一個字，標點符號以及中文字的編碼範圍介於 0xA140~0xF9DC，所以簡單來說，支援 Big5 的中文作業系統在讀取字元碼時，遇到大於或等於 0xA1 開頭的位元組資料，就再讀入下一個位元組，將它還原成一個中文字：

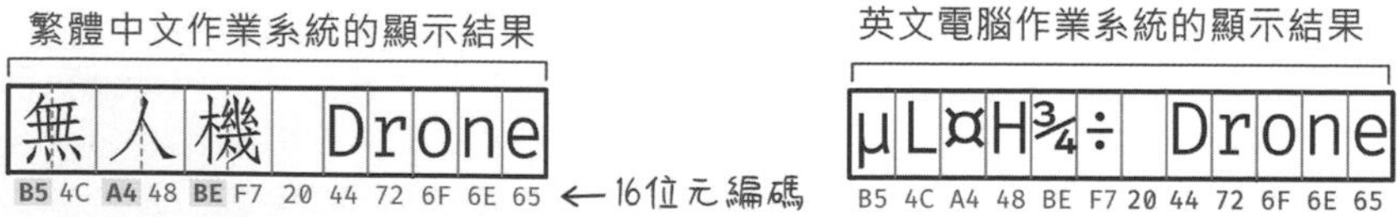

繁體中文作業系統的顯示結果

無 人 機 Drone
B5 4C A4 48 BE F7 20 44 72 6F 6E 65 ←16位元編碼

英文電腦作業系統的顯示結果

µL¤H¾÷ Drone
B5 4C A4 48 BE F7 20 44 72 6F 6E 65

如果把中文的雙位元組拆開解讀，就會變成右上圖的亂碼，其中的 0x4C 是 ASCII 編碼的字母 L，0x48 則是 H。

APCS 觀念題練習

1. 底下敘述的輸出是什麼？

```c
char s1[10]= "abc";
char s2[]   = "xyz";
char s3[]   = {'i', 'j', 'k'};
printf("%ld, %ld, %ld", sizeof(s1), sizeof(s2),
sizeof(s3));
```

a) 3, 3, 3   b) 4, 4, 4   c) 10, 4, 3   d) 10, 4, 4

答 C 因為 str1 陣列宣告 10 個元素大小、str2 的 "xyz" 連同結尾的 '\0'，共有 4 個字元。

2. 底下敘述的輸出是什麼？

```c
float a = 'a';
printf("%f", a);
```

a) a   b) 編譯錯誤   c) 97   d) 97.000000

答 D 'a' 的編碼是整數值，但變數 a 是浮點型態，透過 printf() 的 %f 就會呈現帶小數點的數字。

3. 底下敘述的輸出是什麼？

```c
char x = 'x'+1;
printf("%c", x);
```

a) x   b) y   c) 121   d) %c

答 B 字元資料是整數（編碼）值，所以可以用加減的方式改變編碼，得到相鄰編碼的字元。

4. 底下敘述的輸出是什麼？

```
printf("%ld", sizeof(0.1L));
```

a) 16　　　　　b) 8　　　　　c) 4　　　　　d) 0.1

 A　敘述中的 0.1L 代表 long double 型態。

5. 底下敘述的輸出是什麼？

```
printf("%f + %d");
```

a) 0 + 0　　　　　　b) 任意值 + 任意值

c) 任意值 + 0　　　　d) 0.000000 + 任意值

 D　編譯時可能會出現缺少整數參數的警告訊息，但程式仍可執行。
缺少對應參數時，%f 會顯示 0.000000，而 %d 會顯示記憶體的
剩餘量，例如：0.000000 + -2041774008

3-3 建立自訂函式

寫程式有時有點像拼拼圖，你把自己以前寫好的、別人寫的或者 C 語言本身
提供的程式拼湊在一起，組成完整的程式。那些**具有特定功能**（如：計算圓面
積的公式 πr^2），並且能被**重複使用**的程式碼，叫做 "函式"。

例如，假設有個程式的執行流程像下圖左，從指令 A 往下執行到指令 E，其中
包含兩段相同功能的敘述。把它們包裝成函式再重複引用，程式碼就變得簡潔
且容易維護了：

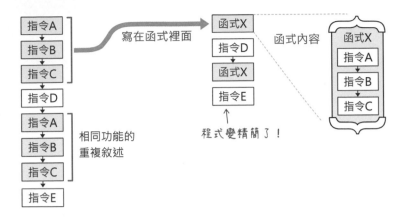

定義函式的語法格式：

void型態代表「無傳回值」　　　　　　　　　多個參數中間用逗號隔開

```
傳回值型態 函式名稱(參數1，參數2，...) {

    運算式1;
    運算式2;
        :
    return 運算結果;  ← 若無傳回值，則省略這一行。
}
```

函式的命名規則和變數名稱的要求一樣。底下是定義計算圓面積的自訂函式的例子，這個函式沒有傳回運算結果，所以**沒有傳回值，函式名稱前面的「傳回值型態」要填入 "void"**（原意是「虛無」）：

代表無傳回值　　　名稱後面要加上小括號

```
void cirArea( ) {
              ↑ 自訂的函式名稱
    int r = 10;
    float area = 3.14 * r * r;
    printf("圓面積:%.2f\n", area);
}
```

自訂函式cirArea()

宣告半徑（10）
計算圓面積
輸出圓面積

執行函式，也稱作「呼叫函式」，語法是寫下函式名稱以及小括號；函式將在執行後回到呼叫它的敘述，往下執行：

```
#include <stdio.h>

void cirArea() {
    int r = 10;
    float area = 3.14 * r * r;
    printf("圓面積:%.2f\n", area);
}

int main() {
    cirArea();
    printf("計算完畢!\n");
}
```

自訂函式的定義要放
在呼叫它的敘述之前

❶ 程式執行起點

❷ ← 呼叫執行cirArea()函式

結果 →

圓面積:314.00
計算完畢!

設定自訂函式的引數(參數)與傳回值

上一節的自訂函式相當沒有彈性,不管呼叫幾次 cirArea(),都只會計算半徑 10 的圓面積。其實,函式名稱後面的小括號**可以傳遞與接收參數**。把 cirArea() 函式改成接收一個半徑整數參數的例子:

參數也要設定型態　　接收傳入值的參數

```
void cirArea( int r ) {
    float area = 3.14 * r * r;
    printf("圓面積:%.2f\n", area);
}
```

參數等同變數

函式可以透過 **return** 傳回計算結果;return 有**返回**或**傳回**之意:

傳回值的型態

```
float cirArea( int r ) {
    float area = 3.14 * r * r;
    return area;
}
```
← 傳回變數資料

等同 →

```
float cirArea( int r ) {
    return 3.14 * r * r;
}
```

若函式有傳回值,呼叫方就要用變數接收,否則傳回值會被丟棄;函式定義開頭的 **void** 也要改成傳回值的型態,此例為 float:

```
#include <stdio.h>

float cirArea( int r ) {
  return 3.14 * r * r;
}

int main() {
  float ans = cirArea( 20 );

  printf("半徑%d的圓面積:%.2f\n", 20, ans);
}
```

傳回值型態

運算結果
傳回呼叫方 **2**

1 呼叫函式並傳遞引數(參數)

資料型態與函
式傳回值一致

3 儲存結果

呼叫方的參數,
也叫做「引數」。

return 有**終結執行**的涵意,凡是**寫在 return 後面的敘述將不被執行**,例如:

```
float cirArea(int r) {
  return area = 3.14 * r * r;
  printf("圓面積:%.2f\n", area)    // 這一行永遠不被執行!
}
```

函式原型宣告

呼叫函式時,傳遞的參數數量及順序要和函式定義相同。底下的 area(面積)
函式定義接收兩個參數,但呼叫時,只傳入一個參數:

```
#include <stdio.h>

int area(int w, int h) {         // 計算矩形面積,接收寬、高參數
  return w*h;                    // 傳回面積值
}

void main() {
  printf("面積:%d\n", area(3));  // 呼叫 area,傳入一個整數 3
}
```

在線上 C 語言開發工具編譯執行會產生如下的錯誤訊息,**程式不會執行**:

此訊息代表「錯誤：少了給函式'area'的參數」

```
main.c:8:29: error: too few arguments to function 'area'
    8 |     printf("面積:%d\n", area(3));
      |                         ^~~~
main.c:3:5: note: declared here       ← 代表「註：在此定義」
    3 | int area(int w, int h) {
      |
```

如果把自訂函式移到呼叫敘述之後：

```
#include <stdio.h>

void main() {
  printf("面積:%d\n", area(3));   // 呼叫 area，傳入一個整數 3
}

int area(int w, int h) {            // 計算矩形面積，接收寬、高參數
  return w*h;
}
```

編譯結果出現警告訊息，**程式會執行，但結果是錯的**，因為函式呼叫敘述缺少一個參數，電腦錯誤地引用其他記憶體內容來計算：

警告：隱含地宣告函式'area'

```
main.c:4:29: warning: implicit declaration of function 'area' [-Wim...略]
    4 |     printf("面積:%d\n", area(3));
      |                         ^~~~
```

面積:-73098248 ← 計算結果

「隱含地宣告」代表程式沒有在呼叫它之前，事先宣告函式。除了把自訂函式移回程式開頭，另一個方法是在程式的開頭加上**函式原型宣告**，其作用是**確保函式呼叫敘述的參數數量、資料型態以及傳回值型態，符合函式定義**。函式原型宣告的語法，以及求取面積的 area 自訂函式的原型敘述如下：

傳回值型態 函式名稱(參數型態1, 參數型態2, ...);

int area(int, int);

僅參數型態，參數名稱可不寫。

完整的程式碼如下，無論自訂函式放在哪裡，**在程式開頭編寫函式原型宣告是良好習慣**，但礙於篇幅，本書大都省略它。

```c
#include <stdio.h>

int area (int, int);              // 函式原型宣告

int main() {
  printf("面積:%d\n", area(3));   // 僅傳入一個參數
}

int area(int w, int h) {
  return w*h;
}
```

編譯程式時，將出現相同的「少給了函式參數」錯誤，**程式不會執行**。

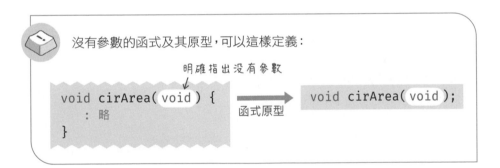

沒有參數的函式及其原型，可以這樣定義：

明確指出沒有參數

```c
void cirArea( void ) {
  : 略
}
```

函式原型 →

```c
void cirArea( void );
```

3-4 變數的儲存等級、有效範圍和生命週期

之前的函式程式碼透過 return 敘述，把計算結果傳回給呼叫方。若不用 return 傳回值，也可以設法把資料存入一個共用的變數，讓不同的程式敘述存取：

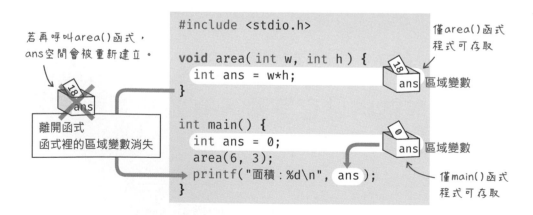

例如，宣告同名的變數 ans，但底下的寫法是錯的，這兩個 ans 是獨立的個體：

```c
#include <stdio.h>

void area( int w, int h ) {
    int ans = w*h;    // 定義ans，存入面積值。
}

void main() {
    int ans = 0;      // 定義ans
    area(6, 3);
    printf("面積:%d\n", ans );
}
```

無傳回值

結果 → 面積:0

變數有**有效範圍**（scope）及**生命週期**（life time）。在函式區塊中定義的變數，只能被函式裡的程式碼存取，因此稱為**區域（local）變數**。main() 和 area() 兩個函式各自定義的變數，就好像兩個班級的同名同姓學生，彼此沒有關聯：

```c
#include <stdio.h>

void area( int w, int h ) {
    int ans = w*h;
}

int main() {
    int ans = 0;
    area(6, 3);
    printf("面積:%d\n", ans );
}
```

若再呼叫area()函式，ans空間會被重新建立。

離開函式函式裡的區域變數消失

僅area()函式程式可存取 → ans 區域變數

ans 區域變數

僅main()函式程式可存取

> 函式參數，如上面 area 函式的 w 和 h，有效範圍也僅限於該函式。

函式執行完畢，在其中定義的區域變數的生命週期就結束了。為了不讓變數消失，可以將它定義在函式之外，通常寫在程式開頭；在**函式以外**宣告的變數被視為**外在變數**，通稱**全域（global）變數**，能被**這個程式檔的所有程式碼存取**。

在函式之外
定義的變數 →

這個函式裡面沒有
定義變數，只是引
用變數。

這個函式裡面也
沒有定義變數

```
#include <stdio.h>
int ans = 0;
void area( int w, int h ) {
  ans = w*h;
}
int main() {
  area(6, 3);
  printf("面積:%d\n", ans );
}
```

共享空間
ans 全域變數

引用變數

全域變數的生命週期一直持續到整個程式執行完畢。編譯執行上面的程式碼，將能正確顯示 "面積:18"。

全域變數的預設值是 0（int 和 char 型態），所以底下兩段敘述相等。但區域變數的預設值則是不定值：

```
#include <stdio.h>
int ans = 0;
    :
```

等同

```
#include <stdio.h>
int ans;
    :
```

若函式中定義了跟全域變數同名的變數，函式裡的敘述會取用區域變數（亦即，存取最接近的容器）而非全域變數。以底下的 main() 函式為例，執行結果顯示 "面積:0"：

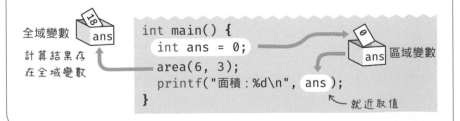

全域變數
計算結果存
在全域變數

```
int main() {
  int ans = 0;
  area(6, 3);
  printf("面積:%d\n", ans );
}
```

區域變數
ans

就近取值

用 extern 明確宣告存取全域（外部）變數

決定變數有效範圍及生命週期的因素是變數的**儲存等級**（storage class）；在函式中，存取全域變數之前，可以如同左下方的程式，加入一行明確使用全域變數的敘述，其中的 **extern**（直譯為「外部」）是一種**儲存等級**名稱：

```
int ans = 0;
void area( int w, int h ) {
    ans = w*h;
}
```

函式內部沒有宣告 ans 變數，所以程式會往外找尋同名的變數。

```
int ans = 0;
void area( int w, int h ) {
    extern int ans;
    ans = w*h;
}
```

明確宣告存取外部的 ans 變數，這一行通常省略不寫。

底下的寫法是錯的，不能在函式裡面嘗試定義外部變數：

```
int ans = 0;
void area( int w, int h ) {
    extern int ans = 0;
    ans = w*h;
}
```
✘

重新定義外部變數

表 3-1 列舉 C 語言的儲存等級名稱，以及對應的有效範圍和生命週期。「區塊內」代表在 { 和 } 之內的敘述：

表 3-1

儲存等級	預設值	有效範圍	生命週期
extern（外部）	0	全域、跨程式檔	直到整個程式結束
static（靜態）	0	區塊內	直到整個程式結束
auto（自動）	不確定	區塊內	直到區塊結束
register（暫存器）	不確定	區塊內	直到區塊結束

extern 也可以用於在多個程式檔之間共享變數，後面的章節再介紹。

用 static 延長區域變數的生命週期

在宣告區域變數的敘述前面加上 static（代表「靜態」），該區域變數的生命週期將被延長到整個程式執行結束。以底下的程式為例，右邊的變數 t 在函式首次執行時被建立，其後便一直保存下來：

```
#include <stdio.h>

void count() {
  int t = 0; •------
  printf("%d次\n", ++t);
}

int main() {
  count();
  count();
  count();
}
```

結果
```
1次
1次
1次
```

```
#include <stdio.h>

void count() {
  static int t = 0; •------
  printf("%d次\n", ++t);
}

int main() {
  count();
  count();
  count();
}
```

結果
```
1次
2次
3次
```

然而，static 等級的變數仍是區域型，函式外部的程式碼無法存取它：

```
void count() {
  static int t = 0; •------
    ：略
}

int main() {
  count();
    ：略
  printf("t=%d\n", t);  ✖
}
```

持續留存的區域變數，仍僅限 count() 函式內部程式存取。

存取未定義變數

auto 和 register 儲存等級

auto 和 register 很少用，auto 用於明確宣告該變數是區域型，通常省略不寫：

```
                                    "auto"僅用於區域變數
void count() {                      void count() {
  int t = 0;                          auto int t = 0;
  printf("%d次\n", ++t);      等同     printf("%d次\n", ++t);
}                                   }
```

register 代表中央處理器 (CPU) 內部的記憶體，稱為暫存器。把區域變數宣告成 register，讓電腦把資料存入暫存器，可加快存取速度，但暫存器容量有限，資料有可能跟普通變數一樣存在主記憶體。再加上目前的編譯器有優良的最佳化程式碼功能，會自動把常用的資料存入暫存器，所以程式設計師很少用到 register 等級：

APCS 觀念題練習

1. 你正在開發一個線上購物程式，其中許多函式都需要根據一個固定的手續費來計算總價，請問以下哪個處置方式比較好？

    A) 把手續費存入一個全域變數，例如：SERVICE_CHARGE。

    B) 在每個函式中宣告唯一名稱的區域變數

    C) 在每個函式中宣告同名的區域變數 serviceCharge。

    D) 在 main 函式設置一個變數並以參數形式傳給函式

    答 A 不同程式片段都會用到的設定值，保存在全域變數可方便取用和修改。

2. 下列哪一個儲存等級，可讓區域變數在每次執行函式之後保留其值？

A) auto   B) register   C) extern   D) static

 D

3. 底下程式的輸出結果為何？

```
int a, b=1;
void foo(void);

int main() {
  auto int a = 1;
  foo( );
  a ++;
  foo( );
  printf("%d %d\n", a, b);
}

void foo() {
  static int a = 2;
  int b = 1;
  a += ++b;
  printf("%d %d\n", a, b);
}
```

A)

```
3 1
4 1
4 2
```

B)

```
4 2
6 2
2 1
```

C)

```
4 2
6 1
3 2
```

D)

```
3 1
4 2

5 2
```

答 B

解題過程：在紙上紀錄每個變數值即可找出答案：

4

流程控制：選擇 (selection)
與迴圈 (iteration) 敘述

新聞報導「韋伯太空望遠鏡（James Webb Space Telescope）」飛抵預定位置，陸續張開黃金鏡片了。

 它好厲害，知道要到某個地點才張開鏡片。

 嗯，電腦看起來聰明的原因之一是它可依照情況判斷要做什麼事。這章就來介紹賦予電腦判斷能力的「選擇」與「迴圈」敘述。

4-1 讀取鍵盤輸入資料的 scanf() 函式

接收來自**標準輸入裝置**（standard input，簡稱 stdin，通常是鍵盤）資料的常用函式是 scanf()，原意是 scan formatted，scan 代表「掃描」。底下是簡化的 scanf() 語法（完整語法請參閱第 6 章），其中的「格式設定」常用的格式符號有 %d, %f 和 %s，能將輸入值轉成整數、浮點數和字串。假設程式宣告了一個 float 型態的變數 C，右下圖的敘述將把鍵盤輸入值轉成「浮點」型態再存入變數 C：

變數名稱前面的 & 符號，留待第 8 章說明。scanf() 定義在 stdio.h 標頭檔。底下是把輸入溫度值轉換成華式的程式碼：

```
#include <stdio.h>  // 內含 printf() 及 scanf() 函式定義

int main() {
  float C, F;        // 宣告儲存攝氏和華氏溫度的變數

  printf("請輸入攝氏溫度：");
  scanf("%f", &C);
```

```
    F = (C * 9 / 5) + 32;      // 攝氏轉華氏計算公式
    printf("攝氏 %.2f = 華氏 %.2f", C, F);
}
```

編譯後的執行畫面，輸入溫度數字後按下 Enter 鍵，即可得到轉換值：

```
請輸入攝氏溫度：
```
⇨
```
請輸入攝氏溫度：
21.5
```
⇨
```
請輸入攝氏溫度：
21.5
攝氏21.50 = 華氏70.70
```

 這個程式有 bug，我故意輸入英文字母，程式會把輸入值當作 0.0：

```
請輸入攝氏溫度：
abc123
```
⇨
```
請輸入攝氏溫度：
abc123
攝氏0.00 = 華氏32.00
```

 scanf() 函式會嘗試把輸入值轉換成格式符號指定的型態，以**浮點型態**為例，如果輸入的第一個字元不是數字、正負號或小數點，它會把傳入值視為**數字 0.0**；如果輸入 "12ab3"，會被當成 12.0：

```
請輸入攝氏溫度：
12ab3
攝氏12.00 = 華氏32.00
```

```
請輸入攝氏溫度：
-.90
攝氏-0.90 = 華氏30.38
```

浮點數可以只寫小數點數字，例如，0.15 可寫成 .15。

讀取多個輸入值

scanf() 的格式設定可包含多個格式符號、接收多個輸入值，每個輸入值之間用空格或 Tab 區隔。底下敘述將讀取兩個整數型態資料：

```
int w, h;                  第一個整數存入w，
                           第二個整數存入h。
scanf("%d %d", &w, &h);    // 讀取兩個整數型態資料
```

scanf("格式符號1 格式符號2 … 格式符號n", &變數1, &變數2,...&變數n);

依據使用者輸入的兩個整數，顯示長方形面積的程式碼：

```
#include <stdio.h>

int main() {
  int w, h;    // 宣告儲存寬、高的整數型態變數

  printf("請輸入長方形的寬和高：\n");
  scanf("%d %d", &w, &h);   // 讀取兩個整數型態資料
  printf("面積：%d\n", w*h);
}
```

編譯執行結果；

```
請輸入長方形的寬和高：
20  15_
```
資料之間用一個或更多空格區隔

⇨

```
請輸入長方形的寬和高：
20   15
面積：300
```

兩個格式符號中間可以不加上空格，或者加入多個空格，其結果都一樣：輸入時，不同資料之間用一個或多個空格相隔：

```
scanf("%d%d", &w, &h);
```
沒有空格

```
scanf("%d       %d", &w, &h);
```
多個空格

輸入資料的分隔字元不限於空格，例如，底下敘述指定用逗號：

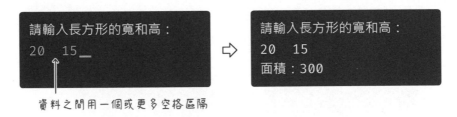

```
scanf("%d,%d", &w, &h);
```
逗號後面可以加空格

⇨

```
請輸入長方形的寬和高：
20,15_
```
資料之間用逗號區隔

4-2 改變程式流程的 if 條件式

以上單元的程式都是從 main() 函式的第一行循序往下執行到結束,現實應用中幾乎不存在這種一意孤行走到最後的程式碼,就像日常生活充滿抉擇以及相應的行動,好比說選擇題答案該猜 B 還是 C、媽媽和女友掉到水裡,該先救誰…人生最困難的不是努力,而是做出正確的選擇。

想像一個常見的條件判斷場景:把錢幣投入自動販賣機時,「如果」額度未達商品價格,「則」無法選取任何商品;「如果」投入的金額大於選擇的商品,「則」退還餘額:

程式使用「條件分歧指令」來設定決策內容,像是金額是否足夠,以及是否退還餘額。C 語言提供下列幾個選擇敘述:

- if
- switch
- 條件運算子

if 的語法如下,其中的 else 和 else if 都是選擇性的,英文 "if...else..." 就是 "如果…否則…" 的意思:

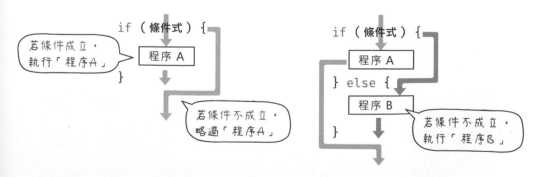

「條件式」是要判斷的內容,例如,判斷是否退餘額的敘述類似這樣,「條件式」要用小括號包圍:

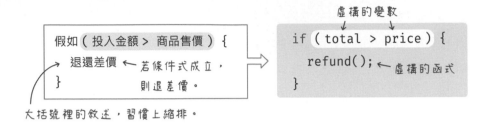

底下是條件判斷的簡單範例:

```c
#include <stdio.h>

int main() {
  int total = 20, price = 16;
  int rem = total - price;

  if ( rem > 0 ) {
    printf( "退還 %d 元\n", rem );
  }
}
```

執行結果　退還 4 元

```c
#include <stdio.h>

int main() {
  int total = 20, price = 20;
  int rem = total - price;

  if ( rem > 0 ) {
    printf( "退還 %d 元\n", rem );
  }
}
```

←條件不成立,所以不
　執行 if 區塊內的敘述。

執行結果　　←未顯示任何內容

再舉個例子,台灣的「道路交通安全規則」規定年滿 18 可考領普通駕照。底下程式將讀取使用者輸入的年齡,並依輸入值顯示「○○歲可考領普通駕照」或者「○○年後再考吧~」,其中的○○將填入數字。

```c
#include <stdio.h>

int main() {
  int age, diff;        // 宣告儲存年齡以及年紀差距的整數

  printf("請輸入年齡:");
  scanf("%d", &age);

  if (age < 18) {
```

```
        diff = 18 - age;  // 計算年齡差距
        printf("%d 年後再考吧～\n", diff);
    } else {
        printf("%d 歲可考領普通駕照。\n", age);
    }
}
```

編譯執行，輸入 18 和 13 的結果：

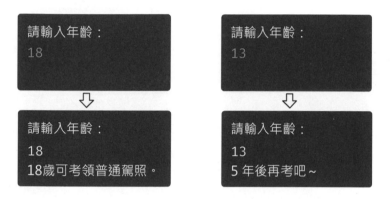

比較條件是否成立的「比較運算子」

「條件式」是一個運算式，C 語言使用條件式的運算結果來判斷條件是否成立。**0 表示不成立，非 0 值（包含負數）表示成立**：

前面範例中使用的 > 稱為「比較運算子」，比較關係成立時運算結果為 1、不成立時為 0，因此可以用在 if 中構成條件式，其他的比較運算子請參閱表 4-1：

表 4-1

比較運算子	範例	說明
==	A == B	如果 A 和 B **相等**則成立,請注意,這要寫成**兩個連續等號**,中間不能有空格。
!=	A != B	如果 A 和 B **不相等**則成立
<	A < B	如果 A 小於 B 則成立
>	A > B	如果 A 大於 B 則成立
<=	A <= B	如果 A 小於或等於 B 則成立
>=	A >= B	如果 A 大於或等於 B 則成立

串連多個條件判斷敍述

一個 if 條件判斷敍述之後,可以加上數個 else if,接連測試不同條件:

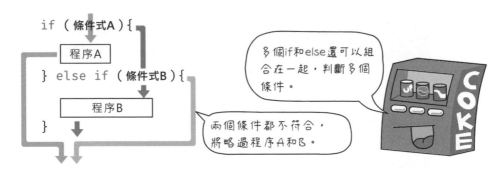

以「判斷是否為閏年」的程式為例,閏年是每 4 年一次,2 月比普通年份(亦稱為「平年」)多一天的年份,西曆的閏年規則為:

● 若西元年**不可**被 4 整除,為平年。

● 若西元年**可**被 4 整除,**且不可**被 100 整除,為閏年。

● 若西元年**可**被 400 整除,為閏年。

● 若西元年**可**被 100 整除,**且不可**被 400 整除,為平年。

底下是根據前兩項規則整理而成的條件判斷敍述:

```
if ( (year % 4) != 0 ) {
    // 平年          餘數不等於0，代表不能被整除。
} else if ( (year % 100) != 0 ) {
    // 閏年
}
```

上面的條件不成立，代表年份可被400整除，則執行這個條件式…

加上第 3 和第 4 個條件，判斷使用者輸入的年份是否為閏年的完整程式碼：

```c
#include <stdio.h>

int main() {
  int year;          // 宣告儲存年份的整數型態變數

  printf("請輸入年份：");
  scanf("%d", &year);

  if (year % 4 != 0) {
    printf("不可被 4 整除，平年。\n");
  } else if (year % 100 != 0) {
    printf("可被 4 整除且不可被 100 整除，閏年。\n");
  } else if (year % 400 != 0) {
    printf("可被 100 整除，且不可被 400 整除，平年。\n");
  } else {
    printf("可被 400 整除，閏年。\n", year);
  }
}
```

編譯執行結果：

```
請輸入年份：
2048
可被 4 整除且不可被 100 整除，閏年。
```

嵌套（巢狀）條件敘述

if 敘述可以包含（嵌套）其他 if 敘述，也稱為巢狀（nested）條件敘述：

嵌套的敘述習慣用縮 →
排，比較容易閱讀。

```
if（運算式A）{
    if（運算式B）{
        「運算式A」和「運算式B」都成立時執行
    } else {
        「運算式A」成立、「運算式B」不成立時執行
    }
} else {
    「運算式A」不成立時執行
}
```

使用巢狀 if 敘述改寫判斷閏年的程式碼如下，執行結果相同。

```c
#include <stdio.h>

int main() {
  int year;
  printf("請輸入年份：");
  scanf("%d", &year);

  if(year % 4 != 0) {
    printf("不可被 4 整除，平年\n");
  } else {
    if (year % 100 != 0) {
      printf("可被 4 整除但不可被 100 整除，閏年\n");
    } else if(year % 400 != 0) {
      printf("可被 100 整除，但不可被 400 整除，平年\n");
    } else {
      printf("可被 400 整除，閏年");
    }
  }
}
```

條件式的「相等」比較運算子若錯誤寫成一個等號，且等號右邊的值不是 0，則條件運算的結果將永遠成立！

變數的值被設為非0，所以條件成立。

變數的值被設為0，所以條件不成立。

```
int a = 0;
if ( a = 1 ) {
    // 永遠執行
}
```

```
int a = 0;
if ( a = -1 ) {
    // 永遠執行
}
```

```
int a = 0;
if ( a = 0 ) {
    // 永不執行
}
```

條件式當中的且、或和反相測試

影響決策的要素可能不只一個，例如：「如果假日天氣晴朗，就外出踏青」，當中的「假日」且「晴朗」兩個條件都要成立，才可以外出。條件敘述中的「且」，叫做「**邏輯運算子**」，C 語言提供**且**、**或**、**否**三種邏輯運算子。

表 4-2　邏輯運算子

運算子	運算式	說明
&&	A && B	代表「且」；只有 A 和 B 兩個值**都非 0** 時，整個條件才算成立；若 A 值為 0，則 B 就不會被評估
‖	A ‖ B	代表「**或**」；A 或 B **任何一方為非 0**，整個條件就算成立；若 A 值為非 0，則 B 就不會被評估
!	! A	代表「**反相**」；把成立的變為不成立；不成立的變為成立

上一節的判斷閏年的條件運算式，改用邏輯運算子的程式碼如下：

```
#include <stdio.h>

int main() {
    int year;

    printf("請輸入年份：\n");
    scanf("%d", &year);
```

```
  if (((year%4 == 0) && (year%100 != 0)) || (year%400 == 0)) {
    printf("%d 是閏年。\n", year);
  } else {
    printf("%d 是平年。\n", year);
  }
}
```

其條件式的運算邏輯如下:

```
if ((year%400 == 0) || ((year%4 == 0) && (year%100 != 0))) {

}
```
整個條件式中,||(或)前面只有一個條件,如果
判斷結果成立,就不必也不會評估後面的條件。

程式編譯執行的結果跟上一節相同,但建議調整一下條件式的順序,在某些情況下可減少電腦評估的次數:

```
       且                         或
if (((year%4 == 0) && (year%100 != 0)) || (year%400 == 0)) {

}
```
如果&&(且)前面的條件不成立,
電腦將不評估後面的條件,因為結
果必定**不成立**!

如果||(或)前面的條件成立,
電腦將不評估後面的條件,因為
結果必定**成立**!

同樣地,像 0 ≤ n < 100 這樣的敘述,在程式中要寫成:0 ≤ n 且 n < 100:

```
if (0 <= n < 100) {
  :
}
```
$0 \le n < 100$ ✘

```
if (0 <= n && n < 100) {
  :
}
```
$0 \le n < 100$ ⭕

4-3 條件運算子

條件運算子 (conditional operator) 相當於簡寫形式的 if 條件判斷敘述：

假設有 a, b, c 三個變數，若 a 的值不為 0，則運算結果 (ans) 為 b 的值，否則為 c 值。

```
ans = a ? b : c;  // 若 a 不為 0，則 ans = b，否則 ans = c
```

底下程式將輸出使用者輸入的兩個整數的差，差值必須是正整數，也就是說，必須用大數減去小數，但使用者輸入的數字並沒有大、小順序。

這是採用 if…else 條件式的寫法，判斷輸入的 n1 是否大於 n2：

```c
#include <stdio.h>

int main() {
  int n1, n2, diff;
  printf("請輸入兩個數字：");
  scanf("%d %d", &n1, &n2);

  if (n1>n2) {          // 若 n1>n2
    diff = n1-n2;       // 差值為 n1-n2
  } else {
    diff = n2-n1;       // 否則，差值 n2-n1
  }

  printf("兩者相差：%d", diff);
}
```

使用**條件運算子**改寫的程式碼：

```
#include <stdio.h>

int main() {
  int n1, n2, diff;
  printf("請輸入兩個數字：");
  scanf("%d %d", &n1, &n2);
  // 若 n1>n2，則執行 n1-2，否則 n2-n1
  diff = ( n1 > n2 ) ? n1 - n2 : n2 - n1;
  printf("兩者相差:%d", diff);
}
```

運算子的優先等級一覽表

比較運算子的優先順序高於邏輯運算子，這表示以下左、右兩個條件式寫法相等：

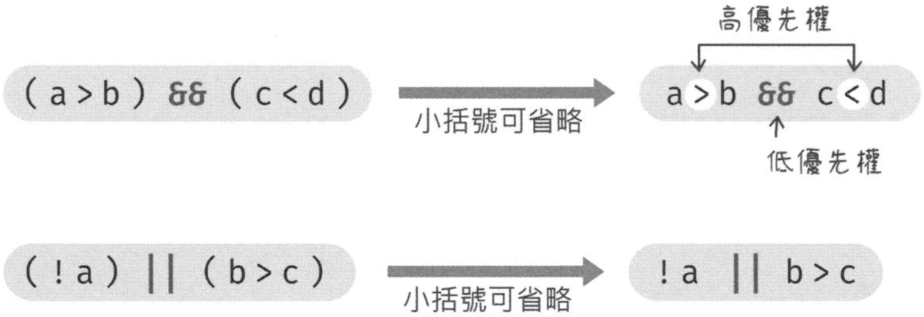

表 4-3 列舉了運算子的優先順序和結合方向，有些運算子尚未介紹，讀者可先瀏覽一遍，日後再回來對照。

表 4-3

優先順序	運算子	名稱	語法範例	結合方向 1
1	〔〕	陣列範圍	陣列名稱〔表達式〕	→
	()	圓括號	(表達式)、 函式名稱(參數)	
	.	成員選擇	結構體.成員名稱	
	->	成員選擇	結構體指標-> 成員名稱	⬇

優先順序	運算子	名稱	語法範例	結合方向 1
2	-	負號	-表達式	←
	~	位元反相	~表達式	
	++ --	自增、自減	++變數、變數++	
	*	指標取值	*指標變數	
	&	取得位址	&變數名稱	
	!	邏輯非（NOT）	!表達式	
	（型態）	強制型態轉換	(資料型態) 表達式	
	sizeof	位元組長度	sizeof (表達式)	
3	* / %	乘、除、取餘數	表達式 * 表達式	→
4	+ -	加、減	表達式 + 表達式	→
5	<< >>	位元左移、右移	變數 << 表達式	→
6	< > <= >=	比較		→
7	== !=	等式	表達式 == 表達式	→
8	&	位元與（AND）	表達式 & 表達式	→
9	^	位元互斥或 （XOR）	表達式 ^ 表達式	→
10	|	位元或（OR）	表達式 | 表達式	→
11	&&	邏輯與（AND）	表達式 && 表達式	→
12	||	邏輯或（OR）	表達式 || 表達式	→
13	? :	條件運算子	表達式 1 ? 表達式 2：表達式 3	←
14	= *= /= %= += -= <<= >>= &= ^= |=	簡單和複合指派	變數 += 表達式	←
15	,	逗號運算子	表達式 1, 表達式 2, …	→

1. 假設 x, y, z 為布林 (boolean) 變數，且 x=TRUE, y=TRUE, z=FALSE。請問下面各布林運算式的真假值依序為何？(TRUE 表真，FALSE 表假)（APCS 105 年 10 月 觀念題）

    - !(y ‖ z) ‖ x

    - !y ‖ (z ‖ !x)

    - z ‖ (x && (y ‖ z))

    - (x ‖ x) && z

    A) TRUE FALSE TRUE FALSE   B) FALSE FALSE TRUE FALSE

    C) FALSE TRUE TRUE FALSE   D) TRUE TRUE FALSE TRUE

     A

2. 若要邏輯判斷式 !(X1 ‖ X2) 計算結果為真 (True)，則 X1 與 X2 的值分別應為何？（APCS 106 年 03 月 觀念題）

    A) X1 為 False，X2 為 False   B) X1 為 True，X2 為 True

    C) X1 為 True，X2 為 False   D) X1 為 False，X2 為 True

     A

4-4 switch···case 控制結構

---

switch 具有「**切換**」的涵意，這個控制結構的意思是：透過比對 switch() 裡的運算式和 case 後面的值（兩者都是**整數型態**），來決定切換執行哪一段程式。它的語法格式如下：

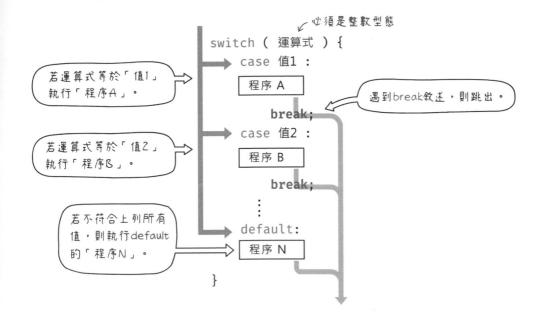

若運算式等於「值1」執行「程序A」。

若運算式等於「值2」執行「程序B」。

若不符合上列所有值，則執行default的「程序N」。

必須是整數型態

遇到break敘述，則跳出。

每個條件陳述區塊的末尾，通常有個代表中斷、跳出的 **break**；最後的 default
(代表預設) 是選擇性的敘述。

底下是個簡單的 switch…case 測試程式，它將依據使用者輸入的 -1, 0 或 1，
顯示對應的文字：

```c
#include <stdio.h>

int main() {
  int num;

  printf("請輸入數字-1, 0 或 1");
  scanf("%d", &num);

  switch(num) {
    case -1 :
      printf("負 1\n");
      break;
```

```
        case  0 :
          printf("零\n");
          break;
        case  1 :
          printf("正 1\n");
          break;
        default :
          printf("超出範圍\n");
      }
    }
```

"break" 指令可依程式邏輯要求不寫，底下程式片段裡的 case 3 和 case 4 區塊都沒有 break，因此若 m 的值為 3, 4 或 5，都會輸出 "春季"：

這兩道敘述後面
都沒有break

```
switch ( m ) {
    case  3 :
    case  4 :
    case  5 :
      printf("春季\n");
      break;
      ：略
}
```

遇到break則跳出switch區塊

有人習慣把要進行相同處理的不同條件 case 敘述寫成一行：

```
switch(m) {
  case 3 : case 4 : case 5 :
    printf("春季\n");
    break;
    ：略
}
```

運用這個特性，可以寫出分辨四季的程式碼：

```c
#include <stdio.h>

int main() {
  int m; // 宣告儲存月份的變數

  printf("請輸入月份：\n");
  scanf("%d", &m);

  switch(m) {
    case 3 : case 4 : case 5 :
      printf("春季\n"); break;
    case 6 : case 7 : case 8 :
      printf("夏季\n"); break;
    case 9 : case 10 : case 11 :
      printf("秋季\n"); break;
    case 12 : case 1 : case 2 :
      printf("冬季\n"); break;
    default :
      printf("請輸入數字 1~12。\n");
  }
}
```

編譯執行結果：

```
請輸入月份：
15
請輸入數字1~12。
```

```
請輸入月份：
10
秋季
```

相較於 if 條件敘述，**switch 只能判斷條件是否完全相等**，不具備「大於」或「小於」之類的判斷，而且 **switch 的判斷值類型是整數**，if 條件式則不限於整數。

4-5 努力不懈的迴圈

 妳知道 R&D 代表什麼部門嗎？

 又是縮寫啊…Run（跑開）& Dodge（閃躲）、Rust（鏽蝕）& Decay（衰敗）、Relax（放鬆）& Doodle（塗鴉）…我想到了，是剽竊（rip-off）和發行（distribute），賈伯斯曾引述畢卡索的話：「好的藝術家模仿，偉大的藝術家剽竊。（Good artists copy, great artists steal.）」，所以是設計部門！

 是蘿蔔（radish）和驢子（donkey）。在驢子面前掛一根蘿蔔驅使牠賣力前行…所以是指做白日夢、畫餅充飢的部門。

 蛤？有這種夢幻工作？

 開玩笑啦～實際是指研究（research）和開發（development）的研發部門。研發的工作需要持續嘗試、實驗、改善，直到把想法變成真實，其中有些單調、重複的工作，像是定時採樣、紀錄實驗數據，最適合交給電腦代勞。

在程式中負責重複執行敘述的指令統稱**迴圈（loop）**，C 語言有 while, do..while 和 for 三種迴圈指令，分別在底下各節介紹。

使用 while 執行已知次數或無限重複的工作

while 迴圈的語法如下：

「條件式」的運算結果將決定是否執行 while 區塊裡的敘述，每當執行到 while 區塊結尾，它會再度檢查條件式是否成立（也就是運算結果是否不為 0），如此反覆直到不成立。

假設要顯示 5 列星號，可以寫 5 行 printf() 敘述，或者用下圖右的 while 迴圈達成同樣的效果：

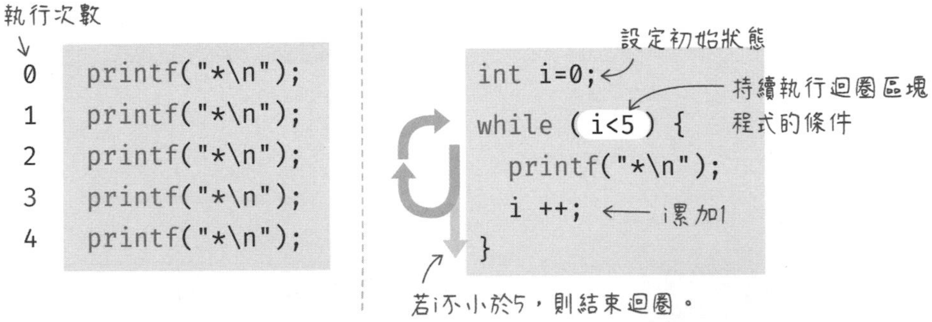

執行次數

```
0    printf("*\n");
1    printf("*\n");
2    printf("*\n");
3    printf("*\n");
4    printf("*\n");
```

設定初始狀態

```
int i=0;
while ( i<5 ) {
  printf("*\n");
  i ++;        ← i累加1
}
```

持續執行迴圈區塊程式的條件

若i不小於5，則結束迴圈。

執行 while 敘述之前，我們首先要準備一個能夠**讓程式脫離迴圈狀態**或者**紀錄迴圈執行次數**的變數，這個變數通常命名為 i。程式語言當中的次數編號，習慣上從 0 開始，所以在 i 值累計到 5 之前，while 區塊內容將被反覆執行：

```c
#include <stdio.h>
int main() {
  int i=0;
  while (i<5) {
    printf("*\n");
    i ++;
  }
}
```

執行結果 →

```
*
*
*
*
*
```

 上面的 while 迴圈敘述可以寫成底下這樣，但是不直觀，不建議這樣寫：

```c
while ( i++ < 5 ) {
  printf( "*\n" );
}
```

⇨ 先取出i值跟5比較

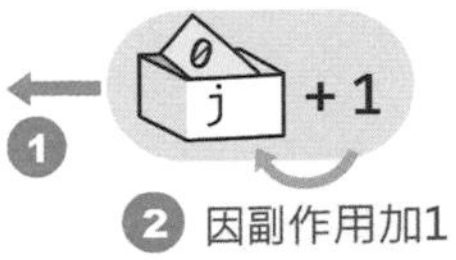

❶

❷ 因副作用加1

在迴圈中輸出 i 的值，便可觀察到 i 的變化：

⬇

絕大多數的迴圈，都有一個讓程序離開迴圈的機制，如果把 while 的條件式設成 1 或其他非 0 值，電腦將反覆不停地執行迴圈，所以它被稱為「無限迴圈」：

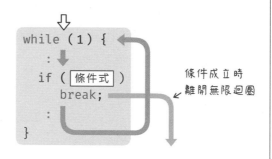

無限迴圈其實不難發現，冰箱的控制程式就有用到：從開機那一刻，它就持續監控溫度。在無限迴圈中加入條件判斷和 break（下文會再介紹），便可視情況離開迴圈：

```
while (1) {
    :
    if ( 條件式 )
        break;
    :
}
```

條件成立時離開無限迴圈

do…while 迴圈

do…while 迴圈的語法如右：

迴圈內容至少會被執行一次！

這是一種先斬後奏型的迴圈結構。**do { … } 區塊的敘述至少會執行一次**，如果 while() 條件式的運算結果為非 0 值，它會繼續執行 do 裡面的程式碼，直到條件式的運算結果為 0。

假設要計算 1 到 10 的平方和：

$$1^2 + 2^2 + 3^2 + \ldots + 10^2$$

採用 do…while 迴圈的程式寫法：

```c
#include <stdio.h>

int main() {
  int i = 1;
  int sum = 0;    // 一開始，sum 為 0

  do {
    sum += i*i;  // 此敘述等同：sum = sum + i*i;
    i++;
  } while (i <= 10);

  printf("答：%d\n", sum);
}
```

編譯執行結果：

答：385

for 迴圈

for 迴圈的語法如下：

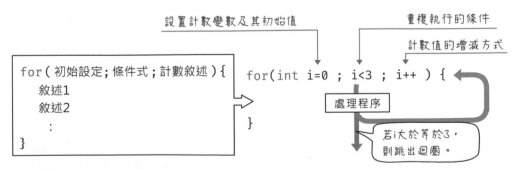

底下是 while 和 for 迴圈的語法比較，兩者的功能一樣：

```
初始設定
While (條件式) {
    敘述1
    敘述2
        :
    計數敘述
}
```

```
for ( 初始設定；條件式；計數敘述 ) {
    敘述1
    敘述2
        :
}
```

for 敘述的括弧裡面有三個敘述，中間用分號隔開。第一個敘述用來設定**控制迴圈執行次數的變數初值**，這個敘述只會被執行一次；**第二個敘述是決定是否執行迴圈的條件式**，只要條件成立（非 0），它就會執行 "{…}" 區塊程式，直到條件不成立為止。**第三個敘述是每次執行完 "}" 迴圈區塊，就會執行的敘述**，通常都是增加或者減少控制迴圈執行次數的變數內容。

舉個例子，寫一個列舉某個整數的全部因數的程式，此程式的運作畫面如下：

請輸入正整數：
21_

執行結果

請輸入正整數：
21
21的因數：1 3 7 21

完整的程式碼：

```
#include <stdio.h>

int main() {
  int num;

  printf("請輸入一個正整數：\n");
  scanf("%d", &num);
  printf("%d 的因數：", num);
  // 此迴圈將執行 num 次，i 從 1 開始，每執行一次累加 1
  for (int i = 1; i <= num; i++) {
    if (num % i == 0) {        // 若能被 i 整除，代表 i 是因數
      printf("%d ", i);
    }
  }
}
```

如果有需要，for 迴圈的第一個和第三個敘述，可以寫在小括號之外。下列兩個 for 迴圈的功能一樣：

```
int i;   初始設定   計數敘述
for ( i = 0 ; i < 5 ; i++ ) {
  printf( "%d ", i );
}
```

```
int i = 0 ;  ← 初始設定
for ( ; i < 5 ; ) {
  printf( "%d ", i );
  i++;
}      計數敘述
```

計算階乘

計算階乘。「階乘」是一連串遞減的正整數乘積，數學符號是!，例如，5 和 7 的階乘分別是 120 和 5040，而 0 的階乘值是 1。

```
5! = 5 × 4 × 3 × 2 × 1 = 120
7! = 7 × 6 × 5 × 4 × 3 × 2 × 1 = 5040
```

使用 for 迴圈計算階乘的程式碼：

```c
#include <stdio.h>

int main() {
  int n, i;
  unsigned long fact = 1;

  printf("請輸入大於 0 的正整數：");
  scanf("%d", &n);

  if (n > 0) {
    for (i = 1; i <= n; i++) {
      fact *= i;
    }
    printf("%d! = %lu", n, fact);
  } else {
```

```
        printf("階乘數必須是正整數。\n");
    }
}
```

4-6 使用輾轉相除法求最大公因數

105 年 3 月的 APCS 考試有個要求完成「使用輾轉相除法求最大公因數」程
式的填空題。本單元就用這個題目來介紹輾轉相除法的演算步驟,本程式的編
譯執行結果:

假設要求 21 和 15 的最大公因數,在紙上計算的流程如下,將兩個數字分別寫在
兩欄,用大的數字除以小的數字,輾轉相除直到其中一個餘數為 0,另一個餘數就
是最大公因數。請留意算式中的被除數和除數的變化:

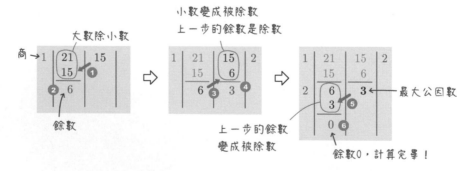

儲存被除數、除數和餘數的變數 i, j 和 k,它們的值在計算過程的變化如下:

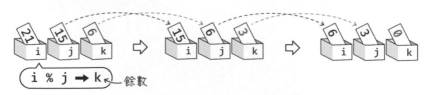

取得最大公因數，即可算出最小公倍數：

$21 \div 3 = \boxed{7}$ $\qquad$ $15 \div 3 = \boxed{5}$ $\qquad$ 最小公倍數 $\Rightarrow 3 \times 5 \times 7 = \boxed{105}$
$\qquad\qquad\quad$ 最大公因數 $\qquad\qquad\qquad\qquad\qquad$ 或
$\qquad\qquad\qquad\qquad\qquad\qquad\qquad\qquad\qquad 21 \times 15 \div 3 = \boxed{105}$

採用輾轉相除求最大公因數的程式處理流程：

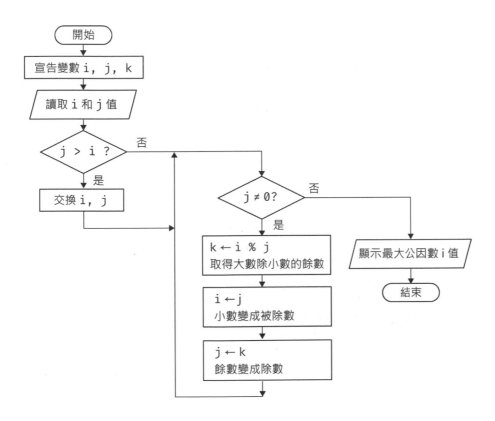

分辨兩個數字的大小並交換位置

求最大公因數的算式，一定是大數字除以小數字，但不管使用者輸入數字的順序，如：21 15 或者 15 21，都要能計算出來，所以程式得先分辨數字的大小。分辨數字大小並且交換位置的程式運作流程如下，透過第三方變數 (temp) 在兩個變數之間交換資料：

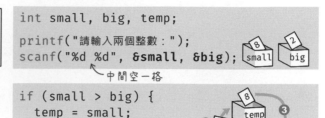

```
int small, big, temp;
printf("請輸入兩個整數：");
scanf("%d %d", &small, &big);
```
中間空一格

```
if (small > big) {
  temp = small;
  small = big;
  big = temp;
}
```

```
printf("%d和%d之間的數字。\n", small, big);
```

底下是另一種交換變數資料的寫法，透過簡單的加減運算達成，不必經由第三者，右下圖展示運作邏輯：

```
if (small > big) {
  big += small;
  small = big - small;
  big -= small;
}
```

small值　　　　big值
big = big + small　➡ big值
small = big - small ➡ small值
big = big - small ➡ big值

求最大公因數和最小公倍數的程式碼

根據上文的流程分析並且加入求最小公倍數的程式碼：

```c
#include <stdio.h>

int main(){
  int i, j, n1, n2, k;

  printf("請輸入兩個數字：");
  scanf("%d%d", &i, &j);

  n1 = i;          // 備份輸入值
  n2 = j;

  if (j > i) {    // 確認大數和小數
    i += j;
```

```
    j = i - j;
    i -= j;
  }
  // 若小數不是 0，則持續計算
  while(j!=0) {
    k=i % j;
    i=j;
    j=k;
  }
  // 另一個數字是最大公因數
  printf("最大公因數：%d\n", i);
  printf("最小公倍數：%d\n", n1 * n2 / i);
}
```

請留意，程式在每次求取餘數 (k) 之後複製 j 給 i、複製 k 給 j，所以在 k 等於 0 之後，i 和 j 有再交換一次，因此最大公因數儲存在變數 i。

4-7 continue 和 break 指令

迴圈區塊裡的敘述，可以透過 continue (繼續) 和 break (中斷) 指令，改變迴圈程式的執行順序。

迴圈裡的 continue（繼續）指令

假設程式需要計算 1 到 10 之內的**偶數** 3 次方總和，也就是要**忽略奇數**：

$$2^3 + 4^3 + 6^3 + 8^3 + 10^3$$

在迴圈中，**忽略以後的敘述的指令**是 continue (代表「繼續」)，可以運用在 while, do..while 和 for 迴圈。底下是用 while 迴圈寫成的範例：

```c
#include <stdio.h>

int main() {
    int i=0;
    int sum=0;

    while (i < 10) {
        i++;
        if (i%2 != 0) continue;
        printf("計算%d的3次方再和前面的數值相加\n", i);
        sum += i*i*i;  // 計算3次方
    }

    printf("計算結果:%d\n", sum);
}
```

等同:i=i+1; → i++;

回到while的開頭繼續

若除以2餘數不是0,
代表i是奇數。

if (i%2 != 0) continue;

等同:
sum=sum+i*1*1;

sum += i*i*i; // 計算3次方

如果 i 是奇數,電腦將忽略(不執行)後面的敘述,回到 while 迴圈的開頭繼續。

while 區塊裡的 if 條件判斷敘述,因為條件成立要執行的敘述只有 continue 一行,所以 if 區塊的大括號可以省略,底下兩種寫法一樣:

```c
if (i%2==0)
{
    continue;
}
```

```c
if (i%2==0)
    continue;
```

執行結果:

```
計算 2 的 3 次方再和前面的數值相加
計算 4 的 3 次方再和前面的數值相加
計算 6 的 3 次方再和前面的數值相加
計算 8 的 3 次方再和前面的數值相加
計算 10 的 3 次方再和前面的數值相加
計算結果:1800
```

上面程式的 i++ 和 if 敘述可合併寫成一個敘述：

```
i++;
if ( i%2 != 0 ) continue;
```
左邊兩行等
同右邊一行 →
i值先加1
```
if ( ++i%2 != 0 ) continue;
```

補充說明 for 迴圈裡的 continue 敘述執行流程，程式會先執行 for 的第三個「計數敘述」，再執行第 2 個「條件式」敘述：

```
for ( i = 1; i <= n; i++ ) {
    :
    contiue;
    :
}
```

break（中斷）指令

之前介紹 switch（切換執行）指令時，已經見過 break，它也經常和 while, do...while 和 for 迴圈搭配使用，強制電腦跳出迴圈。

底下是一個要求使用者輸入正整數的程式，如果使用者輸入正整數，它將顯示 "讚啦!"，接著繼續要求使用者輸入正整數；若輸入負數，則顯示 "〇不是正整數啦!" 然後結束程式：

```
#include <stdio.h>
int main() {
  int num;           ← 迴圈條件永遠成立！
  while (1) {
    printf("請輸入正整數：");
    scanf("%d", &num);
    if (num < 0) {
      break;
    }
    printf("讚啦！\n");
  }
  printf("%d不是正整數啦！\n", num);
}
```

正常的執行流程

```
    : 略
while （迴圈持續的條件） {
    : 略
    if （跳出迴圈的條件） {
      break;
    }
    : 略
}
    : 略
```
執行迴圈區塊底下的敘述

從右上圖可看出，若 if 條件式成立，break 將被執行，程式的執行流程將跳出迴圈。同樣地，上面的 if 程式區塊可改寫成一行：

```
if (num < 0) break;
```

編譯執行結果：

```
請輸入正整數：
18
讚啦！
請輸入正整數：
-5
-5 不是正整數啦！
```

確認某數是否為質數

再來看一個使用 break 中斷迴圈的例子：判斷使用者輸入的數字是否為質數。質數是大於 1 的自然數，除了 1 和它本身，無法被其他自然數整除，例如：2, 3, 5, 7, 11, 13, 17, …等。

所以，判別某數是否為質數最簡易的方式，就是把該數字從 2 開始除到它的前一個數字，看看是否能被整除。例如，假設數字為 5，讓程式執行下列運算：

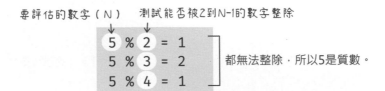

假設要評估的數字存在變數 n，使用 for 迴圈測試該數是否為質數的寫法如下：

```
int n = 5;          // 要評估的數字
int flag = 0;       // 紀錄 n 是否可被某數整除，預設 0 代表否
```

```c
for (int i = 2; i < n; i++) {    // i 從 2 到 n-1，每次加 1…
  if (n % i == 0) {              // 如果 n 可以被 i 整除…
    flag = 1;                    // 標示「可以被某數整除」
  }
}

if (flag == 0) {     // 若執行到此 flag 仍是 0，代表 n 是質數
  printf("%d 是質數。", n);
} else {              // 否則，n 不是質數
  printf("%d 不是質數。", n);
}
```

上面的程式採「窮舉法」從 2 開始逐一比對到 n-1，執行效率低。小學數學課教過一些概念，可用於程式排除非質數的數字。例如：

● 偶數一定可以被 2 整除，所以除了 2 以外，4, 6, 8, …等偶數，都不是質數。

● 每位數字的總和，若可以被 3 整除，代表該數字可以被 3 整除。例如，654，每位數字相加：6＋5＋4=15，可以被 3 整除。

● 個位數是 0 或 5 的數字，可以被 5 整除，例如：1250。

如果把第一個概念帶入程式，只檢查奇數，就可以省去一半的工作量。此外，一旦發現可以整除的數字，就不用再檢驗後續的數字。完整的程式碼如下：

```c
#include <stdio.h>

int main() {
  int n, flag = 0;

  printf("請輸入一個正整數：\n");
  scanf("%d", &n);

  if (n <= 1) {
    printf("0 和 1 都不是質數。");
  } else if (n==2) {
```

```
      printf("2 是質數。");
    } else {
      // i 從 3 開始，每檢測一次，i 加 2
      for (int i = 3; i < n; i+=2) {
        if (n % i == 0) { // 如果 n 可以被 i 整除…
          flag = 1;
          break;              // 不必再測試，離開迴圈
        }
      }

      if (flag == 0)
        printf("%d 是質數。", n);
      else
        printf("%d 不是質數。", n);
    }
}
```

這段程式當中的 for 迴圈只會處理奇數，運作流程如下：

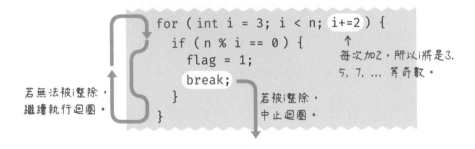

假設使用者輸入 17，上面的迴圈將依序檢查 17 能否被 3, 5, 7, …15 整除。編譯執行結果：

```
請輸入一個正整數：
191
191 是質數。
```

APCS 觀念題練習

1. 底下的迴圈結束後，i 的值為何？

```
int i;
for (i=0; i<3; i++) {
  printf("hello\n");
}
printf("%d\n", i);
```

A) 0   B) 1   C) 2   D) 3

 D

若i不小於3，也就是大於 →
或等於3時，離開迴圈。

```
for ( i = 0; i < 3; i++ ) {
  printf("hi!\n");
}
printf("%d\n", i);
```

← 迴圈裡的敘述執行完
畢後，隨即增加i值。

2. 底下程式的輸出為何？

```
#include <stdio.h>
int main() {
  int i = 1;
  if (i++ && (i == 1))
    printf("向左走\n");
  else
    printf("向右走\n");
}
```

A) 向左走   B) 向右走   C) 編譯錯誤   D) 依 C 語言版本而定

B 　因為 && (且) 條件不
成立，所以執行 else
區塊：

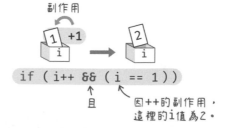

副作用

```
if ( i++ && ( i == 1 ) )
```

且

因++的副作用，
這裡的i值為2。

3. 底下程式的輸出為何？

```
#include <stdio.h>
int main() {
  int a = 1, b = 2;
  if (a = 3)
    b--;
  printf("%d, %d", a, b);
}
```

A) 3, 1   B) 1, 1   C) 1, 2   D) 3, 2

 A   因為 if (a = 3) 這一行裡的變數 a 被設成 3。因 a 值非 0，所以 if
條件式成立，b 被減去 1。

4. 底下程式的輸出為何？

```
#include <stdio.h>
int main() {
  int i = 5;
  while (i --> 0) {
    printf("%d ", i);
  }
}
```

A) 4 3 2 1   B) 4 3 2 1 0   C) 5 4 3 2 1   D) 5 4 3 2 1 0

答 B   處理流程如下：

後置--，所以跟0比較時，i尚未減1；
此處的i值將從5遞減到1。

```
while ( i-- > 0 ) {
  printf( "%d ", i );
}
```

這是i減去1之後的值

5. 飲料第 2 杯半價，定價一杯 40 元，如果買三杯，總價是 40＋20＋40。請
   寫一個程式依照購買的杯數顯示總價。

 先把輸入的數量除以 2，計算出半價的杯數。儲存半價杯數的變
   數型態設成 int，即可自動去除小數點數。假設半價杯數的變數
   （half）值為 3，half/2 的結果為 1。

```c
#include <stdio.h>

int main() {
  int price = 40;    // 定價
  int n, half, total;
  printf("請輸入飲料杯數：");
  scanf("%d", &n);
  half = n / 2;        // 求出半價的杯數
  // 總價 =（總杯數-半價杯數）* 定價 + 半價杯數 * 半價
  total = (n-half) * price + half * (price/2);
  printf("半價杯數：%d\n", half);
  printf("總價：%d\n", total);
}
```

編譯執行結果：

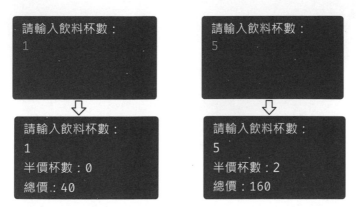

6. 以下程式執行完畢後所輸出值為何？（APCS 106 年 03 月 觀念題）

```c
int main() {
  int x = 0, n = 5;
  for (int i=1; i<=n; i=i+1)
```

```
    for (int j=1; j<=n; j=j+1) {
      if ((i+j)==2)
        x = x + 2;
      if ((i+j)==3)
        x = x + 3;
      if ((i+j)==4)
        x = x + 4;
    }
  printf ("%d\n", x);
  return 0;
}
```

A) 12　　　　B) 24　　　　C) 16　　　　D) 20

答 **D** 雙重迴圈裡的條件固定是判斷 (i+j) 的值，所以先寫下 j 和 j 的變化，觀察 (i+j) 等於 2, 3 和 4 的時機，不必執行整個迴圈；

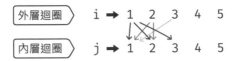

其中：

```
i 等於 1 時，符合條件的（i+j）值：2 3 4
i 等於 2 時，符合條件的（i+j）值：3 4
i 等於 3 時，符合條件的（i+j）值：4
```

然後計算符合條件時的 n 值，即可求出解答。

7. 請問以下程式執行完後輸出為何？（APCS 105 年 10 月 觀念題）

```
int i=2, x=3;
int N=65536;

while (i <= N) {
  i = i * i * i;
  x = x + 1;
}
printf ("%d %d \n", i, x);
```

A) 241785163929258349412352 7   B) 68921 43
C) 65537 65539   D) 134217728 6

 D　i = i * i * i; 就是計算 i 的 3 次方，每執行一次 while 迴圈，i 值就
變成前一次的 3 次方。解題的關鍵是知道 2^{16} 是 65536。迴圈內
容執行到 3 次之後，i 值就大於 65535，所以 x 值累加 3 次 1，
變成 6：

$$2^3 = 8$$

$2^{10} = 1024\ 的一半$

$$(2^3)^3 = 2^9 = 512$$

$2^{16} = 65536$

$$((2^3)^3)^3 = 2^{27} \longrightarrow 遠大於\ 65535\ 的數字$$

8. 以下 f() 函式執行後所回傳的值為何？（APCS 105 年 3 月 觀念題）

```
int f() {
  int p = 2;
  while (p < 2000) {
    p = 2 * p;
  }
  return p;
}
```

A) 1023   B) 1024   C) 2047   D) 2048

 D　在紙上紀錄 p 值的變化，可看出 p 值是 2 的 N 次方：

```
p = 2 → p = 2 * 2 → p = 2²
p = 4 → p = 2 * 4 → p = 2 * 2 * 2  → p = 2³
p = 8 → p = 2 * 8 → p = 2 * 2 * 2 * 2 → p = 2⁴
```

2 的 10 次方是 1024，所以當 p 值為 1024（小於 2000）時：

```
p = 1024 → p = 2 * 1024 → p = 2048
```

9. 以下 switch 敘述程式碼可以如何以 if-else 改寫？（APCS 105 年 10 月觀
念題）

```
switch (x) {
  case 10: y = 'a'; break;
  case 20:
  case 30: y = 'b'; break;
  default: y = 'c';
}
```

A)

```
if (x==10) y = 'a';
if (x==20 || x==30) y = 'b';
y = 'c';
```

B)

```
if (x==10) y = 'a';
else if (x==20 || x==30) y = 'b';
else y = 'c';
```

C)

```
if (x==10) y = 'a';
if (x>=20 && x<=30) y = 'b';
y = 'c';
```

D)

```
if (x==10) y = 'a';
else if(x>=20 && x<=30) y = 'b';
else y = 'c';
```

答 B　case 20 的敘述後面沒有 break，所以 x 值為 20 **或者** 30，都會執
行 y = 'b'。

APCS 實作題　購物車（堆積木）

APCS 測驗 2020 年 7 月有一道「購物車」實作題，完整試題內容請參閱 ZeroJudge 網站：https://bit.ly/3lanZXm，筆者將它改成「堆積木」。玩具店裡面有個積木池，讓玩家任意取用拼湊出作品。不同樣式的積木用整數編號來區分，正整數 x 代表該作品使用了 x 積木；負整數 -x 代表玩家從作品拆下 x 積木。你的任務是統計 n 個作品中，同時使用了積木 a 和 b 的數量。有使用 x 代表積木 x 被放入作品中的次數大於拆除次數

APCS 實作題目會附帶程式的輸入和輸出結果的說明和範例，像這樣：

輸入	輸出
第一行有兩個代表積木編號的正整數 a b，中間用空格隔開。	輸出一個整數，代表同時包含積木 a 和 b 的作品數量。
第二行有 1 個代表作品數量的正整數 n。	
接下來有 n 行，第 i 行代表第 i 個作品的積木紀錄。	
每個作品紀錄包含一連串正負整數，中間用空白隔開，最後以 0 結尾。正整數 x 代表積木 x 被放入作品，-x 則代表拆除積木 x。	

輸入範例 1：	輸出範例 1：	輸入範例 2：	輸出範例 2：
1 7	1	3 6	2
2		4	
4 7 1 -1 0		2 3 4 3 6 1 0	
8 3 7 9 1 0		6 8 9 2 -2 0	
		5 2 4 7 3 6 0	
		2 3 4 -3 6 7 0	

輸入範例 1 的 a, b 積木編號是 1 和 7，有 2 個作品，最後兩行是兩個作品裡的放入和拆下的積木編號，比對之後可發現只有第 2 個作品同時使用積木 1 和 7，因此輸出 1。

解題說明：

考試題目底下有列舉輸入和輸出的範例和說明，你的程式要按照範例接收輸入值以及顯示結果。我們之前寫的程式，會在等待使用者輸入以及輸出結果時，顯示一些文字（如下圖左）；考試的程式不需要這些文字：

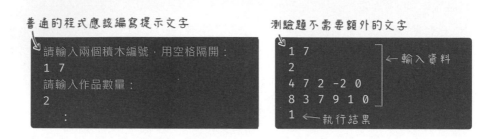

處理題目輸入的積木編號時，可一次處理一筆資料：

或者先讀入整個積木取用數據，再從頭分析（如下圖）。本書尚未介紹儲存多筆資料的方式，因此採用上面的方法：

分析題目之後，先用虛擬碼整理一下解題的想法：

```
宣告變數 a, b, works (作品數), total (總數)
讀取使用者輸入的 a, b 和 works 值

讀取 works (作品) 筆資料
    變數 A 和 B，紀錄放入或拆除積木 a 和 b 的數量。
    持續讀取使用者輸入的整數 num，直到 0。
        若輸入數字等於 a，則 A++。
        若輸入數字等於 -a，則 A--。
        若輸入數字等於 b，則 B++。
```

若輸入數字等於 -b，則 B-- 。

若 (A>0 且 B>0) 則 total++

或者塗鴉思考解題流程 (考場會發給考生兩張 A3 空白紙，實際情況以 APCS 官網公告為主)：

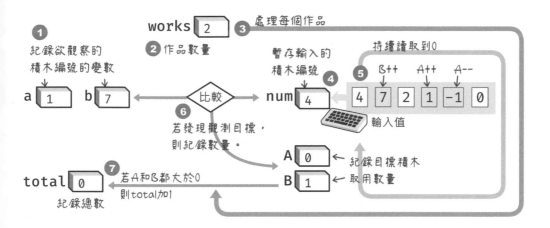

根據虛擬碼分析的執行步驟寫成的範例程式：

```
#include <stdio.h>

int main() {
  int a, b;                    // 紀錄積木編號
  int works, total = 0;        // 紀錄商品以及輸出總數

  scanf("%d %d", &a, &b);  // 讀入兩個積木編號，輸入的資料中間空一格
  scanf("%d", &works);         // 讀入作品數目

  for (int i = 0; i < works; i++) {   // 分析每個作品
    int num;                          // 紀錄積木的編號
    scanf("%d", &num);                // 讀取積木編號
    int A = 0, B = 0;        // 一個作品裡的積木 a 和 b 的數量

    while (num != 0) {       // 持續處理到輸入值為 0…
      if (num == a) A++;     // 是否「放入」積木編號 a？
```

```
        if (num == -a) A--;   // 是否「取出」積木編號 a？
        if (num == b) B++;    // 是否「放入」積木編號 b？
        if (num == -b) B--;   // 是否「取出」積木編號 b？

        scanf("%d", &num);    // 讀取下一個積木編號
    }
    if (A > 0 && B > 0) total++;   // 若 A 和 B 都大於 0，
                                   //  則 total 加 1
    }
    printf("%d\n", total);
}
```

最後編譯執行，輸入試題提供的輸入範例資料驗證看看。考場的電腦已事先安裝好程式開發工具，操作說明請參閱附錄 A。

5

排列與隨機

晚餐想吃什麼？

 隨便。

 要不在幾張紙上寫編號和店家，丟骰子決定吧～

 好啊，這樣就不用傷腦筋了…但結果最好能讓人滿意。

 額…吃飯點餐真的是世界級難題，寫程式比較輕鬆，來寫一個隨機點餐的程式吧！寫程式之前先介紹一下「常數」。

5-1 內容不可改變的「常數」

有些資料值是恆常不變，或者久久才更新一次。例如：一年的月份、圓周率、手機的規格…等；有些資料值要避免被任意修改，像是商品的定價，這些資料皆可視為**常數（constant）**。

定義常數的方式有兩種：

● 用 const 關鍵字定義

● 用 #define 定義

常數名稱習慣上全都用大寫。底下敘述定義一個叫做 TAX_RATE（代表「稅率」）的常數，其值為 1.05：

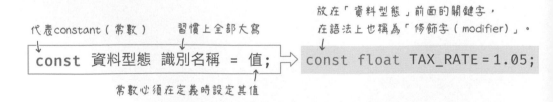

常數值必須一開始就定義好，後面的程式不能更改其值：

```
const float TAX_RATE;          ✕       const float TAX_RATE = 1.05;    ✕
TAX_RATE = 1.05;                        TAX_RATE = 1.1;
```

不可宣告之後再指定常數值   不可更改常數值

常數資料僅能被讀取，底下是個簡單例子：

```
#include <stdio.h>
const float TAX_RATE = 1.05;  // 定義常數

int main() {
  int price = 350;
  printf("定價%d，含稅%d 元", price, (int)(price * TAX_RATE));
}
```

編譯執行結果：

```
定價 350，含稅 367 元
```

使用 #define 替換資料

"#" 符號開頭的指令，稱為**前置處理指令**，其常見用途是載入外部程式檔和替換資料。替換資料的前置處理指令是 #define，它也被稱作「巨集指令」，**可替換數字、字串及函式**，替換數字與字串的語法格式如下：

注意！結尾不加分號（；）

```
#define 置換名稱 置換值  ⟹  #define TAX_RATE 1.05
```

C 程式在編譯之前，它的前置處理器（pre-processor）會搜尋整個程式碼，把 #define 指定的替換字取代成對應的資料值（註：我們看不見置換過程，原始碼也不會改變）。替換完畢之後，再自動交給「編譯器」編譯程式碼。

底下是改用 #define 改寫的程式，只修改常數定義敘述，其餘不變：

```
#include <stdio.h>
#define TAX_RATE 1.05   // 定義 TAX_RATE

int main() {
  int price = 350;
  printf("定價%d，含稅%d 元", price, (int)(price * TAX_RATE));
}
```

用 const 定義常數和 #define 的主要差異：

● **const**：定義不可改變的資料值，定義時要宣告資料型態。

● **#define**：定義置換值，無法宣告資料型態，敘述結尾不加分號。

const 敘述以及 #define 可以放在程式的任何地方，就像變數宣告一樣，在使用之前定義即可，但 #define 通常寫在程式開頭或 #include 敘述之後，方便修改其內容。第 9 章會再詳細介紹 #define。

5-2 產生隨機數字

C 語言有個名叫 stdlib.h 的**標準函式庫**（**st**and**ard lib**rary），裡面包含可隨機（random）產生大於或等於 0 的整數的 rand() 函式。底下程式將產生 3 個隨機數字，程式開頭要透過 #include 引用 stdlib.h 函式庫。

```
#include <stdio.h>
#include <stdlib.h>     // 內含 rand() 的函式庫

int main() {
  printf("%d\n", rand());    // 顯示隨機數字
  printf("%d\n", rand());
  printf("%d\n", rand());
}
```

在線上 C 程式開發工具的執行結果：

```
0
740882966
1616430695
```

無論執行幾次這個程式，都會產生相同的 3 個數字⋯嗯，這樣的結果稱不上「隨機」。這是因為電腦的行為是由程式決定的，它不會自己隨機挑選號碼。rand 函式內部有一套選取數字的公式，底下是虛構的簡化運作機制：每次都從第 1 個數字開始，按照既定的規則取字：

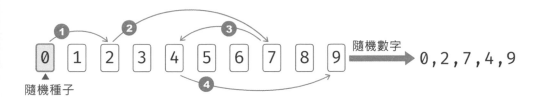

但只要改變起點位置，就能產生不同的「隨機」數字組合，這個起點位置叫做**隨機種子（random seed）**或簡稱**種子**：

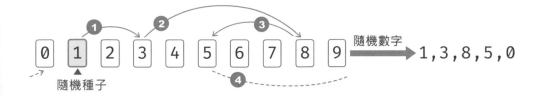

> **rand() 函式產生（正確說法是「傳回」）的值介於 0 和 RAND_MAX 之間的整數**，RAND_MAX 是 stdlib.h 定義的整數型常數，其值由編譯器決定，至少是 32767（2 位元組整數），如果想知道它的實際值，可以用 printf() 顯示它：
>
> ```
> printf("RAND_MAX 的值:%d\n", RAND_MAX);
> ```

設置隨機種子

設置隨機種子的函式叫做 srand()，參數的資料型態是無號整數（unsigned int），只需在產生亂數的 rand() 之前執行一次，通常放在程式開頭，像這樣：

```
int main() {
  srand(123);   // 設定隨機種子，種子值為 123
  printf("%d\n", rand());
  printf("%d\n", rand());
  printf("%d\n", rand());
}
```

編譯執行的結果，隨機數字跟之前不同了！但無論執行幾次，數字仍是同一組，因為隨機種子固定是 123。

```
193408715
183523505
6678463
```

這個隨機數字由既定的運算規則產生，所以被稱作**偽隨機**（pseudorandom）。真正的隨機值要由**不可預測的事件**產生；手機和智慧錶可採用 GPS 經緯度、環境亮度變化、運動姿態…等，無法預測的感測值當作隨機種子，最普遍的方式是用「程式執行時的時間」。

把時間當作隨機種子

C 語言內建處理時間資料的 time.h 函式庫，裡面的 time() 函式可傳回自 1970 年 1 月 1 日零時到現在所經過的秒數值，範例程式如下：

```
#include <stdio.h>
#include <time.h> // 內含 time() 函式以及 time_t 資料型態的定義

int main () {
  time_t sec;     // 這行可寫成：long int sec;
  // 參數 NULL 代表以 1970 年 1 月 1 日零時為基準時間
  sec = time(NULL);
  printf("1970 年 1 月 1 日到現在經過的秒數:%lu\n", sec);
}
```

time_t 是 time.h 函式庫定義的「時間」資料型態，等同於 long int（長整數），只是換個比較貼切的名稱。編譯執行的結果像這樣，你執行時的秒數肯定跟我的不同：

1970 年 1 月 1 日到現在經過的秒數：1634814236

> 在 C 語言的規範中並沒有規定 time_t 實際對應的型別，gcc 在 Windows 上為 long long，在 Linux 上為 long，都是 64 位元整數。若是在 Winodws 上使用 long 儲存 time(NULL) 傳回值，在 2038 年時會遇到溢位的問題，可參考維基百科上〈2038 年問題〉條目, https://bit.ly/3LpZCHr。

底下程式改用時間秒數設定隨機種子，每次產生的隨機數字就和前一組不同了（因為是隨機值，所以仍可能出現相同的數字）。

```c
#include <stdio.h>
#include <stdlib.h>  // 內含 rand() 函式
#include <time.h>    // 內含 time() 函式

int main() {
  srand(time(NULL));

  printf("%d\n", rand());
  printf("%d\n", rand());
  printf("%d\n", rand());
}
```

其中的 time() 函式前面可加上 (unsigned)，明確地將 time() 傳回的秒數值轉型成 srand() 要求的無號整數型態，像這樣：

```c
srand((unsigned) time(NULL));
```

限定隨機數字的範圍

rand() 產生的隨機數字範圍太大了，一般的應用需要的通常是小範圍的隨機值，例如，普通的骰子只有 6 個可能值。**要把數字限縮在某個範圍，可以透過 % 運算子取餘數**，例如，%10 運算代表數字限縮在 0~9。

底下的程式透過 for 迴圈產生 5 個隨機數字，然後把這些數字 %10＋1，所以隨機數字將介於 1~10：

```
#include <stdio.h>
#include <stdlib.h>  // 內含 rand()
#include <time.h>    // 內含 time()

int main() {
  srand((unsigned)time(NULL));

  for (int i=0; i<5; i++) {  // 此迴圈將執行 5 次
    int n = rand();              // 產生隨機數字，存入變數 n
    printf("隨機值:%d、取餘數:%d\n", n, n%10+1);  // 餘數值+1
  }
}
```

執行結果：

```
隨機值:1660762231、取餘數:2
隨機值:477074756、取餘數:7
隨機值:1398663857、取餘數:8
隨機值:1205999330、取餘數:1
隨機值:437233577、取餘數:8
```

有概念之後，寫一個隨機挑選餐食的程式就輕而易舉了：

```
#include <stdio.h>
#include <stdlib.h>  // 內含 rand() 的函式庫
#include <time.h>    // 內含 time() 的函式庫

int main() {
  int n;
  srand( (unsigned)time( NULL ) );  // 設置隨機種子
  n = rand()%5;       // n 值介於 0~4
  printf("就是要:");
  switch(n) {
    case 0:
      printf("排骨飯\n");
      break;
    case 1:
```

```
    printf("椒麻雞飯\n");
    break;
  case 2:
    printf("披薩\n");
    break;
  case 3:
    printf("肉圓\n");
    break;
  case 4:
    printf("拉麵\n");
    break;
  }
}
```

編譯執行結果：

就是要：椒麻雞飯

5-3 排列圖案

早期的電腦系統和網路服務只能顯示文字，但這並不影響人類的創作能力。有些人利用英數字和符號，排列出各種造型圖案甚至動畫，這些圖案統稱 ASCII 藝術，像這個星際大戰電影的 ASCII 文字動畫版（www.asciimation.co.nz）：

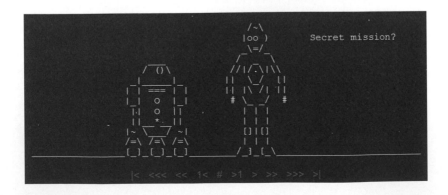

哇!所以我們要做動畫了嗎?

 並沒有,我只是想回味一下星際大戰電影。看完動畫,底下接著做邏輯訓練…用文字符號和數字來排列圖案。

用 * 號排列 N×N 大小的矩形

排列文字符號是訓練邏輯演算的基本功,也是程式考題的常客。比方說,寫一個程式,讓使用者輸入 30 以內的數字,假設此數字為 n,依此 n 值在終端機用 '*' 字元排列 n×n 的矩形:

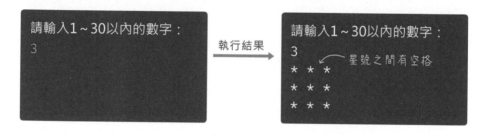

遇到比較複雜的問題時,我們可以嘗試先把問題簡化,先解決一小部分。以排列星號矩形來說,可拆解成垂直列和水平行兩個排列方向:

顯示水平排列的 3 個星號,最直白的方法是寫 3 個 printf() 敘述,但是這種方式毫無彈性,**重複執行相同的內容,應採用迴圈敘述**,底下採用 for 迴圈:

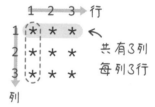

用3行printf()敘述完成

```
❶ printf("* ");
❷ printf("* ");
❸ printf("* ");
```

改用for迴圈

設定一個稱作 'x'的計數器   x累加到3,迴圈即停止。

```
for (int x=0; x<3; x++) {
    printf("* ");
}
```

日後若要增加星號的數量，或者改用其他字元顯示，程式碼都很容易修改。執行 3 次顯示 3 個星號的敘述，後面加上 '\n' 換行字元，即可完成 3×3 的排列顯示效果：

0 **＊ ＊ ＊**

1 **＊ ＊ ＊**

2 **＊ ＊ ＊**

往垂直方向增加，
一共有三組，
每一組有3個星號。

分成3段for迴圈來完成

```
for (int x=0; x<3; x++) {
  printf("* ");
}
printf("\n");

for (int x=0; x<3; x++) {
  printf("* ");
}
printf("\n");

for (int x=0; x<3; x++) {
  printf("* ");
}
printf("\n");
```

❶

外層迴圈執行3次，
每次顯示3個星號。

外層的計數器叫做'y'

```
for (int y=0; y<3; y++) {
  for (int x=0; x<3; x++) {
    printf("* ");
  }
  printf("\n");
}
```

迴圈的計數器（或者說「索引」）數字，習慣用 i, j 和 k 命名，此處為了符合一般習慣用 x 標示水平軸、y 表示垂直軸，所以採 x 和 y 命名計數器。

同樣地，左上圖的三段重複的敘述可改用一個 for 迴圈來描述，筆者把計數往下排列的變數命名成 y。綜合以上說明，使用**雙重 for 迴圈**敘述，編寫依照使用者輸入的數字排列 n×n 星號矩形的完整程式碼如下：

```
#include <stdio.h>

int main() {
  int n=0;

  printf("請輸入 1～30 以內的數字：\n");
```

```
    scanf("%d", &n);
    if (n<1 || n>30) {            // 如果輸入值小於 1 或者大於 30…
        printf("請輸入 1~30 以內的數字：\n");
        scanf("%d", &n);
    }

    for (int y=0; y<n; y++) {     // 外層迴圈決定列數（垂直方向）
        for (int x=0; x<n; x++) { // 內層迴圈決定行數（水平方向）
            printf("* ");
        }
        printf("\n");
    }
}
```

編譯執行結果：

```
請輸入 1~30 以內的數字：
99
請輸入 1~30 以內的數字：
2
**
**
```

小結一下本單元程式的思考方式：**使用雙重迴圈處理二維排列，外層迴圈處理垂直列、內層迴圈處理水平行。**

用數字排列倒直角三角形

寫一個用數字排列倒直角三角形的程式：

```
1 2 3 4 5
1 2 3 4
1 2 3
1 2
1
```

先用筆在紙上分析這些數字在水平和垂直方向的變化關係，像下圖左，由於數字排列的水平行數跟垂直列一致，因此列數的編號用倒數，比較方便程式處理。迴圈的索引在此用 i, j 命名，「列數」紀錄在 rows 變數中：

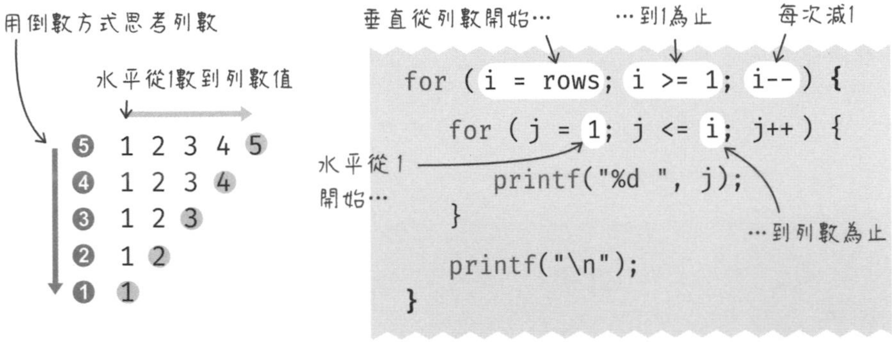
用倒數方式思考列數
水平從1數到列數值
5 1 2 3 4 5
4 1 2 3 4
3 1 2 3
2 1 2
1 1
垂直從列數開始…
…到1為止
每次減1
for (i = rows; i >= 1; i--) {
for (j = 1; j <= i; j++) {
printf("%d ", j);
}
printf("\n");
}
水平從1開始…
…到列數為止

根據上圖的分析寫出的程式碼如下，編譯執行結果跟預期相符。

```
#include <stdio.h>

int main() {
  int i, j, rows=5;

  for (i = rows; i >= 1; i--) {
    for (j = 1; j <= i; j++) {
       printf("%d ", j);
    }
    printf("\n");
  }
}
```

用星號蓋金字塔

用星號排列出指定高度（列數）的金字塔。右圖是高度 4 的金字塔圖案：

```
   *
  ***
 *****
*******
```

先在紙上分析金字塔的星號跟列數以及空白數之間的關聯。從下表可看出，列
數值遞增、空白數量遞減，星號數量則是每次加 2：

	當前列（ i ）	空白數（ sp ）	星號數（ stars ）
□□□*	0	3	1
□□***	1	2	3
□*****	2	1	5
*******	3	0	7

總列數（ rows ）

筆者把紀錄總列數、當前列、空白數和星號數的變數分別命名成 rows, i, sp 和
stars，根據上表的分析，它們之間的關係可整理成底下的式子：

$i = 0$
當前列

$sp = rows - i - 1$
空白數

$stars = i * 2 + 1$
星號數

完整的程式碼如下，編譯執行結果符合預期：

```c
#include <stdio.h>

int main() {
  int rows = 5;      // 5 列金字塔

  for(int i=0 ; i< rows; i++ ) { // 從第 0 列開始…
    for(int sp=0 ; sp<rows-i-1 ; sp++ ) {
      printf(" ");  // 輸出空白
    }
    for(int stars=0 ; stars<i*2+1 ; stars++ ) {
      printf("*");
    }
    printf("\n");   // 切換到下一列
  }
}
```

5-4 常用的數學函式

世界不只有美國，數學運算也不只有加減乘除，C 語言也提供許多常用的數學工具。數學函式和常數 (如：圓周率) 大都收錄在 math.h 函式庫，它們的名稱是英文的縮寫，以**平方根** (square root) 為例，函式名稱叫做 sqrt()：

數學式 ⟩ $\sqrt{b^2 - 4ac}$ C程式敘述 ⟩ sqrt(b*b - 4*a*c)

使用數學函數和數學常數時，需要在程式開頭引用 math.h 函式庫。底下是計算平方根的例子：

```c
#include <stdio.h>
#include <math.h>

int main() {
  float a=3, b=12, c=9;
  float ans = sqrt(b*b - 4*a*c);
  printf("計算結果:%.2f\n", ans);
}
```

編譯執行結果：

計算結果: 6.00

課後補充

如果平方根裡的數字小於 0，計算結果將是 **-nan**，代表 **not a number** (不是一個數字)：

數學式 ⟩ $\sqrt{-1}$ ➡ 虛數　　C程式敘述 ⟩ sqrt(-1) ➡ -nan

因為實數的平方是正數或 0。數學家尤拉 (Euler) 把平方為負的數稱作「虛數」，用 i 表示，單位是 $\sqrt{-1}$。關於處理虛數的程式說明，請參閱下文「課外補充」以及「求一元二次方程式的解」單元。

表 5-1 列舉一些 math.h 的基本數學函式，它們的參數和傳回值型態都是 double（雙倍精度浮點數）。完整的 math.h 函式列表，可參閱維基百科的 "C mathematical functions" 條目，網址：https://bit.ly/3fAHdbD：

表 5-1

double fabs (double x)	|x|，取浮點數 x 的絕對值
double pow (double x, double y)	x^y，求 x 的 y 次方
double round(double x)	x 的四捨五入整數
double rint(double x)	傳回最接近的整數，參閱下文註解說明
double floor(double x)	下取整，n <= x < n+1 的整數，floor 代表地板
double ceil(double x)	上取整，n-1 < x <= n 的整數 ceil 代表天花板
double sqrt(double x)	$\sqrt{x}$，x 的平方根

rint() 用於找最接近的整數，如果小數正好是 0.5 時，會依據目前設定的捨位模式決定要進位還是捨位，預設的捨位模式是 FE_TONEAREST，會讓結果變偶數，例如：

```
rint(4.5000001) // 5.0，因為離 5.0 比 4.0 近
rint(4.5)       // 4.0，會捨位，因為 5 是奇數、4 是偶數
rint(3.5)       // 4.0，會進位，因為 4 是偶數，3 是奇數
```

詳細說明請參閱 **C 的捨進位函式：rint() 與 round()** 這篇教學文件：https://bit.ly/3cRVvaj。

表 5-2 列舉部份 GNU C 語言定義的常數，名稱都是 M_開頭、全部大寫，完整列表請參閱：https://bit.ly/3KiRHLd）。

表 5-2

M_E	e，自然對數的底
M_LOG2E	$\log_2 e$
M_LOG10E	$\log_{10} e$
M_LN2	$\log_e 2$
M_LN10	$\log_e 10$
M_PI	π，圓周率
M_PI_2	π/2
M_1_PI	1/π
M_SQRT2	$\sqrt{2}$，2 的平方根

以計算半徑為 r 的球體的體積為例，公式和程式敘述如下，請記得，兩數相除時，其中一個數字要帶小數點，否則相除結果將是整數型態值：

球體體積 $V = \frac{4}{3}\pi r^3$　C程式敘述

```
v = (4.0/3) * M_PI * r * r * r;
```
或
```
v = (4.0/3) * M_PI * pow(r, 3);
```
其中一個數字帶小數點

完整程式碼如下：

```c
#include <stdio.h>
#include <math.h>    // 必須引用數學函式庫

int main() {
  float r, v;        // 半徑 (radius) 和體積 (volume)

  printf("請輸入圓球半徑：");
  scanf("%f", &r);

  v = (4.0/3) * M_PI * r * r * r;    // 計算圓球體積
  printf("圓球的體積 V = %.2f\n", v);
}
```

編譯執行結果：

```
請輸入圓球半徑：
5
圓球的體積 V = 523.60
```

課後補充

C99 版新增了 complex（複數）關鍵字，「複數」代表包含實數和虛數的數字，數學式子寫成：a+bi，其中的 a 是實數（英文：real number，「真實的數字」之意），b 是**虛數**（英文：imaginary number，「虛構的數字」之意）。

在浮點型態資料 (即：float 和 double) 變數宣告敘述中加入 complex，該變數資料就具有**實數**和**虛數**兩個部份：

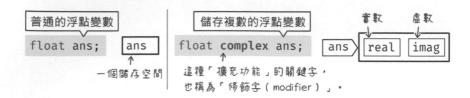

與虛數相關的數學函式，收錄在 complex.h 函式庫，這些函式沿用 math.h 裡的數學函式名稱，但是開頭多了 'c'。例如，math.h 裡面的平方根函式 sqrt()，在 complex.h 中命名為 csqrt()。

「複數」型態變數的實數及虛數，分別透過 creal() 和 cimag() 函式存取：

執行複數版的平方根函式

```
float complex ans = csqrt(b*b - 4*a*c);
printf("計算結果:%.2f%+.2fi\n", creal(ans), cimag(ans));
```

在虛數值後面標示i單位　　存取ans的實數　　存取ans的虛數部份

完整的範例程式碼：

```
#include <stdio.h>
#include <complex.h>  // 內含 complex 關鍵字和 csqrt() 函式

int main() {
  float a=1, b=-10, c=36;
  float complex ans = csqrt(b*b - 4*a*c);
  printf("計算結果:%.2f%+.2fi\n", creal(ans), cimag(ans));
}
```

編譯執行結果：

計算結果:0.00+6.63i

取絕對值

並非所有數學函式都收錄在 math.h，像取**整數**絕對值的 abs() 函式，收錄在 stdlib.h。粗略劃分，math.h 函式庫的函式傳回值都是**雙倍精度浮點**型態，stdlib.h 裡的數學函式的傳回值則是**整數**型態。

表 5-3　stdlib.h 裡的取絕對值函式

int abs(int x)	$\lvert x \rvert$，取整數 x 的絕對值
long int labs(long int x)	$\lvert x \rvert$，取長整數 x 的絕對值

底下是計算**整數絕對值**的例子，引用 stdlib.h 函式庫，若改用 math.h 函式庫，編譯程式時將會出現警告訊息：

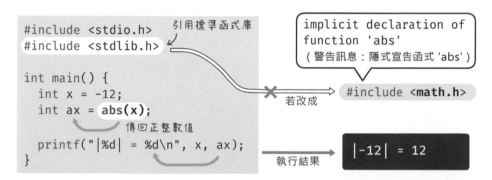

如果需要取整數和浮點數的絕對值，就要引用 stdlib.h 和 math.h 兩個函式庫；fabs() 名字開頭的 f，代表 float（浮點型態）。

```c
#include <stdio.h>
#include <stdlib.h>    // 內含 abs() 函式
#include <math.h>      // 內含 fabs() 函式

int main() {
  int x = -12;
  float y = -3.45;

  int ax = abs(x);     // 取整數絕對值
  float ay = fabs(y);  // 取浮點絕對值

  printf("|%d| = %d\n", x, ax);
  printf("|%g| = %.2f\n", y, ay);
}
```

求一元二次方程式的解

一元二次方程式是只有一個未知數(x)、最高次數是二次的方程式,其中 a≠0:

$$ax^2 + bx + c = 0$$

二次項　一次項　常數項

一元二次方程式的求解公式為:

$$x = \frac{-b \pm \sqrt{b^2 - 4ac}}{2a}$$ ←判別式

$$判別式\ D = b^2 - 4ac$$

其中的判別式(discriminant,此處用 D 代表),用於判別方程式有幾個根,並且判別它是兩相異根、重根或者沒有解。底下三個方程式展示這三種情況:

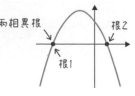

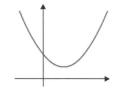

$y = x^2 - 6x + 9$	$y = -x^2 - 2x + 2$	$y = x^2 - 2x + 2$

$$\begin{aligned} b^2 &- 4ac \\ &= (-6)^2 - 4\,(1)\,(9) \\ &= 36 - 36 \\ &= 0 \end{aligned}$$

$$\begin{aligned} b^2 &- 4ac \\ &= (-2)^2 - 4\,(-1)\,(2)) \\ &= 4 + 8 \\ &= 12 \end{aligned}$$

$$\begin{aligned} b^2 &- 4ac \\ &= (-2)^2 - 4\,(1)\,(2) \\ &= 4 - 8 \\ &= -4 \end{aligned}$$

- 如果 D > 0,則根是實數且相異(兩相異根)
- 如果 D = 0,則根是實數且相等(重根)。
- 如果 D < 0,則根是由實數和虛數組成的複數(沒有解)。

D < 0 可視為沒有解,因為國中的數學範圍沒有「虛數」的概念。用程式求二次方程平方根的虛擬碼如下:

```
初始化二次方程中使用的所有變數
讀取使用者輸入的係數 a, b 和 c
計算判別式(D)的值:D = (b * b) - (4 * a * c)
```

根據判別式的值計算根。如果 D > 0，則：

  root1 = (-b + sqrt(D)) / (2 * a) $root1 = \dfrac{-b + \sqrt{D}}{2a}$

  root2 = (-b - sqrt(D)) / (2 * a)

輸出兩相異根

否則，如果判別式 D = 0，則： $root2 = \dfrac{-b - \sqrt{D}}{2a}$

  root1 = root2 = -b / (2 * a)

輸出兩個相同的實數根

否則，如果 (D < 0)，根是實部和虛部組成的複數，其中：

實部：root1 = root2 = -b / (2 * a) 或 real = -b / (2 * a)

虛部：sqrt(-D) / (2 * a)

輸出兩個都是虛數（imag）的根：

  第一個根是 (r + i) imag

  第二個根是 (r - i) imag

根據上述步驟完成的程式碼如下：

```c
#include <stdio.h>
#include <math.h>          // 內含 sqrt（開根號）

int main( ) {
  float a, b, c, D;        // 方程式的係數、常數和判別式
  float root1, root2;      // 公式的解，兩個根
  float real, imag;        // 實數和虛數

  printf("請輸入二次方程式的常數。\n");
  printf("a = ");
  scanf("%f", &a);
  printf("b = ");
  scanf("%f", &b);
  printf("c = ");
  scanf("%f", &c);

  D = b * b - 4 * a * c;                      // 計算判別式

  if ( D > 0 ) {
    root1 = ( -b + sqrt(D) ) / (2*a) ;  // 求解
    root2 = ( -b - sqrt(D) ) / (2*a);
    printf("二次方程式的解：x = %.2f, %.2f\n", root1, root2);
  } else if ( D == 0 ) {
    root1 = root2 = -b / ( 2 * a );
```

```
        printf("二次方程式的解：x = %.2f, %.2f\n", root1, root2);
    } else {
      real = -b / (2*a);
      imag = sqrt(-D) / (2*a);
      printf("二次方程式的解：%.2f+%.2fi, %.2f-%.2fi\n",
              real, imag, real, imag);
    }
}
```

5-5 判斷某數字是否為「阿姆斯壯數」

阿姆斯壯數（Armstrong number）指的是一個 n 位數的整數，它的所有位數的
n 次方和恰好等於自己，例如 371 以及 1634：

$$\underset{\text{3位數}}{\underline{371}} = 3^3 + 7^3 + 1^3 \qquad \underset{\text{4位數}}{\underline{1634}} = 1^4 + 6^4 + 3^4 + 4^4$$

判斷某數字是否為阿姆斯壯數，要先知道它有幾位數。求取位數數字，可連續
將數字除以 10，直到整數部份變成 0。假設數字 371 存在 temp 變數，底下的
迴圈執行完畢後，n 值為 3，代表 371 是 3 位數：

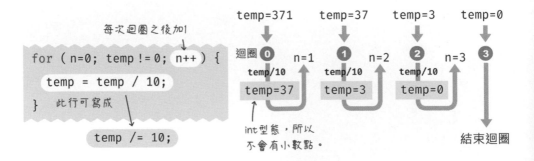

每個位數的數字，可透過 **%（取餘數）** 運算子取得。假設 temp 存入 371，底下
for 迴圈裡的 rem 變數值將分別是 1, 7 和 3：

```
重設temp值          每次除以10
for ( temp = num; temp != 0; temp /= 10 ) {
  int rem = temp % 10;  ← 取餘數
  result += pow(rem, n);
}                    計算餘數的n次方
```

temp=371   temp=37   · · ·
         temp=37   temp=3
temp%10   temp%10
rem=1   rem=7   · · ·

儲存餘數

判斷使用者輸入的整數是否為阿姆斯壯數的完整程式碼：

```c
#include <stdio.h>
#include <math.h>              // 內含 pow 函式

int main() {
  int num, temp;
  int n = 0, result = 0;

  printf("請輸入一個整數：");
  scanf("%d", &num);
  temp = num;                  // 暫存輸入值

  for (n=0; temp != 0; n++) {
    temp /= 10;                // 求數字的位數
  }

  for (temp = num; temp != 0; temp /= 10) {
    int rem = temp % 10;       // 取得各個位數的數字
    result += pow(rem, n);     // 計算位數數字的 n 次方
  }

  if (result == num)
    printf("%d 是阿姆斯壯數。\n", num);
  else
    printf("%d 不是阿姆斯壯數。\n", num);
}
```

編譯執行結果：

```
請輸入一個整數：
321
321 不是阿姆斯壯數。
請輸入一個整數：
1634
1634 是阿姆斯壯數。
```

1. 寫一個排列弗洛伊德三角形 (Floyd's Triangle) 的程式，輸出結果：

```
1
2 3
4 5 6
7 8 9 10
```

範例答案：

```c
#include <stdio.h>

int main() {
  int rows = 4;      // 宣告儲存「列數」值的變數
  int num = 1;
  // 垂直列從 1 開始到指定的列數結束
  for (int i=1; i <= rows; i++) {
    // 水平行數的 j 值跟垂直的 i 值相同
    for (int j=1; j <= i; j++) {
      printf("%d ", num);     // 數字後面加一個空格
      num ++;
    }
    printf("\n");   // 每一列的結尾要換行
  }
}
```

2. 以下程式片段中執行後若要印出下列圖案，(a) 的條件判斷式該如何設定？(APCS 105 年 10 月觀念題)

```
******
 ****
  **
for (int i=0; i<=3; i=i+1) {
  for (int j=0; j<i; j=j+1)
    printf(" ");
  for (int k=6-2*i;(a); k=k-1)
    printf("*");
  printf("\n");
}
```

A) k > 2   B) k > 1   C) k > 0   D) k > −1

 答 C　把自己當成電腦，照著程式邏輯在紙上紀錄 printf("＊") 列印的次
　　　數，試算每一列 (此處為 3 列，由最外層的 for 決定) 要印出幾個
　　　"＊" 的結束條件。

APCS 實作題 / 辨別三角形

APCS 105 年 10 月有個三角形辨別實作題，完整題目描述請參閱：https://
bit.ly/3mldktK。本題的大意：寫一個程式，從給定三個線段的長度 a, b 和 c (c
為最大值)，透過下列公式判斷 a, b, c 能否構成三角形，如果可以，則輸出其
所屬三角形類型：

```
若 a+b ≦ c，無法構成三角形
若 a×a+b×b ＜ c×c，構成鈍角 (obtuse) 三角形
若 a×a+b×b ＝ c×c，構成直角 (right) 三角形
若 a×a+b×b ＞ c×c，構成銳角 (acute) 三角形
```

輸入說明：包含 3 個正整數的一行數據，數字用空白隔開。

輸出說明：輸出共有兩行，第一行由小而大印出輸入的 3 個正整數，中
間用一個空白隔開，最後一個數字後不應有空白；第二行輸出三角形的
類型：

```
若無法構成三角形則輸出 "No"
若構成鈍角三形則輸出 "Obtuse"
若直角三形則輸出 "Right"
若銳角三形則輸出 "Acute"
```

範例輸入 1	範例輸出 1	範例輸入 2	範例輸出 2
3 4 5	3 4 5 Right	101 100 99	99 100 101 Acute

```c
#include <stdio.h>

int main() {
  int a, b, c, temp, ab, cc;

  printf("請輸入三角形的三邊長：");    // 這一行可以省略
  scanf("%d %d %d", &a, &b, &c);

  if(a>b) {        // 由小到大排序 a, b, c
    temp=a;
    a=b;
    b=temp;
  }
  if (b>c) {
    temp=b;
    b=c;
    c=temp;
  }
  if(a>b) {
    temp=a;
    a=b;
    b=temp;
  }

  if(a+b<=c) {     // 無法構成三角形
    printf("No");
    return 0;      // 不用再往下執行了
  }

  ab=a*a+b*b;      // 帶入公式計算
  cc=c*c;

  if(ab < cc) {
    printf ("Obtuse");
  } else if(ab!=cc) {
    printf("Acute");
  } else {
    printf("Right");
  }
}
```

6

陣列與字串

我寫了一段計算平均分數的程式，但是覺得怪怪的，如果要計算 50 個人，那不就要宣告 50 個變數，計算平均還要再寫 50 次變數，可以改用迴圈一次取出 50 個變數資料嗎？

```c
int main(){
  int p1 = 88;
  int p2 = 91;
  int p3 = 84;
  int p4 = 76;

  float avg = (p1 + p2+ p3 + p4) / 4;  // 計算平均
  printf("平均成績:%g\n", avg);
}
```

 首先要改變的是「資料結構」，也就是儲存和管理資料的方式。用**陣列**（array）把相關的資料組成一個群組：

用多個變數分開儲存相關資料　　　　重新規劃容器　　　集中一起存放

6-1 基本資料結構：陣列

陣列是用於存放一組相同型態資料的結構，它就像具有隔間的盒子。陣列裡的個別資料叫做「元素」，我們可以把陣列想像成公寓大廈，每一戶有唯一的編號。底下的敘述宣告了可以儲存 4 個整數資料的陣列變數 nums：

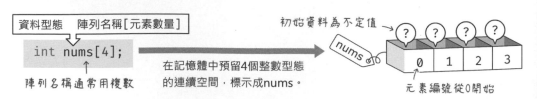

資料型態　陣列名稱[元素數量]

`int nums[4];`

↑ 陣列名稱通常用複數

在記憶體中預留4個整數型態的連續空間，標示成nums。

初始資料為不定值

nums

元素編號從0開始

陣列資料透過元素編號存取，底下敘述將存入一個元素值：

底下是宣告、寫入和提取陣列元素的程式片段：

```
int nums[4];           // 宣告可存放 4 個整數值的陣列
nums[1] = 20;          // 元素編號 1 存入 20
int data = nums[1];    // 取出 nums 陣列元素 1，
                       // 存入整數型態的 data 變數
```

定義陣列初值

宣告陣列的同時可一併設定初始值，此處可省略陣列的大小數量：

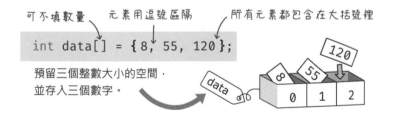

因為陣列元素是整數編號，所以可透過迴圈存取全部元素，習慣上用命名為 i 的變數儲存元素編號。若 nums 陣列的大小為 4，i 的有效範圍介於 0~3：

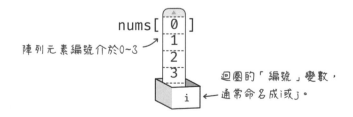

用 for 迴圈取出 nums 陣列全部元素值的例子：

```
#include <stdio.h>

int main() {
  int nums[] = {10, 20, 30, 40};   // 定義 4 個整數元素的陣列

    元素編號從0開始
         ↓
  for ( int i = 0; i < 4; i++ ) {
                                        取出nums陣列的第i個元素
                                        ↓
    printf( "nums[%d]的值 :%d\n", i, nums[i] );
  }

}
```

編譯執行結果顯示：

```
nums[0]的值 : 10
nums[1]的值 : 20
nums[2]的值 : 30
nums[3]的值 : 40
```

陣列的大小（儲存空間）在宣告時就固定了，無法任意改變。讀取時請留意，**不可存取超出陣列範圍的值**。底下的程式片段可以執行，但會讀取到錯誤的資料值：

```
      :
int nums[] = {10, 20, 30, 40};
printf("元素4 :%d\n", nums[4]);  ✖
      :
            元素編號的最大值為"元素數量-1"
```

C 語言很靈活，可存取任意記憶體空間。假設我們在電腦上開啟計算機以及瀏覽器，電腦系統會根據軟體的需求分配記憶體空間給它們：

若不約束管理，讓程式隨便存取記憶體內容，可能會造成意料之外的結果：

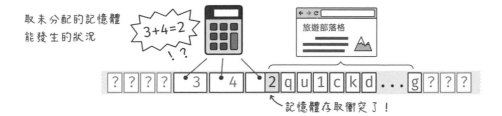

取未分配的記憶體能發生的狀況

記憶體存取衝突了！

初始化陣列時，若未填滿整個陣列，其餘元素值將是 0 而非「未定義」：

宣告5個整數空間

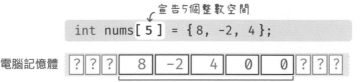

```c
int nums[5] = {8, -2, 4};
```

電腦記憶體

nums的配置空間

運用這個特性，可以簡單地將陣列所有元素值都設成 0：

```c
int nums[100] = {0}; // 第一個元素設成 0，其餘元素值也都是 0
```

清點陣列元素的大小和數量

為了避免存取陣列以外的資料，程式需要確認陣列元素的數量。在線上 C 程式開發工具編譯執行底下的程式碼，將顯示 "nums 陣列的位元組大小：16"，因為一個整數型態元素佔用 4 位元組。

```c
#include <stdio.h>

int main() {
  int nums[] = {10, 20, 30, 40}; // 共有 4 個整數型元素
  int total = sizeof(nums);      // 確認陣列佔用的位元組大小

  printf("nums 陣列的位元組大小：%d\n", total);
}
```

若要確認陣列的**元素數量**，可以將陣列總位元組大小除以資料型態大小：

底下程式將顯示 "nums 陣列有 4 個元素"。

```c
int main() {
  int nums[] = {10, 20, 30, 40};
  int size = sizeof(nums) / sizeof(int); // 計算陣列元素總數

  printf("nums 陣列有 %d 個元素\n", size);
}
```

算式裡的除數，可改成陣列的元素 0，意義相同：

回到本章開頭，假設班上有 10 人，儲存及計算平均成績的程式碼可寫成：

```c
#include <stdio.h>

int main() {
  // 紀錄成績
  int scores[] = {83, 86, 81, 85, 90, 84, 89, 82, 88, 87};
  int size = sizeof(scores) / sizeof(int); // 計算陣列元素的數量
  int total=0;      // 儲存總分
  float average;    // 儲存平均

  for (int i=0; i<size; i++) {
    total += scores[i];    // 加總分數
  }
  average = (float) total / size;  // 計算平均
```

```
    printf("人數:%d 人\n", size);
    printf("平均:%g 分\n", average);
}
```

上面的程式一開始定義了儲存總分的 total，以及儲存成績的 scores 陣列：

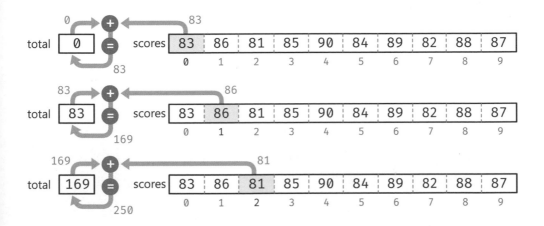

for 迴圈將從 scores 陣列的元素 0 一直取出到元素 9，跟 total 值相加後存回
total：

請注意！陣列元素大小（**size**）和總分（**total**）都是整數型態，計算平均的運算
式前面一定要加上(float)，把型態轉換成浮點，否則計算結果將只保留整數：

```
average = total / size;
```

```
average = (float) total / size;
```

編譯執行結果顯示：

```
人數:10 人
平均:85.5 分
```

6-2 處理字串資料

C 語言的字串資料，是以 '\0' 結尾的字元陣列，所以處理字串資料和處理陣列的方式，基本上是一樣的。以下單元將透過幾個例子練習字元陣列的操作。

使用 scanf() 讀取一個句子並統計單字數

本單元將編寫一個程式統計英文句子裡的單字數量。英文單字之間用空格相隔，但由於單字之間的空格可能不只一個，所以不能只憑統計空格數量來推斷單字數：

句子裡面可能有多個空格
↓
Trying□is□the□□first□step□towards□success.\0
↑
空格代表一個單字的結束或另一個單字的開始

首先解決讀取鍵盤輸入問題。之前寫的 scanf() 敘述無法讀入一個英文句子，因為它以空格分界，每次讀取一個單字；改成右下的敘述即可讀入一個句子：

代表「排除」
↓
scanf("%s", str);　→　scanf("%[^\n]s", str);
改成
指定要掃描的字元，此處代表一直讀取到新行字元（Enter鍵）為止。

同理，scanf("%[^@]s", str) 代表讀取到字串裡的 @ 符號為止：

"cubie@example.com" →(輸入)→ scanf("%[^@]s", str); →(輸出)→ "cubie"

假設程式已讀入用戶輸入的 "hello world" 這個句子，我們可以設定 3 個變數，分別存放**單字數**、**是否已算過**以及**字元編號**來協助解析字串。先在紙上推導一下統計單字的流程以及這 3 個變數值的變化：

變數的初始值

hello␣world\0

mark 0 尚未算入
i 0 字元編號
count 0 單字數

hello␣world\0

mark 1 已算入這個字
i 0
count 1 單字數加1

hello world\0

mark 1
i 1 字元編號
count 1

讀取到空格，代表一個新單字的起頭，所以 mark 設為 0：

hello␣world\0

mark 0 尚未算入
i 5 字元編號
count 1 單字數

hello␣world\0

mark 1 已算入
i 6
count 2 單字數加1

hello␣world\0 ← 字串結尾 結束迴圈

mark 1
i 11
count 2

根據以上分析寫成的統計英文句子裡的單字數量的程式碼：

```c
#include <stdio.h>

void main() {
  char str[100];            // 暫存使用者輸入字串的陣列變數
  int count = 0;            // 單字數，預設 0
  int mark = 0;             // 0 代表尚未算入這個字

  printf("請輸入一句英文：");
  scanf("%[^\n]s", str);    // 一直讀取到 '\n' 為止

  // 從索引 0 開始，逐一取出 str 裡的字元，直到字串結尾…
  for (int i=0; str[i] != '\0'; i++) {
    if (str[i] == ' ') {    // 遇到空格…
      mark = 0;             // …是單字的起頭，尚未算入
    } else if (mark == 0) { // 還沒有算入這個單字嗎？
      count++;              // 單字數加 1
      mark = 1;             // 已算入
    }
  }
  printf("句子裡的單字數：%d\n", count);
}
```

執行結果：

請輸入一句英文：
stay hungry   stay foolish_

請輸入一句英文：
stay hungry   stay foolish
句子裡的單字數：4

上面終止 for 迴圈的條件式 str[i] != '\0'，可簡化成 str[i]，因為 '\0' 的數字值等於 0；若 str[i] 為 0，條件就不成立了：

```
for ( int i=0; str[i] != '\0'; i++ ) {
```

簡化

```
for ( int i=0; str[i]; i++ ) {
```

但考量程式碼的「可讀性」，str[i] != '\0' 的寫法比較明確、容易理解。

轉換英文字母大小寫

本單元將藉由轉換英文字母大小寫的程式示範，字元值跟普通數字一樣可以進行數學運算。大寫英文字母的 ASCII 編碼範圍介於 65~90（10 進位值，如左下圖），小寫和大寫字母相差 32。換句話說，把 'A~Z' 字元 (65~90) 加上 32，將得到 'a~z' (97~122)：

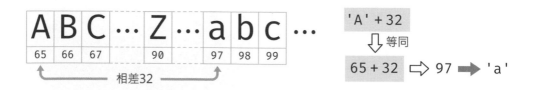

假設使用者輸入的字串存在變數 str，底下的 for 迴圈將逐一取出其中每個字元（假設內容為 "Hi!"），如果它介於 'A' 和 'Z' 之間，就將它加上 32，變成小寫：

確認尚未讀取到'\0'字尾

```
for ( int i = 0; str[i] != '\0'; i++ )  {
  if ( str[i] >= 'A' && str[i] <= 'Z' )
    str[i] = str[i] + 32;
}
```

大於等於'A'且小於等於'Z'

'h'

H i ! \0
0 1 2 3

'H'+32

上面的敘述可以用 while 迴圈改寫成底下的程式片段：

只要此值不是0，迴圈就會持續進行。

```
int i = 0;
while ( str[i] )  {
  if (str[i] >= 65 && str[i] <= 90)
    str[i] = str[i] + 32;

  i++;  ← 別忘了累加i值
}
```

字元可寫成編碼數字

'\0'的實際值為數字0
↓

H i ! \0
0 1 2 3

使用 for 迴圈編寫把輸入的英文句子轉成小寫的完整程式碼如下：

```
#include <stdio.h>

int main() {
  char str[100];

  printf ("請輸入英文字串：");
  scanf ("%[^\n]", str);

  for (int i = 0; str[i] != '\0'; i++)  {
    if (str[i] >= 'A' && str[i] <= 'Z')
      str[i] = str[i] + 32;
  }
  printf ("轉換成小寫之後：%s\n", str);
}
```

6-3 文字位移加密（shift cipher）

義大利文藝復興時期的天才達文西，習慣把他的閱讀心得和創作靈感記載在筆記本，為了避免被有心人士窺探，他經常採用自創的「反字手寫體」來寫筆記。把正常可閱讀的「明文」，用一套固定的規則轉譯成另一種表達形式，例如用暗號取代一些關鍵字，就變成他人無法理解的「密文」。

把英文字母的排列順序移動幾個位置製成替換表，然後依此替換表改變英文句子裡的字母，就能構成簡單的密文（這種手法叫做「簡易替換加密」）；以下圖為例，加密與解密的關鍵是「右移 3 位」，這個關鍵在此稱為**密鑰（key）**：

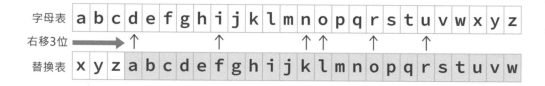

06

比方說，"dog" 加密之後變成 "ald"；按照加密過程的反向操作即可解密。請注意，**char（不帶正負號的字元）型態值範圍是-128~127，如果編碼數字是 128，將因溢位變成-128。**例如，字母 'z' 的編碼是 122，如位移數字超過 5，加總之後的編碼數字將超過 127，此時要減去 26，讓編碼回頭維持在字母範圍：

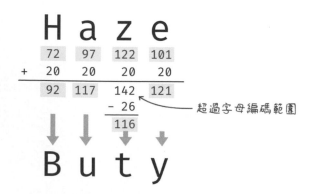

字元編碼沒有負值，所以**暫存加密字元的變數必須設成 unsigned char（無正負號字元）型態**。本節的加密程式只處理大小寫英文字母，不處理數字。虛擬程式碼如下：

讀取鍵盤輸入的一個句子
讀取鍵盤輸入的編碼位移數字
從輸入字串的第 0 個字元開始處理，直到字串結尾。
　取出字串的第 i 個字元
　若第 i 個字元是英文字母
　則 將該字元編碼加上位移數字
　若位移之後的編碼值超過 127
　則 編碼值-26
　把編碼值存回字元陣列
顯示加密後的訊息

完整的簡單加密程式碼範例：

```c
#include <stdio.h>

int main() {
  unsigned char msg[100], c;
  int key;

  printf("請輸入訊息：");
  scanf("%s", msg);
  printf("請輸入密鑰數字：");
  scanf("%d", &key);
  key %= 26;                      // 將密鑰數字限制在 1~26
  // 從索引 0 開始，逐一取出 msg 裡的字元，直到字串結尾…
  for(int i = 0; msg[i] != '\0'; i++){
    c = msg[i];                   // 讀取字元 i
    if (c >= 'a' && c <= 'z'){ // 如果是小寫字母…
      c += key;                   // 位移編碼
      // 若編碼值超過最後一個字母則減去 26
      if (c > 'z') c -= 26;
    } else if (c >= 'A' && c <= 'Z'){
      c += key;
      if (c > 'Z') c -= 26;
    }
```

```
        msg[i] = c;                    // 把編碼值存回陣列
    }
    printf("\n 加密的訊息:%s\n", msg);
}
```

程式編譯執行結果:

6-4 刪除字串裡的空白字元

 如果要用程式找出字串中的空格並刪除,例如,"3x +y =z" 變成
"3x+y=z",妳覺得可以怎麼做?

 從陣列開頭到結尾,找出其中的空格,然後移除該元素:

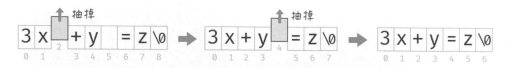

 可是 C 語言的陣列大小是固定的,不能縮小也不能擴充。

 那就宣告一個同樣型態和大小的
陣列,把空格以外的元素複製到新
陣列:

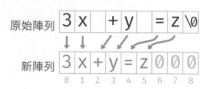

這樣可行，但如果資料很龐大，會佔用不少記憶體。

 我想到更好的辦法了！把空格後面的資料往前移！

 好主意！只是「往前移」的概念，在程式實作上是「把後一個字元複製到前面的空格」。

底下的處理流程從一開始就把後一個字元複製給前一個字元。首先宣告兩個變數紀錄陣列元素編號的變數，然後逐一檢視每個字元是不是空格。字串結尾的 '\0' 字元的 ASCII 值是 0，所以底下 while 條件式若遇到字串結尾 0，迴圈就會結束：

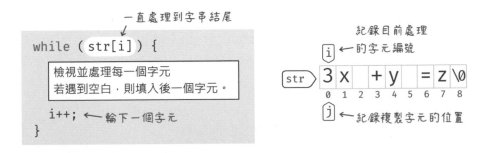

若不是空格，就將該字元複製變數 j 代表的位置，然後把 j 移到下一個字元位置；若 i 遇到空格，則 j 不動，也不複製 i 所在位置的內容：

依照同樣的邏輯處理每一個字元，直到字串結尾：

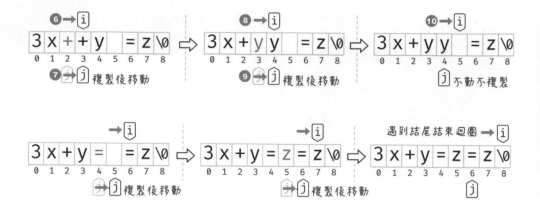

底下是完整的程式碼，若想要觀察 while 迴圈內、外的變數 i, j 值變化，可取消 while 迴圈裡的 printf 敘述的註解。

```c
#include <stdio.h>

int main() {
  char str[100];        // 預留儲存使用者輸入字串的空間
  int i = 0, j = 0;     // 紀錄字元編號

  printf ("請輸入英文字串：");
  scanf ("%[^\n]s", str);

  while (str[i]) {
    if (str[i] != ' ') {
      str[j] = str[i];
      j++;
      // 觀察變數 i, j 的變化
      // printf("變數 i=%d, j=%d\n", i, j);
    }
    i++;
  }

  str[j] = '\0';
  printf ("刪除空格之後：%s\n", str);
}
```

補充說明，if 條件式可改成右下的敘述：

```
if (str[i] != ' ') {
    str[j] = str[i];
    j++;
}
```

等同

```
if (str[i] != ' ')
    str[j++] = str[i];
```

1 複製 i 元素給 j 所在位置

2 j 值加 1

編譯執行程式結果：

```
請輸入一段文字：
3x +y =z_
```

⇨

```
請輸入一段文字：
3x +y =z
刪除空格之後：3x+y=z
```

6-5 運用 string.h 函式庫處理字串

C 程式開發環境內含處理字串資料的 string.h 函式庫，底下列舉它提供的幾個函式，其中的 □ 和 ○ 都是字元陣列。

函式名稱	語法	說明
strcpy	strcpy(□, ○)	代表 string copy（字串複製），把○字串複製到□
strcat	strcat(□, ○)	串接□和○成一個字串。cat 代表 concatenation（串聯）
strcmp	strcmp(□, ○)	比較□和○字串，兩者是相等或者大於或小於。cmp 代表 compare（比較）
strlen	strlen(○)	計算○字串的長度（字元數，**不含字串結尾的 '\0'**）。len 代表 length（長度）
strstr	strstr(□, ○)	在□字串中搜尋○

複製字串

在只能存放單一值的簡單型態變數 (如：int) 之間複製資料，使用**=(指派)**運算子，但指派運算子無法複製字串 (字元陣列)：

```
char a[5];
char b[] = "hi!";

a = b;
```

error: assignment to expression with array type
錯誤：指派值給具有陣列型態的表達式

```
char a[5];
a[0] = 'h';     ← 個別設定元素
a[1] = 'i';
a[2] = '/0';
```

因為陣列有多個元素，必須明確指出複製元素的編號，或用迴圈逐一複製每個元素，像底下這個程式把 str2 字串內容複製給 str1：

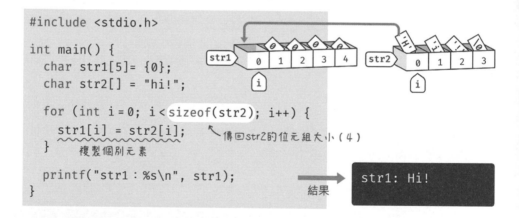

```
#include <stdio.h>

int main() {
  char str1[5]= {0};
  char str2[] = "hi!";

  for (int i = 0; i < sizeof(str2); i++) {
    str1[i] = str2[i];     ← 傳回str2的位元組大小(4)
  }        複製個別元素

  printf("str1：%s\n", str1);
}
```

傳回str2的位元組大小(4)

結果

str1: Hi!

改用 strcpy() 函式，一行敘述就能搞定，它可**重設字元陣列內容**或者**複製字串**：

```
#include <stdio.h>
#include <string.h>        // 內含各種字串處理函式


int main() {
    // 預留足夠的空間，此例最多 9 個字元和結尾 '\0'
    char str1[10] ;
```

```
    char str2[] = "hello";

    strcpy(str1, "Hey!"); // 設定 str1 內容
    strcpy(str2, str1);    // 複製 str1（含 '\0' 結尾）給 str2
    printf("str2 的內容:%s\n", str2);
}
```

編譯執行結果顯示:"str2 的內容:Hey!"。

比較兩個字串

比較兩個字串（字元陣列），不能使用 "==" 運算子，底下寫法是錯的，執行結果始終顯示 "好,再等一下～":

實際是比較兩個
字元陣列的存放位址
"yes"也是字元陣列

```
char ans[10];
scanf("%s", ans);
if ( ans == "yes" )   ✖  // 若輸入"yes"...
    printf("出發吧！\n");
else
    printf("好,再等一下~\n");
```

比較兩個字串值，要使用 string.h 函式庫提供的 strcmp() 函式，假設兩個字串存在 str1 和 str2 變數，此函式將比較每個字元並傳回結果:

● 若傳回 0，代表 str1 和 str2 的全部字元都一樣。

● 若傳回值小於 0，代表兩個字串不一樣，且 str1 的第一個不同字元編碼值大於 str2 的字元編碼值。像下圖的 h 大於 H、p 大於 l，**比到不同的字元就停止比較。**

● 若傳回值大於 0，代表 str1 的第一個不同字元編碼值小於 str2 的字元編碼值。

底下是比較使用者輸入字串的程式碼，若輸入 "yes" 則顯示 "出發吧！"，否則顯示 "好，再等一下～"。

```c
#include <stdio.h>
#include <string.h> // 內含 strcmp() 函式

int main() {
  char ans[10];
  int r = 0;          // 儲存字串比較的結果

  printf("準備好了嗎？");
  scanf("%s", ans);
  r = strcmp(ans, "yes");  // 比較字串
  if (r == 0)
    printf("出發吧！\n");
  else
    printf("好，再等一下～\n");
}
```

strcmp() 會區分大小寫，要忽略大小寫，可改用 strcasecmp() 函式（函式名稱中的 case 代表字母大小寫），像這樣：

```c
r = strcasecmp(ans, "yes");  // 比較字串，忽略大小寫
```

使用線上開發工具或者本書採用的 Code::Blocks 都能順利執行上面的程式碼，但有些公司（如：微軟）的 C 程式開發軟體中的忽略大小寫的字串比較函式，不叫 strcasecmp()，而是 stricmp()（函式名稱中的 i 代表 ignore，忽略）。

strcasecmp 和 stricmp 都不是 C 語言標準程式庫內的函式，不同環境可能會需要使用不同的函式，若需要顧及不同平台的可攜性，可改採先轉換成小寫，再比較內容的作法。

6-6 使用 strtok() 函式切割、擷取子字串

處理文字資料，經常會遇到需要切割、擷取其中一段的情況，例如，取出檔案路徑中的檔名部分。本單元示範採用 strtok 擷取子字串的程式寫法：

```
char str[] = "../img/a.png";
char *t;        // 指向子字串
```

str → `. . / i m g / a . p n g \0`
　　　0 1 2 3 4 5 6 7 8 9 10 11 12

strtok() 函式的原意是 string to token，也就是把字串拆解成小單元 (以下稱「子字串」)，但每次執行，它只傳回一個子字串。底下敘述用反斜線分割 str 字串，執行之後，終端機將顯示 "..":

strtok(要分割的字串, 分隔字元集合)

```
t = strtok( str, "/" );
printf( "%s\n", t );
```

代表可定義多個不同的分隔字元
必須用雙引號，不可用單引號包圍分隔字元。
內含分割的子字串

不過，連續執行相同的 strtok() 敘述，卻傳回相同的子字串：

```c
#include <stdio.h>
#include <string.h>

int main() {
  char str[] = "../img/a.png";
  char *t;

  t = strtok(str, "/");
  printf("%s\n", t);
  t = strtok(str, "/");     結果 → ..
  printf("%s\n", t);
}
```

這是因為 strtok() 會把找到的分割字元（此例為反斜線）替換成字串結尾字元 '\0'，而 strtok(str, "/") 敘述將傳回從 str 開頭到字串結尾的子字串：

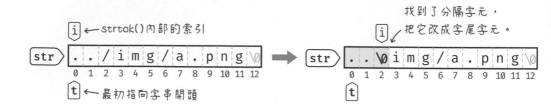

第 2 次之後的 strtok() 敘述，要從原字串的 '\0' 字元（寫成 NULL 或數字 0）開始找；**NULL 是 string.h（以及 stdlib.h 等）函式庫定義的代表字串結尾 '\0' 的常數，其實際值等於 0**：

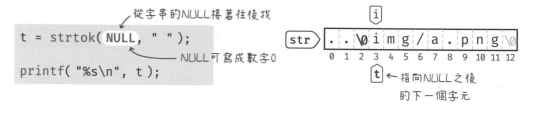

上面的敘述執行之後，"img" 後面的空格會被替換成 '\0'：

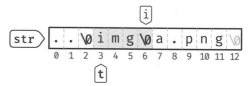

所以，如果把上面程式的 main() 函式內容改成這樣，就能輸出前兩個子字串：

```c
int main() {
  char str[] = "../img/a.png";
  char *t;

  t = strtok(str, "/");
  printf("%s\n", t);
  t = strtok(NULL, "/");
  printf("%s\n", t);
}
```

結果

```
..
img
```

從上面的實驗可知，除了第一次執行 strtok() 要輸入「被分割字串」之外，其後執行的 strtok() 的第一個參數都要設成 NULL 或數字 0。使用 while 迴圈執行其餘 strtok() 敘述的程式碼如下，當分割到原始字串的結尾時，strtok() 將傳回 0（或者說 NULL）：

```c
#include <stdio.h>
#include <string.h>

int main() {
  char str[] = "../img/a.png";
  char filename[50];            // 儲存檔名
  char *t;

  t = strtok(str, "/");
  while (t != NULL) {           // 若非字串結尾…
    printf("子字串:%s\n", t);
    strcpy(filename, t);        // 複製子字串到 filename
    t = strtok(NULL, "/");      // 再度用 "/" 分割字串
  }

  printf("檔名:%s\n", filename);
}
```

程式編譯執行結果：

```
子字串：..
子字串：img
子字串：a.png
檔名：a.png
```

strtok() 的第二個參數「分隔字元集合」，可設置多個分隔字元，所以此參數的資料型態是字元陣列， 資料要用雙引號包圍不可用單引號。底下程式定義名叫 delimiter 的分隔字元變數，存入 3 個字元，若在目標字串找到其中任一字元，就將它切割出來。

```
int main() {
  char str[] = "n=2a+3b-c";      // 目標字串
  char delimiter[] = "=+-";      // 定義分割字元集合
  char *t;

  t = strtok(str, delimiter);
  while (t != NULL) {
    printf("%s\n", t);
    t = strtok(NULL, delimiter);
  }
}
```

結果 →

```
n
2a
3b
c
```

6-7 檢測迴文句子以及變數的 有效範圍

迴文代表一段文字正著寫倒著寫都一樣：黑吃黑、多倫多、石榴石、文言文…等，還有這個句子：Madam, I'm Adam.（太太，我是亞當。）刪除空白和標點符號，也是迴文。

檢驗英文單字是否為迴文，要從單字頭尾兩端的字母開始，逐步向中間比對。所以程式可設置兩個分別記錄頭、尾字元索引編號的變數，索引數字一增一減向中心靠攏，逐一比對兩個字元是否相同：

當比對到 i 大於或等於 j（或者說 i 不小於 j）時，就停止比對，代表這個字串是迴文：

期間若比對到兩個字元不相同，代表不是迴文，就停止比對：

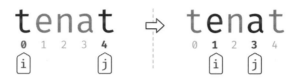

根據上面的分析整理而成的程式碼如下：

```c
#include <stdio.h>
#include <string.h>        // 引用字串函式庫

int main(){
  char msg[] = "tenet";   // 儲存輸入字串
  int j, i=0;

  j=strlen(msg)-1;

  for( i=0; i<j; i++ ) { // 若 i 不小於 j，則停止迴圈
    if( msg[i] != msg[j] ) break; // 若字元不同則退出 for 迴圈
    j--;
  }

  if ( i>=j )
    printf("%s 是迴文\n", msg);
  else
    printf("%s 不是迴文\n", msg);
}
```

strlen( )傳回字串長度5

msg 'MSG' 't' 'e' 'n' 'e' 't' '\0'
      0   1   2   3   4   5

字尾的編號為字串長度-1

執行結果 ➡ tenet是迴文

變數的有效範圍

上一節程式的變數 i 是在 for 敘述之前宣告，底下兩個變數 i 的區別在於**可被存取範圍**，右下的變數 i 可被 for 區塊內、外的程式碼存取：

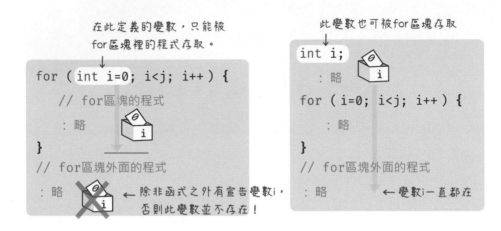

變數可被存取的範圍，稱作**有效範圍（scope）**。有效範圍以大括號為分界，在**大括號以內**宣告的變數，屬於**區域變數**，代表它的有效範圍僅限於**大括號內部**，包括嵌套在它裡面的其他大括號。

底下的 a, b 都是區域變數，變數 a 可被區塊 A 和 B 的程式碼存取，變數 b 只能被區塊 B 的程式碼存取：

```
{                        區塊A
    int a;        ←   區塊A和B的程式
                       都可存取
    {              區塊B
        int b;  ←   僅限區塊B的
                    程式存取
    }
}
```

如果把上個單元的變數 i，改在 for 敘述中定義，編譯程式會發生錯誤：

```
         :
void main() {          ← main區塊的開始
  char msg[] = "tenet";
  int   j;

  for ( int i=0; i<j; i++ ) {      ← for區塊的開始
    if ( msg[i] != msg[j] ) break;
    j--;
  }
  if ( ✗ >= j )
    printf("是迴文\n");
         :
}
```

在此宣告的變數，可被 main() 函式的所有程式碼存取。

在此宣告的變數，只能被 for 迴圈區塊裡的程式碼存取。

在此區塊內部可存取變數 i 和 j

結束 for 區塊

在 main 區塊，變數 i 不存在！

結束 main 區塊

變數的有效範圍概念，後面的單元會再說明。

6-8 計算大數據

變數的儲存空間有限，無號長整數 (unsigned long) 最高可儲存 20 位數。假如要計算超出所有資料型態容量的數據，可以改用陣列存放數據，把每位數字個別存入陣列元素，因為陣列的大小取決於電腦記憶體容量：

30 位數 → 429496729518446744073709551615

↓ 用陣列儲存

| 4 | 2 | 9 | 4 | 9 | 6 | 7 | 2 | 9 | 5 | 1 | 8 | 4 | 4 | 6 | 7 | 4 | 4 | 0 | 7 | 3 | 7 | 0 | 9 | 5 | 5 | 1 | 6 | 1 | 5 |

一個元素空間只存放一位數字

底下以簡化的例子說明用陣列儲存並計算 3 位數字的和，程式執行畫面如下：

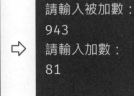

使用者輸入的被加數和加數,都要先存成字串(字元陣列 s1),因為字串也沒有長度限制。接著把個別位數轉成數字,存入另一個 int 型態的陣列 num1。為了方便處理進位,這個處理流程調整了輸入字串的數字位置,個位數存在元素 0、十位數存在元素 1…稍後再說明:

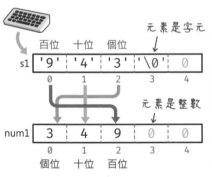

```
                              整數陣列,預設都是0。
                                 ↓
int len1, num1[5] = {0};
char s1[5];    // 儲存使用者輸入字串

scanf( "%s", s1 );        最後一個字的索引號
len1 = strlen(s1) - 1;
                          從最後一個字元開始
for ( int j=0, k=len1; k>= 0; j++, k-- )
    num1[j] = s1[k] - '0';
             把字串轉換成數字
```

數字字元減去字元 '0' 即可轉成整數;'9' 和 '0' 的 ASCII 碼分別是 57 和 48:

$$'9' - '0' \implies 57 - 48 \implies 9$$

為了方便解說運算過程,這個處理流程把被加數(num1)、加數(num2)及總和(sum)變數陣列元素改成從左到右排列,進位值存入變數 carry:

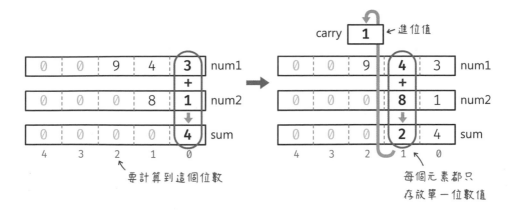

分析運算過程，可以發現每個位數相加的共通規則：**進位值+被加數+加數**，個位數的進位值是 0：

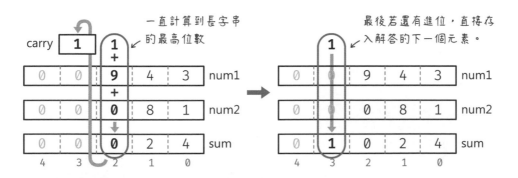

最後呈現解答時，記得要反向**從最高位數開始讀取到個位數**：

```
printf("\n答：");
for ( int k=3 ; k >= 0; k-- )
  printf("%d", sum[k]);
```

| 0 | 1 | 0 | 2 | 4 | sum |
| 4 | 3 | 2 | 1 | 0 | |

依照上面推演完成的程式碼如下：

```
#include <stdio.h>
#include <string.h>  // 內含 strlen() 函式


int main() {
  // 宣告被加數、加數、總和，預設為 0
  int num1[100] = {0}, num2[100] = {0}, sum[100] = {0};
```

```
// 儲存使用者輸入的被加數和加數字串 (多個 1 是為了儲存 '\0' 字尾)
char s1[101], s2[101];
// 紀錄兩個字串長度、字元索引、進位值
int len1, len2, i, carry=0;

printf("請輸入被加數：");
scanf("%s", s1);
printf("請輸入加數：");
scanf("%s", s2);

// 紀錄輸入字串的長度
len1 = strlen(s1) -1;
len2 = strlen(s2) -1;

// 把字串轉成數字，個別存入陣列
for (int j=0, k=len1; k>= 0; j++, k--)
  num1[j] = s1[k] - '0';

for (int j=0, k=len2; k>= 0; j++, k--)
  num2[j] = s2[k] - '0';

// 儲存較長字串的長度值
int size = (len1 > len2) ? len1 : len2;
// 從個位數開始計算到長字串的最高位數
for (i=0; i <= size; i++) {
  int temp = carry + num1[i] + num2[i]; // 進位值+被加數+加數
  sum[i] = temp % 10;          // 取得相加之後的個位數
  carry = temp / 10;           // 取得進位數字
}
// 如果有進位…上面的 for 迴圈的 i++ 敘述，已令 i 指向下一個高位數
if (carry > 0)
  sum[i] = carry;              // 在高位數中存入進位值
else
  i--;                         // 否則讓 i 退回解答值的最高位數

printf("\n 答：");
for (int k=i ; k >= 0; k--) // 從最後一個元素往前讀取到第 0 個
  printf("%d", sum[k]);
}
```

編譯執行程式的結果與預期相符。

APCS 觀念題練習

1. **實作練習**：編寫上文「位移加密」的解密程式。

   參考解答：

```c
#include <stdio.h>

int main() {
  unsigned char msg[100], c;
  int key;
  printf("請輸入要解密的訊息：");
  scanf("%s", msg);
  printf("請輸入密鑰數字：");
  scanf("%d", &key);
  key %= 26;

  for (int i = 0; msg[i] != '\0'; i++){
    c = msg[i];
    if(c >= 'a' && c <= 'z'){
      c -= key;
      if (c < 'a') c += 26;
    } else if (c >= 'A' && c <= 'Z'){
      c -= key;
      if (c < 'A') c += 26;
    }
   msg[i] = c;
  }
  printf("\n 解密之後的訊息：%s\n", msg);
}
```

   編譯執行結果：

```
請輸入要解密的訊息：
16GBt
請輸入密鑰數字：
20
解密之後的訊息：16MHz
```

2. 以下程式片段執行過程的輸出為何？（APCS 105 年 10 月 觀念題）

```
int i, sum, arr[10];

for (int i=0; i<10; i=i+1)
  arr[i] = i;

sum = 0;
for (int i=1; i<9; i=i+1)
  sum = sum - arr[i-1] + arr[i] + arr[i+1];
printf ("%d", sum);
```

A) 44　　　　B) 52　　　　C) 54　　　　D) 63

 B

arr 陣列的內容：{ 0, 1, 2, 3, 4, 5, 6, 7, 8, 9 }

```
sum = sum - arr[i-1] + arr[i] + arr[i+1];
```

因為 arr[i] － arr[i-1] 一定是 1

所以就等於計算：

```
8 + (2 + 3 + … + 9)
= 8 + (2+9)*8/2
= 8 + 44
= 52
```

3. 請問以下程式輸出為何？（APCS 105 年 3 月 觀念題）

```
int A[5], B[5], i, c;
  ...
for (i=1; i<=4; i=i+1) {
  A[i] = 2 + i*4;
  B[i] = i*5;
}
c = 0;
for (i=1; i<=4; i=i+1) {
```

```
    if (B[i] > A[i]) {
      c = c + (B[i] % A[i]);
    }
    else {
      c = 1;
    }
  }
printf ("%d\n", c);
```

A) 1 　　　　B) 4 　　　　C) 3 　　　　D) 33

 B

```
A 陣列 = { ?, 6, 10, 14, 18 }
B 陣列 = { ?, 5, 10, 15, 20 }
B[1]和 B[2]都不大於 A[1]和 A[2]，所以 C=1。
c = c + (B[3] % A[3]);   =>  c = 1+1  => c = 2
c = c + (B[4] % A[4]);   =>  c = 2+2  => c = 4
```

4. 若宣告一個字元陣列 char str[20] = "Hello world!"; 該陣列 str[12] 值為何？
（APCS 105 年 10 月 觀念題）

A) 未宣告 　　　　B) \0 　　　　C) ! 　　　　D) \n

 **B** 　str[12] 是 '!' 的後一個元素，也是字串資料的結尾 '\0'。

5. 若 A[1]、A[2]，和 A[3] 分別為陣列 A[] 的三個元素 (element)，下列那個
程式片段可以將 A[1] 和 A[2] 的內容交換？(APCS 106 年 3 月 觀念題)

A) A[1] = A[2];　　A[2] = A[1];

B) A[3] = A[1];　　A[1] = A[2];　　A[2] = A[3];

C) A[2] = A[1];　　A[3] = A[2];　　A[1] = A[3];

D) 以上皆可

答 **B** 　兩個元素值交換，要透過第三者，答案中的 A[3] 用於暫存交換
值。

| **修補圍籬 (壽司拼盤)**

110 年 10 月 APCS 有個「修補圍籬」實作題，完整的題目說明請參閱 ZeroJudge 網站：https://bit.ly/3xOx7N0，筆者把題目改成「壽司拼盤」。題目內容：某餐廳的壽司擺盤共有 n 個，每個壽司都有一個唯一的編號，每當客戶取走一個壽司，師傅就會補上空盤旁邊，編號較小的相同壽司。例如，下圖中間空盤左右兩側的較小值是 6，所以補上編號 6 的壽司。程式將輸出新補充的壽司編號總和：

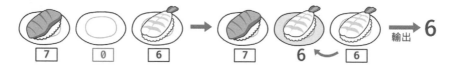

若空盤出現在開頭或結尾，則直接取用相鄰的那一個壽司。下圖的空盤補充之後，新增品項的編號加總為 7+2+3=12：

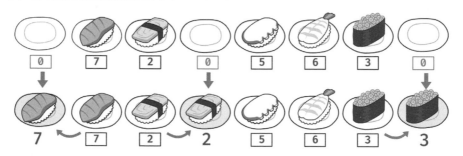

師傅保證不會出現連續的空盤，像右圖的狀況不會發生：

輸入說明	輸出說明
輸入包含兩行： 第一行有一個正整數 n，代表盤子的數量。 第二行有 n 個以空格分隔的整數，代表壽司的編號，空盤用 0 代表。	輸出一個正整數表示新增品項編號的總和

輸入範例	輸出範例
8 0 7 2 0 5 6 3 0	12

解題說明：

題目的壽司品項數量是固定的，可以用陣列儲存每個盤子的壽司編號。假設 n 為 8，程式可宣告一個 8 個元素大小的 sushi 陣列，並準備一個新增紀錄壽司編號加總的 total 變數。這兩個變數的型態都是 int。

處理輸入值的程式流程如下：

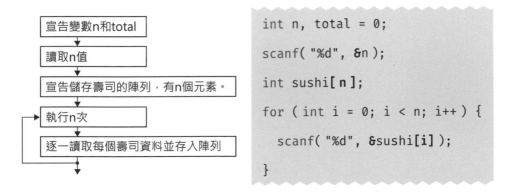

```c
int n, total = 0;
scanf( "%d", &n );
int sushi[ n ];
for ( int i = 0; i < n; i++ ) {
    scanf( "%d", &sushi[i] );
}
```

壽司資料讀取完畢，sushi 陣列的內容會像這樣：

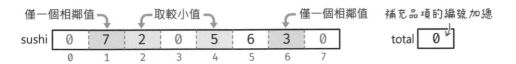

壽司資料儲存完畢，旋即從 sushi 陣列的元素 0 開始，依照題目的規則補上其值為 0 的元素：

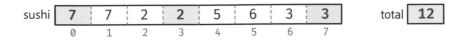

完整的範例程式碼如下，編譯執行後，用範例輸入值測試，輸出結果吻合。

```c
#include <stdio.h>

int main() {
    int n, total = 0;
```

```
  scanf("%d", &n);   // 讀取 n 值
  int sushi[n];        // 宣告 n 個元素的壽司陣列

  for (int i = 0; i < n; i++) {
    scanf("%d", &sushi[i]);   // 儲存壽司編號
  }


  if (sushi[0] == 0) {       // 若第 0 個是空盤…
    sushi[0] = sushi[1];     // 複製第 1 個壽司編號
    total = sushi[0];        // 設定壽司編號
  }

  if (sushi[n - 1] == 0) {           // 若最後一個是空盤…
    sushi[n - 1] = sushi[n - 2];   // 複製倒數第 2 個壽司編號
    total += sushi[n - 1];          // 壽司編號加總
  }
  // 從第 1 盤檢查至倒數第 2 盤
  for (int i = 1; i < n - 1; i++) {
    if (sushi[i] == 0) {   // 若是空盤…
      // 若左邊 <  右邊
      if (sushi[i - 1] < sushi[i + 1]) {
        sushi[i] = sushi[i - 1];   // 取左邊
      } else {
        sushi[i] = sushi[i + 1];   // 取右邊
      }
      total += sushi[i];   // 壽司編號加總
    }
  }
  printf("%d\n", total);   // 輸出壽司編號加總
}
```

APCS 實作題　猜拳遊戲（甲蟲爭霸戰）

109 年 1 月 APCS 實作題「猜拳遊戲」，完整題目內容請參閱 ZeroJudge
網站：https://bit.ly/3N68gdq。筆者把題目改成「甲蟲爭霸戰」遊戲機台。甲蟲爭
霸戰遊戲機台採用猜拳機制，由玩家和電腦來回對戰。遊戲規則如下：

- 比 n 回合,每次都是玩家先出拳。

- 如果電腦連續出了兩次相同的拳,下一輪玩家就會出打敗電腦前兩輪的拳。

- 否則,玩家會出跟電腦前一輪相同的拳。

請寫出模擬猜拳遊戲過程與結果。

輸入說明	輸出說明
第一行輸入玩家第一輪要出的拳 f。 第二行輸入電腦準備的數量 n。 第三行依序輸入電腦準備出的拳 y_1, y_2 … y_n,以空格隔開。 所有的出拳皆為 0, 2, 5(0 指石頭,2 指剪刀,5 指布)	輸出有一行,依序輸出玩家每一回合猜的拳,以空格隔開。並在冒號後輸出第幾回合分出勝負。 若在第 k 輪時玩家贏了,輸出:Won at round k 若在第 k 輪時玩家輸了,輸出:Lost at round k 若比完 N 輪仍然平手,輸出:Drew at round n

範例輸入 1	範例輸出 1
0 4 2 5 0 2	0:Won at round 1

範例輸入 2	範例輸出 2
2 2 2 0	2 2:Lost at round 2

範例輸入 3	範例輸出 3
5 4 5 5 0 0	5 5 2:Lost at round 3

範例輸入 4	範例輸出 4
5 6 5 5 2 2 0 0	5 5 2 2 0 0:Drew at round 6

解題說明：

從題目和範例輸入值可看出，比賽的回合數就是電腦的出拳數，而電腦出拳的內容是預先設定好的，從第 2 回合開始，玩家依電腦的出拳來決定回應方式。出拳的剪刀、石頭、布用整數代號表示，為了提升程式碼的可讀性，可將這些數值用英文表示成 rock（石）、scissors（剪刀）和 paper（紙）：

程式一開始先宣告一個 n 大小的陣列紀錄電腦的出拳值。

```
#define ROCK     0  // 定義常數，石頭
#define SCISSORS 2  // 剪刀
#define PAPER    5  // 布
  : 略
int f, n, i; // 宣告儲存使用者出拳、回合數以及迴圈索引的變數
scanf("%d", &f);    // 讀取使用者第一回合的出拳
scanf("%d", &n);    // 讀取回合數

int arr[n];         // 宣告儲存電腦出拳內容的 n 大小陣列 arr
for (i = 0; i < n; i++) {
  scanf("%d", &arr[i]);
}
```

接下來就是從 arr 陣列的元素 0 開始，逐一取得出拳內容來進行遊戲。

1 第 1 輪，玩家先出拳，出拳值就是 f 值。

- 若分出勝負，遊戲結束。

2 若上一輪平手，則進入第 2 輪，玩家依底下條件出拳：

跟電腦上一輪相同的拳，也就是 arr[i-1] 的值。

3 若上一輪平手，進入第 3 輪之後，玩家依底下條件出拳：

- 若電腦前兩輪都出相同的拳，也就是 arr[i-1] 等於 arr[i-2]，則玩家出可打敗被對方的拳。

- 否則，跟電腦上一輪相同的拳，也就是 arr[i-1] 的值。

4 重複步驟 3，直到分出勝負或進行 n 輪之後結束。

- 底下的迴圈程式將推算出第 2 輪之後，玩家在該輪所出要的拳：

```
for (i = 0; i < n; i++) {   // 從 arr 陣列的元素 0 比對到最後
  if (i > 0) {              // 從第 2 輪開始到最後
    if (i == 1) {           // 如果是第 2 輪
      f = arr[i - 1];       // 這次出的拳，就是電腦上一次的拳
    } else if (arr[i - 1] == arr[i - 2]) {
      // 如果不是第 2 輪，且電腦前兩拳相同
      // 玩家將出贏過「上一次」電腦出的拳
      if (arr[i - 1] == SCISSORS) {    // 如果上一次是剪刀
        f = ROCK;                      // 玩家出石頭
      } else if (arr[i - 1] == ROCK) { // 如果上一次是石頭
        f = PAPER;                     // 玩家出布
      } else {                         // 否則（剩下布）
        f = SCISSORS;                  // 玩家出剪刀
      }
    }
  }
  : 略
}
```

接下來就比對玩家和電腦的出拳看看誰贏。完整的程式碼如下：

```
#include <stdio.h>
#define ROCK     0  // 定義常數，石頭
#define SCISSORS 2  // 剪刀
#define PAPER    5  // 布
```

```
int main() {
  int f, n, i;  // 宣告儲存使用者出拳、回合數以及迴圈索引的變數
  scanf("%d", &f);    // 讀取使用者第一回合的出拳
  scanf("%d", &n);    // 讀取回合數
  int arr[n];          // 宣告儲存電腦出拳內容的 n 大小陣列 arr
  for (i = 0; i < n; i++) {
    scanf("%d", &arr[i]);
  }

  for (i = 0; i < n; i++) {  // 從 arr 陣列的元素 0 比對到最後
    if (i > 0) {                    // 從第 2 輪開始到最後
      if (i == 1) {                 // 如果是第 2 輪
        f = arr[i - 1];             // 這次出的拳，就是電腦上一次的拳
      } else if (arr[i - 1] == arr[i - 2]) {
        // 如果不是第 2 輪，且電腦前兩拳相同
        // 玩家將出贏過「上一次」電腦出的拳
        if (arr[i - 1] == SCISSORS) {     // 如果上一次是剪刀
          f = ROCK;                        // 玩家出石頭
        } else if (arr[i - 1] == ROCK) {  // 如果上一次是石頭
          f = PAPER;                        // 玩家出布
        } else {                           // 否則（剩下布）
          f = SCISSORS;                     // 玩家出剪刀
        }
      }
    }

    printf("%d ", f);   // 顯示玩家出的拳，後面空一格
    if (f != arr[i]) {  // 如果兩者的出拳不同（i 從 0 開始）…
      switch (f) {        // 依據玩家的出拳…
        case SCISSORS:  // 玩家出剪刀的情況：
          if (arr[i] == PAPER) {            // 如果電腦出布
            printf(": Won ");                // 玩家贏了
          } else if (arr[i] == ROCK) {      // 如果電腦出石頭
            printf(": Lost ");               // 玩家輸了
          }
          break;
        case ROCK:        // 玩家出石頭的情況：
          if (arr[i] == SCISSORS) {         // 若電腦出剪刀
            printf(": Won ");                // 玩家贏了
```

```
        } else if (arr[i] == PAPER) {  // 若電腦出布
          printf(": Lost ");            // 玩家輸了
        }
        break;
      case PAPER:     // 玩家出布的情況：
        if (arr[i] == ROCK) {                // 若電腦出石頭
          printf(": Won ");                  // 玩家贏了
        } else if (arr[i] == SCISSORS) {  // 若電腦出剪刀
          printf(": Lost ");                 // 玩家輸了
        }
        break;
      }
      // 顯示回合（i 從 0 開始，所以加 1）
      printf("at round  %d", i + 1);
      break;  // 若已比出輸贏，即可跳出迴圈，不用再比較
    }
  }
  // 若索引 i 和回合（陣列元素數量）相同，
  // 代表到最後都沒有輸贏
  if (i == n) {
    // 顯示在第 n 回合以平手結束
    printf(": Drew at round %d\n", n);
  }
}
```

輸入測試資料時，可先在記事本裡面打好，然後複製貼上線上編譯器，貼上後多行輸入可能會變成單行，但不影響執行結果，這樣就不用每次執行都重新打一次輸入資料。

M E M O

7

遞迴和堆疊

本章將介紹常見的問題解決手法：**遞迴**（recursion）。遞迴代表把問題拆成數個相似的處理步驟，分別解決。以列舉某個路徑當中的所有檔案和子目錄為例，可以採右下圖的流程：

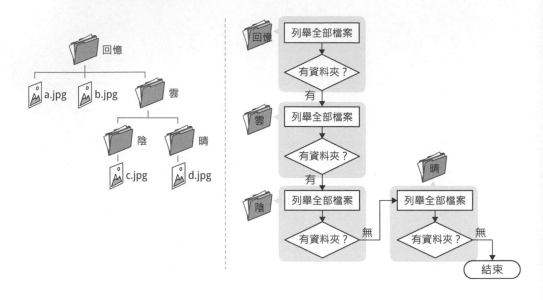

但其實每個瀏覽和列舉子目錄內容的處理步驟都一樣，因此可以簡化成如右圖的流程，這就是遞迴的概念：

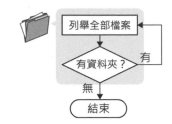

7-1 遞迴：函式呼叫自己

在程式的處理流程中，**遞迴**代表函式內部的敘述呼叫自己：

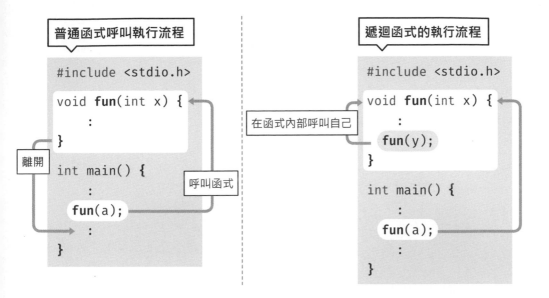

遞迴需要設置中止條件，讓電腦得以離開函式，避免陷入無限循環呼叫。本單元將透過兩個範例說明實際的遞迴程式寫法和執行流程：

計算 1 到 N 的總和

遞迴程式經常被拿來和**迴圈**程式比較，以計算連續數字的總和為例，假設要計算 1 到 5 的總和，可以用 for 迴圈寫成：

```
int n = 5;    // 儲存計算上限
int ans = 0;  // 儲存計算結果

// 從 1 開始，到 i 等於 n 結束，每次執行後 i+1
for (int i=1; i<=n; i++) {
  ans += i;   // 等同 ans = ans + i;
}
```

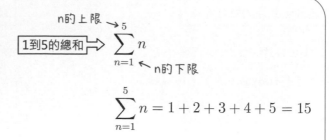

數學的加總符號寫成 Σ，唸作 sigma（讀音似「吸個碼」），1 到 5 的總和寫成：

$$\sum_{n=1}^{5} n = 1 + 2 + 3 + 4 + 5 = 15$$

同理，分數加總的數學式寫成：

$$\sum_{x=-2}^{2} \frac{1}{x+3} = \frac{1}{-2+3} + \frac{1}{-1+3} + \frac{1}{0+3} + \frac{1}{1+3} + \frac{1}{2+3}$$

$$= 1 + \frac{1}{2} + \frac{1}{3} + \frac{1}{4} + \frac{1}{5}$$

改用遞迴來解決，要先把問題中的重複處理流程拆解出來。計算 1 到 n 的總合，也能看成 n 加上 1 到 (n-1) 數字的加總，例如：1 到 5 的總和，等於 5 加上「1 到 4 的加總」，而 1 到 4 的加總等於 4 加上「1 到 3 的加總」，所以重複的處理流程是：從 1 到前一個數字的總和，直到 n 為 1 才結束處理流程：

1到5的總和 ⇒ 1 + 2 + 3 + 4 + 5 = 15

（1到4的總和、1到3的總和）

1到n的總和 ⇒ (n-1)的總和 + n

或

⇒ n + (n-1)的總和

根據上圖右的分析，重複的流程可寫成如下的 sum() 遞迴函式：

傳回整數型態值 →
終止遞迴的條件 →

```
int sum(int n) {
    if (n == 1)
        return 1;
    else
        return n + sum( n-1 );
}
```

呼叫函式

等 sum() 傳回結果才能完成計算

加總 1 到 5 的遞迴運作流程如下：執行 sum(5) 函式之後，必須歷經數次 sum() 函式呼叫（因為還無法計算值，電腦會暫存之前未處理完成的函式，參閱下文說明），直到步驟 5 的 sum(1) 傳回 1，才得以回溯計算出最後結果：

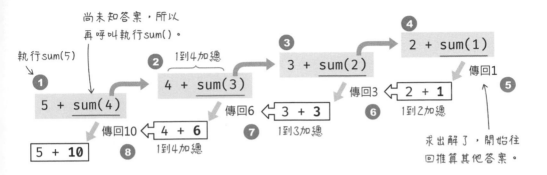

採用遞迴計算加總的完整程式碼如下：

```c
#include <stdio.h>

int sum(int n) {              // 計算加總
  if (n == 1)
    return 1;                 // 不再呼叫自己（結束遞迴）
  else
    return n + sum(n - 1);    // 呼叫自己
}

int main() {
  int n;                      // 暫存使用者輸入的數字
  int ans;                    // 儲存計算結果

  printf("計算整數 1 到 N 的和，請輸入 N 值：");
  scanf("%d", &n);

  ans = sum(n);
  printf("1 到%d 的和：%d\n", n, ans);
}
```

編譯執行程式的結果：

> 計算整數1到N的和，請輸入N值：
> 8

> 計算整數1到N的和，請輸入N值：
> 8
> 1到8的和：36

 遞迴的原理我看懂了，但是我不明白，為什麼要把簡單的計算搞得拐彎抹角、機關算盡的模樣？

 迴圈和遞迴各有優缺點，「計算總和」是個相對簡單的例子，適合解說遞迴的概念。

7-2 認識「堆疊」記憶體區域和資料結構

電腦作業系統會分配記憶體空間給每個執行中的程式，而這個記憶體空間裡面有個**堆疊（stack）**區，用來暫存執行中的函式的返回位址（為了簡化說明，請想成「儲存執行中的函式」）以及區域變數。「堆疊」這個詞，源自它的存取方式如同掛在超商貨架上的一疊禮品卡：你**只能從最前面循序取出或者放回卡片**，無法任意取放中間的卡片：

每次都從最前面取出或放回去

「堆疊」記憶體存放的函式和區域變數，宛如禮品卡，只能從前面循序存取。網頁瀏覽器的「瀏覽歷程」就是一種堆疊結構的應用。每當你跳轉或者輸入新的網址，上一個瀏覽網址就被**存入（push）**瀏覽歷程；若「返回」上個頁面，瀏覽歷程最上面（也是最後加入）的一筆紀錄，就被**取出（pop）**：

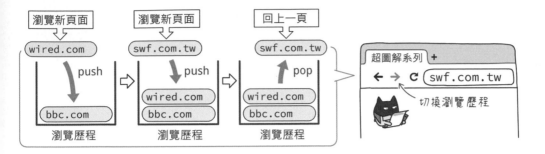

許多應用軟體的「還原」和「重做」功能也運用了堆疊，上一節的遞迴程式也是，當電腦執行到 sum() 函式裡的這個敘述：

```
return n + sum(n - 1);
```

它先把 sum() 函式及當前的 n 值存入堆疊，再執行 sum()。以計算 1 到 4 的總和為例，sum(3) 引發執行了 sum(2)，所以電腦再次往堆疊裡存入 sum() 函式以及 n 值…直到 sum() 傳回 1：

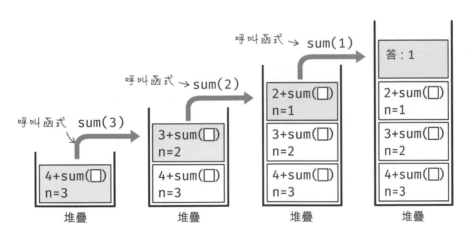

函式與區域變數被層層往上疊放，直到產生一個確定值（此例為 1），堆疊裡的函式將由上往下一一傳回執行結果。最上面的 sum() 傳回 1 之後結束執行並從堆疊中移除，下一層的函式也將在傳回計算結果之後結束執行…直到堆疊裡的函式執行完畢返回主程式，把計算結果存入 ans 變數：

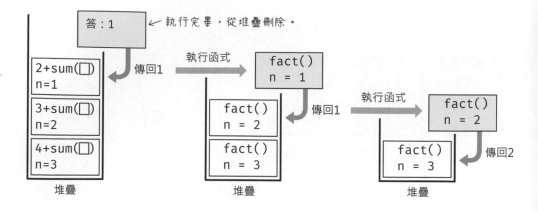

運算結束之後，暫存在堆疊的內容也將被清空。最先進入堆疊的資料，最後才被取出，所以堆疊被稱作是**先進後出**（First In, Last Out，簡稱 FILO）的資料結構。

從上面的分析可看出，遞迴的處理步驟越多，占用堆疊記憶體的數量也越大，若處理步驟超過堆疊容量，程式會引發**堆疊記憶體不足（stack overflow）**的錯誤而當掉。此外，存入和取出堆疊資料都需要時間，雖然耗時微不足道，但相較於**迴圈**裡的加總計算式，遞迴處理既耗記憶體又耗時。然而，如同本章開頭的列舉資料夾檔案的例子，遞迴在某些應用具有「邏輯表達清晰」的優勢。

7-3 利用 pythontutor.com 觀察程式運作狀況

pythontutor.com 是個視覺化呈現程式執行過程的工具網站，支援 Python, JavaScript, C, C++ 和 Java 語言。以遞迴程式為例，透過這個網站，可以看到函式呼叫和變數的建立、刪除及其值的變化。

瀏覽到這個網址：https://pythontutor.com/c.html，然後輸入程式碼：

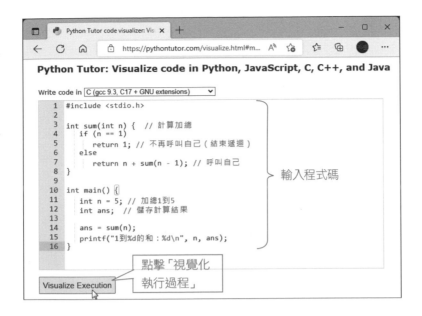

點擊 Visualize Execution（視覺化執行過程）鈕後，稍等一會兒，即可一步步執行程式碼並顯示執行過程的變化：

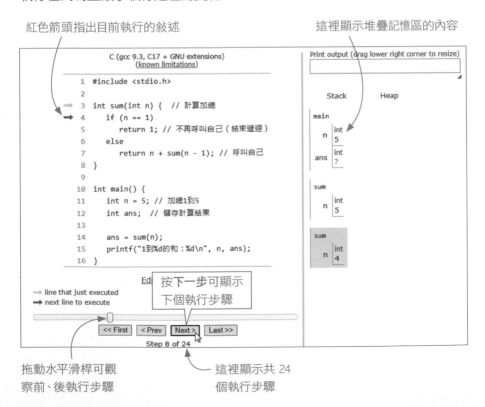

上面的網頁畫面顯示步驟 8 的 Stack（堆疊）記憶區，存放了兩個 sum 函式呼叫，第 2 個 sum 函式的區域變數 n 的值為 4。Stack 區右邊的 Heap（堆積），是動態配置用的記憶體區域，第 12 章會介紹。

使用陣列製作堆疊資料結構

陣列是一種可存放多筆數據、透過元素編號**被任意存取**的資料結構，本文將採用它來製作出存取方式限制為**先進後出**的堆疊結構。假設這個堆疊最多可儲存 5 個整數，由於資料總是從堆疊最上方存取，我們需要設置記錄最上層元素位置的變數（此處命名為 top），每次取出一筆資料，top 值就要減 1：

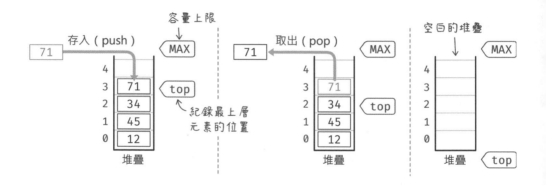

若 top 值為 -1，代表堆疊為空。往堆疊存入資料時，要先確認堆疊未滿，然後把 top 值加 1：

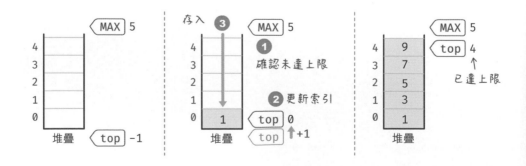

下文將把堆疊的各項操作寫成函式，底下兩個函式用於確認堆疊是否為空或者填滿了，它們都會依情況傳回整數 1 或 0。

```
int isempty() {        // 檢查堆疊是否為空
  if(top == -1)
    return 1;          // 若為空,傳回 1
  else
    return 0;          // 否則傳回 0
}

int isfull() {         // 檢查堆疊是否已滿
  if(top == (MAX-1))
    return 1;          // 若滿了,傳回 1
  else
    return 0;          // 否則傳回 0
}
```

筆者把堆疊陣列命名為 stack,把資料存入堆疊的函式命名成 push:

此函式沒有傳回值

接收準備存入堆疊的整數資料

```
void push(int data) {
  if( !isFull()) {  // 若未滿...
    stack[ ++top ] = data;
  } else {              先增加索引值
    printf("堆疊已滿,無法存入%d。\n", data);
  }
}
```

呼叫函式,查看堆疊是否已滿,然後把結果取相反值。

取出堆疊資料的函式命名成 pop:

傳回整數型態的資料

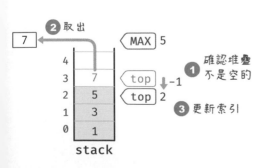

```
int pop() {
  if ( !isEmpty()) { // 若非空...
    return stack[ top-- ];
  } else {            後置減少索引值
    printf("堆疊是空的。\n");
  }
}
```

❷ 取出

7

MAX 5

❶ 確認堆疊不是空的

top ↓ -1

top 2

❸ 更新索引

stack

完整的範例程式碼如下，堆疊的上限（MAX）以及索引值（top）的判斷細節都由個別的函式處理，所以在 main 函式裡面操作堆疊的程式敘述顯得簡潔易讀。

```c
#include <stdio.h>
#define MAX 5      // 堆疊元素上限

int stack[MAX];    // 宣告儲存堆疊的陣列變數
int top = -1;      // 定義最上層元素的編號

int isEmpty() {
  if(top == -1)
    return 1;
  else
    return 0;
}

int isFull() {
  if(top == (MAX-1))
    return 1;
  else
    return 0;
}

void push(int data) {
  if(!isFull()) {
    stack[++top] = data;
  } else {
    printf("堆疊已滿，無法存入%d。\n", data);
  }
}

int pop() {
  if(!isEmpty()) {
    return stack[top--];
  } else {
    printf("堆疊是空的。\n");
  }
```

```
}

int main() {
  push(1); push(3); push(5);    // 存入資料
  push(7); push(9); push(13);

  printf("取出資料：\n");
  while(!isEmpty()) {
    int data = pop();
    printf("%d\n", data);
  }
}
```

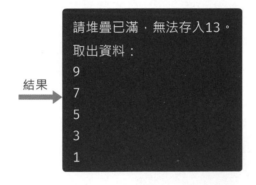

結果

```
請堆疊已滿，無法存入13。
取出資料：
9
7
5
3
1
```

7-4 河內塔問題

「河內塔」是一個運用遞迴與堆疊概念來解決的經典問題：有三根竿子和 n 個圓盤，解謎者要將第一根竿子上的所有圓盤移到最後一根桿子：

移動圓盤必須遵循以下規則：

- 一次只能移動一個圓盤。

- 每次只能搬動最上面的圓盤，並將其放在空桿或另一堆圓盤的最上面。

- 大圓盤不能放在小圓盤之上：

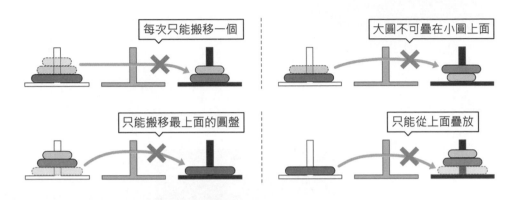

一個圓盤的河內塔解法

先來分析圓盤總數為 1, 2 和 3 的情況，試著找出其中的演算規則。如果只有一個圓盤，其解法當然是：把圓盤從 A 竿（起點）移到 C 竿（終點）：

兩個圓盤的河內塔解法

兩個圓盤的河內塔可以透過移動 3 次圓盤完成：

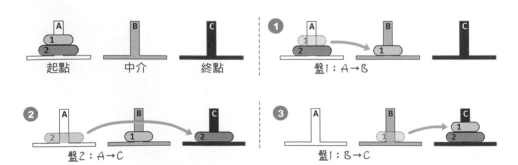

但假如一開始先把圓盤移到 C 竿，解決步驟至少會多一步：

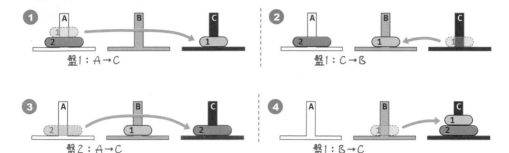

三個或更多圓盤的河內塔解法

想想看 3 個圓盤的解法：

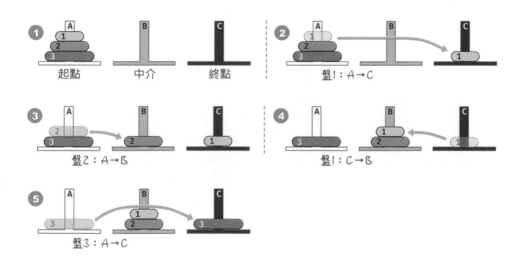

原本在 A 竿最底下、最大的圓盤移到目的地，剩下兩個圓盤。有沒有似曾相似的感覺？我們已經知道兩個圓盤的解法，只是竿子的位置不一樣。底下重新標示竿子，終點不變，你會發現解法跟上一節完全相同：

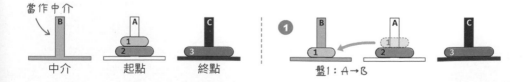

找出遞迴的規律

若有 4 個圓盤，當移動到如右下，最大圓盤已就定位，剩下 3 個圓盤，之後就能按照搬移 3 個圓盤的步驟解決：

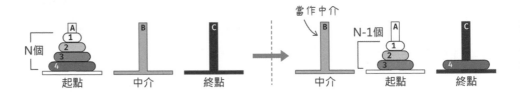

同樣地，搬移 3 個圓盤到右下情況時，可以按照搬移 2 個圓盤的步驟處理：

搬移 2 個圓盤到右下情況時，可以依照搬移 1 個的步驟處理：

搬運一個圓盤…就直接從 A（起點）移到 C（終點）：

總結以上分析，把移動圓盤的步驟寫成 move() 自訂函式，以移動兩個圓盤為例，執行過程如下：

```
int main() {
  int n = 2;    // 圓盤數量
  move(n, 'A', 'C', 'B');
}
      圓盤數  起點  終點  中介

① 

void move( int n, char from, char to, char aux ) {
                        起點      終點      中介
  if ( n == 1 ) {
    printf( "移動圓盤 1，%c 到 %c\n", from, to );
    return;
  }
  move( n-1, from, aux, to );          (1, 'A', 'B', 'C')
  printf( "移動圓盤 %d，%c 到 %c\n", n, from, to );
  move( n-1, aux, to, from );           (1, 'B', 'C', 'A')
}
```

執行過程的堆疊變化如下：

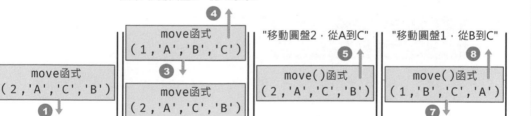

顯示"移動圓盤1，從A到到B"

| move函式
(1,'A','B','C') |
| move函式
(2,'A','C','B') |

move函式
(2,'A','C','B')

堆疊　　　　　　　堆疊

"移動圓盤2，從A到C"

move()函式
(2,'A','C','B')

堆疊

"移動圓盤1，從B到C"

move()函式
(1,'B','C','A')

堆疊

底下是採用遞迴解決河內塔問題的完整程式碼：

```
#include <stdio.h>

void move(int n, char from, char to, char over) {
  if (n == 1) {
    printf("移動圓盤 1，%c 到 %c\n", from, to);
    return;
  }
  move(n-1, from, over, to);
```

```
    printf("移動圓盤 %d，%c 到 %c\n", n, from, to);
    move(n-1, over, to, from);
}


int main() {
    int n = 3; // 圓盤數量
    move(n, 'A', 'C', 'B');
}
```

編譯執行結果：

```
移動圓盤 1，A 到 C
移動圓盤 2，A 到 B
移動圓盤 1，C 到 B
移動圓盤 3，A 到 C
移動圓盤 1，B 到 A
移動圓盤 2，B 到 C
移動圓盤 1，A 到 C
```

APCS 觀念題練習

1. 以下 g(4) 函式呼叫執行後，回傳值為何？（APCS 105 年 3 月 觀念題）

```
int f (int n)  {
  if (n > 3) {
    return 1;
  }
  else if (n == 2) {
    return (3 + f(n+1));
  }
  else {
    return (1 + f(n+1));
  }
}

int g(int n) {
```

```
    int j = 0;
    for (int i=1; i<=n-1; i=i+1) {
      j = j + f(i);
    }
    return j;
  }
```

A) 6   B) 11   C) 13   D) 14

∙∙

答 C 帶入 g(4) 推導：

```
g(4) = f(1)+f(2)+f(3)
= (1+f(2))+(3+f(3))+(1+f(4))
= (1+3+f(3))+(3+1+f(4))+(1+1))
= (1+3+1+f(4))+(3+1+1)+(1+1)
= (1+3+1+1)+(3+1+1)+(1+1)
= 6+5+2
= 13
```

2. 請問以 a(13, 15) 呼叫以下 a() 函式，函式執行完後其回傳值為何？（APCS
    105 年 3 月 觀念題）

```
int a(int n, int m) {
  if (n < 10) {
    if (m < 10) {
      return n + m ;
    } else {
      return a(n, m-2) + m ;
    }
  } else {
    return a(n-1, m) + n ;
  }
}
```

A) 90   B) 103   C) 93   D) 60

n大於10 → a(13 , 15) ⟶ 103

a(12 , 15) + 13 ⟶ 90 + 13

a(11 , 15) + 12 ⟶ 78 + 12

⋮

n小於10 → a(9 , 15) + 10 ⟶ 57 + 10

a(9 , 13) + 15 ⟶ 42 + 15

a(9 , 11) + 13 ⟶ 29 + 13

m小於10 → a(9 , 9) + 11 ⟶ 9 + 9 + 11

9 + 9

3. 以下 Mystery() 函式 else 部分運算式應為何，才能使得 Mystery(9) 的回傳值為 34。（APCS 105 年 3 月 觀念題）

```
int Mystery (int x) {
  if (x <= 1) {
    return  x;
  }
  else {
    return _____ ;
  }
}
```

A) x + Mystery(x-1)   B) x * Mystery(x-1)

C) Mystery(x-2) + Mystery(x+2)   D) Mystery(x-2) + Mystery(x-1)

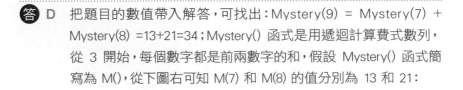

答 D 把題目的數值帶入解答，可找出：Mystery(9) = Mystery(7) + Mystery(8) =13+21=34；Mystery() 函式是用遞迴計算費式數列，從 3 開始，每個數字都是前兩數字的和，假設 Mystery() 函式簡寫為 M()，從下圖右可知 M(7) 和 M(8) 的值分別為 13 和 21：

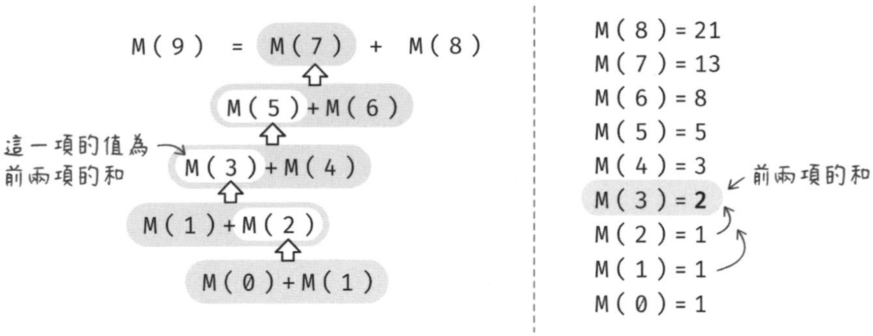

$$M(9) = M(7) + M(8)$$

$$M(5) + M(6)$$

這一項的值為 → $M(3) + M(4)$
前兩項的和

$$M(1) + M(2)$$

$$M(0) + M(1)$$

M (8) = 21
M (7) = 13
M (6) = 8
M (5) = 5
M (4) = 3
M (3) = 2 ← 前兩項的和
M (2) = 1
M (1) = 1
M (0) = 1

4.　以下程式輸出為何？（APCS 105 年 3 月 觀念題）

```c
void foo (int i) {
  if (i <= 5) {
    printf ("foo: %d\n", i);
  }
  else {
    bar(i - 10);
  }
}

void bar (int i) {
  if (i <= 10) {
    printf ("bar: %d\n", i);
  }
  else {
    foo(i - 5);
  }
}

void main() {
  foo(15106);
  bar(3091);
  foo(6693);
}
```

A)

```
bar: 6
bar: 1
bar: 8
```

B)

```
bar: 6
foo: 1
bar: 3
```

C)

```
bar: 1
foo: 1
bar: 8
```

D)

```
bar: 6
foo: 1
foo: 3
```

答 **A** 題目的數字很大，但兩個函式分別是減 10 和減 5。每一輪減 15，所以對 foo(15106) 來說，15106 % 15 為 1，表示最後傳入 bar 的值是 1 + 5 為 6，所以會印出 bar:6。

bar(3091) 的 3091 % 15 也是 1，表示最後傳入 foo 的值是 1+10 為 11，仍超過 5，所以會呼叫 bar(1)，因此印出 bar:1。

foo(6693) 的 6693 % 15 為 3，所以最後傳入 bar 的值是 3+5 為 8，因此印出 bar:8。

8

指標與多維陣列

你知道皮卡丘站起來叫什麼嗎？

 站起來？我只知道初代叫皮丘，進化版叫雷丘。

 叫皮卡「兵」～

 原來是腦筋急轉彎啊？那我們就來做頭腦體操⋯同一隻寶可夢能有不同的形態和名字，C 語言的變數也有不同的存取方式哦！

8-1 取址運算子與指標運算子

第二章提到，電腦系統會替「變數宣告」敘述在記憶體中規劃儲存空間；記憶體空間用數字編號的**位址**（**address**）來識別，相當於住家地址：

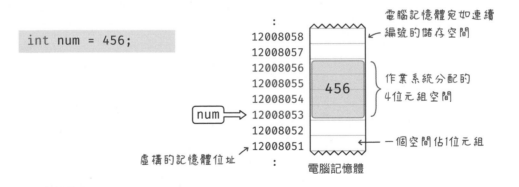

```
int num = 456;
```

底下敘述宣告一個儲存**整數型態儲存空間的位址**的變數 pt，然後透過 **&** 運算子提取變數的位址，存入 pt 變數：

 取址運算子

外型像提把，用於「提取」資料的記憶體位址。

 指標運算子

外型像飛鏢的尾翼，也像忍者飛鏢，用於「指向」或「射向」某位址取資料。

存取變數值,可透過它的名稱,也能透過它的**記憶體位址**。透過位址存取變數,需要借助 *** 指標運算子**和 **& 取址運算子**,它們的意義如下:

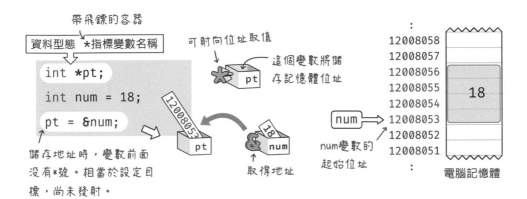

宣告指標變數時,指標運算子前面或後面習慣上會插入一個空格。底下四種寫法都行:

`int  *pt;`	`int*  pt;`	`int  *  pt;`	`int*pt;`
標準寫法		不建議	

有些人習慣把指標運算子緊接在資料型態後面,倒著唸起來也很順:

$$int*\ pt;$$

pt是個指向整數型態值的變數

不過,底下的寫法容易讓人誤解:

```
int* x, y;      int* x;
```
等同
```
int y;   ← 不是指標變數!
```

像底下這樣寫就比較清晰一些,但像右上那樣分開兩行寫最明確。

```
int *x, y;   // x 是指標變數,y 不是
int *x, *y;  // x 和 y 都是指標變數
```

透過 printf() 輸出位址資料，要使用 %p 符號，範例程式如下，變數的位址由電腦系統配置，可能每次都不同：

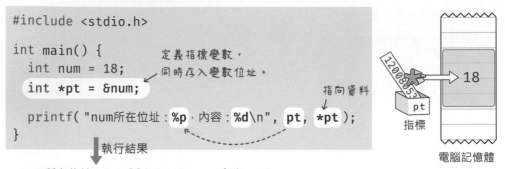

```
#include <stdio.h>

int main() {
    int num = 18;            定義指標變數，
    int *pt = &num;          同時存入變數位址。

    printf( "num所在位址:%p, 內容:%d\n", pt, *pt );   指向資料
}
```

執行結果

num所在位址：0x7ffd452123ec，內容：18

指標的型態以及 void * 指標

 所以指標就是讓程式透過位址，輾轉取得變數的值…直接透過名稱存取不是很方便嗎？何必多此一舉呢？

 底下的函式資料傳遞例子就會看到實際的用處，操作陣列和字串資料，也常用到指標。

 另外，記憶體的位址應該是整數值吧，為何宣告指標變數的時候還要額外指定它的資料型態？

 忘了說明，**指標的資料型態代表它所指向的位址所屬的資料型態**，而非「位址」的型態。底下兩段敘述都能順利編譯：

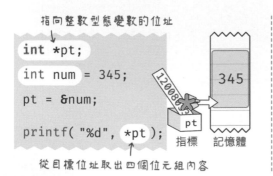

指向整數型態變數的位址

```
int *pt;
int num = 345;
pt = &num;
printf( "%d", *pt );
```

從目標位址取出四個位元組內容

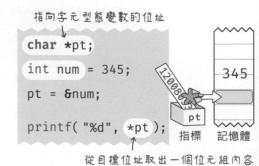

指向字元型態變數的位址

```
char *pt;
int num = 345;
pt = &num;
printf( "%d", *pt );
```

從目標位址取出一個位元組內容

但右上角的程式在執行時會出現如下的警告訊息；它只存取 1 位元組、非完整的 4 位元組，因此資料有誤：

此錯誤訊息指出「字元指標」和「整數指標」不相容

```
main.c: In function 'main':
main.c:9:4: warning: assignment to 'char *' from incompatible
pointer type 'int *' [-Wincompatible-pointer-types]
    9 |   pt = &num;
      |      ^
89  ←── 資料極可能是殘缺的錯誤值！
```

 哦～指標的資料型態關係到存取位址的範圍。

 嗯，其實有一種**指向任意型態**，或者說**指向起始位址、不在乎型態的指標** void *，像底下的程式片段中的 pt，可以**間接取得任意型態資料**。要留意的是，從 void * 型態間接取得資料時，必須要註明該資料的型態，例如：*(int *)pt，才能讀取到完整的資料：

可指向任意 → `void *pt;`
型態的位址

`int n = 345;`
`char c = '@';`

指向pt位址的資料

明確表示指向整數型態

儲存整數資料的位址 → `pt = &n;`
`printf("整數值:%d\n", *( (int *) pt ) );`

儲存字元資料的位址 → `pt = &c;`
`printf("字元值:%c\n", *(char *)pt);`

外層小括號可省略；改成指向字元型態。

```
整數值：345
字元值：@
```

補充說明，& 運算子無法取得常數或運算式的位址，因為直接寫在程式的數值不會佔用記憶體，因此沒有記憶體位址可以取得；而運算式的運算結果在運算式結束後就不會保留，所以取得運算結果儲存的位址並沒有意義。

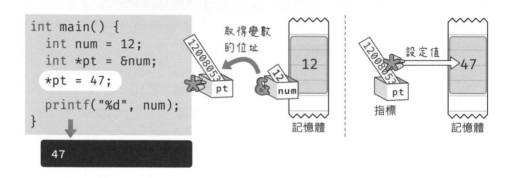

✖ `int *pt1 = &123;`

✖ `int *pt2 = &( a + b );`

寫在敘述裡的數字或字串，在程式執行
過程中不會改變，所以也是常數，稱為
「常數實字（constant literal）」。

嘗試取得運算結果的位址

透過指標傳遞函式參數

程式也能透過指標間接設定值，像底下程式經由 *pt 設定 num 值：

```
int main() {
    int num = 12;
    int *pt = &num;
    *pt = 47;

    printf("%d", num);
}
```

取得變數
的位址

12

pt   num

記憶體

設定值

47

pt

指標

記憶體

`47`

假設我們要寫一個接收 a, b 兩個整數型參數的函式，執行結果是 a 和 b 內容
互換，底下是錯誤的寫法：

```
#include <stdio.h>

void swap( int a, int b ) {
    int temp = b;
    b = a;
    a = temp;
}

int main() {
    int a=6, b=8;

    printf("交換前‧a=%d, b=%d\n", a, b);
    swap(a, b);
    printf("交換後‧a=%d, b=%d\n", a, b);
}
```

參數等同區域變數宣告

6   8
a   b

8   6
a   b

函式執行完畢，
區域變數就被刪除。

6   8
a   b

複製資料給函式的參數（傳值）

呼叫此函式並傳遞參數時，資料將被**複製**給函式參數；這種傳遞參數資料的方式，稱作**傳值呼叫（call by value）**。函式執行完畢，資料僅在其內部達成交換，a, b 和 temp 也會被刪除，所以 main() 函式裡的 a 和 b 變數值並未交換。

正確的處理方式為改用**傳址呼叫（call by address）**：傳遞「變數的位址」給函式，讓函式透過指標間接操作 main() 函式裡的 a, b 變數。修改程式碼：

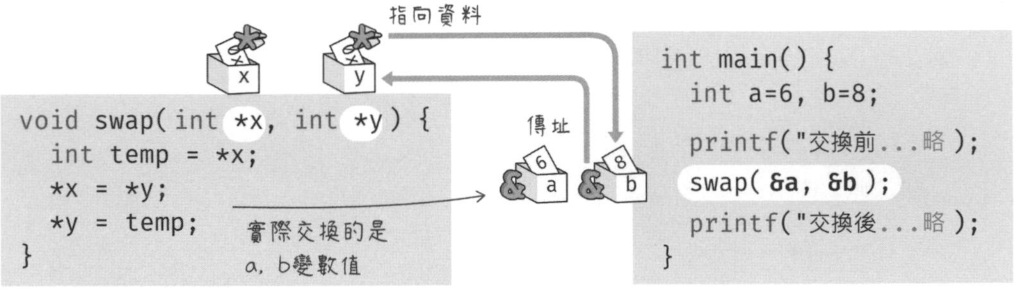

指向資料

```
void swap( int *x, int *y ) {
  int temp = *x;
  *x = *y;
  *y = temp;
}
```

傳址

實際交換的是
a, b變數值

```
int main() {
  int a=6, b=8;
  printf("交換前...略 );
  swap( &a, &b );
  printf("交換後...略 );
}
```

重新編譯執行測試看看，swap() 函式確實交換 a, b 變數值了。

C++ 語言具有簡化的「間接」存取變數值的語法，叫做**參照（reference）**。底下敘述的 ref 變數就是參照，相當於 num 變數的別名或分身：

&參照名稱 ＝ 參照對象 ➪
```
int num = 12;
int &ref = num;
```

建立參照並透過它存取變數的範例程式如下，建立參照之後，改變參照的值，被參照（num）的內容也會跟著改變，反之亦然：

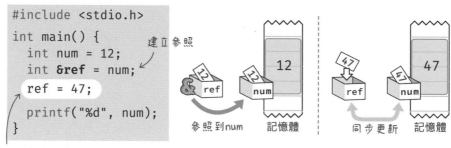

用線上程式編輯器測試上面的程式時，語言選項必須改成 C++，若沿用「C 語言」，會在編譯程式過程發生語法錯誤：

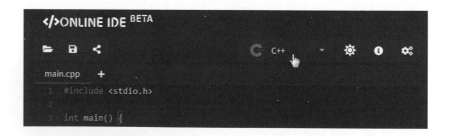

嚴格來說，C 語言只有傳值呼叫機制，透過指標傳遞函式參數的時候，因為傳遞的變數儲存的是位址，所以是複製位址給函式中的參數。若改用 C++ 語言的**參照語法：呼叫方不用明確地傳遞位址給函式，編譯器會自動處理：**

08

呼叫函式的敘述 ➡ swap(**6** **a** , **8** **b**);   傳遞參照

取得被參照的位址 ➡ **&** x   **&** y

```
void swap(int &x, int &y) {
    int temp = x;
    x = y;
    y = temp;
}
```

間接取得呼叫方的參數值

間接設定呼叫方的參數值

完整的程式碼如下，編譯執行結果與 C 語言版本相同。為了跟 C 語言區別，在 C++ 語言中，這個寫法叫做**傳參照呼叫**（**call by reference**），而 C 語言採用指標參數的寫法則稱為**傳址呼叫**（**call by address**）。

```c
#include <stdio.h>  // 編譯環境是 C++

void swap(int &a, int &b) {
  int temp = a;
  a = b;
  b = temp;
}

int main() {
  int a=6, b=8;
  printf("交換前：a=%d, b=%d\n", a, b);
  swap(a, b);  // 傳參照呼叫 (call by reference)
  printf("交換後：a=%d, b=%d\n", a, b);
}
```

接收命令行參數

許多程式都能在啟動時接收參數來決定執行結果,例如,作業系統的 cd 命令 (切換目錄,參閱附錄 A 說明) 後面的參數代表切換目標:

因為 C 程式的執行起點是 main() 函式,所以接收如上圖般的參數的工作,理所當然地交給 main() 函式。main() 可以接收兩個參數,它的函式原型 (也就是語法定義) 如下:

紀錄參數數量　　　　儲存參數字串
```
int main( int argc, char *argv[] )
```

- 參數 **argc**:原意是 "argument count" (參數數量),用於接收系統傳入的參數的數量。

- 參數 **argv**:原意是 "argument vector" (參數向量),指向儲存輸入參數字串的指標。

假設程式檔名叫做 main,執行時輸入兩個參數,argc 和 argv 參數值將是:

實際的測試程式碼如下：

```
#include <stdio.h>

int main(int argc, char *argv[]) {
  printf("這個程式的名字:%s\n", argv[0]);

  if(argc>=2) {
    printf("收到 %d 個參數:\n", argc);
    for(int i=0;i<argc;i++)
      printf("argv[%d]:%s\n", I , argv[i]);
  }
}
```

在線上編輯器編譯執行此程式碼之前，先在**命令行參數**（**Command Line Arguments**）欄位輸入一些參數，例如："hello world"：

執行結果顯示 argv[0] 是目前執行的程式檔名，argv[1] 開始是輸入的參數值。

8-2 指標與加減運算

陣列名稱相當於是**指向陣列中第 0 個元素的指標**，這個想法有助於理解指標和陣列的關係：

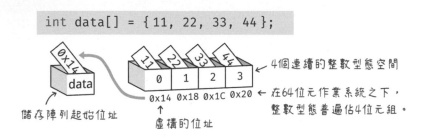

```
int data[] = { 11, 22, 33, 44 };
```

儲存陣列起始位址

虛構的位址

4個連續的整數型態空間

在64位元作業系統之下，整數型態普遍佔4位元組。

因此，存取陣列元素也可以透過**指標**操作，底下兩個敘述都能取得元素 0：

```
int temp = data[0];
```
或
```
int temp = *data;
```

儲存位址

指向資料

電腦系統分配給陣列的記憶體，是連續的空間，因此**程式可藉由增、減索引的偏移量（offset，也就是元素的相對位置）存取陣列元素**。偏移量運算可用 +, -, ++ 和 --，不支援乘、除：

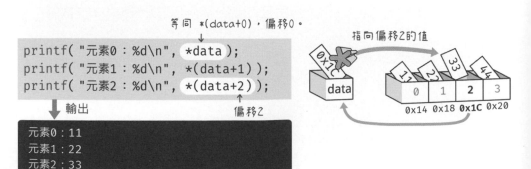

等同 *(data+0)，偏移0。

指向偏移2的值

```
printf( "元素0 : %d\n", *data );
printf( "元素1 : %d\n", *(data+1) );
printf( "元素2 : %d\n", *(data+2) );
```

輸出

偏移2

```
元素0 : 11
元素1 : 22
元素2 : 33
```

請留意小括號的位置，底下兩個敘述的意義大不同：

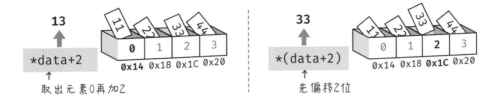

13　*data+2　取出元素0再加2

33　*(data+2)　先偏移2位

 如果 data 儲存的是陣列的起始位址 0x14，加 2 之後不是 0x16 嗎？

 加、減指標偏移量的運算單位是元素型態的大小，所以整數型態指標的加、減單位是 4：

```
int  nums[4] = { 9, 8, 7, 6 };
char str[] = "coding";
```

而字元型態指標加、減偏移量的單位則是 1：

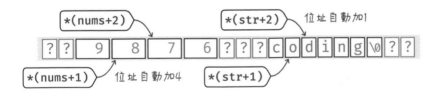

附帶一提，普通指標變數的內容可以改變，但陣列名稱代表的指標是不可修改的常數值：

```
int a = 15;
int b = 32;
int *pt = &a;
```

透過指標計算陣列的大小

上文把陣列名稱 data 看待成一個指標，如果假設成立，那 data 本身的位址應該和它儲存的位址不同。用簡單的程式測試看看：

```c
#include <stdio.h>

int main() {
    int data[] = {11, 22, 33, 44};

    printf("data 指向的位址:%p，大小:%ld\n",
            data, sizeof(data));
    printf("data 本身的位址:%p，大小:%ld\n",
            &data, sizeof(&data));
    printf(" data + 1:%p\n", data + 1);
    printf("&data + 1:%p\n", &data + 1);
}
```

在線上 C 程式編譯器的執行結果顯示，**data** 是陣列**元素 0** 的位址，**&data** 則是**整個陣列**的起始位址，兩者的位址相同，但意義不同（資料型態不一樣）。**sizeof(陣列名稱) 是陣列的大小**，共 4 個整數元素，所以是 16 位元組；**sizeof(&陣列名稱) 則是位址數字型態的大小**。64 位元作業系統的記憶體位址大小是 8 位元組，32 位元作業系統則是 4 位元組：

```
data指向的位址:0x7ffc244556f0，大小:(16) ← 陣列的大小
data本身的位址:0x7ffc244556f0，大小:(8)  ← 位址數字的大小
 data+1:0x7ffc244556f4
&data+1:0x7ffc24455(700) ← 增加16位元組

        0x700 - 0x6f0 = 0x10 → 16(10)
```

&data+1 是「下個緊鄰的 4 個整數元素陣列」的位址。此範例程式僅宣告一組 4 個整數元素大小的陣列，後面緊鄰的陣列元素值是無效的，但其位址和資料仍可被讀取：

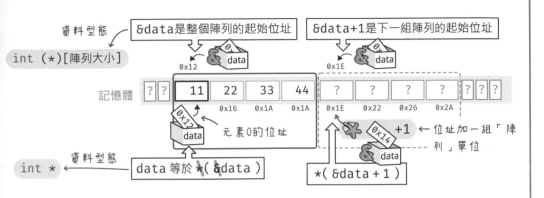

資料型態
int (*)[陣列大小]

&data是整個陣列的起始位址

&data+1是下一組陣列的起始位址

記憶體 ?? | 11 | 22 | 33 | 44 | ? | ? | ? | ? | ??

元素0的位址

+1 ← 位址加一組「陣列」單位

資料型態
int *

data 等於 *(&data)

*(&data + 1)

 呃⋯我想一下⋯用雞蛋盒和貨架來比喻，是不是像這樣：eggs[]（雞蛋盒）定義了元素（雞蛋）佔據的空間以及數量；透過 &egg 可知雞蛋盒放在貨架上的位置：

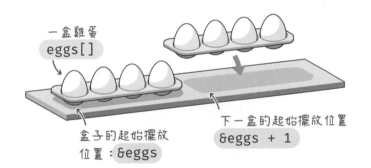

一盒雞蛋
eggs[]

下一盒的起始擺放位置
&eggs + 1

盒子的起始擺放
位置：&eggs

嗯，&egg 可以理解為雞蛋盒在貨架上的位置，eggs 加上方括號，就是雞蛋盒 eggs[]。陣列元素的大小是由資料型態決定，eggs（陣列名稱）是指向元素 0，也就是蛋盒內的起始位置：

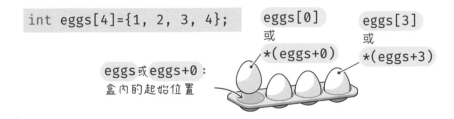

int eggs[4]={1, 2, 3, 4};

eggs[0]
或
*(eggs+0)

eggs[3]
或
*(eggs+3)

eggs或eggs+0：
盒內的起始位置

來看另一個例子，底下的 pt 指向 data 陣列的元素 0，所以 *pt 的值是 11：

```
int main() {
    int data[] = {11, 22, 33, 44};
    int *pt = data;
    printf("%d\n", *pt);
}
```

等同

```
int *pt;
pt = data;
```

宣告存放位址的變數

陣列名稱的值是位址，
所以前面不用&運算子。

如果把 *pt 指標像底下這樣指向 data 本身的位址，會在編譯時產生 "int *" 和
"int (*)[4]" 型態不相容的警告訊息：

```
int *pt = &data;
```

正確寫法：

指向4個元素陣列的整體位址

元素數可省略

```
int ( *pt )[ 4 ] = &data;        或      int ( *pt )[ ] = &data;
```

4個整數元素的陣列

兩個**指向相同型態資料的指標**相減，可獲得該型態資料的數量，例如：
(&data＋1) 減去 data，可得到陣列的長度，但這兩者的資料型態不同，不可相
減，必須用兩個**陣列元素位址**相減：

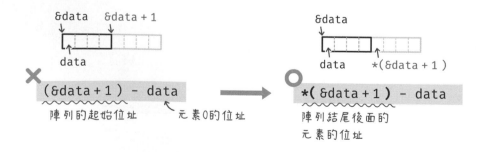

&data   &data + 1

data

✕   (&data＋1) ﹣ data

陣列的起始位址   元素0的位址

➡

&data

data   *(&data + 1)

〇   *(&data＋1) ﹣ data

陣列結尾後面的
元素的位址

08

小結一下：

● 陣列名稱（此例的 data）記錄了元素 0 的位址，也是唯讀的常數值。

● 加、減陣列名稱，等同移動陣列元素的索引；透過 "*(陣列名稱±數字)" 語法
　 也能存取陣列元素。

由此可知，**陣列元素的數量**可透過下列敘述取得：

陣列的總位元組大小　　元素型態的大小

```
int size = sizeof( data ) / sizeof( data[0] );
```
→ 陣列元素數量

或　　　　　　　　　　　　　　↓ 等同

```
int size = sizeof( data ) / sizeof( *data );
```

sizeof 可以像四則運算子一樣省略小括號，除非運算元是資料型態名稱：

```
int size = sizeof data / sizeof *data;
```
　　　　或

此處的小括號不可省略

```
int size = sizeof data / sizeof( int );
```

不用 sizeof 運算子也能算出陣列的元素數量：

```
int size = *( &data + 1 ) - data;
```

傳遞陣列給函式參數

陣列透過「傳址呼叫」傳遞給函式。本單元將編寫一個函式，計算傳入的陣列的元素總和。這個自訂的 sum() 函式接收兩個參數：陣列、陣列大小。

```c
#include <stdio.h>

int sum(int arr[], int size) {    // 接收陣列和陣列大小參數
  int total = 0;

  for (int i = 0; i < size; ++i) {
    total += arr[i];
  }

  return total;                   // 傳回加總結果
}

int main() {
  int ans;
  int data[] = {11, 22, 33, 44, 55};
  int size = sizeof(data) / sizeof(*data); // 計算陣列元素數量

  ans = sum(data, size);          // 傳送陣列的起始位址和元素數量
  printf("總和:%d\n", ans);
}
```

傳送陣列給函式，它只會收到陣列的起始位址，所以需要額外傳送陣列的大小。接收陣列的參數，底下兩個寫法相同：

```
int sum( int arr[], int size )
{
    : 略          ↑
              接收陣列
             (起始位址)
}
```
等同
```
int sum( int *arr, int size )
{
    : 略              ↑
                指向陣列的起
                始元素
}
```

> 傳送陣列給函式，它只會收到陣列的起始位址，不含陣列大小資訊，這種情況稱作「指標衰退 (pointer decay)」，也就是陣列的資訊衰退成只剩下指標 (起始位址)。瞧瞧這個簡單的例子：

```
#include <stdio.h>

void check(int *tmp) {
  printf("tmp 的大小:%ld\n", sizeof(tmp));
}

int main() {
  int arr[] = {1, 2, 3, 4, 5};

  printf("arr 的大小:%ld\n", sizeof(arr));
  check(arr);  // 傳遞 arr 陣列給函式
}
```

編譯執行結果顯示:

```
arr 的大小:20
tmp 的大小:8
```

因為 arr 有 5 個元素,每個元素佔 4 位元組,所以合計是 20,而 check 函式收到的是 arr 的起始位址,指標的大小是 8 位元組。

8-3 二維陣列:表格式資料

許多場合都需要處理表格式資料,例如一週天氣和班級成績。用程式儲存這種行、列資料,採用的結構叫做「二維陣列」,附帶一提,不同天氣狀態的符號,實際儲存時通常用數字代號,例如,0 代表「晴」、1 代表「多雲」…等等:

	日	一	二	三	四	五	六
12/1	☼	☁	☁	☔	⛈	☁	☼
12/2	☁	☼	☁	☼	☼	☁	☼
12/3	☼	☁	☼	☼	☁	☼	☼

	國	英	數	理	化
小明	92	88	90	92	85
小華	77	90	85	94	88
小新	70	74	63	65	71

在程式中描述數學的矩陣資料，也是用二維陣列：

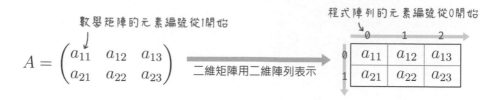

某些電玩遊戲也用「二維陣列」紀錄角色和其他物件的位置。以俄羅斯方塊為例，關卡畫面空白處用數字 0 代表，不同的方塊圖樣用其他數字區分。若其中水平列被非 0 數字填滿，代表已連成一線：

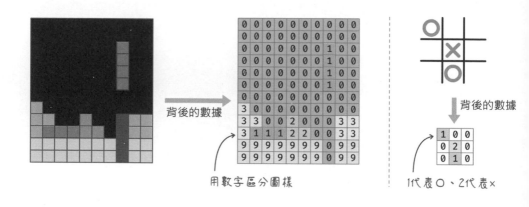

宣告二維陣列

假設要用二維陣列儲存兩列、三行（通常寫成 2×3）表格資料，並將此陣列命名成 arr：

定義 arr 二維陣列並設定初始資料的敘述如下：

共兩組　　每組三個

```
int arr[2][3] = {{3, 6, 9}, {8, -2, 4}};
```

或者：

```
int arr[2][3] =
{
    { 3, 6, 9 },
    { 8, -2, 4 }
};
```

← 分成數列，一目了然。

二維陣列定義敘述開頭的「垂直列」(或者説「分組」)的數字可以省略：

頭元素 (列) 值可省略

```
int arr[ ][3] = {{3, 6, 9}, {8, -2, 4}};
```

↖ 不能省略

二維陣列的元素跟一維陣列一樣，在記憶體中都是相鄰接續排列：

　　　　第0列　　　　　　第1列

記憶體 | ? | ? | 3 | 6 | 9 | 8 | -2 | 4 | ? | ? | ? |
　　　　　　　[0][0] [0][1] [0][2] [1][0] [1][1] [1][2]

所以用下圖右類似數學的矩陣定義寫法來設定二維陣列元素值也沒問題：

```
int arr[2][3] = {3, 6, 9, 8, -2, 4};
```

內層元素的大括號可省略

或者：

```
int arr[2][3] =
{
    3, 6, 9,
    8, -2, 4
};
```

陣列元素數目和維度的主要限制是電腦記憶體大小，維度並不限於二維。例如，二維陣列可定義一張平面影像的像素資料；定義平面動畫，需加入「時間」維度，變成三維陣列。右下是宣告一個儲存 3 張 8×8 大小的圖示動畫資料的三維陣列的例子：

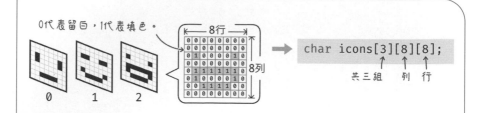

陣列所需的記憶體大小，可從元素的資料型態和數量計算出來：

一維陣列 arr[n]，共有 n 個元素：

- 記憶體用量：n × 資料型態大小

- 元素所在的記憶體位址：起始位址 ＋i × 資料型態大小

二維陣列 arr[n][m]，共有 n × m 個元素：

- 記憶體用量：n × m × 資料型態大小

- 元素所在的記憶體位址：起始位址 ＋((i ×行數) ＋j) × 資料型態大小

以 2×3 的整數陣列為例，假設起始位址是 0x10，要求出 [1][1] 元素的位址：

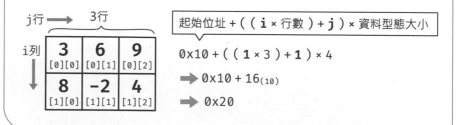

經過底下的算式可知是 0x20：

$$0x10 + ((1 \times 3) + 1) \times 4$$

$$\rightarrow 0x10 + 16_{(10)}$$

$$\rightarrow 0x20$$

用雙重迴圈存取二維陣列的全部元素

讀取二維陣列全部元素的程式需要分別讀取垂直列和水平行，可透過雙重迴圈達成：

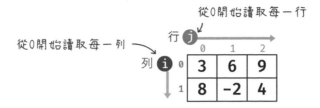

底下是讀取 2×3 陣列元素的例子，類似之前排列星號的程式碼：

```c
#include <stdio.h>

int main() {
  int arr[2][3] = {{3, 6, 9}, {8, -2, 4}};

  for(int i=0;i<2;i++) {    // 兩列
    for(int j=0;j<3;j++) {  // 三行
      printf("%4d", arr[i][j]);
    }
    printf("\n");
  }
}
```

編譯執行結果：

每個元素預留4個位數顯示空間

```
   3   6   9
   8  -2   4
```

在陣列中存入行列相乘的積

再來練習一個用雙重迴圈存取二維陣列資料的範例。使用陣列儲存並顯示 4×4 的乘積列表，列數是被乘數、行數是乘數（此例的列數和行數都是從 1 開始），像這樣：

假設儲存行列數的變數 n 值為 4，底下的 for 迴圈將能在 arr 陣列存入如下圖左的資料：

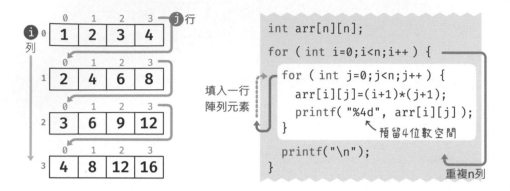

完整的程式碼如下：

```
#include <stdio.h>

int main() {
  int n = 4;
  int arr[n][n];                  // 宣告 n × n 大小的陣列

  for(int i=0;i<n;i++) {    // 設定列
    for(int j=0;j<n;j++) { // 設定行
      arr[i][j]=(i+1)*(j+1);
      printf("%4d", arr[i][j]);
    }
    printf("\n");
  }
}
```

8-4 用二維陣列儲存多筆字串資料

C 語言的字串資料就是 '\0' 結尾的字元陣列，底下是相等的字串定義敘述：

```
char str[] = { 'h', 'e', 'l', 'l', 'o', '\0' };
char str[] = { 'h', 'e', 'l', 'l', 'o', 0 };
char str[] = "hello";
char *str = "hello";
```

'\0'的ASCII編碼值為0

指向字元陣列的起始位址

如要儲存一組字串，需採用二維陣列，像底下定義敘述中的 greets[1] 存放了 "Hey" 字串的起始位址。由於每個字串都要分配相同大小的儲存空間，所以此二維陣列的字元空間至少必須是其中最大字元數 +1：

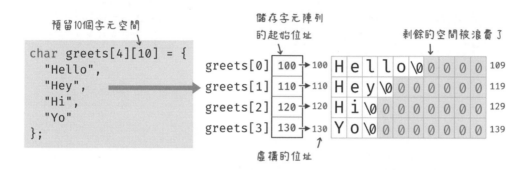

上面的寫法會浪費記憶體空間，最好改成「儲存每個字串資料的起始位址」。**底下的 greets 是一維陣列，每個元素都是一個指標。**

處理二維陣列時，通常都要先知道它的列數，可透過底下的運算式求得：

```
int data[][3] = {
  {1, 2, 3}, ←第0列
  {4, 5, 6} ← 第1列
};
```

→ 第0列有3個元素,所以大小是 12。
                                    ↓
sizeof(data) / sizeof(data[0]) → 24 / 12

整個陣列的大小   第0列的大小

data → 一個整數元素佔4位元組

用同樣的方式可求得字元指標陣列儲存的字串數量:

greets陣列的元素0是個指標,所以大小是8。
                                        ↓
```
char *greets[] = {
  "Hello", "Hey",
  "Hi", "Yo"
};
```

→ sizeof(greets) / sizeof(greets[0]) → 32 / 8

greets → 字串資料的址位
         位址資料佔8位元組

底下的程式將在 "生活不可能每天都好,但〇〇可以。" 的〇〇隨機填入文字,
例如:"生活不可能每天都好,但閱讀可以。"

```
#include <stdio.h>
#include <stdlib.h>   // 內含 rand() 的函式庫
#include <time.h>     // 內含 time() 的函式庫

int main () {
  char *words[] = {
    "飲食",
    "閱讀",
    "穿搭",
    "聽音樂"
  };

  // 取得字串數量
  int n, size = sizeof(words) / sizeof(words[0]);
  srand( (unsigned)time( NULL ) );  //設置隨機種子
  n = rand()%size;  // 產生字串數量範圍之內的隨機數字
  printf ("生活不可能每天都好,但 %s 可以。\n", words[n]);
}
```

8-5 帕斯卡三角形和二項式係數

帕斯卡三角形(Pascal's Triangle),也稱
作**楊輝三角形**,是個著名的數字排列組
合模式,從頂部的 "1" 開始,在其下方放
置數字排成三角形,每個數字都是其正
上方的兩個數字的合:

```
          1
        1   1
      1   2   1
    1   3   3   1
  1   4   6   4   1
1   5  10  10   5   1
```

帕斯卡三角形有許多有意思的數學特質,底下列舉其中幾個,這些特質跟
程式解題無關,詳細介紹請參閱維基百科的「楊輝三角形」條目(https://bit.
ly/3lENHdH):

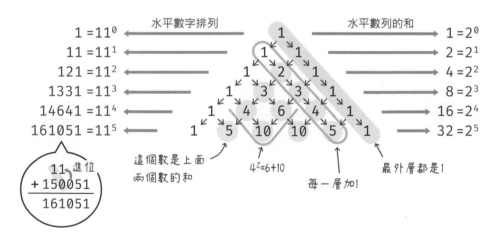

帕斯卡三角形是由二項式的係數排列而成。以底下的二項式平方為例,展開之
後有三項,它們的係數分別是 1, 2, 1:

$$(a+b)^2 = (a+b) \times (a+b)$$
$$= a^2 + ab + ba + b^2$$
$$= a^2 + 2ab + b^2$$

二項式
係數: 1 2 1

底下是二項式從 0 到 4 乘冪的展開式及其係數的對照，某個乘冪展開式的某一項的係數（如：4 次方的第 3 項的係數是 6），可用公式求得。下一節先示範採用二維陣列來求取並排列二項式係數：

$$(x + 1)^0 = 1 \longrightarrow 係數 \longrightarrow 1$$
$$(x + 1)^1 = x + 1 \longrightarrow 1, 1$$
$$(x + 1)^2 = x^2 + 2x + 1 \longrightarrow 1, 2, 1$$
$$(x + 1)^3 = x^3 + 3x^2 + 3x + 1 \longrightarrow 1, 3, 3, 1$$
$$(x + 1)^4 = x^4 + 4x^3 + 6x^2 + 4x + 1 \longrightarrow 1, 4, 6, 4, 1$$

乘冪   係數的數量為乘冪數+1

使用陣列排列二項式係數

使用陣列來排列二項式係數，比較趨近徒手計算的解法。呈現 n 列 2 項式列表，需要 n×n 的二維陣列，以呈現 4 列為例，假設此陣列命名成 coef：

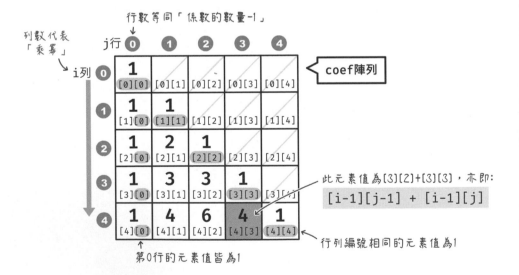

根據上圖的分析，使用陣列計算並顯示 n 列的二項式列表的完整程式碼如下：

```
#include <stdio.h>

int main() {
```

```
int n;

printf("請輸入列數：");
scanf("%d", &n);

printf("2 項式列表：\n");

int coef[n][n];   // 宣告n×n大小的陣列

                     ← 共有n列
for ( int i=0; i<n; i++ ) {        // 垂直列
  for ( int j=0; j<=i; j++ ) {   // 水平行
    if (j==0||j==i)          ← 每一列元素僅須填入到i行，
      coef[i][j]=1;              例如，第3列填入到第3行。
    else
      coef[i][j] = coef[i-1][j-1] + coef[i-1][j];

    printf("%d ", coef[i][j]);   // 顯示數字
  }
  printf("\n");   // 換行
}
}
```

編譯執行結果：

```
請輸入列數：
5
```

⇨

```
請輸入列數：
5
2項式列表：

1
1 1
1 2 1
1 3 3 1
1 4 6 4 1
```

使用公式排列二項式列表和三角形

維基百科的**二項式係數**條目，有列出求取係數的公式，網址：https://bit.
ly/3ppiTi3。$(x+1)^n$ 的各項係數計算的公式推導如下，x^k 的係數就是從 n 個
$(x+1)$ 中取 k 個來相乘，才會出現 x^k，所以 x^k 的係數就是：

$$\binom{n}{k} = \frac{n(n-1)(n-2)\cdots(n-(k-1))}{k(k-1)(k-2)\cdots 1}$$

代表「從n個相異
元素中取出k個元
素的方法數」

$$= \frac{n(n-1)(n-2)\cdots(n-(k-2))}{(k-1)(k-2)\cdots 1} \times \frac{n-(k-1)}{k}$$

$$= \binom{n}{k-1} \times \frac{(n-(k-1))}{k}$$

$$= \binom{n}{k-1} \times \frac{(n+1-k)}{k}$$

也就是說：

$$x^k \text{ 項係數} = \left(x^{k-1} \text{ 項係數}\right) \times \frac{(n+1-k)}{k}$$

 呃…這個公式要背下來嗎？

 不用，只要知道怎樣把公式帶入程式，用它算出係數值。翻成白話文，並且跟上一節的 2 維陣列分析圖對照，這公式的意思是：

二維表格中的列數　　　　　行數

$$\text{某一項的係數值} = \frac{\text{前一個係數} \times (\text{乘冪} + 1 - \text{項數})}{\text{項數}}$$

例如，套用公式計算 4 次方的係數可得到 4, 6, 4：

列數（row）　　　行數（col）

前一個係數 × (乘冪 + 1 - 項數) ÷ 項數 ⟹ 1 * (4 + 1 - 1) / 1 ⟹ 4

第0行的係數必定是1　　　從第1項開始算

4 * (4 + 1 - 2) / 2 ⟹ 6

6 * (4 + 1 - 3) / 3 ⟹ 4

透過公式排列二次項係數的程式如下，執行結果跟上一節程式相同。

```c
#include <stdio.h>

int main() {
  int num;

  printf("請輸入列數：");
  scanf("%d", &num);

  for(int row=0; row<num; row++) {
    int coef=1;                 // 0 次方的係數為 1
    printf("%d 次方的係數：", row);

    for(int col=0; col<=row; col++) {
      if (col!=0) {             // 非第 0 行才需要計算
        coef = coef * (row+1-col)/col;
      }
      printf("%4d", coef);
    }
    printf("\n");
  }
}
```

編譯執行結果：

```
請輸入列數：
5
```

⇨

```
請輸入列數：
5
0次方的係數：    1
1次方的係數：    1    1
2次方的係數：    1    2    1
3次方的係數：    1    3    3    1
4次方的係數：    1    4    6    4    1
```

用同樣的公式，修改編排方式，即可呈現帕斯卡三角形：

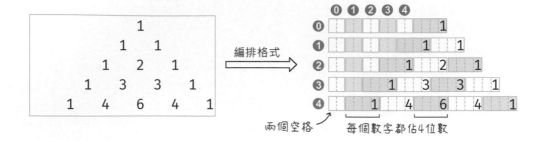

底下程式將依據使用者輸入的列數排出帕斯卡三角形。

```c
#include <stdio.h>

int main() {
  int rows;

  printf("請輸入 1～13 之內的列數：");
  scanf("%d", &rows);
  if (rows < 1 || rows > 13) {
    printf("請輸入 1～13 之內的列數：");
    scanf("%d", &rows);
  }

  for(int i=1; i<=rows; i++) {
    int a=1;

    for (int sp = 0; sp < rows-i; sp++)
      printf("  ");

    for(int j=1; j<=i; j++) {
      printf("%4d", a);
      a = a * (i-j)/j;
    }
    printf("\n");
  }
}
```

編譯執行結果：

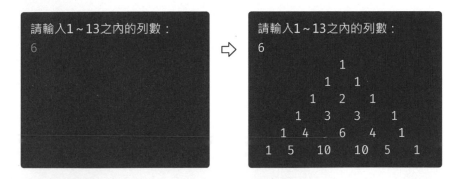

APCS 觀念題練習

1. 大部分程式語言都是以列為主的方式儲存陣列。在一個 8×4 的陣列 (array) A 裡，若每個元素需要兩單位的記憶體大小，且若 A[0][0] 的記憶體位址為 108（十進制表示），則 A[1][2] 的記憶體位址為何？（APCS 105 年 3 月 觀念題）

A) 120　　　　　B) 124　　　　　C) 128　　　　　D) 以上皆非

 A

```
帶入公式 => 起始位址+((i×行數) + j) × 資料型態大小
=> 108 + ((1×4) + 2) × 2
=> 120
```

2. 若 A[][] 是一個 M x N 的整數陣列，以下程式片段用以計算 A 陣列每一列的總和，以下敘述何者正確？（APCS 106 年 3 月 觀念題）

```c
void main ( ) {
  int rowsum = 0;
  for (int i=0; i<M; i=i+1) {
    for (int j=0; j<N; j=j+1) {
      rowsum = rowsum + A[i][j];
    }
```

```
      printf("The sum of row %d is %d.\n", i, rowsum);
   }
 }
```

A) 第一列總和是正確，但其他列總和不一定正確

B) 程式片段在執行時會產生錯誤（run-time error）

C) 程式片段中有語法上的錯誤

D) 程式片段會完成執行並正確印出每一列的總和

 A

A) 第一列總和是正確，但其他列因 rowsum 未歸零而不一定正確。

B) 程式可順利執行，但結果是錯的。

C) 語法沒有錯誤，是邏輯錯誤。

底下是正確寫法：

```
void main () {
  for (int i=0; i<M; i=i+1) {
    int rowsum = 0;   // 每一列都要歸零
    for (int j=0; j<N; j=j+1) {
      rowsum = rowsum + A[i][j];
    }
    printf("The sum of row %d is %d.\n", i, rowsum);
  }
}
```

08

3. 以下程式片段執行後，count 的值為何？（APCS 105 年 10 月 觀念題）

```
int maze[5][5]= {{1, 1, 1, 1, 1},
                 {1, 0, 1, 0, 1},
                 {1, 1, 0, 0, 1},
                 {1, 0, 0, 1, 1},
                 {1, 1, 1, 1, 1} };
int count=0;
```

```
for (int i=1; i<=3; i=i+1) {
  for (int j=1; j<=3; j=j+1) {
    int dir[4][2] = {{-1, 0}, {0, 1}, {1, 0}, {0, -1}};
    for (int d=0; d<4; d=d+1) {
      if (maze[i+dir[d][0]][j+dir[d][1]]==1) {
        count = count + 1;
      }
    }
  }
}
```

A) 36   B) 20   C) 12   D) 3

 B

第二個 for 迴圈內層定義一個 dir 陣列，建議先在
紙上排列它的內容以便對照：

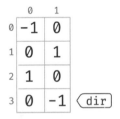

第三個迴圈的索引變數 d，會逐列取出 dir 陣列第 0 行和第 1 行的元素；
左下圖是 i 和 j 值都是 1 時，第三層迴圈取出的 4 個 maze 陣列元素：

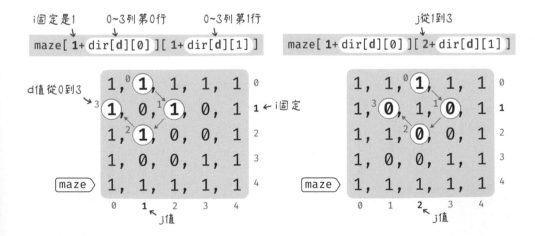

第 2 個 for 迴圈的 j 值從 1 變動到 3，j 每變動一次，d 會變動 4 次，所以程式將能取得 3 組、每組 4 個 maze 元素值：

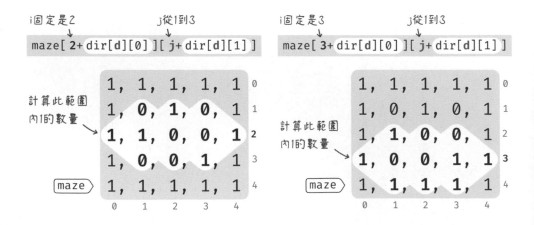

而這個條件式就是計算存取元素之中，其值為 1 的元素數量：

```
if ( maze[i+dir[d][0]][j+dir[d][1]] == 1 ) {
    count = count + 1;
}
```

找出圈選範圍內的1
增加計數值

最外層的 for 迴圈執行第 2 次和第 3 次，內層的迴圈將能計算下圖範圍的元素 1 的數量，總計 20 個：

APCS 實作題　矩陣總和

109 年 1 月實作 APCS「矩陣總和」實作題，完整題目描述請參閱 ZeroJudge 網站：https://bit.ly/3ODMBdA。題目大意：有一個 s × t 的的小矩陣 A，和一個 n × m 的大矩陣 B，請計算 B 矩陣的子矩陣中，與 A 矩陣距離不超過 r 的子矩陣個數，並從這些距離 A 不超過 r 的子矩陣中，找到總和與 A 差異最小的值。

兩個矩陣的距離的定義為兩矩陣中對應位置相同但值不相同的元素數量。以底下範例來說，矩陣 B 當中有 3 個子矩陣與 A 距離不超過 2，其中 A 的元素總和為 2+1+2+1+3+1+1+2+5=18，B1 的元素總和為 14，B2 的元素總和為 22，B3 的元素總和為 20。與 A 元素總和最小值的為 |18 - 20|=2：

輸入說明	輸出說明
第一行五個正整數 s，t，n，m 與 r。 接下來 s 行，每行包含 t 個數，第 i 行第 j 個數代表 A_{ij} 的值。數字用空白相隔。 接下來 n 行，每行包含 m 個數，第 i 行第 j 個數代表 B_{ij} 的值。	輸出有兩行： 第一行輸出符合條件的子矩陣個數。 第二行輸出所有符合條件的子矩陣中，數字總和與小矩陣相差最小的值，若找不到符合條件的子矩陣，則輸出 -1。

範例輸入	範例輸出
3 3 5 5 2 2 1 2 1 3 1 1 2 5 2 1 2 1 4 1 3 1 3 1 1 2 1 4 5 4 1 3 1 0 4 1 2 5 5	3 2

解題說明：

題目的意思是要在大矩陣 (B) 中，滑動小矩陣 (A) 大小的偵測範圍。矩陣 A, B 兩者相同元素位置、不同值的數量，稱為「距離」數。最後計算矩陣 A，以及矩陣 B 滑動範圍 (子集合) 的距離，傳回小於指定距離且與矩陣 A 總和差最小的值：

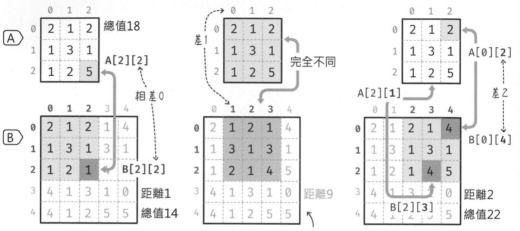

每次比對一個範圍，就朝水平、垂直移動一個元素距離，繼續比對，直至覆蓋矩陣 B 的所有元素為止：

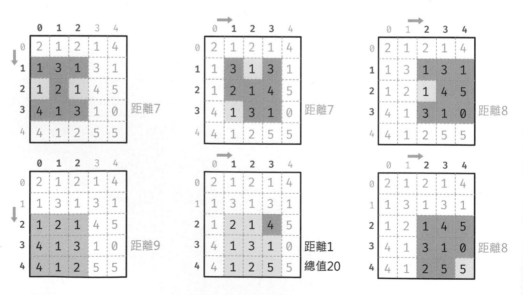

從中可看出一共有三組子集合的距離（不同元素值的個數）小於等於 2，總值差距最小值為 |18-20|=2。

解題程式：

先解決讀取輸入參數並建立 A, B 兩個矩陣的程式：

```c
// 宣告變數：矩陣 A 的 s 列 t 行、矩陣 B 的 n 列 m 行、最小差 r
int s, t, n, m, r;
int total = 0;          // 統計差距小於或等於 r 的數量
int minDist = 99999;    // 最短距離值，預設先給定一個很大的數字
scanf("%d %d %d %d %d", &s, &t, &n, &m, &r);

int A[s][t];
int B[n][m];
int sumA = 0;           // 矩陣 A 值的加總
// 讀取並儲存矩陣 A 和 B
for (int i = 0; i < s; i++) {     // A 矩陣 s 列
  for (int j = 0; j < t; j++) {   // A 矩陣 t 行
    scanf("%d", &A[i][j]);
    sumA += A[i][j];  // 加總
  }
}
for (int i = 0; i < n; i++) {     // B 矩陣 n 列
  for (int j = 0; j < m; j++) {   // B 矩陣 m 行
    scanf("%d", &B[i][j]);
  }
}
```

接著計算在矩陣 B 中，滑動矩陣 A 範圍大小的次數，從下圖的分析可知，水平從 0 移動到 m-t 次、垂直從 0 移動 n-s 次：

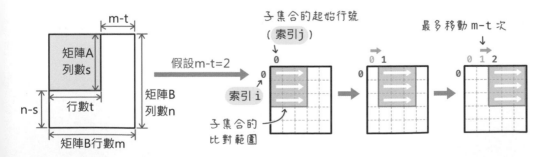

上面的步驟（迴圈）用於決定子集合的起點；子集合的大小為矩陣 A 的行列數，程式要比對這個範圍內的兩個矩陣元素值。底下模擬以矩陣 B[2][1] 為起點（索引 i=2、j=1），比對範圍內的每個元素的過程：

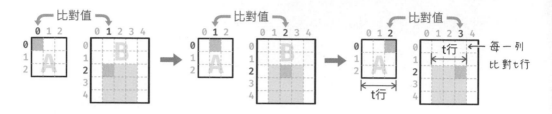

從下圖的分析可知，矩陣 B 的子集合的元素水平位置為 "索引 x+j"、垂直位置為 "索引 y+i"：

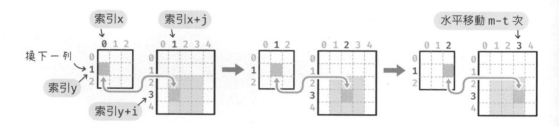

```
for (int i = 0; i < n - s + 1; i++) {    // 子集合的垂直起點
  for (int j = 0; j < m - t + 1; j++) {  // 子集合的水平起點
    int diff = 0;   // 距離
    int sumB = 0;   // 矩陣 B 內的子集合的加總

    for (int y = 0; y < s; y++) {    // 子集合元素的垂直位置
      for (int x = 0; x < t; x++) {  // 子集合元素的水平位置
        if (B[y + i][x + j] != A[y][x]) {  // 若元素值不同…
          diff++;
          if (diff > r) {  // 若距離大於 r
            break;         // 不用再比，也不用加總元素值
          }
        }
        sumB += B[y + i][x + j];        // 加總元素值
      }
    }
    // 子集合的元素比對完畢後…
```

```
    if (diff <= r) {     // 若距離數小於或等於 r…
      int sub = abs(sumA - sumB);  // 計算兩個矩陣的總和差
      total++;           // 統計距離數小於或等於 r 的數量
      if (sub < minDist)
        minDist = sub; // 儲存矩陣總和差較小的那一個
    }
  }
}
```

完整的程式：

```
#include <stdio.h>
#include <stdlib.h>              // 內含 abs() 函式

int main() {
  // 讀取輸入參數、定義矩陣 A 和 B 的程式碼
  // 滑動子集合範圍、比對每個元素值的程式碼

  printf("%d\n", total);        // 顯示小於指定距離的子矩陣總數

  if (total == 0)
    printf("-1\n");
  else
    printf("%d\n", minDist);  // 顯示最小總和差
}
```

編譯執行後，輸入考題的範例數值，結果符合預期。

 M E M O

9

前置處理器、標頭檔
與程式模組

本書的程式範例幾乎都是個別寫在一個程式檔,但現實中,鮮少有應用軟體僅用一個程式原始檔構成,除非軟體功能非常單純。美國加州噴射推進實驗室(JPL)的一份簡報(https://bit.ly/3BOZeix)指出,Curiosity(好奇號)火星探測車的 C 程式碼由 30 名工程師參與編寫,全部原始檔加起來,程式碼總長約 250 萬行。本章將介紹建立與引用可跟其他程式檔分享的「模組(程式庫)」以及相關概念。

9-1 外部 C 程式檔

以「冷氣機」控制程式為例,冷氣的各項功能可拆分成不同的程式檔,哪個功能的程式有誤,直接修改該程式檔,不僅容易維護,也方便共享程式碼給其他專案:

C 程式語言本身就是依照功能拆分的模組化設計。我們之前使用過的這些程式庫,都是 C 開發工具提供,事先寫好的模組:

● **stdio.h**:內含處理訊息輸出和輸入的函式。

● **string.h**:內含處理字串資料的函式。

● **math.h**:內含數學函式。

這些副檔名為 h 的檔案,稱作**標頭檔(header)**,裡面可包含要跟其他程式檔共用的常數、全域變數、enum、結構體和函式原型宣告(參閱第 3 章)。

9-2 前置處理指令與標頭檔

"#" 開頭的指令（如：#include）稱作**前置處理指令**。如第一章介紹過的，編譯原始碼的工具鏈由數個軟體組成，**前置處理器**負責讀取和解析前置處理指令：

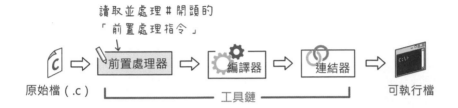

依照用途區分，前置處理指令大致分成三大類型，底下各節將介紹它們的語法和範例。

● 引用檔案，#include

● 定義巨集，#define

● 條件編譯，如：#if

#include：引用檔案

引用檔案的前置指令是 #include，它的作用相當於把指定檔案的內容「貼入」目前的程式檔，語法如下：

角括號用於引入程式開發工具內建的標準程式庫，如：#include <stdio.h>。雙引號則用於引入我們自己編寫的標頭檔。

建立標頭檔

以底下程式為例，假設其他程式檔也打算使用其中的 AIR_NAME, AIR_ID 常數和 power 函式，除了**複製**、**貼上**之外，最好的方法是把它們放在外部檔案。

```c
#include <stdio.h>

const char AIR_NAME[] = "冷淨";
const int AIR_ID = 1357;

float power (int, float);   // 計算功率的函式原型宣告

int main(){
  printf("品名:%s\n", AIR_NAME);
  printf("型號:%d\n", AIR_ID);
  printf("功率:%gW\n", power(220, 1.2));
}

/* 計算功率的函式本體
   參數 v：整數型態電壓值
   參數 i：浮點型態電流值
   傳回值：浮點型態功率值 */
float power (int v, float i) {
  return v * i;                 // 功率（瓦數）= 電壓 × 電流
}
```

例如，上面的程式可拆分成三個檔案：

- 主程式檔：包含 main() 函式的程式檔。

- 標頭檔：包含要共享的資料和**函式原型**宣告。

- 和標頭檔同名的 C 程式檔：通常稱作「模組」或「程式庫檔」，內含共享的**函式程式**本體。

主程式或其他程式再透過 #include 指令引用標頭檔；日後若更新 air 模組，也不用逐一複製、剪貼程式碼：

```
const char AIR_NAME[] = "冷淨";
const int  AIR_ID = 1357;
float power ( int, float );
```
```
float power ( int v, float i) {
    return v * i;
}
```
h air.h ← 標頭檔

air.c

內含函式本體的程式檔，檔名習慣上和標頭檔相同。

```
#include <stdio.h>
#include "air.h"

int main() {
  printf("品名:%s\n", AIR_NAME);
  printf("型號:%d\n", AIR_ID);
  printf("功率:%gW\n", power(220, 1.2));
}
```
前置處理器將把此行替換成air.h的內容

C main.c ← 主程式檔
（檔名隨意）

 那個 air.c 檔看起來有點多餘，難道函式本體不能寫在標頭檔裡面嗎？

 標頭檔可以包含函式本體和其他所有 C 程式碼，但習慣上不這麼做。用書本來比喻，.h 標頭檔相當於目錄大綱，有助於讀者（編譯器）理解文件的內容：

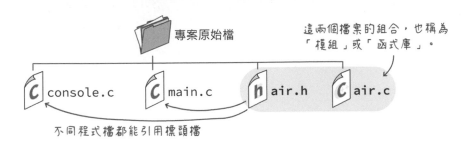

專案原始檔

這兩個檔案的組合，也稱為「模組」或「函式庫」。

C console.c   C main.c   h air.h   C air.c

不同程式檔都能引用標頭檔

由於 main.c 引用了 air.h，在編譯程式過程中，**前置處理器**會把 air.h 的程式碼「貼入」main.c。main.c 和 air.c 分別被編譯成 main.o 和 air.o 的**目標檔（object）**，最後交給**連結器（linker）**合併成一個可執行檔：

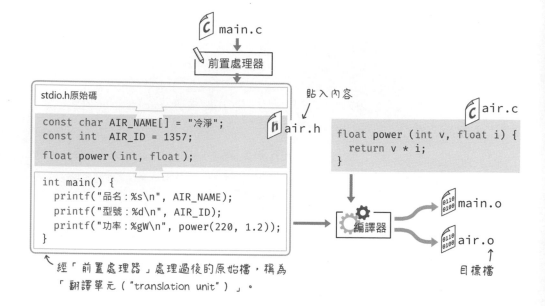

經「前置處理器」處理過後的原始檔，稱為
「翻譯單元（"translation unit"）」。

在線上程式編輯器中新增程式檔

在線上程式編輯器，把程式碼分成多個檔案試試吧！請依照底下的步驟新增
air.h 和 air.c 檔，首先在 main.c 檔輸入底下的程式碼：

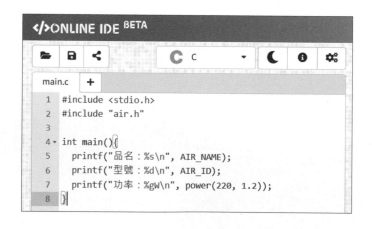

然後新增 air.h 檔並輸入底下的程式碼：

2 修改檔名,副檔名必須設成 ".h"   **1** 點擊「+」

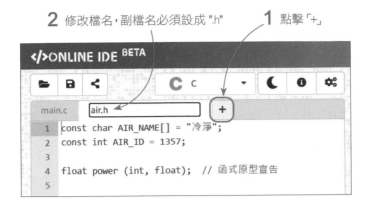

最後再新增 air.c 檔:

3 點擊「+」,新增 "air.c" 檔

編譯執行的結果符合預期:

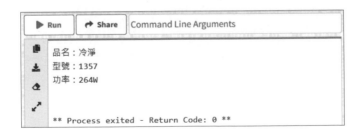

 我有個疑問,main.c 裡面有 #include "air.h",指出要引用 "air.h",但是 air.h 裡面並沒有指定要引用 air.c 檔,是不是因為編譯器會自己找到模組 的程式檔?

 不是。線上編譯器會把我們新增的所有 .c 程式檔看待成同屬一個專案, 將它們全部都編譯。如果是在本機電腦手動編譯程式檔(參閱附錄 A), 得自行指定編譯 main.c 和 air.c。

其實 #include 指令不限於引用 .h 的檔案，其他文字檔或 .c 檔案也行，如果把 air.h 重新命名成 air.txt，再透過 #include "air.txt" 引用它，程式仍可編譯執行。但千萬別這麼做，因為這不是好習慣，而且電腦系統和多數程式開發工具只認可 .h 和 .c 檔。

C 程式開發工具內建的標頭檔以及函式庫，位於 include 和 lib 資料夾，底下是安裝在 Windows 11 系統的 Code::Blocks 開發工具資料夾，math.h 位於 include 資料夾，不過，你找不到 math.c 原始檔，因為包含 math.c 在內的標準程式庫都已事先編譯好，合併成 .a 檔（a 代表 archive，歸檔）存放在 lib 資料夾：

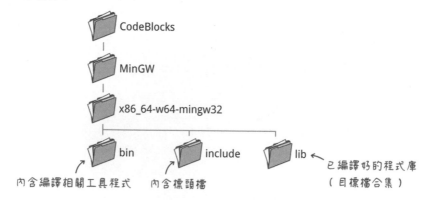

標準程式庫的程式碼固定不變，沒有必要每次都重頭編譯後再跟我們的程式碼合併。我們的程式碼只需要引用標頭檔，告訴編譯器取用哪個程式檔的某某函式，連結器就會自動合併預先編譯好的目標檔。

附帶一提，指定引用標頭檔時，若檔名輸入錯誤，前置處理器在目前的路徑中找不到指定檔案，它將到開發工具所在的路徑找尋，若仍找不到，則發出 "No such file or directory"（無此檔案或目錄）之類的錯誤訊息。

9-3 再談 extern（外部）與 static（靜態）儲存等級

如果我要新增一個可分享的自訂函式 setFanSpeed（設定風速），可以像這樣把函式原型宣告以及函式本體加入 air.h 和 air.c，對嗎？

air.h 檔

```
const char AIR_NAME[] = "冷淨";
const int AIR_ID = 1357;
unsigned int fanSpeed = 3;        // 風速

float power (int, float);         // 功率
void setFanSpeed(int);            // 設定風速
```

air.c 檔

```
float power (int v, float i) {  // 功率函式
  return v * i;                 // 計算並傳回瓦數
}


void setFanSpeed(int speed) {
  fanSpeed += speed;            // 設定風速
  printf("風速:%d\n", fanSpeed);
}
```

 妳把程式碼輸入線上編輯器,編譯執行程式看看。

 額…編譯器回報 'fanSpeed' undeclared('fanSpeed' 未定義)錯誤,還有
一個與內建函式 printf() 不相容的警告。

 因為 air.c 和 main.c 是分開編譯的,編譯器並不知道 air.c 裡的 fanSpeed
變數定義在 air.h。air.c 程式的開頭要加上這兩行,其餘程式不變:

```
#include <stdio.h>  // 內含printf()
extern unsigned int fanSpeed;                    air.c檔
  ↑
明確指出此變數定義在外部檔案,
extern可省略不寫。
```

然後在 main() 函式中設定風速試試:

```
int main(){
  printf("品名:%s\n", AIR_NAME);
  printf("型號:%d\n", AIR_ID);
  printf("功率:%gW\n", power(220, 1.2));
  setFanSpeed(2);  // 設定風速
}
```

編譯執行的結果顯示 air.c 的 setFanSpeed() 函式有取用外部定義的 fanSpeed 變數：

```
品名：冷淨
型號：1357
功率：264W
風速：5
```

補充說明，因為 fanSpeed 變數已定義在 air.h 標頭檔，若在 air.c 再次定義值，會發生**重複定義**錯誤：

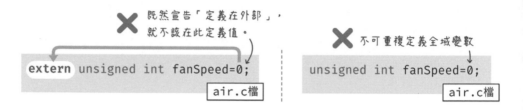

既然宣告「定義在外部」，就不該在此定義值。

✗

```
extern unsigned int fanSpeed=0;
```
air.c檔

不可重複定義全域變數

✗

```
unsigned int fanSpeed=0;
```
air.c檔

用 static 限定全域變數和全域函式的作用範圍

全域變數和全域函式預設可被其他程式檔存取。像右下圖那樣，在 air.c 中定義一個 sleep() 函式，然後在 main.c 中宣告 sleep() 函式原型，sleep() 將能執行無誤：

等同：**extern** void sleep();
代表已在外部定義此函式

```
#include <stdio.h>
#include "air.h"

void sleep();

int main() {
  printf("品名：%s\n", AIR_NAME);
  printf("型號：%d\n", AIR_ID);
  sleep();
}
```
main.c

```
#include <stdio.h>
unsigned int fanSpeed;
  : 略

void sleep() {
  printf("進入睡眠模式");
}
```
air.c

```
品名：冷淨
型號：1357
進入睡眠模式
```

09

但如果我們打算讓 main.c 執行同一個程式檔之內定義的 sleep() 函式，只需要在函式原型宣告前面加上 static；底下 air.c 程式裡的 sleep() 函式不會被執行：

代表「有效範圍限於此程式檔」

```
#include <stdio.h>
#include "air.h"

static void sleep();

int main() {
  printf("品名:%s\n", AIR_NAME);
  printf("型號:%d\n", AIR_ID);
  sleep();
}

void sleep() {
  printf("失眠中");
}
```
main.c

```
#include <stdio.h>
unsigned int fanSpeed;
  : 略

void sleep() {
  printf("進入睡眠模式");
}
```
air.c

```
品名:冷淨
型號:1357
失眠中
```

共用程式碼可能會發生「識別名稱」衝突：不同程式檔裡面可能有相同名稱的全域變數或函式，當所有檔案都彙整在一起的時候，問題就出現了，就像班上有兩個「王小明」，光憑名字無法確認對象，這在程式裡面是不被允許的。

為了避免**識別名稱衝突**，還有提升程式可讀性和方便管理等其他事項，許多公司團隊都會制定程式寫作規範（或者說「寫作風格指南」）並要求所有夥伴遵循，例如，搜尋 "google programming style guide" 關鍵字，就能找到 Google 公司提出的程式寫作風格指南，其中包含變數的命名規則、縮排與空行、註解格式、檔案組織方式…等等。

例如，有些程式寫作風格指南要求全域變數名稱前面要加上模組名稱（亦即，程式檔名），比方說，定義在 main.c 裡的 score 變數，應該要命名成 main_score，這樣就不會發生識別名稱衝突了。

9-4 #define：定義巨集

在一些應用程式（如：Excel 試算表）中，**巨集**（**macro**）指的是執行一些自動化任務的小程式。C 語言的巨集，則是類似文書處理軟體的「找尋／全部取代」功能。巨集定義敘述用 #define 開頭，基本語法：

習慣上用大寫字母、底線和數字組成
↓
#define 巨集名稱　替換內容 ←── 不用分號結尾
　　　　　　　　　　↑
　　　　可以是整數、浮點數或字串

「巨集名稱」的正式稱呼是 **macro template**（**巨集樣板**）、「替換內容」的正式說法是 **macro expansion**（**巨集擴充**）。底下程式定義了三個替換內容，這些內容在整個程式裡面固定不變，因此 #define 敘述也相當於「定義常數」。如第一章介紹過的，程式在編譯之前，前置處理器會搜尋並替換 #define 定義的巨集：

```c
#include <stdio.h>
#define   NAME    "冷淨牌"
#define   ID      1357
#define   AMP     1.2

int main() {
  printf( "%s型號%d，功率%g瓦。\n", NAME, ID, 220 * AMP );
}
```

寫給「前置處理器」的指令

編譯器讀到的程式碼

原始檔（.c） 前置處理器 程式碼 編譯器

stdio.h原始碼

```c
int main() {
  printf( "%s型號%d，功率%g瓦。\n", "冷淨牌", 1357, 220 * 1.2 );
}
```

原本的巨集名稱都被取代了

不同於 const 的常數資料宣告，#define 指令可重複定義相同識別字而不會出錯。但這是非常糟糕的寫法，容易造成混淆：

編譯時會產生警告（warning），
"X" redefined（被重新定義），
程式仍可編譯執行。
↓

```
#include <stdio.h>
#define X 3 * 10

int main() {
  printf("%d ", X);

  #define X 100
  printf("%d ", X);
}
```

編譯時會產生錯誤（error），
"Redefinition of 'DATA'"，
程式停止編譯、無法執行！
↓

```
const int DATA = 12;
const int DATA = 24;
```

前置處理指令可以放在程式碼的任何地方

結果 → `30 100`

補充說明，C 語言本身有預設幾個巨集，它們的名稱前後都有兩個底線，像 __FILE__ 代表此程式檔的檔名、__TIME__ 代表執行 C 程式的電腦的系統時間。

```
printf("日期:%s\n", __DATE__); // 顯示日期，如：Aug 21 2022
printf("時間:%s\n", __TIME__); // 顯示時間，如：15:12:46
printf("檔名:%s\n", __FILE__); // 顯示檔名，如：main.c
```

定義附帶參數的巨集

#define 定義的替換內容，也可以是函式和運算子，像這樣：

```
#include <stdio.h>
#define hi printf("嘿、嘿\n");

int main() {
  hi;
}
```

`嘿、嘿`

```
#include <stdio.h>
#define eq ==

int main() {
  int x = 1;
  int y = (x eq 1) ? 2 : 3;
  printf("%d",y);
}
```

`2`

巨集也可以接收參數，形成「帶參數的巨集」，語法如左下圖，在巨集名稱後面加上小括號和參數名稱；底下的 #define 敘述定義一個計算立方的 CUBE 巨集：

巨集名稱和小括號之間不能有空格

```
#define 巨集名稱( 參數 )    替換內容
```
⟹
```
#define CUBE(x)   x * x * x
```

底下是定義和使用附帶參數的巨集的例子，執行結果將顯示 "3 的立方= 9"：

```
#define CUBE(x)   x * x * x    ← 寫給「前置處理器」的指令
int main() {
    printf("%d的立方= %d\n", 3, CUBE( 3 ));
}
```
被前置處理器取代成 3 * 3 * 3

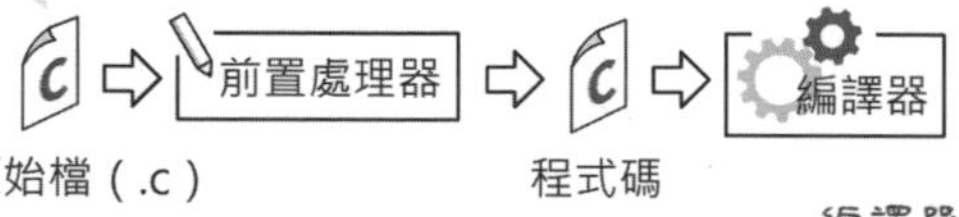

C ⟹ 前置處理器 ⟹ C ⟹ 編譯器

原始檔 (.c)　　　　　　　程式碼

編譯器讀到的程式碼

```
int main() {
    printf("%d的立方= %d\n", 3, 3 * 3 * 3 ));
}
```

但底下的參數設定會導致計算錯誤：

```
int main() {
    printf( "%d的立方= %d\n", 3+1, CUBE( 3 + 1 ));
}
```
被取代成

3 + 1 * 3 + 1 * 3 + 1 ⟶ 4的立方= 10

解決辦法是用小括號包圍巨集的被乘數和乘數：

```
#define CUBE(x)  (( x ) * ( x ) * ( x ))
int main() {
    printf("%d的立方= %d\n", 3+1, CUBE( 3 + 1 ));
}
```
被取代成

((3+1) * (3+1) * (3+1)) ⟶ 4的立方= 64

帶參數的巨集看起來跟函式定義很像，但兩者截然不同。前置處理器會搜尋、取代程式碼當中的所有巨集，像上面的 CUBE(3)，編譯器看到的是 3*3*3，而不是呼叫 CUBE(3)。

相反地，函式則是程式本體的一部分，始終留在程式中，可隨時被呼叫執行：

```
int cube( int x ) {
  return x * x * x;
           4 * 4 * 4
}

int main() {
  printf("%d的立方= %d\n", 3 + 1, cube( 3 + 1 ));
}
```

在程式執行階段，先計算再傳給函式。

巨集可以附帶多個參數，彼此間用逗號隔開。底下的 MAX 巨集接受 a, b 兩個參數，替換內容是個運算式，會選出 a 和 b 當中比較大的那一個。執行這個程式將顯示 "3 和 6，6 比較大"：

```
#include <stdio.h>
// 從 a, b 中選出較大者
#define MAX(a, b)  (((a) > (b)) ? (a) : (b))

int main() {
  int x = 3, y = 6;
  printf("%d 和 %d，%d 比較大", x, y, MAX(x, y));
}
```

再舉兩個帶參數巨集的例子：MIN 巨集可從 a, b 兩個參數中選出較小者；ARRAY_SIZE 巨集用於計算陣列的大小（元素數量）。後面章節的範例程式將會用到 MAX 和 MIN 巨集：

```
// 從 a, b 中選出較小者
#define MIN(a, b) (((a) < (b)) ? (a) : (b))
// 計算陣列的大小
#define ARRAY_SIZE(x) (sizeof(x) / sizeof((x)[0]))
```

9-5 條件編譯

前置處理的條件指令，經常用在需要根據不同系統環境或者功能而調整程式的情況，以「冷氣機」來說，我們可以根據不同機型和功能編寫不同的程式檔：

不同機種的程式檔　　　　同系列全機種的程式檔

基本款　　冷暖氣　　聯網尊榮款　　　　AI智慧冷暖氣

或者，讓同系列機種全都用同一組程式檔，再透過如右圖的虛構「條件編譯」設定，編譯出對應機種的程式：

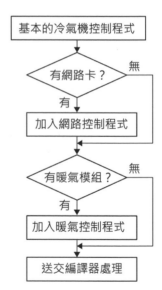

#if 和 #endif 指令

條件編譯指令以 #if 開頭、#endif 結尾。若條件式成立，它的程式區塊將保留下來交給編譯器：

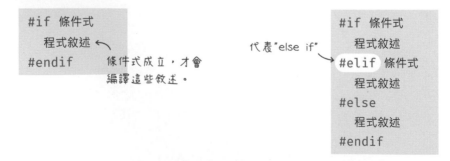

左下的程式，經過前置處理之後再交給編譯器的內容，等同右下的程式碼：

```
#include <stdio.h>
#define VERSION 10
```

再次強調，此巨集"VERSION"
只有前置處理器看得到。

```
int main() {
#if VERSION < 10
  printf("版本小於10");
#elif VERSION == 10
  printf("版本等於10");
#else
  printf("版本大於10");
#endif
}
```

前置處理器

結果

stdio.h原始碼

```
int main() {
  printf("版本等於10");
}
```

#ifdef 以及 #ifndef 指令

#ifdef 和 #ifndef 指令用於判斷識別字是否已定義：

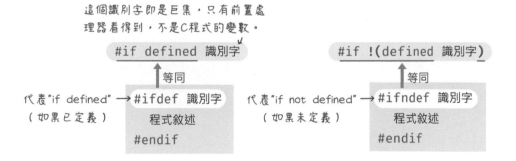

這個識別字即是巨集，只有前置處理器看得到，不是C程式的變數。

```
#if defined 識別字
```

等同

代表"if defined" →
（如果已定義）

```
#ifdef 識別字
  程式敘述
#endif
```

```
#if !(defined 識別字)
```

等同

代表"if not defined" →
（如果未定義）

```
#ifndef 識別字
  程式敘述
#endif
```

同一個程式專案的全域變數、常數和函式不可重複定義，這個 main.c 引用 air.h 兩次：

```
#include <stdio.h>
#include "air.h"
#include "air.h"  // 重複引用 air.h 檔

int main() {
```

```
    printf("品名:%s\n", AIR_NAME);
      : 略
  }
```

編譯時會產生這樣的錯誤:

main.c第3行引用的檔案　　　發生重複定義錯誤!

```
In file included from main.c:3:
air.h:1:12: error: redefinition of 'AIR_NAME'
    1 | const char AIR_NAME[] = "冷淨"; const int  AIR_ID = 1357;
        float power(int, float);
      : 略
```

透過 #ifndef 指令,可避免前置處理器重複合併兩次相同的程式碼。方法是替 air.h 設置一個唯一的識別字,這個識別字由我們自行命名,通常是用標頭檔的路徑和檔名來確保名稱不會重複,如右下圖所示:

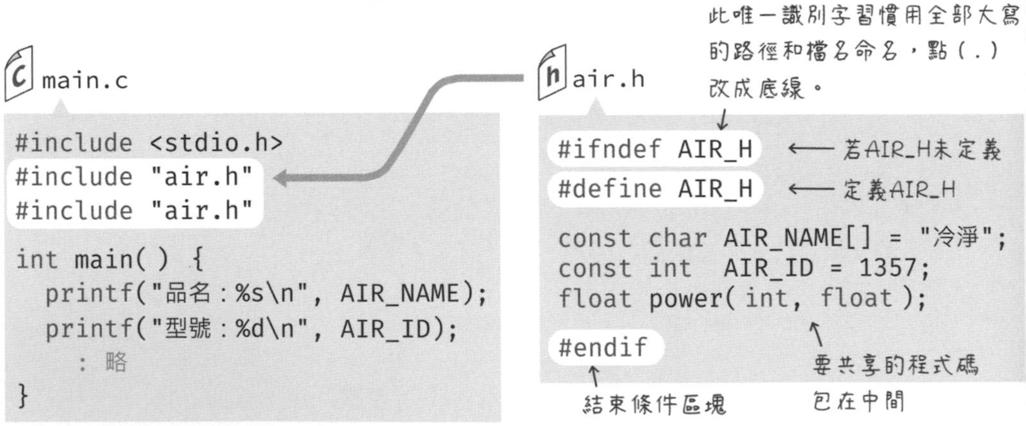

此唯一識別字習慣用全部大寫的路徑和檔名命名,點(.)改成底線。

📄 main.c

```
#include <stdio.h>
#include "air.h"
#include "air.h"

int main( ) {
  printf("品名:%s\n", AIR_NAME);
  printf("型號:%d\n", AIR_ID);
    : 略
}
```

📄 air.h

```
#ifndef AIR_H        ← 若AIR_H未定義
#define AIR_H        ← 定義AIR_H

const char AIR_NAME[] = "冷淨";
const int  AIR_ID = 1357;
float power( int, float );

#endif
```

要共享的程式碼包在中間

結束條件區塊

首次引用 air.h 時,因為 AIR_H 未被定義,所以此標頭檔的全部敘述都會被保留;再次引用 air.h 時,AIR_H 已被定義(雖然它沒有任何值),因此 #ifndef 區塊的所有敘述都不會保留,也因此沒有重複引用程式碼。

APCS 觀念題練習

1. 底下程式的執行結果為何？

```
#include <stdio.h>
#if A == 1
  #define B 2
#else
  #define B 3
#endif

int main() {
  printf("%d", B);
}
```

A) 2　　　　　B) 3　　　　　C) 1　　　　　D) 編譯錯誤

 B　因 A 未定義。

2. 底下程式的輸出結果為何？

```
#include <stdio.h>
#define sqr(x) x*x

int main() {
  int x;
  x = 25/sqr(5);
  printf("%d", x);
}
```

A) 25　　　　　B) 30　　　　　C) 5　　　　　D) 1

 **A**　因為：

```
x = 25/sqr(5);  ==> x = 25/ 5*5;  ==> x = 25
```

3. 底下程式的輸出為何？

```c
#include <stdio.h>
#define PASS 0

int main() {
#ifdef PASS
  printf("過關！");
#else
  printf("努力中…");
#endif
  return 0;
}
```

A) 0   B) 過關！   C) 努力中…   D) 未輸出任何訊息

 B   因為程式開頭有定義 PASS 巨集（不管它的值為何）。

4. 底下程式的輸出為何？

```c
#include <stdio.h>
#define FUN(x) x*3+2

int main() {
  int n = FUN(3)*2;
  printf("%d", n);
}
```

A) 13   B) 22   C) 11   D) 6

 A   因為 FUN(3) 會被取代成 3*3+2，再乘上 2，變成：3*3+2*2。

矩陣轉置

ASCP 測驗 105 年 3 月有個實作題,要求編寫一個程式,把矩陣的行、列安排轉換(數學上的術語稱為「轉置」)成另一種形式,像底下把 i 列 j 行的矩陣,排列成 j 列 i 行:

代表 Transpose(轉置)

$$A = \begin{pmatrix} a_{11} & a_{12} & a_{13} \\ a_{21} & a_{22} & a_{23} \end{pmatrix} \xrightarrow{\text{轉置處理}} A^T = \begin{pmatrix} a_{11} & a_{21} \\ a_{12} & a_{22} \\ a_{13} & a_{23} \end{pmatrix}$$

[2 × 3],2列3行的矩陣

[3 × 2],3列2行的矩陣

下圖假設原始矩陣是名稱為 m 的 i x j 二維陣列,轉置矩陣 t 原本是空白的 j x i 二維陣列,對原始矩陣的所有元素執行 t[j][i]=m[i][j],即可把 m 陣列資料複製到 t 陣列,完成轉置矩陣:

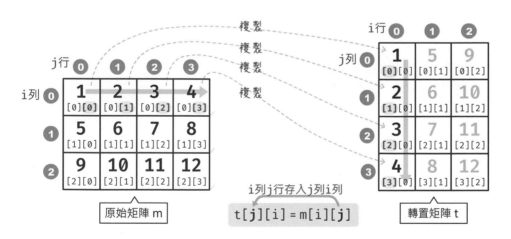

i列j行存入j列i列

t[**j**][**i**] = m[**i**][**j**]

宣告一個 3×4 大小的原始矩陣 m,以及 4×3 大小的轉置矩陣 t 的敘述如下:

```
int m[3][4];   // 原始矩陣
int t[4][3];   // 轉置矩陣
```

矩陣（二維陣列）的資料可以透過左下的敘述逐一填入，或者在宣告變數時一併定義資料：

```
int m[3][4];            或    int m[3][4] = { {1,  2,  3,  4},
                                            {5,  6,  7,  8},
m[0][0] = 1;                                {9, 10, 11, 12} };
m[0][1] = 2;
m[0][2] = 3;
   ： 略
m[2][3] = 12;
```

底下是完整的轉置矩陣程式碼，原始矩陣的大小是 2×3，使用 #define 定義常數。

```
#include <stdio.h>
#define I 2        // 原始矩陣的列數
#define J 3        // 原始矩陣的行數

int main() {
  int i, j;
  int t[J][I];   // 宣告空白二維矩陣，轉置矩陣
  // 定義原始的矩陣
  int m[I][J] = { {1, 2, 3},
                  {4, 5, 6} };

  for (i = 0; i < I; i++) {
    for (j = 0; j < J; j++) {
      t[j][i] = m[i][j]; // 從原始矩陣複製每個元素到轉置矩陣
    }
  }

  printf("原始矩陣：\n");
  for (i = 0; i < I; i++) {
    for (j = 0; j < J; j++) {
      printf("%d, ", m[i][j]);
    }
```

```
    printf("\n");
  }

  printf("\n 轉置矩陣:\n");
  for (i = 0; i < J; i++) {
    for (j = 0; j < I; j++) {
      printf("%d, ", t[i][j]);
    }
    printf("\n");
  }
}
```

編譯執行結果：

```
原始矩陣:
1, 2, 3,
4, 5, 6,

轉置矩陣:
1, 4,
2, 5,
3, 6,
```

 **M E M O**

10

自訂資料型態

C 語言的基本資料型態和陣列，都只能存放單一類型的資料。許多應用場合的資料都是由多種不同型態組成，像下表的手搖飲訂單資料，每個品項都包含「字元」型態的品名以及「整數」型態的價格。

編號	品名	甜度	冰度	單價	備註
1	奶綠	微甜	少冰	50	這杯是幫我閨蜜訂的，我倆一起減肥，結果我胖了 1 公斤。請偷偷做成全糖
2	鮮檸	中度	正常冰	45	

所幸 C 語言可讓我們「自訂型態」，就像畫資料表一樣，把不同型態資料組合在一起。介紹如何組合不同型態資料之前，先來看一下這個表格當中的「甜度」和「冰度」的資料處理方式。

10-1 列舉型態 enum

假設程式需要依照冰塊多寡決定執行流程，直接用字串 "去冰"、"少冰" 表示很直白，但是判斷字串內容的程式比較麻煩，例如，要另外透過 string.h 的 strcmp() 函式比較兩個字串是否相同，不如「比較數字值」來得簡潔且運算效率高。還有像 switch 條件敘述只能比對整數，權宜之計是用數字編號代表冰品狀態，並且在程式中加上註解說明：

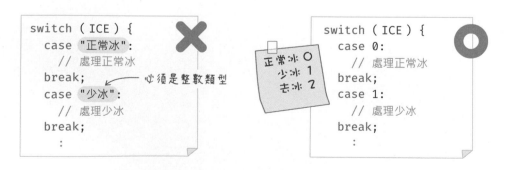

```
switch ( ICE ) {
  case "正常冰":
    // 處理正常冰
  break;
  case "少冰":
    // 處理少冰
  break;
    :
```
必須是整數類型

正常冰 0
少冰 1
去冰 2

```
switch ( ICE ) {
  case 0:
    // 處理正常冰
  break;
  case 1:
    // 處理少冰
  break;
    :
```

但右上圖程式的可讀性較低，常見的寫法是用 #define 定義常數：

```
#define MORE_ICE 0   // 正常
#define LESS_ICE 1   // 少冰
#define ICE_FREE 2   // 去冰
          ↑
     在程式開頭定義常數
```

```
switch ( ICE ) {
  case MORE_ICE:
    // 處理正常冰
  break;
  case LESS_ICE:
    // 處理少冰
  break;
    :
```

或者使用 enum 定義一組常數，enum 的原意是 enumeration（枚舉），用於定義一組相關的**具名整數常數**。enum 會自動替我們定義的常數名稱設定一個整數編號，預設從 0 開始，其後的每個元素自動增加 1；我們也可以用指派運算子（=）自訂起始編號：

```
enum 識別名稱 { 逗號分隔的常數列表 }
```

```
enum ice {                    // 預設從0開始
  MORE_ICE,  // 正常冰, 0
  LESS_ICE,  // 少冰, 1
  ICE_FREE   // 去冰, 2
};
```

或者

指定起始編號

```
enum ice {
  MORE_ICE = 5,   // 5
  LESS_ICE,       // 6
  ICE_FREE = 10   // 10
};
```

"enum 識別名稱" 即是我們自訂的型態名稱，底下敘述宣告一個 "enum ice" 型態變數 ICE，其值等於 2：

```
enum 識別名稱 變數名稱 = 常數值
```

```
enum ice ICE = ICE_FREE; // ICE值為2
```

來看一個實用的例子，許多程式語言都有代表條件**不成立（0 或 false）**以及**成立（1 或 true）**的**布林（boolean）型態**，C 語言沒有，但我們可以用 enum 自創：

```
#include <stdio.h>

enum bool {
  false,  // 0
  true    // 1
};
```

此自訂型態定義兩個常
數，其值為0和1。

直接使用enum資料名稱
↓

```
int main() {
  enum bool fact = true;
  if ( !fact ) {
    printf("yes!");
  } else {
    printf("no!");
  }
}
```

結果 ➞ "no!"

補充說明，相同作用域（如上面的 enum bool 屬於全域）的 enum 宣告，常數
名稱不能重複：

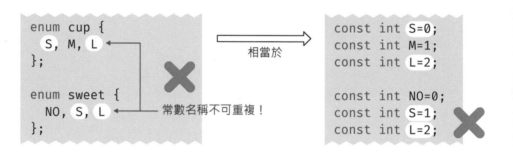

```
enum cup {
  S, M, L
};

enum sweet {
  NO, S, L
};
```
常數名稱不可重複！

相當於

```
const int S=0;
const int M=1;
const int L=2;

const int NO=0;
const int S=1;
const int L=2;
```

typedef 自訂型態以及 size_t 型態

上一節的範例程式自訂了 enum bool 型態，這個名字有點長。typedef（原意是
type definition，型態定義）能將現有的資料型態改成自訂的名稱，通常用於簡
化型態名稱或者把型態改成更貼切的名字，語法如下：

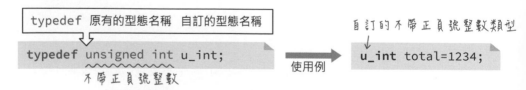

typedef 原有的型態名稱 自訂的型態名稱
↓
typedef unsigned int u_int;
不帶正負號整數

自訂的不帶正負號整數類型
↓
u_int total=1234;

使用例

C 語言有個使用 typedef 預先定義的 **size_t 型態**，它**等同電腦系統平台所能
表達的最大正整數型態**，常用在定義儲存陣列索引編號以及計數器的變數。像
傳回字串長度 strlen() 函式，其傳回值的型態就是 size_t：

10

C語言預先定義的無
號長整數型態 →
```
char *str = "30年祖傳不敗程式碼";
size_t len = strlen(str);
printf("字串長度:%ld\n", len);
                         ↑
            長整數型態的預留空間
```

size_t 型態定義在 stddef.h 標頭檔,根據 C99 標準,size_t 型態至少是 16 位元無號正整數,在 64 位元作業系統上,定義 size_t 的敘述通常像這樣:

```
// size_t 其實是「無正負號長整數」
typedef long unsigned int size_t;
```

> 許多**C 程式語言寫作風格指南**都建議,在 typedef 定義的型態名稱加上 "_t" 後綴以利識別。

typedef 也能重新定義自訂型態,底下的敘述把 enum bool 定義成 BOOLEAN:

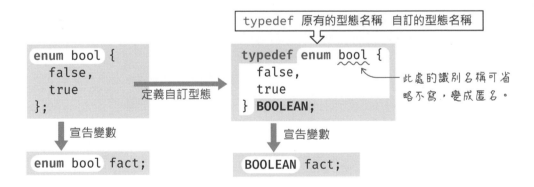

typedef 可和自訂型態的敘述合併寫在一起,像下圖右的寫法:

```
enum bool {
  false,
  true
};
```
→ 定義自訂型態 →
```
typedef enum bool BOOLEAN;
```
把 enum bool 自訂成 BOOLEAN 型態

其實 C99 標準有個 "stdbool.h" 函式庫，提供 bool（布林）型態資料宣告，此型態的可能值為 false（代表 0 或不成立）或 true（代表非 0 或成立）。簡單範例如下，編譯執行將顯示 "成立的相反 : 0"。

```
#include <stdio.h>
#include <stdbool.h>   // 內含 bool 型態定義

int main() {
  bool n = true;       // 定義布林型態變數
  printf("成立的相反 : %d\n", !n);
}
```

10-2 結構體（struct）

由於陣列只能儲存相同型態的資料，若要在程式中儲存一些飲料的名稱（names，字串型態）和定價（prices，整數型態），得分開定義兩個陣列：

name="紅茶";
price=35;

name="綠茶";
price=35;

name="奶茶";
price=50;

```
char *names[3] = {
  "紅茶", "綠茶", "奶茶"
};

int prices[3] = { 35, 35, 50 };
```

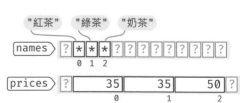

但從資料儲存和管理的角度來看，最好能像下圖一樣，把處理對象（飲料）的相關資料全都整併在一個容器。這種能夠整合多個不同型態的資料，叫做**結構體（struct）**：

10

使用結構體的步驟：

1️⃣ 定義結構體，也就是決定要儲存的資料項目以及型態，相當於規劃容器的「藍圖」。

2️⃣ 以此**結構體資料型態**來宣告變數。

下圖右的資料結構體定義儲存兩項資料：一個字元指標和一個整數；**結構體裡的一項資料，稱為一個「成員」。**

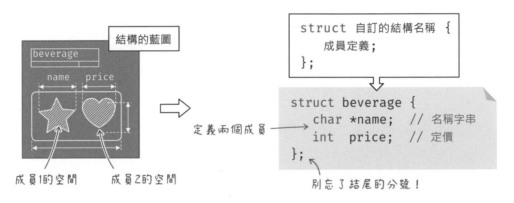

結構體定義完成，就可以把它當成資料型態來宣告變數：

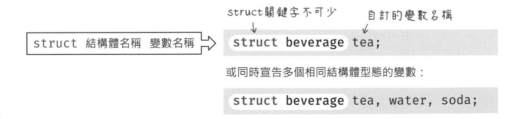

或同時宣告多個相同結構體型態的變數：

```
struct beverage tea, water, soda;
```

要存取結構體的成員，請在結構體變數名稱和成員名稱之間插入一個 .（英文句號）。例如，底下的敘述將在結構體 tea 的 name 成員存入 "綠茶"、price 成員存入 35：

這個點相當於「的」，所以這段敘述可這樣
翻成中文「蘇打的品名是 "氣泡水"」。

結構名稱.成員名稱 ➤

```
tea.name  = "綠茶";          soda.name  = "氣泡水";
tea.price = 35;             soda.price = 25;
```

宣告結構體時可一併設定其成員值。下圖右的程式利用 beverage「結構體藍
圖」，打造一個叫做 "tea" 的容器（請把它想像成「製冰盒」），並在其中填入飲
料名稱和定價（成員的資料型態不同，請將它們想成「不同形狀的冰塊」）：

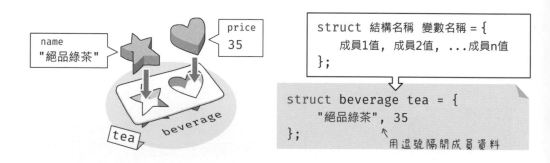

```
struct 結構名稱 變數名稱 = {
    成員1值, 成員2值, ...成員n值
};
```

```
struct beverage tea = {
    "絕品綠茶", 35
};
```
用逗號隔開成員資料

struct 結構體經常搭配 typedef 自訂型態名稱。底下的敘述把 beverage 結構
體定義成 drink 型態：

自訂型態 ➤

```
typedef unsigned int u_int;

typedef struct beverage {
    char   *name;  // 品名          結構名稱，此處可省略不寫。
    u_int  price;  // 價格
} drink;
```
自訂的型態名稱

如此，結構體的型態定義變得簡潔易讀多了。存取結構體成員，跟存取 char、
int 等其他基本型態的區別在於成員前面要加上結構體變數名稱，但是存取了
成員之後，就可以像其他基本型態一樣使用了：

10

```
         int main() {
自訂的      drink tea = { "綠茶", 35 };
結構型態
         char *tName = tea.name;        ← 存取結構成員
與結構成員
型態相同   u_int tPrice = tea.price;

            printf( "%s定價%d元\n", tName, tPrice );  結果  → 綠茶定價35元
         }
```

複製結構體資料的方式，跟普通型態資料一樣，直接用 =(指派運算子) 即可：

```
int main() {
  drink soda;  // 宣告 drink 型態變數
  drink tea = { "綠茶", 35 };
  soda = tea;  // 把 tea 複製給 soda

  printf("複製資料\n");
  printf("tea: %s 定價 %d 元\n", tea.name, tea.price);
  printf("soda: %s 定價 %d 元\n", soda.name, soda.price);

  soda.name = "無糖可樂";
  soda.price = 25;

  printf("修改資料\n");
  printf("tea: %s 定價 %d 元\n", tea.name, tea.price);
  printf("soda: %s 定價 %d 元\n", soda.name, soda.price);
}
```

程式編譯執行結果顯示 tea 複製給 soda，修改 soda 不會影響到 tea，它們兩者各自存放在不同記憶體空間：

```
複製資料
tea：綠茶定價35元
soda：綠茶定價35元
修改資料
tea：綠茶定價35元
soda：無糖可樂定價25元
```

10-3 結構體陣列

如同其他型態，結構體型態資料也能存入陣列，底下敘述宣告儲存 10 個 drink 結構體型態元素的陣列 "dks"：

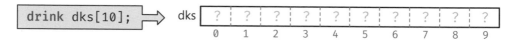

存取陣列元素的成員時，要透過索引（元素編號），然後加上 .（點）來指定結構體成員。

```
#include <stdio.h>

typedef unsigned int u_int;
typedef struct {
  char  *name;              // 品名
  u_int  price;            // 價格
} drink;

int main() {
  drink dks[10];              // 宣告結構體型態陣列

  dks[0].name = "綠茶";      // 設置元素 0 的 name 成員
  dks[0].price = 35;          // 設置元素 0 的 price 成員
  dks[1].name = "紅茶";
  dks[1].price = 35;
  dks[2].name = "奶茶";
  dks[2].price = 45;
  dks[3].name = "氣泡水";
  dks[3].price = 25;

  for (int i=0; i<4; i++) {
    printf("%s 定價 %d 元\n",
           dks[i].name,
           dks[i].price);
  }
}
```

name="奶茶"

price=45

dks

0 1 2 3 4 5 6 7 8 9

10

執行結果：

```
綠茶定價 35 元
紅茶定價 35 元
奶茶定價 45 元
氣泡水定價 25 元
```

補充說明，設定結構體
陣列資料，也可以用二
維陣列的語法：

```
drink dks[10] = {
    { "綠茶", 35 },
    { "紅茶", 35 },
    { "奶茶", 45 },  ← 結構陣列的每個元素都用
    { "氣泡水", 25 }    大括號包圍，逗號結尾。
};
```

結構體指標以及箭頭（->）運算子

跟其他變數一樣，程式也能使用 & 前綴來取得結構體的位址，或者透過 * 指
向其資料內容。底下的敘述透過 pt 指標間接取得 tea 結構體的資料：

```
drink tea;
drink *pt;   // 指向drink型態結構
pt = &tea;   // 提取結構的起始位址
```

&tea是結構的起始位址

記憶體　？　？　*　35　？　？

pt 將指向 tea 結構體的起始位址。同樣地，透過在變數名稱加上 * 前綴，即可
取得指向位址的結構體資料。不過，pt 指向的是 tea 的起始地址，所以需要加
上 .（點）來存取成員：

.（點）的優先順序比*高，所以這裡一定要加括號！

（ *指標變數).結構體成員 ⟶
先取得結構體起始位址再存取成員

```
(*pt).name = "抹茶";
(*pt).price = 45;
```

底下是透過指標設定並讀取結構體資料的例子：

```
(*pt).name = "抹茶";
(*pt).price = 45;

printf( "%s定價%d元\n", (*pt).name, (*pt).price );
```

但這樣寫稍嫌麻煩，所以 C 語言提供一個**箭頭運算子 "->"**（減號和大於符號中間沒有空格），簡化存取結構體成員的敘述。上面的敘述可改寫成：

指標變數 -> 結構成員 ⟹
```
pt->name = "抹茶";
pt->price = 45;

printf( "%s定價%d元\n", pt->name, pt->price );
```

因此，透過指向結構體的指標存取成員時（亦即，當存取該成員的變數是指標時），可以使用上述的箭頭運算子存取，範例程式碼：

```
#include <stdio.h>

typedef struct {
  char *name;          // 品名
  int  price;          // 價格
} drink;

int main() {
  drink tea;
  drink *pt;
  pt = &tea;           // pt 指向 tea 結構體的起始位址

  pt->name = "抹茶";    // 取出結構體裡的 name 成員
  pt->price = 45;       // 取出結構體裡的 price 成員

  printf("%s 定價 %d 元\n", pt->name, pt->price);
}
```

編譯執行結果：

```
抹茶定價 45 元
```

透過結構體的記憶體位址存取結構體時,可以採用底下兩種語法存取其成員:

- (*結構體指標變數).成員名稱

- 結構體指標變數 -> 成員名稱

請留意,箭頭運算子 -> 只能配合指標 * 使用,我們可以把它們想像成一支箭:

箭尾和箭頭配對使用

以下圖左的程式敘述為例,pt 是指標變數,tea 不是。**位於箭頭運算子左邊的是「結構體指標變數」**,所以下圖右的寫法是錯的:

```
drink tea;
drink *pt;

pt->name = "抹茶";
```
└─┘ 一支箭

```
tea.name = "抹茶";
```
⭕

```
tea->name = "抹茶";
```
❌
↑
非指標變數

10-4 在函式中使用結構體

結構體也能當作函式的參數或傳回值。作為函式的參數,只需參數的資料型態設成結構體的名稱即可:

```
void drinkInfo( drink d ) {
  printf("%s定價%d元\n", d.name, d.price);
}
```
➡ 烏龍茶定價35元
```
drink tea = { "烏龍茶", 35 };
drinkInfo(tea);
```
傳值呼叫

但結構體的大小是所有成員大小的總和，用**傳值呼叫**，結構體會整個複製給函式，結構體越大，所需的複製時間就越長、也會耗費越多記憶體。

```c
#include <stdio.h>

typedef struct beverage {
  char *name;
  int  price;
} drink;

void drinkInfo(drink d) {
  printf("%s 定價 %d 元\n", d.name, d.price);
}

int main() {
  drink tea = { "烏龍茶", 35 };
  drinkInfo(tea);
}
```

最好改用**傳址呼叫**方式傳遞結構體，參數僅佔 8 位元組（在 32 位元系統，位址則是 4 位元組）。若函式的參數型態是結構體的指標，在函式中存取結構體的成員時需要使用**箭頭運算子**：

```c
void drinkInfo( drink *pt ) {
  printf("%s定價%d元\n", pt->name, pt->price);
}

drink tea = { "茉莉花茶", 40 };
drinkInfo( &tea );
```

傳址呼叫

➡ 茉莉花茶定價40元

完整的程式碼如下：

```c
#include <stdio.h>

typedef struct {
  char *name;
  int  price;
```

```
} drink;

void drinkInfo(drink *pt) {
  printf("%s 定價 %d 元\n", pt->name, pt->price);
}

int main() {
  drink tea = { "茉莉花茶", 40 };  // 定義結構體變數
  drinkInfo(&tea);                 // 傳址呼叫
}
```

讓函式傳回多個不同型態的資料值：回傳結構體

函式的傳回值只能有一個，若需要傳回多個不同型態的資料，就要使用結構體。用一個簡單的例子來說明，底下的 newDrink 函式接收名稱（字串）和價格（整數）兩個參數、傳回包含兩個不同型態資料的新飲品結構體：

傳回結構體型態資料 →
```
drink newDrink( char *n, int p ) {
    drink drk;   ←──────── 此為區域變數，在函式
    drk.name  = n;          執行完畢後消失。
    drk.price = p;

    return drk; ←────── 這個敘述將以傳值方式把
}                        結構體的值複製給接收者
```

完整範例程式如下，編譯執行結果顯示："金萱茶定價 40 元"。

```
#include <stdio.h>

typedef struct {
  char *name;
  int  price;
} drink;

drink newDrink(char *n, int p) {
  drink drk;
  drk.name = n;
  drk.price = p;
```

```
    return drk;
  }

int main() {
  drink tea;                     // 宣告 drink 結構體型態變數
  tea = newDrink ("金萱茶", 40); // 傳回的結構體資料存入 tea
  printf("%s 定價 %d 元\n", tea.name, tea.price);
}
```

10-5 讓記憶體空間華麗轉身的 union 自訂型態

union 的原意是「聯合」，它跟 struct 一樣可以包容多個型態成員，底下是 union 型態的設定語法和範例：

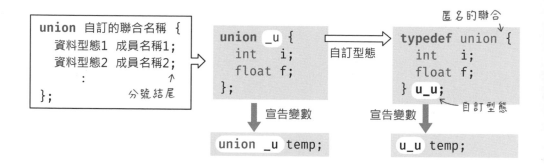

不同於 struct，**union 的所有成員共用相同記憶體空間**：

union 適合用在記憶體容量拮据的裝置，重複共用記憶體，或者**讓變數具有多種型態**（polymorphism，多型），像右上的 union 宣告，讓同一個變數型態既可以代表整數，也可以是浮點數。底下是個簡單的宣告、讀寫 union 型態資料的範例：

```c
#include <stdio.h>

typedef union {
  int  i;
  float f;
} u_u;                 // 自訂「聯合」型態，命名為 u_u

int main() {
  u_u data;            // 宣告自訂的「聯合」型態變數
  data.i = 86;    // 設定 union 變數的 i 成員（整數值）
  printf("i: %d\n", data.i);
  data.f = 3.14;  // 設定 union 變數的 f 成員（浮點值）
  printf("f: %g\n", data.f);   // 讀取浮點成員值
  printf("i: %d\n", data.i);   // 讀取整數成員值
}
```

從編譯執行結果可看出，union 變數同一時間只能是一種型態，否則讀寫的資料將是錯誤的：

```
i: 86
f: 3.14
i: 1078523331     ←── 用整數型態解讀浮點資料
```

確認 uion 變數的型態

為了確認目前作用中的「聯合型態」成員型態，可以替它設置一個變數，再用結構體包裝成新的型態。假設要建立一個可儲存座號（整數）、平均成績（浮點數）或姓名（字元陣列）的聯合型態，再加上紀錄其目前存放的資料型態的變數，包裝成自訂結構體 u_u：

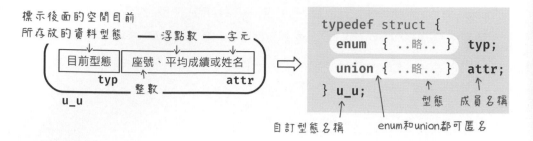

標示後面的空間目前
所存放的資料型態 —— 浮點數 —— 字元

目前型態 | 座號、平均成績或姓名
typ | 整數 | attr

u_u

```
typedef struct {
    enum { ..略.. } typ;
    union { ..略.. } attr;
} u_u;
```

型態   成員名稱

自訂型態名稱   enum和union都可匿名

完整的 u_u 結構體的定義程式碼如下：

匿名

```
typedef struct {
    enum {                      紀錄「目前作用中的型態」
        INT, FLOAT, CHAR
    } typ;  ←  結構體成員名稱
    union {
        int   id;
        float avg;
        char  name[10];
    } attr;  ←  結構體成員名稱
} u_u;
      └ 自訂型態
```

整數成員，佔4位元組 → enum

至少佔10位元組 → union

以上程式片段的 attr「聯合型態」在 u_u 結構體之中，因此讀取聯合成員的語法是：" u_u 結構體.attr.成員名稱"。底下是完整的範例程式：

```
#include <stdio.h>
#include <string.h>    // 內含 strcpy() 函式

typedef struct {
  enum {                // 匿名的 enum，紀錄作用中的 union 型態
    INT, FLOAT, CHAR
  } typ;
  union {               // 匿名的 union 型態
    int id;             // 整數成員
    float avg;          // 浮點成員
    char name[10];      // 字元陣列成員
  } attr;
```

```
} u_u;

int main() {
  u_u data;                      // 宣告 u_u 結構體型態變數
  strcpy(data.attr.name, "Sophia");  // 設定字元陣列成員值
  data.typ = CHAR;       // 把 union 的型態標示為 CHAR

  switch (data.typ) { // 判斷作用中的 union 型態
    case INT:          // 若是整數成員
      printf("id 值:%d\n", data.attr.id);
      break;
    case FLOAT:        // 若是浮點成員
      printf("avg 值:%g\n", data.attr.avg);
      break;
    case CHAR:         // 若是字元成員
      printf("name 值:%s\n", data.attr.name);
      break;
  }
}
```

編譯執行結果顯示:

```
"name 值:Sophia"
```

上面範例的 struct 當中的 union,理論上佔用 10 位元組空間,但在線上編譯環境(Linux 系統)中實際佔用是 12 位元組,因為這個 union 裡面的 int 是以 4 位元組為對齊標準,所以整個 union 就要佔 4 的倍數的空間。struct 裡的 typ 型態是整數,佔 4 位元組,attr 型態的大小則以 4 的倍數對齊,不足的部分編譯器會自動填充、補齊:

記憶體   4位元組   12位元組   編譯器填充的2位元組
          typ   union

底下這個 union 的大小則是 6 位元組，因為 short 型態大小是 2 位元組：

```
typedef union {
  short id;
  char  name[5];
} data;
```

相關說明請參閱維基百科「資料結構體對齊」條目，網址：https://bit.ly/3uP3hXe。

10-6 位元欄位（bit-field）與位元資料操作

 這是任天堂在 1998 年底推出的 Game Boy Color 遊戲機，遊戲裝在這個卡匣裡面，最大容量只有 8MB。

 蛤？遊戲有聲光動畫，卻只佔兩、三張 JPEG 照片的大小，這是什麼黑科技？

 部分原因是 Game Boy 遊戲的黑白畫面還有音效，都比不上現在的電玩精緻。另外就是盡可能重複使用元素，例如用類似拼貼磁磚的技巧，用重複的小圖樣拼貼出一大片地圖畫面。還有程式設計的技巧，譬如以「位元」為單位，儲存按鍵和角色的狀態。

假設有個控制角色「鵝」的遊戲，程式可用如下圖左的結構體來記錄電玩手把的按鍵狀態，還有用整數 0~3 代表鵝的移動狀態：

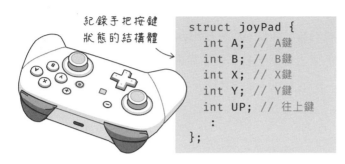

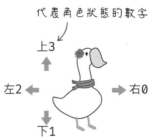

```
struct joyPad {
    int A; // A鍵
    int B; // B鍵
    int X; // X鍵
    int Y; // Y鍵
    int UP; // 往上鍵
     :
};
```

假如手把的每個按鍵都只有開和關兩個狀態,那麼,每個按鍵的資料其實只需佔用 1 個位元。同樣地,角色的整體狀態也可以改用 1 個位元組表示,像右下圖的資料代表角色目前處於「往右跑」狀態:

		A	B	X	Y	右	下	左	上			ZR	ZL
手把		0	0	0	1	0	0	1	0			0	0
		0	1	2	3	4	5	6	7			14	15

一個位元資料代表一個按鍵的狀態

	右	下	左	上	跳	跑	走	蹲
角色	1	0	0	0	0	1	0	0
	0	1	2	3	4	5	6	7

C 語言的最小資料型態是佔 8 位元的 char (字元),但它也具備像上圖那樣,**透過結構體組合任意位元資料**達成節省記憶體的功能,稱作 **"bit field"**(位元欄位)。

結構體的位元欄位

規劃結構體的位元欄位時,首先要確認儲存成員資料所需的位元數。假設程式要建立一個儲存這些資料的自訂型態 goose:

成員(欄位)名稱	數值範圍
防禦力 (defense points,簡稱 DP)	0~10
攻擊強度 (attack points,簡稱 AP)	0~10
生命值 (health points,簡稱 HP)	0~10
掛機 (away from keyboard,簡稱 AFK)	0 或 1

其中，數字 10 的 2 進位值是 1010，所以 DP, AP 和 HP 這些欄位至少需要 4 個位元大小。**位元欄位成員的資料型態可以是任何非浮點的整數型態，如：int, char 和 long，資料位元的大小設定是在成員名稱後面加上冒號，再加上分隔位元數**，例如，這個 goose 結構體有 4 個成員，分別占用 4, 4, 4 和 1 個位元空間：

```c
typedef struct {
  unsigned int HP:4;   // 生命值
  unsigned int DP:4;   // 防禦力
  unsigned int AP:4;   // 攻擊力
  unsigned int AFK:1;  // 是否掛機
} goose;
```

自訂型態名稱

成員名稱：位元數

宣告以及存取包含位元欄位的結構體的語法，跟普通結構體相同。底下程式宣告一個 goose 型態的變數，並存入 4 個成員值，然後修改其中的 DP（防禦力）防禦值。因為 goose 結構體的成員型態指定成 int，佔用的空間至少是 4 位元組：

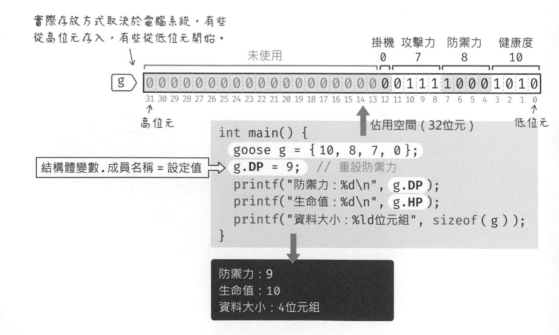

實際存放方式取決於電腦系統，有些從高位元存入，有些從低位元開始。

掛機 攻擊力 防禦力 健康度
0   7   8   10

未使用

g | 0 0 0 0 0 0 0 0 0 0 0 0 0 0 0 0 0 0 0 0 0 0 0 0 0 0 1 1 1 1 0 0 0 1 0 1 0 |

31 30 29 28 27 26 25 24 23 22 21 20 19 18 17 16 15 14 13 12 11 10 9 8 7 6 5 4 3 2 1 0

高位元

低位元

佔用空間（32位元）

結構體變數.成員名稱 = 設定值

```c
int main() {
  goose g = {10, 8, 7, 0};
  g.DP = 9;  // 重設防禦力
  printf("防禦力：%d\n", g.DP);
  printf("生命值：%d\n", g.HP);
  printf("資料大小：%ld位元組", sizeof(g));
}
```

防禦力：9
生命值：10
資料大小：4位元組

若 goose 結構體的位元欄位成員型態改成 char，則此結構體所需的記憶體空間將縮減成 16 個位元（或 2 位元組）：

```
typedef struct {
  unsigned char HP:4;
  unsigned char DP:4;
  unsigned char AP:4;
  unsigned char AFK:1;
} goose;
```

佔16位元空間

若位元欄位成員值超過上限，同樣會產生**溢位**，例如，把生命值（HP）調高成 99：

```
g.HP = 99;
```

編譯時將產生 **"overflow"**（溢位）警告，因為 99 的 2 進位值是 "1100011"，佔 7 個位元大小，但結構體僅規劃 4 個位元空間，所以實際存入值是 "0011"，即 10 進位數字 3。

```
main.c:12:10: warning: unsigned conversion from 'int' to
'unsigned char:4' changes value from '99' to '3' [-Woverflow]
   12 |    g.HP = 99;
      |              ^~
```

補充說明，結構體可以混合普通成員和位元欄位成員，像這樣：

```
typedef struct {
  char name[20];          // 角色的名字
  unsigned char HP:4;    // 生命值
    : 略
} goose;
```

完整的範例程式碼如下：

```c
#include <stdio.h>

typedef struct {
  char name[20];          // 角色的名字
  unsigned char HP:4;  // 生命值
  unsigned char DP:4;  // 防禦力
  unsigned char AP:4;  // 攻擊力
  unsigned char AFK:1; // 掛機
} goose;

int main() {
  goose g = {"Groovy", 10, 8, 7, 0};
  g.HP = 9;
  // 顯示 "Groovy 的生命值:9"
  printf("%s 的生命值:%d\n", g.name, g.HP);
  printf("防禦力:%d\n", g.DP);
  // 顯示" 資料大小:22 位元組"
  printf("資料大小:%ld 位元組 ", sizeof(g));
}
```

結構體的成員可透過位址存取,底下的敘述可顯示 name 成員的位址:

非位元欄位成員

```
printf("name成員的位址:%p\n", &g.name );
```

name成員的位址:0x7ffd9fb6e270

但位元欄位成員無法透過位址存取,底下的敘述會造成編譯錯誤:

無法讀取位元欄位成員的位址

```
printf("AP成員的位址:%p\n", &g.AP );  ✗
```

當今的電腦和手機,主記憶體容量動輒數 GB,不像早期的電腦或者是微波爐裡面的控制晶片那樣拮据,所以也不太需要用位元欄位這種寫法來節省記憶體空間,但它仍可運用在網路訊息傳輸,透過整合資料位元來降低傳輸數據量、加快傳輸速度。

10-7 位元運算子（bitwise operator）與位移運算

C 語言提供四種處理位元資料的邏輯運算元：&（**位元與**，AND）、|（**位元或**，OR）、^（**位元亦或**，XOR，也稱為**互斥或**）以及 ~（**位元反相**，NOT）。假設輸入資料是 a 和 b 兩個位元，它們的運算結果對照如下，這種對照表又稱為**真值表**：

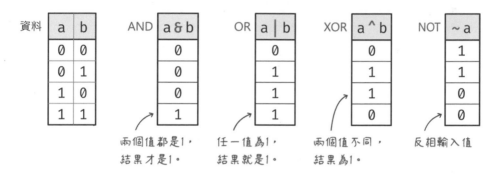

它們跟邏輯運算子 (&&, || 和 !) 的功能相似，差別在於邏輯運算子的運算元以及運算結果都是 **0（不成立）**或者**非 0（成立）**，而本單元的位元運算子則**會以2 進位方式處理資料的每個位元值**：

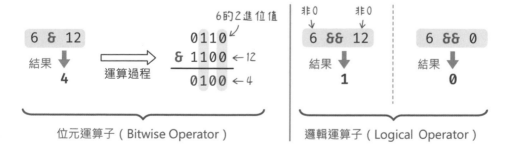

位元運算子經常用於篩選出資料中的部分位元。以聯網裝置的 IP 位址為例，小公司和普通家庭的室內（區域）網路裝置，IP 位址通常是 192.168.0 或者192.168.1 開頭；這個部分也稱為「網路識別碼」：

假設要從 IP 位址篩選出網路識別碼部分，只要把 IP 位址 (32 位元長) 跟另一個相同長度、前 24 個位元都是 1 的「遮罩碼」做 **&（位元與）** 運算：

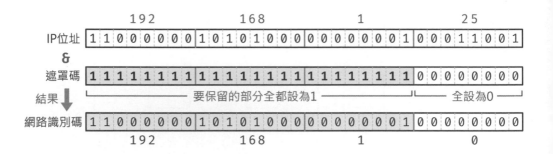

區域網路 IP 位址中，與其他裝置的 IP 位址不同的部分叫做「主機識別碼」。用相同技巧即可從 IP 位址篩選出主機識別碼：

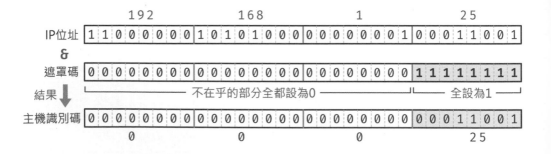

底下是個簡易的 **&（位元與）** 運算的範例，為了方便對照運算前後結果，輸入和輸出值都採用 16 進位數字，篩選的結果只留下前面 4 個位元資料。

10

```
#include <stdio.h>

int main() {
  int x = 0x69;                    // 0110 1001
  int mask = 0xF0;                 // 1111 0000
  int ans = x & mask;
  printf("篩選結果:0x%x\n", ans); // 編譯輸出:0x60
}
```

&（位元與）用於**篩選**位元，**|**（位元或）則用於**設置位元資料**，例如，把變數 x
的位元 4 設為 1，其餘不變，程式碼如下：

```
int main() {
  int x = 0x69;                    // 0110 1001
  int flag = 0x10;                 // 0001 0000
  int ans = x | flag;
  printf("設置結果:0x%x\n", ans);  // 編譯輸出:0x79
}
```

位移運算子

<<（左移）和 >>（右移）是能將整數的 2 進位值往左或往右移動幾位的運
算子。

運算子	範例	說明
<<	a << b	把整數 a 的二進位值朝左移動 b 位，右邊的空位補 0
>>	a >> b	把整數 a 的二進位值朝右移動 b 位，左邊的空位補上原來的最高位元值

左移 n 位，等同把整數乘以 2^n：

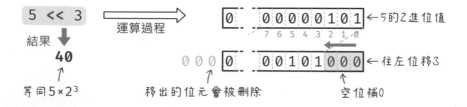

右移 n 位，等同把整數除以 2^n：

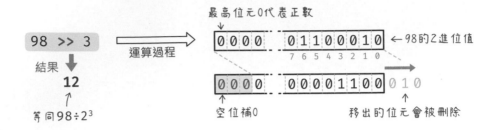

並非所有右移運算的空缺都是補上 0，以負數來說，2 進位值的最高位元為 1（參閱下文註解），右移之後將補上 1：

位移運算子也經常和 & 運算子搭配篩選出特定位元資料。假設程式要以 4 位元為單位擷取變數 x 的資料，可以在每次與 mask 做 & 運算之後，右移 4 位，直到讀取完畢：

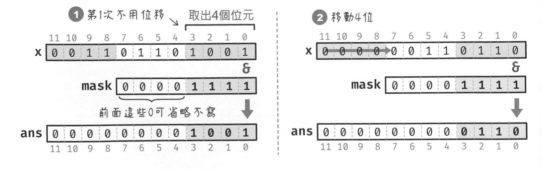

範例程式碼如下，編譯執行輸出：" 0x09 0x06 0x03 "：

```
int main() {
  int ans, x = 0x369;
  int mask = 0x0F;

  for (int i=0; i<3; i++) {
   ans = ( x >> 4 * i) & mask;
   printf("0x%02x  ", ans);
  }
}
```

	11	10	9	8	7	6	5	4	3	2	1	0
x	0	0	1	1	0	1	1	0	1	0	0	1

顯示2位數16進位數字，不足2位時前補0。

 電腦系統採用 **2 的補數**（Two's Complement）表示負數；補數指的是取 2 進位的相反值。假設變數 n 儲存了整數 69，其 2 進位值為 1000101：

69 [n] ─2進位→ 0 0 0 0 0 0 0 0 1 0 0 0 1 0 1
15 14 13 12 11 10 9 8 7 6 5 4 3 2 1 0

執行 ~n 運算，將產生 n 的相反值，這個值也稱作「1 的補數」。**1 的補數 +1** 就變成 **2 的補數**：

~ 69 [n] ─2進位→ 1 1 1 1 1 1 1 1 1 0 1 1 1 0 1 0 ⇐ 1的補數
15 14 13 12 11 10 9 8 7 6 5 4 3 2 1 0

取相反值，也稱為「取補數」。

↓ +1

1 1 1 1 1 1 1 1 1 0 1 1 1 0 1 1 ⇐ 2的補數
15 14 13 12 11 10 9 8 7 6 5 4 3 2 1 0

計算 2 的補數的範例程式如下，執行結果顯示 "69 轉成負數：-69"。

```
#include <stdio.h>

int main() {
  int n = 69;
  int m = ~n + 1;  // 取 2 的補數
  printf("%d 轉成負數:%d\n", n, m);
}
```

10-8 互斥或（XOR）加密和解密

XOR 運算常用於**翻轉**位元值。有個採用 XOR 運算的加密和解密手法，稱為**簡單互斥或密碼（simple XOR cipher）**，假設原始資料是 'a'，加密的關鍵密鑰是 0xF0，範例運算式如下，從中可看出，和 1 做 XOR 會翻轉值，如果翻轉兩次就會變回原始值，利用這個方式，就可以翻轉一次當成秘密資料，再翻轉一次就可以取得原始資料：

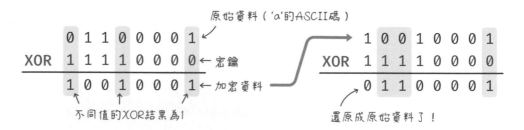

本文將編寫一個採用 XOR 加密與解密字串資料的程式，密鑰必須重複循環、覆蓋明文的所有字元，假設密鑰是 "RUN"：

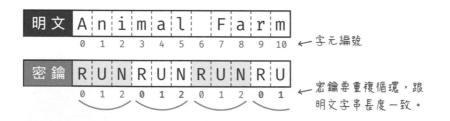

經過 XOR 加密之後，字元可能無法顯示（例如，ASCII 編碼小於 0x20 的字元是「控制字元」，沒有外觀），所以底下的解說範例直接用 ASCII 碼呈現：

4I	6E	69	6D	6I	6C	20	46	6I	72	6D	← 原始資料（明文）的ASCII碼

XOR運算子 → ^

52	55	4E	52	55	4E	52	55	4E	52	55	← 密鑰"RUN"的ASCII碼

I3	3B	27	3F	34	22	72	I3	2F	20	38

↑ 無法顯示的字元

底下是負責 XOR 加密與解密的自訂函式，XOR 運算結果儲存在 output 字元
陣列，其中的 for 迴圈將逐一取出明文 (data) 與密鑰 (key) 的每個字元，然後
進行 XOR 運算：

```
                       明文資料    儲存加/解密資料   密鑰字串
                        ↓           ↓            ↓
void XORCipher( char *data, char *output, char *key,
               int dataLen, int keyLen)
{                       ↑           ↑
  int i;               資料長度      密鑰長度
  for ( i=0; i<dataLen; i++) {
    output[i] = data[i] ^ key[ i%keyLen];   ─── 循環取出密鑰的字元
    printf( "%02X", output[i] );
  }                          ── 顯示兩位數16進位ASCII值，
  printf("\n");                 個位數前面補上0。
  output[i] = '\0';   ── 加上字串結尾
}
```

完整的程式碼如下：

```
#include <stdio.h>
#include <string.h>  // 內含 strlen() 函式

void *XORCipher(char *data, char *output, char *key,
                int dataLen, int keyLen) {
   :略
}

int main() {
  char *data = "Animal Farm"; // 明文資料
  char *key = "RUN";          // 密鑰文字
  char cipher[20];            // 加密文字
  char plain[20];             // 解密文字
  int dataLen = strlen(data); // 資料長度 (不含 '\0' 結尾)
  int keyLen = strlen(key);   // 密鑰長度
  printf("XOR加密：");
  XORCipher(data, cipher, key, dataLen, keyLen);
  printf("XOR解密：");
  XORCipher(cipher, plain, key, dataLen, keyLen);
  printf("明文：%s\n", plain);
}
```

編譯執行結果：

```
XOR 加密：133B273F342272132F2038
XOR 解密：416E696D616C204661726D
明文：Animal Farm
```

APCS 觀念題練習

1. 底下程式輸出結果為何？

```c
#include <stdio.h>
enum RGB {red, green=3, blue};
int main() {
    printf("%d %d %d", green, red, blue);
}
```

A) 1 0 2   B) 3 1 4   C) 2 0 1   D) 3 0 4

....

 D

2. 底下程式輸出為何？

```c
#include <stdio.h>
#include <string.h>

int main() {
  struct student {
    int id;
    char name[30];
  } s1, s2;

  s1.id = 5;
  strcpy(s1.name, "John");
  s2 = s1;
  strcpy(s2.name, "Mary");

  printf("%d %s ", s1.id, s1.name);

  printf("%d %s", s2.id, s2.name);
```

```
   return 0;
}
```

A) 5 John 5 John

B) 5 John 0 Mary

C) 5 John 5 Mary

D) 0 Mary 0 Mary

 C s1 的成員複製給 s2 之後，s2 改了 name 成員值。

3. 底下程式的空白行，該填入哪個敘述才能把 id 值改成 5？

```
#include <stdio.h>

struct student {
  int id;
  char name[30];
};

int main() {
  struct student s = {3, "Lucy"};
  struct student *pt;
  pt = &s;
  _____
  printf("座號:%d", s.id);
  return 0;
}
```

A) pt->id = 5;

B) pt.id = 5;

C) *(pt).id = 5;

D) &pt.id = 5;

 A 因為 pt 是指標，可以和 -> 構成一支箭；答案 C 要改成 (*pt).id = 5; 才對。

4. 假設 int 和 float 型態各佔用 4 位元組，請問 pack 型態共佔多少位元組？

```
union pack {
  float a;
  int b;
  char c[10];
};
```

A) 8   B) 4   C) 12   D) 18

 C　union 型態的大小是佔用最大空間的那一個，此例為字元陣列 c，還要考量以 4 位元組對齊，所以答案是 12 位元組。範例程式碼：

```c
#include <stdio.h>

int main() {
  union pack {
    float a;
    int b;
    char c[10];
  } p;

  struct s {
    double d;
    union pack p;
    char c[5];
  } s;

  printf("d:%ld f:%ld i:%ld p:%ld s:%ld\n",
    sizeof(double),
    sizeof(float),
    sizeof(int),
    sizeof(p),    // 以 float 及 int 的 4 位元對齊
    sizeof(s)     // 以 double 的 8 位元對齊
  );
}
```

APCS 實作題　邏輯運算子

APCS 106 年 10 月有一個「邏輯運算子」實作題，完整題目描述請參閱 ZeroJudge 網址：https://bit.ly/3Ai76s1。此題的大意是輸入三個整數，前兩個數字代表 A 和 B，第 3 個數字是 A 和 B 的邏輯運算結果 C，請寫一個程式列舉符合運算結果的邏輯運算子 AND, OR, XOR，或者輸出 "IMPOSSIBLE" 代表不可能成立。

輸入說明	輸出說明
輸入一行三個正整數值，每個數字用一個空白隔開。 第一個整數代表 a，第二個整數代表 b。 第三個整數代表邏輯運算的結果，只會是 0 或 1。	輸出可能得到指定結果的運算，若有多個，輸出順序為 AND、OR、XOR，每個可能的運算單獨輸出一行，每行結尾皆有換行。 若不可能得到指定結果，輸出 IMPOSSIBLE（全部字母大寫）。

輸入範例	輸出範例
範例一： 0 0 0 範例二： 1 1 1 範例三： 3 0 1 範例四： 0 0 1	範例一： AND OR XOR 範例二： AND OR 範例三： OR XOR 範例四： IMPOSSIBLE

解題說明：

此題的解法是讀取輸入的 a 和 b 整數，依照輸出順序的要求，逐一比對 AND, OR 和 XOR 的運算結果。C 語言有 3 個邏輯運算子：&&（AND），‖（OR）和！（NOT），但沒有 XOR。底下是邏輯 AND 和 OR 的真值表：

資料	a	b		邏輯 AND	a&&b		邏輯 OR	a‖b
	0	0			0			0
	0	非0			0			1
	非0	0			0			1
	非0	非0			1			1

由此可知，底下敘述的 x 和 y 分別是 0 和 1。

```
int x = 3 && 0; // x 是 0
```
```
int y = 3 || 0; // y 是 1
```

XOR 是位元運算子，所以題目的「邏輯運算式」，在程式中要用「位元運算」來測試。以底下的輸入和輸出值為例，把輸入整數的 2 進位值進行 OR 位元運算（|），但結果是 3，不符合題目的輸出 1 或 0：

應該把輸入值依「若非 0 則視為 1」看待，運算結果就符合預期了：

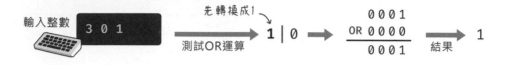

完整的程式碼如下，pass 變數用於紀錄測試條件是否通過，預設 0 代表沒有。若測試到最後 pass 值仍是 0，則輸出 "IMPOSSIBLE"。編譯執行後，用範例輸入值測試，結果符合預期。

```c
#include <stdio.h>

int main() {
  int a, b, c, pass = 0;
  scanf("%d %d %d", &a, &b, &c);

  if (a != 0) a = 1;   // 若輸入值非 0，則設為 1
  if (b != 0) b = 1;

  if ((a & b) == c) {
    printf("AND\n");
    pass = 1;          // 代表通過測試
  }

  if ((a | b) == c) {
    printf("OR\n");
    pass = 1;
  }

  if ((a ^ b) == c) {
    printf("XOR\n");
    pass = 1;
  }

  if (!pass)
    printf("IMPOSSIBLE\n");
}
```

11

演算法、資料排序
和搜尋

今天中午聚餐妮妮遲到半小時,風間告訴她中途轉乘其他公車比較快。

 應該是妮妮想省事,風間想省時,也或許同班車上有妮妮心儀的對象,這就像解決程式問題的對策,各有優缺點。

 想太多…你真是三句不離本行…

 因為我們就活在 C 語言的小宇宙啊～現在開始學習演算法吧!

11-1 測量執行程式的花費時間

在同一台電腦上比較不同演算法的效率,比較它們的花費時間是最直覺的方式。處理時間資料的程式會用到 time.h 函式庫,它具有跟時間相關的資料型態、結構體與函式定義,底下列舉其中幾項。

● 資料型態:

- **time_t**:儲存「秒」數單位值
- **clock_t**:儲存「時鐘滴答」數,滴答 (tick) 是處理器時間,實際值因系統而異,通常是 1/1000000 秒,也就是**微秒**單位。

● 常數:

- **CLOCKS_PER_SEC**:每秒時鐘滴答數,clock_t 型態值除以 CLOCKS_PER_SEC 常數,可得到秒數單位值。

● 函式:

- **clock()**:回傳程式開始執行後所使用的 CPU 時間,函式原型:clock_t clock(void);
- **time()**:傳回自 1970 年 1 月 1 日到現在的總秒數,函式原型:time_t time(time_t* timer);

- **difftime()**：計算兩個時間的秒數差，函式原型：double difftime(time_t timer2, time_t timer1);

像底下那樣計算 clock() 函式的差值，然後除以 CLOCKS_PER_SEC 換取秒數單位值，就能測量執行一段程式的花費時間：

資料型態 →

```
#include <time.h> ←── 內含時間相關函式和常數

clock_t t = clock();
```

要被測量執行時間的程式敘述

儲存時間差（目前時間減去前一次時間）→

```
t = clock() - t;
double time_spent = (double) t / CLOCKS_PER_SEC;
```
↑
轉成秒數（浮點值）

以測量計算 1+2+3+…+100000 的執行時間為例，完整程式碼如下：

```c
#include <stdio.h>
#include <time.h>                    // 內含時間相關函式和常數

long sum(long n) {                   // 計算 1 到 n 的加總
  long total = 0;
  for (int i=1; i<= n; i++) {        // 執行 n 次迴圈
    total += i;                      // 計算並儲存 1+2+3+…+n
  }
  return total;
}

int main() {
  clock_t t = clock();               // 儲存目前時間
  long total = sum(100000L);         // 計算加總
  t = clock() - t;                   // 計算時間差
  double time_spent = (double) t / CLOCKS_PER_SEC; // 轉成秒數
  printf("答：%ld，花費時間：%f 秒\n", total, time_spent);
}
```

執行結果：

答：5000050000，花費時間：0.000283 秒

用等差數列求和的技巧解題

用對方法執行任務，可以節省大量時間和精力。以切青蔥為例，假若從頭一直切到尾需要切 50 次：

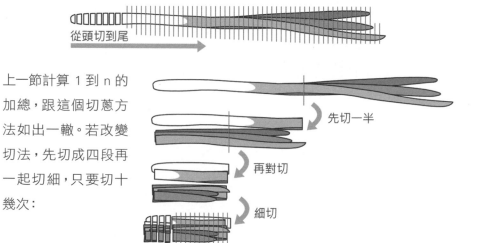

從頭切到尾

上一節計算 1 到 n 的加總，跟這個切蔥方法如出一轍。若改變切法，先切成四段再一起切細，只要切十幾次：

先切一半

再對切

細切

再舉個例子，出遊集合時確認人數，如果從 1 號開始點名，要逐一點到最後：

假如讓每個人各自檢查身邊是否有人缺席，馬上就能確認，但先決條件是每個人都知道彼此：

有「數學王子」美譽的高斯，9 歲時就想出用**等差數列求和**的技巧迅速求出 1 到 n 的加總（故事詳情請參閱維基百科**卡爾·弗里德里希·高斯**條目：https://bit.ly/3rtL7tP）。假設 n 是 1000，計算 1+2+3+…+n 可以用這個公式求解：

$$（ 1 + n ） × n ÷ 2 \Rightarrow （ 1 + 1000 ） × 1000 ÷ 2 \rightarrow 500500$$

用這個公式改寫 sum 函式，執行效率比之前的寫法快多了，而且**無論數字有多大，等差數列求和的計算時間都一樣**！

用簡單（線性）方式計算

```
long sum( long n ) {
  long total = 0;
  for ( int i = 1 ; i <= n ; i++ ) {
    total += i;
  }
  return total;
}
```

用等差數列求和的方式計算

```
long sum( long n ) {
  return ( n + 1 ) * n / 2;
}
```

n值	100000L	100000000L
花費時間	0.000283秒	0.303671秒

n值	100000L	100000000L
花費時間	0.000002秒	0.000002秒

若連續加總數字不是從 1 開始，如：從 5 加到 10，計算公式寫成：

亦即：（ 尾 - 頭 + 1 ）

$$（ 頭 + 尾 ） × 數量 ÷ 2 \Rightarrow （ 5 + 10 ） × 6 ÷ 2 \rightarrow 45$$

11-2 評估演算法效率和大 O 符號

如果要解決的是小問題，那麼，採用任一解法可能都沒差。但若像 Google 每天要處理幾億次搜尋，程式效率很重要。決定程式碼的好壞，有三個要點：

- **執行速度**：花費時間越短越好，電腦科學家用**時間複雜度**（Time complexity）來代表演算法的步驟執行次數，假設有兩個演算法，一個操作步驟不受輸入數值的影響，另一個會隨著輸入值變大而等比例增加操作次數，顯然前一個演算法比較好。

- **記憶體需求**：用**空間複雜度**（Space complexity）來代表一個程式從開始到結束所需的記憶體用量（有時還會考量磁碟空間用量）。像之前的累加計算問題，用**遞迴**方式求解比起**迴圈**，記憶體需求比較大。

- **容易理解**：方便重複使用、修改或者除錯。

 執行速度，用花費時間不是比「操作次數」更簡單明瞭嗎？

 因為「執行時間」是相對值，同一個程式改用最新的電腦執行，速度就變快了，但這個速度提升的原因取決於硬體設備，跟演算法無關。所以**評估演算法的效率，要用執行步驟的次數而非花費時間**。

 說到這個，我的手機最近變遲鈍了，換新機就可以跑得很順吧～

 不，變遲鈍的是生活態度，放下手機，可以更順利達成生活目標。

上文的這個加總到 n 的 sum 函式包含 5 個變數操作和運算，其中的 3~5 步驟將被執行 n 次；**執行次數和 n 值成正比**：

$$f(n) = \underset{\sim}{3n + 3} \quad \longleftarrow 操作次數$$

假如用 f(n) 來代表輸入 n 值所需的操作次數，那麼，上面的 f(n) 值將是：

```
long sum( long n ) {          ← 設置變數 ①
  long total = 0; ①
                    ③ ← 比較數值
  for ( long i = 1; i <= n; i++ ) {
      ②                       ⑤ 累加運算
    total += i;       設置變數 ②
    ④
  }         累加與指派值 ④
  return total;
}
```

所以這個部分執行3n+1次

④ ⑤ 將執行n次

③ 將執行n+1次 ← 因為執行步驟5之後，都會執行步驟3。

而這個 sum 函式只執行一次乘、加和除運算，**操作次數跟 n 值無關**：

```
long sum( long n ) {
  return ( n + 1 ) * n / 2;
    ❶    ❷   ❸
}
```

> 固定執行3個運算

因此 f(n) 值是常數值： $$f(n) = 3$$

「對數」型操作次數

左下程式片段裡的 for 迴圈敘述會執行 n 次，但右下程式片段的 for 迴圈呢？

```
int sum( int n ) {
  int m = 0;
  for ( int i=n; i>=1; i-- ) {
    m += i;
  }
  return m;
}
```

```
int sum( int n ) {
  int m = 0;
  for ( int i=n; i>1; i/=2 ) {
    m += i;
  }
  return m;
}
```

執行步驟：$f(n) = n$ 執行步驟：$f(n) = ?$

假設 n=16，每次執行 for 迴圈敘述後，
n 被 2 除，所以迴圈將執行 4 次：

執行4次　　　停止

$$16 \Rightarrow 8 \Rightarrow 4 \Rightarrow 2 \Rightarrow 1$$

這個迴圈敘述中的 n 值和 2，呈現**指數**關係，也就是 2 連乘 4 遍等於 16。反過來計算 2 連乘多少遍等於 16，則使用**對數（log）**運算：

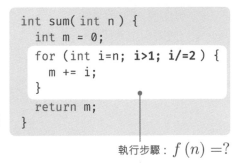

指數

底數

$$2^4 = 16$$

互為因果

真數　對數

底數

$$\log_2 16 = 4$$

再舉個對數運算的例子，底數為 10、真數為 1000，則對數值為 3：

$$10^3 = 1000 \qquad \Longleftrightarrow \qquad \log_{10} 1000 = 3$$

log 的底數經常省略不寫，一般數學運算通常採 10 進位，$\log_{10}1000$ 直接寫成 log1000，但是**在電腦計算機科學領域，log 算式的底數預設是 2 進位**，所以 log16 代表的是 $\log_2 16$。

回到本節的迴圈執行次數，答案是 $\log_2 n$ 次：

$$f(n) = \log_2 n \quad \xrightarrow{\text{底數可省略}} \quad f(n) = \log \overset{16}{\underset{\downarrow}{n}} \quad \longrightarrow \quad 4$$

代表時間複雜度的 Big O notation（大 O 符號）

時間複雜度用 Big O notation（大 O 符號）來描述一個演算法在輸入 n 個值時，執行時間與 n 的關係：

$$\underset{\substack{\text{代表order of...} \\ \text{（...階）的大寫字母O}}}{} \longrightarrow O(\text{操作次數})$$

填寫大 O 符號的「操作次數」值，有兩大原則：

● 忽略常數

● 只保留最高冪次項的 n

如果操作次數是常數，大 O 符號寫成 O(1)：

$$f(n) = 3$$ 處理時間與資料量無關 $\longrightarrow$ 可理解為：任何數乘1都不變 $\longrightarrow$ 記法 $\mathbf{O(1)}$

以操作次數 3n+3 來說，3 是常數，影響運算時間的主因是 n 值，所以「操作次數 3n+3」的大 O 符號寫成 O(n)：

$$f(n) = 3n + 3$$ 處理時間與資料量成正比 $\longrightarrow$ 記法 $\mathbf{O(3n + 3)} \longrightarrow \mathbf{O(n)}$

不計常數 / 只保留最高項次的n

假如有個演算法的操作次數為 $3n^2+4n+5$，大 O 符號寫成 $O(n^2)$：

$$f(n) = 3n^2 + 4n + 5$$

處理時間是
資料量的平方

時間 n^2

資料

記法 $\mathbf{O(n^2)}$

 忽略常數、只保留最高項次的 n，誤差不會很大嗎？

 大 O 符號看的是「運算時間成長趨勢」。

$$f(n) = 3n^2 + 4n + 5$$

我們動手來算一下這個函式：

分別把 1, 10, 100 和 1000 帶入 n，觀察每一項的佔比。從表 11-1 可看出，隨著 n 值增加，$3n^2$ 項的佔比也大增，4n 和 5 的佔比低到可以忽略。

表 11-1

n	$3n^2$	4n	5
1	25%	33.33%	41.6%
10	86.9%	11.6%	1.45%
100	98.7%	1.3%	0.016%
1000	99.86%	0.13%	0.00016%

雙重迴圈是 $O(n^2)$ 的例子：

```
for ( int i=0; i<n; i++ ) {
    for ( int j=0; j<n; j++ ) {
        printf( "%d, %d\n", i, j );
    }
}
```

n 次 n 次

處理時間是
資料量的平方

$\mathbf{O(n \times n)}$ ➔ $\mathbf{O(n^2)}$

線性搜尋演算法及其大 O 符號記法

演算法的操作次數經常無法確定，以找尋字元陣列當中一個字元為例，若採用「從頭開始找到尾」的**線性**（也稱作「**循序**」）方式，假如搜尋對象剛好是第一個元素，馬上就找到了；若不巧排在最後或者不存在，都要查到最後一個元素：

's'	'p'	'a'	'c'	'e'	'X'
0	1	2	3	4	5

查 's' $\Rightarrow$ $f(n)=1$'s' 1步

查 'X' $\Rightarrow$ $f(n)=6$ 'X' 6步

平均搜尋次數就是所有可能次數的加總除以元素數量：

$$平均情況 = \frac{可能次數的總和}{元素數量} = \frac{1+2+3+...+n}{n} = \frac{\frac{n(n+1)}{2}}{n} = \frac{n+1}{2} \xrightarrow{忽略常數} O(n)$$

同一個演算法的執行效率可能無法確定，比較不同演算法時，都是以表現最差的情況來相比，因此 n 個元素陣列**線性搜尋演算法**的大 O 符號寫成 **O(n)**。

最佳情況	平均情況	最差情況
O(1)	O(n)	O(n)

底下是線性搜尋方式的範例程式，在 data 陣列中搜尋數字 8 的所在位置：

```c
#include <stdio.h>
#define NUM 8          // 搜尋目標

int main(){
  int data[10]={2, 9, 4, 1, 6, 4, 8, 7, 10, 3};
  int total=sizeof(data)/sizeof(int);

  for(int i=0;i<total;i++){
    if(NUM==data[i]){
      printf("%d 位於 data[%d]\n", NUM, i);
      return 0;       // 提前結束 main()
    }
  }

  printf("data 裡面沒有%d\n", NUM);
  return 0;           // 結束 main()
}
```

編譯執行結果顯示：" 8 位於 data[6]"

11-3 資料排序

本單元將介紹幾種常見的排序原理和程式。排序 (sort) 指的是按照一定的規則排列一組數據,例如,按筆劃順序、字母順序、按數字大小升冪或降冪…等:

本單元的程式將依升冪排列數字。排序的方法有很多種,以排列上圖的數據為例,其中一種方法的步驟如下:

1 找出最小值
2 跟第1個元素交換
3 找出未排序裡的最小值
4 跟第2個元素交換
5 未排序裡的最小值已就位,無須交換。

實現資料排列的流程,稱為排序演算法,上圖的演算法叫做「**選擇排序**」。表 11-2 列舉幾個知名的排序演算法及時間複雜度,這裡列出時間複雜度只是提供參考,從中可得知「快速排序法」的平均表現比較好,完整的排序演算法列表請參閱維基百科的「排序演算法」條目,網址:https://bit.ly/3koUWVG。下文將介紹三種排序程式寫法。

表 11-2

排序演算法	最佳	平均	最差
選擇排序 (selection sort)	$O(n^2)$	$O(n^2)$	$O(n^2)$
氣泡排序 (bubble sort)	$O(n)$	$O(n^2)$	$O(n^2)$
快速排序 (quick sort)	$O(n*logn)$	$O(n*logn)$	$O(n^2)$
插入排序 (insertion sort)	$O(n)$	$O(n^2)$	$O(n^2)$

選擇排序的程式實作

底下是按照「選擇排序」演算步驟寫成的自訂函式,其中的 swap() 是交換陣列元素資料的自訂函式。右下圖是將要被排序的 arr 資料陣列內容:

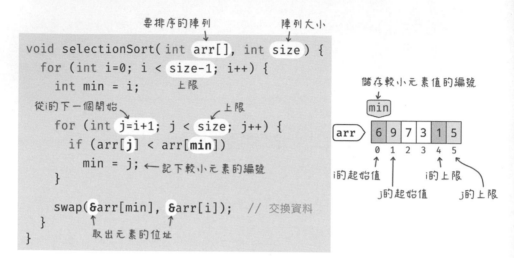

函式的參數 arr 指向要排序的陣列,區域變數 min 紀錄「尚未排序」的最小數字所在的元素編號,預設是元素 0。當內層 for 迴圈找到比 min 更小的元素時,就把索引 j 值存入 min,直至比對到最後一個元素;內層 for 迴圈執行完畢,就交換 min 和 i 編號的元素值:

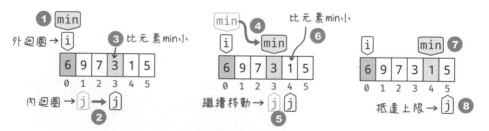

第一輪的最小元素交換之後,外迴圈的索引 i 以及最小值 min 都指向元素 1,然後繼續往後找較小的元素值:

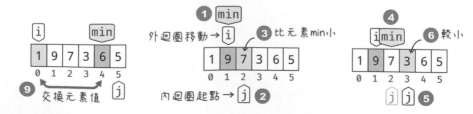

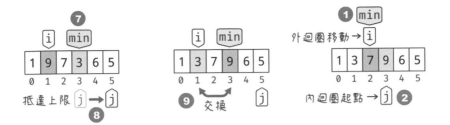

底下是「選擇排序法」的完整範例程式：

```c
#include <stdio.h>

void printArray(int arr[], int size) {   // 輸出陣列內容
  for (int i = 0; i < size; i++)
    printf("%d ", arr[i]);
  printf("\n");
}


void swap(int *a, int *b) {               // 交換變數值
  int temp = *a;
  *a = *b;
  *b = temp;
}


// 「選擇排序」自訂函式
void selectionSort(int arr[], int size) {
  // 外迴圈，執行至倒數第 2 元素
  for (int i=0; i < size-1; i++) {
    int min = i;     // 紀錄最小元素值的索引編號

    // 內迴圈，執行至最後一個元素
    for (int j = i+1; j < size; j++) {
      if (arr[j] < arr[min])            // 若發現較小元素值…
        min = j;                        // 記下該元素的索引編號
    }

    swap(&arr[min], &arr[i]);           // 交換陣列元素
  }
}
```

```
int main() {
  int data[] = { 6, 9, 7, 3, 1, 5 };
  int size = sizeof(data) / sizeof(int);
  printf("陣列的初始內容:\n");
  printArray(data, size);
  selectionSort(data, size);   // 執行排序
  printf("\n 依升冪排序之後:\n");
  printArray(data, size);
}
```

編譯執行結果顯示:

```
陣列的初始內容:
6 9 7 3 1 5

依升冪排序之後:
1 3 5 6 7 9
```

11-4 氣泡排序原理與實作

底下是氣泡排序演算法的運作流程,以排列 4 個元素值為例:

1. 比較相鄰的兩個元素,若前面的元素比較大就進行交換。

2. 重複步驟 1 直到最後,最後一個元素將會是最大值。

3. 重複步驟 1 和 2,每次都比較到上一輪的最後一個元素:

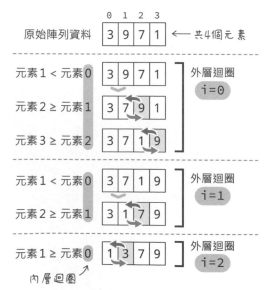

因為資料像泡泡從水底逐漸浮到最前面，所以叫氣泡排序法。根據上面的步驟寫成的自訂氣泡排序函式如下：

int *arr
等同

arr和data都指向相同的陣列位址

arr

data

6	5	3	2
0	1	2	3

```
void bubbleSort( int arr[], int size ) {
    for (int i=0; i<(size-1); i++) {
        for (int j=0; j<(size-(i+1)); j++) {
            if (arr[j] > arr[j+1]) {
                int temp = arr[j];      ❶
                arr[j] = arr[j+1];      ❷
                arr[j+1] = temp;        ❸
            }
        }
    }
}
```

交換前後元素值

temp   ❸

❶ 6   ❷ 5   3   2

data
0	1	2	3

此函式同樣接收兩個參數，第一個是要排序的資料陣列，第 2 個是陣列的大小。實際執行氣泡排序的範例程式如下，原始資料存在名叫 data 的陣列中：

```
void printArray(int arr[], int size) {  // 輸出陣列內容
    ：略
}

int main() {
    int data[] = { 6, 5, 3, 2, 7, 4, 8, 10, 9, 1 };
    int size = sizeof(data)/sizeof(int);
    bubbleSort(data, size);                 // 執行氣泡排序
    printf("氣泡排序之後：");
    printArray(data, size);
}
```

編譯執行結果顯示："氣泡排序之後：1 2 3 4 5 6 7 8 9 10"

11-5 快速排序原理與實作

快速排序法採取「分割與擊破」的手法,首先從原始資料隨機挑選一個數字(越接近整體的中間值越好,底下直接挑選最後面的數字);這個數字稱為**基準值**(pivot)。

接著,依**基準值**把其他數字分成「大於基準」和「小於基準」兩組,再各自挑選基準值並再次分組,直到每一組數字都剩下一個時停止:

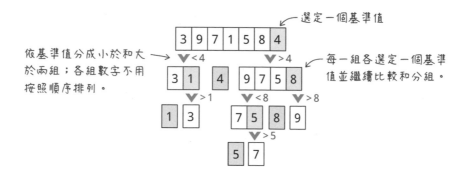

整個快速排序的流程可簡化成右圖般的遞迴運算:

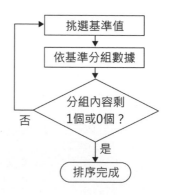

完整的快速排序範例程式碼如下:

```c
#include <stdio.h>

void swap(int *a, int *b) {     // 交換資料
  : 略
}
```

```
void printArray(int arr[], int size){ // 顯示陣列的所有元素
  : 略
}

// 快速排序的自訂函式
void quickSort(int arr[], int left, int right) {
  int pivot, i, j;

  if(left >= right) return;        // 若排序範圍為 1 或更小…結束遞迴

  pivot = arr[right];              // 挑選基準值
  i = left;                        // 左索引編號
  j = right;                       // 右索引編號

  // 將資料分成「大於基準值」和「小於基準值」兩組
  while(1) {
    while (arr[i] < pivot) {       // 從左往右搜尋比基準小的數字
      i++;  // 若遇到比較小的數字，則再往右找
    }

    while (arr[j] > pivot) {       // 從右往左搜尋比基準大的數字
      j--;  // 若遇到比較大的數字，則再往左找
    }

    if (i >= j) {                  // 資料分組完成…
      break;                       // 退出無限迴圈
    }
    swap(&(arr[i]), &(arr[j])); // 交換左右兩個數字
    i++;       // 交換之後從下一個數字開始搜尋
    j--;
  }
  quickSort(arr, left, i - 1);  // 排列比較小的分組數字（左側）
  quickSort(arr, j + 1, right); // 排列比較大的分組數字（右側）
}

int main() {
  int data[] = { 3, 5, 7, 1, 9, 2, 4 }; // 要排序的資料
  int size = sizeof(data)/sizeof(int);  // 共 7 個元素

  printf("排序前：\n");
```

```
    printArray(data, size);
    quickSort(data, 0, size-1);
    printf("快速排序後:\n");
    printArray(data, size);
}
```

編譯執行結果:

```
排序前:
3 5 7 1 9 2 4
快速排序後:
1 2 3 4 5 7 9
```

快速排序函式的執行流程

執行快速排序的 quickSort 函式接收以下三個參數:

- **arr[]**:要排序的資料集合 (int 型陣列)。

- **left**:代表排序範圍的左端的整數索引編號。

- **right**:代表排序範圍的右側的整數索引編號。

quickSort 函式將從 arr[left] 到 arr[right] 範圍內,依照基準值,把資料分成「比基準小或等於」和「比基準大」左、右兩邊。進行分區之前先挑選基準值 (pivot),它始終選擇最後一個 (最右側) 元素:

```
pivot = arr[right];    // 挑選基準值,初始為最後一個元素
i = left;              // 左索引編號,初始為 0
j = right;             // 右索引編號,初始為陣列最後一個元素編號
```

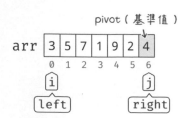

如果 left, right 相同或大小相反，則無法再分區資料，因而結束遞迴。

```
if (left >= right) return;
```

負責「資料分組」的是 while 無窮迴圈：

```
while(1) {
  while (arr[i] < pivot)  i++;  // 從左往右搜尋比基準小的數字
  while (arr[j] > pivot)  j--;  // 從右往左搜尋比基準大的數字
  if (i >= j)  break;           // 若資料分組完成，則退出無限迴圈
  swap(&(arr[i]), &(arr[j]));   // 交換左右兩個數字
  i++;                          // 交換之後從下一個數字開始搜尋
  j--;
}
```

迴圈依照 i 和 j 值，從陣列兩側夾擊、比對元素值：

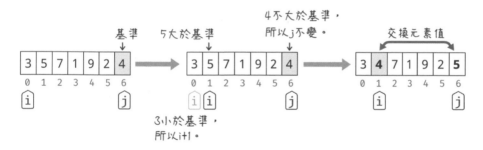

直到 i 大於或等於 j，退出迴圈，代表這階段的資料分組完成：

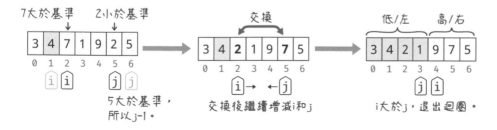

退出 while 迴圈時，變數 i 和 j 的值分別是 4 和 3，它們將決定後續處理分組資料的範圍。接在 while 迴圈之後執行的是 quickSort 函式的最後兩行：對兩個分組呼叫自己（遞迴呼叫）。

```
quickSort(arr, left, i-1);  // 左邊分組範圍從 left 到 i-1
quickSort(arr, j+1, right); // 右邊分組範圍從 j+1 到 right
```

也就是說,資料分組之後,將各自進行同樣的選擇基準值、搜尋小於和大於基準的元素、交換元素…等操作。底下僅說明「低/左」分區的處理流程,「高/右」分區請讀者自行用筆、紙推敲。

首先選定最右邊的元素當作基準,然後從兩側開始比較:

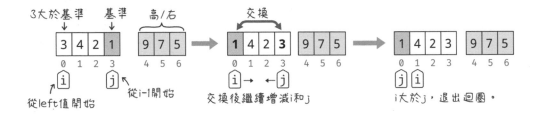

退出 while 迴圈代表再度完成分組,此「低/左」分區已排序完成,僅需處理「高/右」分區:

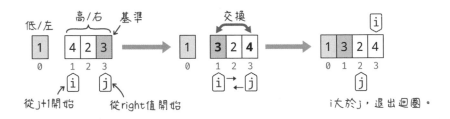

此「高/右」分區已排序完畢,僅需處理「低/左」分區:

執行至此,再次呼叫 qucikSort 函式時,開頭這一行將結束遞迴:

```
if (left >= right) return;
```

使用 C 語言內建的快速排序函式

C 語言的標準函式庫 (stdlib.h) 有提供一個資料排序函式，採用**快速排序演算法**，名叫 qsort()，它接收 4 個參數：

決定升、降排序，要自己寫。

```
qsort( 要排序的陣列, 陣列大小, 元素大小, 比較函式)
```

決定**升冪**或**降冪**排序方式的**比較函式**需要自行編寫，筆者將它命名成 cmp (代表 "compare"，比較)。底下的比較函式會讓數字由小到大排列 (請將此函式看待成「公式」，實際的運作說明請參閱下文)，qsort() 要求比較函式必須接收兩個**任意型態元素**的位址：

可指向任何型態的資料　　　　　　　　代表不可改變指向的資料內容

```
int cmp ( const void * a, const void * b ) {
    return ( *(int*)a - *(int*)b );
}
          從小排到大
```

如果要改成降冪 (從大到小排列)，只要將 return 敘述裡的 a 和 b 互調位置。比較函式必須依照比較結果，傳回三種可能值：

● 若 a>b，則傳回大於 0 的值，sort() 將把 b 值排在前面。

● 若 a=b，則傳回 0，a 和 b 值的位置保持不變。

● 若 a<b，則傳回小於 0 的值，b 值會排在後面。

上面的比較函式等同底下寫法：

```
int cmp (const void * a, const void * b) {
  int x = *(int *)a;
  int y = *(int *)b;
  if (x < y) { return -1; }        // a < b，傳回-1
  else if (x == y) { return 0; }   // a = b，傳回 0
  else return 1;                    // a > b，傳回 1
}
```

演算法、資料排序和搜尋

測試快速排序的程式碼如下：

```c
#include <stdio.h>
#include <stdlib.h>                          // 內含 qsort() 函式

int data[] = {32, 170, 6, 85, 24};          // 要被排序的資料陣列
// 陣列的元素數量（此處為 5）
int size = sizeof(data)/sizeof(int);

void printArray(int arr[], int size) {   // 輸出陣列內容
    : 略
}

// qsort 所需的「比較」函式
int cmp (const void * a, const void * b) {
    return ( *(int*)a - *(int*)b );
}

int main () {
  qsort(data, size, sizeof(int), cmp);
  printArray(data, size);                     // 顯示陣列內容
}
```

編譯執行結果顯示：6 24 32 85 170

11-6 求取中位數

「中位數」代表按照升冪或降冪排列一堆數據，位於中間的那一個。假設有一組「身高」數據，要求取中位數，程式處理流程如下：

1 先把所有資料存入陣列，對其進行降冪或升冪排序：

2 如果陣列資料總數是奇數，中位數就是「陣列長度/2」編號的那個元素。

3 如果陣列資料總數是偶數，中位數則是「陣列長度/2-1」和「陣列長度/2」兩個元素值的平均：

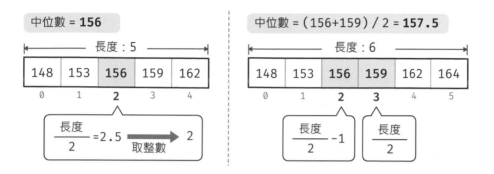

所以，只要排好陣列資料，中位數就呼之欲出了。底下的範例採用「標準函式庫」內建的 qsort 對資料進行快速排序。

```c
#include <stdio.h>
#include <stdlib.h> // 內含 qsort 函式

int cmp(const void *a, const void *b) {
  return (*(int*)a - *(int*)b);
}

double getMedian(int arr[], unsigned int num) {  // 求中位數
  double median;                        // 儲存中位數

  qsort(arr, num, sizeof(int), cmp);  // 快速升冪排序

  if (num % 2 == 0) {                 // 若資料有偶數個…
    median = (double)(arr[num / 2] + arr[num / 2 - 1]) / 2;
  } else {                            // 若資料有奇數個…
    median = arr[num / 2];
  }
  return median;
}
```

```
int main() {
  int data[] = { 159, 148, 156, 164, 153, 162 };

  int size = sizeof(data) / sizeof(data[0]);    // 陣列大小
  double median = getMedian(data, size);        // 求中位數
  printf("中位數:%g\n", median);
}
```

編譯執行結果顯示:"中位數:157.5"

11-7 二分搜尋法

了解資料排序的方法之後,再回頭看看資料搜尋的方法。把資料一分為二的搜尋方式,叫做**二分(binary,也譯作「二元」)搜尋法**,比線性搜尋有效率,前提是資料必須**已按大小排列**。

二分搜尋的操作步驟如下,先取出中間的數字跟搜尋目標比較:

搜尋目標:31

	左									右
data	3	7	13	17	22	26	31	48	59	64
	0	1	2	3	4	5	6	7	8	9

此例的中間元素值小於搜尋目標,因此可排除左半部的資料:

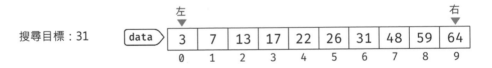

$$中 = 左 + \frac{(右 - 左)}{2}$$

$$= 0 + \frac{(9 - 0)}{2}$$

$$= 4$$

data[4] == 31?
data[4] < 31?

	左				中					右
	3	7	13	17	22	26	31	48	59	64
	0	1	2	3	4	5	6	7	8	9

目標索引

重複相同的演算方式,取出右半部的中間元素值:

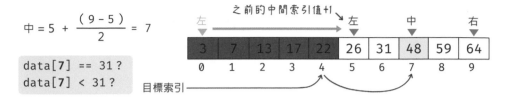

中 = 5 + $\dfrac{(9-5)}{2}$ = 7

data[**7**] == 31 ?
data[**7**] < 31 ?

目標索引

此中間值大於搜尋目標,因此要往左邊找。這次在索引編號 6 找到了:

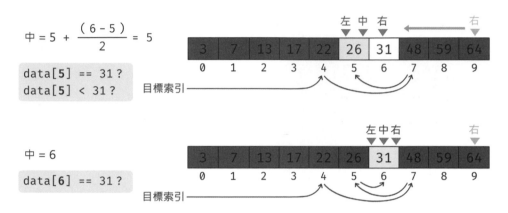

中 = 5 + $\dfrac{(6-5)}{2}$ = 5

data[**5**] == 31 ?
data[**5**] < 31 ?

目標索引

中 = 6

data[**6**] == 31 ?

目標索引

假設搜尋目標是 27,不存在資料裡面,搜尋到最後會像下圖這樣,左、右索引位置互換,代表整個資料陣列都已找過,但未找到:

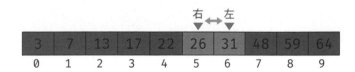

筆者把二分搜尋法的自訂函式命名為 binarySearch,它接收 4 個參數,請注意,資料陣列必須是**已按升冪排序的資料**:

傳回元素編號 (索引)　　　　資料陣列　　　　左邊界編號　　　　搜尋目標

```
int binarySearch( int data[], int left, int right, int n ) {
    // 二分搜尋的程式碼
}
```
右邊界編號

完整的二分搜尋法自訂函式程式碼如下:

```
int binarySearch(int data[], int left, int right, int n) {
  while (left <= right) {   // 持續執行迴圈，直到左邊界超過邊界
    // 計算中間元素的編號
    int middle = left + (right - left) / 2;
    if (data[middle] == n) // 若陣列中間值等於目標數字…
      return middle;         // 傳回中間元素的索引值
    if (data[middle] < n)  // 若目標數字小於陣列中間值…
      left = middle + 1;     // 更新左邊界
    else
      right = middle - 1;   // 否則更新右邊界
  }
  return -1; // 找不到目標值，傳回 -1
}
```

底下是二分搜尋法的應用例子，原始資料未按升冪排序，所以先執行 qsort()
排序後再搜尋。

```
#include <stdio.h>
#include <stdlib.h> // 內含 qsort 函式

int binarySearch(int data[], int left, int right, int n) {
  ：略                  // 二分搜尋的程式碼
}

int cmp(const void *a, const void *b) {
  return (*(int*)a - *(int*)b);
}

int main() {
  // 未排序資料
  int data[] = { 22, 64, 43, 26, 17, 7, 13, 31, 3, 59 };
  int size = sizeof(data) / sizeof(int);      // 資料總數
  int n = 31;                                  // 搜尋目標

  qsort(data, size, sizeof(data[0]), cmp);  // 快速升冪排序

  int r = binarySearch(data, 0, size-1, n);
```

```
  if (r==-1)
    printf("查無此資料…\n");
  else
    printf("資料排在第%d 位\n", r);
}
```

編譯執行結果顯示:"資料排在第 6 位"。

使用遞迴的二分搜尋法

二分搜尋法就是重複對某個範圍內的資料執行分割和比對,直到找出結果或者不能再分割為止:

所以分割和比對的過程也可以用遞迴方式達成:

改用遞迴方式的二元搜尋函式程式碼如下:

```
int binarySearch(int data[], int left, int right, int n) {
  if (right >= left) {    // 確認右邊界大於或等於左邊界…
    int mid = left + (right-left) / 2;
```

```
    if (data[mid] == n)        // 若中間值等於目標數字
      return mid;              // 傳回中間值的索引

    if (data[mid] > n)         // 若中間值大於目標數字
      return binarySearch(data, left, mid-1, n);      // 更新右邊界
    else
      return binarySearch(data, mid+1, right, n);  // 更新左邊界
  }

  return -1;
}
```

編譯執行結果與上一節相同。

APCS 觀念題練習

以下程式片段執行過程的輸出為何？

```
int i, sum, arr[10];

for (int i=0; i<10; i=i+1)
  arr[i] = i;

sum = 0;
for (int i=1; i<9; i=i+1)
  sum = sum - arr[i-1] + arr[i] + arr[i+1];
printf ("%d", sum);
```

A) 44   B) 52   C) 54   D) 63

....

 B

解題想法 1： 第一個 for 迴圈 ==> arr = { 0, 1, 2, 3, 4, 5, 6, 7, 8, 9 }

整理第二個 for 迴圈的敘述：

可看出 sum 的值是：3 + 4 + 5 + … + 10，套用上文提到的公式，可快速求得值：

```
i = 1  ⮕  sum = sum − 0 + 1 + 2  ⮕  sum = sum + 3
i = 2  ⮕  sum = sum − 1 + 2 + 3  ⮕  sum = sum + 4
i = 3  ⮕  sum = sum − 2 + 3 + 4  ⮕  sum = sum + 5
  ⋮              ⋮                       ⋮
i = 8  ⮕  sum = sum − 7 + 8 + 9  ⮕  sum = sum + 10
```

解題想法 2：觀察 arr 陣列內容：

$$（\text{頭} + \text{尾}） \times \text{數量} \div 2 \Rightarrow (3 + 10) \times 8 \div 2 \rightarrow 13 \times 4 = 52$$

```
arr = {0, 1, 2, 3, 4, 5, 6, 7, 8, 9};
```

假設 i=1，arr[i+1] − arr[i-1] 等於 arr[2] − arr[0] → 2 − 0 = 2。

所以這段迴圈：

```
for (int i=1; i<9; i=i+1)
  sum = sum - arr[i-1] + arr[i] + arr[i+1];
```

等同底下的敘述，這樣就比較好解了。

```
for (int i=1; i<9; i=i+1)
  sum = sum + arr[i] + 2;
```

APCS 實作題　購買力計算

110 年 1 月 APCS 有個「購買力」實作題，完整題目請參閱 ZeroJudge 網站：
https://bit.ly/3ym2bFo。筆者稍加修改題目：你觀察了 n 個商品在 3 個不同商
場的最高和最低的價格。你想購入在這 3 家商場中，價差至少 d 的所有物品，
而購入價格將是它們在 3 家商場的平均價格，平均值用整數表示。

給定 n 個物品在 3 家商場的價格，以其所設定的 d，輸出總共購買的商品數
量以及費用總和。

輸入說明	輸出說明
輸入第一行有兩個數字，中間用空白隔開。第一個數字是商品數量 n，第 2 個數字是價格差異 d。 後面跟著 n 行，代表物品在 3 家商場的價格，中間用空白隔開。	在一行輸出兩個數字以空格分隔，依序是購買商品數量以及總共的花費。

輸入範例 1	輸出範例 1
1 3 24 27 21	1 24

輸入範例 2	輸出範例 2
3 4 24 33 42 51 48 60 77 77 77	2 86

解題說明：

首先使用陣列紀錄商品在 3 家店的價格。題目提到「最高」和「最低」值，我們就可聯想到「排序」。把商品價格由小到大排序，再用最後一個元素值減去第一個元素值，即可求出價差：

透過一個迴圈，把大於價差 d 的值加總平均，就能得到答案，完整的程式碼如下：

```c
#include <stdio.h>
#include <stdlib.h>   // 內含 qsort() 函式
#define SHOPS 3        // 3 個賣場
// qsort 的「比較」函式
int cmp(const void* a, const void* b) {
  return (*(int*)a - *(int*)b);   // 昇冪排序
}

int main() {
  int n, diff, count = 0, total = 0;
  int avg = 0;              // 紀錄平均價格，整數
  int p[SHOPS];            // 紀錄商品在 3 家商店的售價
```

```
  scanf("%d %d", &n, &diff);        // 讀入商品數量和價差範圍

  for (int j = 0; j < n; j++) {  // 讀取 n 個商店的資料
    for (int i = 0; i < SHOPS; i++) {
      scanf("%d", &p[i]);           // 儲存商品價格
      total += p[i];                // 計算商品在 3 家賣場的總價
    }

    qsort(p, SHOPS, sizeof(p[0]), cmp);  // 快速排序
    int delta = p[2] - p[0];        // 計算價差

    if (delta > diff) {             // 若價差大於預設
      avg += total / SHOPS;         // 平均之後加總
      count++;                      // 增加購買數量
      total = 0;                    // 商品總價歸零
    }
  }
  printf("%d %d\n", count, avg); // 輸出商品數量和平均加總
}
```

APCS 實作題 　成績指標

105 年 3 月 APCS 實作題「成績指標」，完整的題目説明，請參閱 ZeroJudge
網站：https://bit.ly/3ylwD2r。考題大意：紀錄全班的成績、排序、找出不及格中
最高分數，以及及格中最低分數（及格分數為 60）。若找不到最低及格分數，
請顯示 "worst case"；若找不到最高不及格分數，請顯示 "best case"

輸入說明	輸出說明
第一行輸入學生人數，第二行為各學生分數(0~100 間)，分數與分數之間以一個空白間格。 每一筆測資的學生人數為 1~20 的整數。	每筆測資輸出三行。 第一行由小而大印出所有成績，兩數字之間以一個空白間格，最後一個數字後無空白； 第二行印出最高不及格分數，如果全數及格時，於此行印出 best case ； 第三行印出最低及格分數，如果全數不及格時，於此行印出 worst case 。

輸入範例 1	輸出範例 1
10	0 11 22 33 44 55 66 77 88 99
0 11 22 33 55 66 77 99 88 44	55
	66

輸入範例 2	輸出範例 2
1	13
13	13
	worst case

輸入範例 3	輸出範例 3
2	65 73
73 65	best case
	65

解題說明：

宣告一個全班人數大小的陣列，用迴圈讀入 n 筆成績資料，再透過 qsort 昇冪
排序，便完成題目的第一個輸出要求。要留意的是，題目要求顯示排序成績時，
每個分數用空白隔開，但最後一筆分數後面沒有空白。

假設成績儲存在 scores 陣列，共有 n
筆數據，先用一個迴圈顯示包含空白的
第一筆到倒數第 2 筆成績，最後再顯
示最後一筆成績：

```
for (i = 0; i < n − 1; i++)
  printf("%d ", scores[i]);  // 數字後面有一個空白
// 迴圈結束時，i 將是陣列的最後一個元素的索引值
// 最後一個成績後面無空白，緊跟著換行字元
printf("%d\n", scores[i]);
```

因為成績是由小到大昇冪排序，如果第一筆成績大於或等於 60，則代表全班
都及格，要顯示 "best case"：

從最高分往前搜尋最大不及格分數
（因為最高分也可能是不及格）

最低分都及格，所以全部及格。

否則透過迴圈，從最後一個元素往前找，找到的第一個不大於或等於 60 的數字，就是「最大不及格分數」。

若最後一筆成績分數小於 60，代表全班都不及格，要顯示 "worst case"：

最高分都不及格，所以全不及格。

從最低分往後搜尋最小及格分數

否則透過迴圈，從第一個元素往後找，找到的第一個不小於 60 的數字，就是「最小及格分數」。

解題範例程式：

依據上文的邏輯寫成的程式碼如下，編譯執行時用範例輸入值測試無誤。

```c
#include <stdio.h>
#include <stdlib.h>                    // 內含 qsort 函式

int cmp(const void* a, const void* b) {
  return (*(int*)a - *(int*)b); // 昇冪排序
}

int main() {
  int n, i;
  scanf("%d", &n);                  // 讀取學生人數

  int scores[n];                    // 宣告人數大小的成績陣列
  for (i = 0; i < n; i++) {
    scanf("%d", &scores[i]);       // 讀入成績
  }

  qsort(scores, n, sizeof(int), cmp);   // 快速排序
  // 顯示已排序的成績資料，從第一筆到倒數第 2 筆
```

```
for (i = 0; i < n - 1; i++) {
  printf("%d ", scores[i]);
}
// 最後一個成績後面無空白，緊跟著換行字元
printf("%d\n", scores[i]);

if (scores[0] >= 60) {          // 若第一筆成績及格
  printf("best case\n");        // 顯示 "best case"
} else {
  i = n - 1;                    // 從最後一筆往前找
  while (scores[i] >= 60)
    i--;
  printf("%d\n", scores[i]);    // 顯示最高不及格分數
}

if (scores[n - 1] < 60) {       // 若最後一個成績分數不及格…
  printf("worst case\n");       // 顯示 "worst case"
} else {
  i = 0;   // 從第一個元素往後找
  while (scores[i] < 60)
    i++;
  printf("%d\n", scores[i]);    // 顯示最低及格成績
}
}
```

APCS 實作題　線段覆蓋長度

105 年 3 月 APCS 實作題「線段覆蓋長度」，完整題目說明請參閱 ZeroJudge
網站：https://bit.ly/3P1p0UG。題目大意：給定一維座標上一些線段，求這些線
段所覆蓋的長度，注意，重疊的部分只能算一次。例如給定 4 個線段：(5, 6)、
(1, 2)、(4, 8)、(7, 9)，如下圖，線段覆蓋長度為 6：

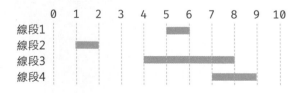

輸入說明	輸出說明
第一列是一個正整數 N，表示此測資有 N 個線段。 接著的 N 列每一列是一個線段的開始端點座標整數值 L 和結束端點座標整數值 R，開始端點座標值小於等於結束端點座標值，兩者之間以一個空格區隔。	輸出其總覆蓋的長度。

輸入範例 1	輸出範例 1
5	110
160 180	
150 200	
280 300	
300 330	
190 210	

輸入範例 2	輸出範例 2
1	0
120 120	

解題說明：

程式可先宣告一個儲存線段覆蓋範圍的一維陣列，元素數量等同最長覆蓋範圍，底下假設範圍介於 0~10，4 個線段的起訖點為：(5, 6)、(1, 2)、(4, 8)、(7, 9)。線段 1 和 2 分別覆蓋 5~6 和 1~2，覆蓋範圍的元素值設為 1：

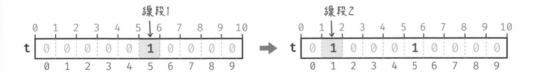

繼續填入線段 3 和 4 的覆蓋範圍的結果：

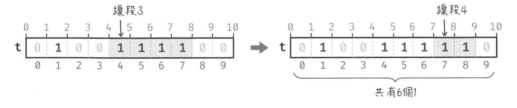

這個方法簡單可行，但若線段資料量龐大，覆蓋距離長 n，資料就要寫入 n 次，所以不是好辦法。

另一個辦法是先把每個線段起、迄點存入陣列,再依起點的大小排序。透過比較起點和終點的差,就能得知哪些線段有重疊,以及未重疊的範圍:

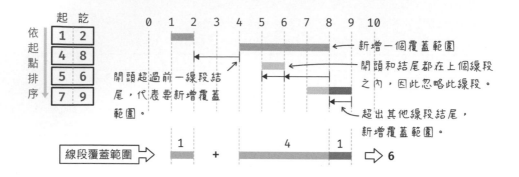

本單元程式將使用上面的辦法,每一筆線段資料採用自訂的結構體儲存。

計算覆蓋範圍:

每一個線段的長度,都可以透過「終點-起點」得知。如果下一個線段的起點大於上一個線段的終點,就要新增覆蓋範圍:

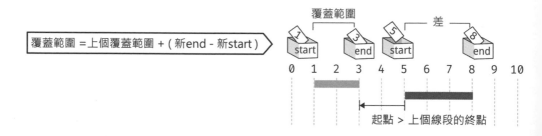

如果線段的起點和終點都小於或等於上一個線段的終點,則可忽略它:

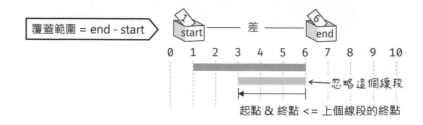

若發現底下的情況，則要延長覆蓋範圍：

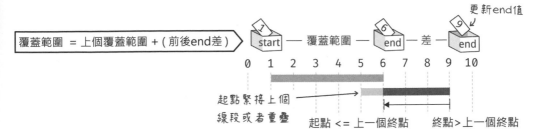

結構體資料排序：

底下是自訂的結構體 LINE，用於儲存線段的起點和終點整數值。

```
typedef struct _line {
  int s;  // 起點 (start)
  int e;  // 終點 (end)
} LINE;
```

主程式將依照輸入的線段數量 n 值，定義儲存線段的陣列 lines：

```
int n, start, end;   // 宣告儲存線段數量、起點和終點的變數
int count = 0;       // 統計線段的覆蓋範圍

scanf("%d", &n);     // 讀取線段數量
LINE lines[n];       // 宣告 n 大小的陣列
```

接著透過 for 迴圈執行 n 次，讀取並儲存輸入的線段端點值：

```
for ( int i = 0; i < n; i++ ) {
  scanf("%d %d", &( lines[i].s ), &( lines[i].e ));
}
```

分別寫入結構體的s和e成員

線段資料要經過排序才方便比較覆蓋部分。本程式採用 C 語言內建的 qsort 快速排序函式。這是 qsort 所需的自訂比較函式碼，比對內容是 LINE 結構體的 s (起點) 成員值：

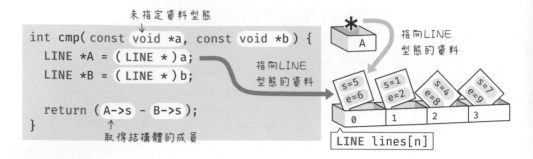

執行快速排序的敘述如下:

求取線段覆蓋長度的完整程式碼:

經過上文的分析寫成的程式碼如下:

```c
#include <stdio.h>
#include <stdlib.h>        // 內含 qsort 函式

typedef struct _line {
  int s;
  int e;
} LINE;

int cmp(const void *a, const void *b) {
  LINE *A = (LINE *)a;
  LINE *B = (LINE *)b;

  return (A->s - B->s);  // 昇冪排序
}

int main() {
  int n, start, end;
  int count = 0;

  scanf("%d", &n);
  LINE lines[n];              // 宣告 n 大小的陣列
  for (int i = 0; i < n; i++) {
```

```
      // 填入每個線段的起點和終點
      scanf("%d %d", &(lines[i].s), &(lines[i].e));
   }

   // 將區間的開始數值由小到大排序,
   qsort(lines, n, sizeof(LINE), cmp);
   for (int i = 0; i < n; i++) {
      start = lines[i].s;   // 起點值
      end = lines[i].e;     // 結尾值
      // 檢查 s 與 e 是否包含下一個區間的開始數值
      while ((i + 1 < n) && lines[i + 1].s < end) {
         if (lines[i + 1].e <= end)
            i++;                    // 包含下一個區間的全部,忽略此區間
         else {
            // 未包含下個區間的全部但有重疊,
            // 將 end 改成下個區間的結束值
            end = lines[i + 1].e;
            i++;
         }
      }
      count = count + end - start;  // 此區間的範圍數值個數
   }
   printf("%d\n", count);
}
```

APCS 實作題　基地台覆蓋問題

106 年 3 月 APCS 有個「基地台」實作題,完整的題目內容請參閱 ZeroJudge
網站:https://bit.ly/3HWK2Bj。題目大意:某電信公司要在一條筆直的大道有 N
個服務點,下圖顯示有 5 個服務點,分別位於 1, 2, 5, 7 和 8 的位置:

如果要架設 K 個基地台,每個基地台的服務範圍相同,請問基地台的最小直
徑是多少才能覆蓋每個服務點?假設 K=1,直徑為 8-1=7;若 k=2,則最小直徑
為 3,一個基地台覆蓋點 1 和 2,另一個覆蓋點 7, 8 和 9。

11-39

輸入說明	輸出說明
輸入有兩行。第一行是兩個正整數 N 與 K，以一個空白間格。第二行 N 個非負整數 P[0], P[1], ..., P[N-1] 表示 N 個服務點的位置，這些位置彼此之間以一個空白間格。請注意，這 N 個位置並不保證相異也未經過排序。本題中，K<N 且所有座標是整數，因此，所求最小直徑必然是不小於 1 的整數。	輸出最小直徑，不要有任何多餘的字或空白並以換行結尾。

輸入範例	輸出範例
範例一：	範例一：
5 2	3
5 1 2 8 7	範例二：
範例二：	7
5 1	
7 5 1 2 8	

解題說明：

這個題目相當於：用 K 段等長的最小線段，覆蓋直線上的所有指定點。最直白的辦法是從 1 開始，逐漸增加覆蓋範圍，像第一段長度 1 可以覆蓋點 1 和 2，所以第二段從點 5 開始；當覆蓋距離增加到 3，便能用兩條線段覆蓋所有點：

假如各點的距離很長或者點的數量很多，這個方法就顯得拖泥帶水了：

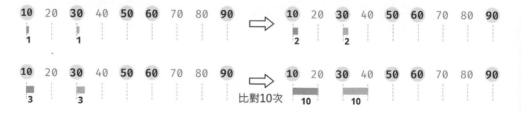

另一種解題想法：假如覆蓋線段只有一條，覆蓋線段的長度就是「最後一點的位置-初始點位置」，像下圖的線段長度為 7：

如果線段分成兩條，覆蓋這些點的個別線段最大長度為 3.5：

如果題目要求找出每段線的最小長度，我們可以這樣求得 1 和 3：

但題目的線段（覆蓋範圍）一致，所以每個線段等長。不過，我們尚未解決根本的問題：如何有效率地找出覆蓋範圍（線段長度）？

若先將各點的位置排序，就能仿照「二分排序法」，先嘗試讓各線段覆蓋「已知最大長度的一半」，如果正好可以覆蓋所有點，問題就解決了。若不足以覆蓋所有點，就把範圍再延伸剩餘距離的一半，直到足以覆蓋所有點為止。此外，題目有說覆蓋值是整數、最小值是 1，因此不會出現上文的 3.5；3.5 取整數後，會變成 3（範圍變小了），所以最大值要加上 1，變成 4：

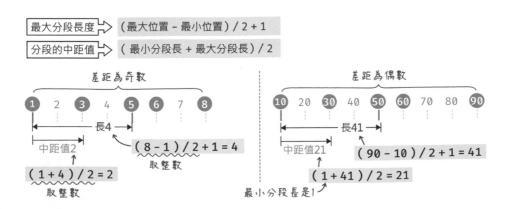

計算分段值的敘述若遇到線段長度為偶數的情況，max 值將會多 1，但從底下的分析可以看出，不影響最後的結果。底下範例有 5 個點，總長為 90-10=80，若要分成兩個線段，則每個線段的最大長度為 40+1，中距整數值為 21，所以第一個覆蓋範圍是 10+21=31：

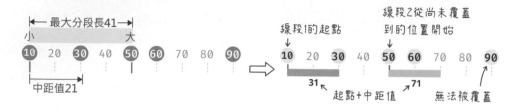

從右上圖可知，中距值 21 無法覆蓋所有點，但無法再新增線段，因為此題假設最多只能分兩個線段：

所以覆蓋範圍的中距值要再延伸至剩餘距離的一半…但依然無法覆蓋所有的點：

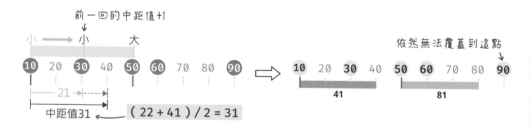

重複上面的步驟，再延長剩餘一半的距離看看：

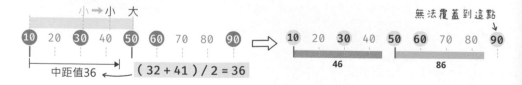

最後把中距值延伸到 40，才能覆蓋所有的點：

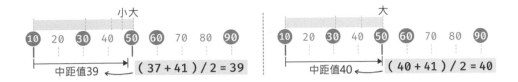

中距值39 ← (37 + 41) / 2 = 39

中距值40 ← (40 + 41) / 2 = 40

解題的程式碼：

把以上的分析寫成程式碼。首先宣告兩個全域變數，儲存使用者輸入的 N 和 K 值。題目提到輸入的點位置未經排序，所以本程式採用 C 內建的 qsort() 排序資料。

```
#include <stdio.h>
#include <stdlib.h>   // 內含 qsort 函式

int n, k;                // n：點的數量、k：線段的數量

int cmp(const void* a, const void* b) { // qsort 的比較函式
  return (*(int*)a - *(int*)b);          // 昇冪排序
}


/* 確認長度 d 能否覆蓋所有點
   參數 d：距離長度
   參數 loc[]：點的資料陣列
   傳回值：1 代表全部覆蓋、0 代表無法全部覆蓋。
*/
int search(int d, int loc[]) {
  // 處理程式
}

int main() {
  scanf("%d %d", &n, &k);
  int loc[n];  // 紀錄點的位置
  for (int i = 0; i < n; i++)
    scanf("%d", &loc[i]);

  qsort(loc, n, sizeof(int), cmp);   // 排序點的位置

  // 資料處理程式寫在這裡…
}
```

search() 函式負責查看輸入的線段長度，是否可以覆蓋所有的點。

```
int search(int d, int loc[]) {
  int range = 0, count = 0, i = 0;
  while (i < n) {              // 逐一取出每個點
    range = loc[i] + d;       // 計算覆蓋範圍
    count++;                  // 統計需要的線段數量

    if (count > k)            // 若所需線段數大於 k（預設數量）…
      return 0;               // 代表不符合條件，傳回 0

    // 如果（點的位置 <= 覆蓋範圍），代表可覆蓋所有的點
    if (loc[n - 1] <= range)
      return 1;   // 若可覆蓋所有點，且線段數量 <= 預設，傳回 1

    do {
      i++;                     // 換下一個點
    } while (loc[i] <= range); // 查看是否可覆蓋下一個點
  }
  return 1;
}
```

main() 函式裡面，處理資料的程式碼如下。請把這段程式碼加在 main() 函式中，qsort() 敘述後面。

```
int min = 1;    // 最小值從 1 開始
int max = (loc[n - 1] - loc[0]) / k + 1;   // 分段的最大值

while (min <= max) { // 只要範圍最小值沒有超過最大值…
  int middle = (min + max) / 2; // 求出中間值（二分搜尋法的概念）
  if (search(middle, loc)) {      // 看看這個中間值能否覆蓋所有點
    max = middle;        // 傳回 1 代表符合條件，最大值設成「中間值」
  } else {
    // 傳回 0 代表無法覆蓋，將最小值移向中間值的右側，
    // 以便下一次迴圈計算增加的覆蓋範圍
    min = middle + 1;
  }
  if (min == max)      // 若最大值等於最小值，則是解答
    break;             // 跳出迴圈
}

printf("%d\n", max);
```

編譯執行，輸入範例的測試資料，結果符合預期。

12

動態配置記憶體與
鏈接串列資料結構

夏天到了，妳床上的被子該收起來了，又熱又占空間。

 夏天的被子不是用來蓋的，是用來抱的。

 嗯，也是用來踢的…忽然想到，我們來學習動態利用記憶體空間的程式設計技巧吧！

12-1 動態配置記憶體

一般的變數宣告，以全域變數為例，它將在執行期間持續佔有固定的記憶體空間，例如 int 型態的變數，固定佔有 4 位元組大小的空間；宣告陣列時也要設定預留的空間數量，這種在程式執行之前就設定好所需的記憶體大小，稱為**靜態配置記憶體**：

```
int num;   // 請系統配置「整數」大小的空間
int *pt;   // 指向整數型態空間
pt = &num;
```
儲存num的位址

```
                          0x10A ?
                          0x109
                          0x108
                   pt     0x107
          0x106 ●─────→   0x106  ← num
                          0x105 ?
紀錄起始位址
```

很多時候，我們無法確定應該配置多大的記憶體空間，以網頁瀏覽器為例，它需要記憶體暫存載入的網頁，但網頁的大小並不固定。這時就需要讓程式在執行階段，視情況向作業系統要求所需的記憶體大小。當不再需要時（如：關閉網頁），該記憶體空間可以釋放（free）出來，還給作業系統，這種方式屬於**動態配置記憶體**。

這些是動態配置記憶體的相關函式，它們都位於 **stdlib.h 標準函式庫**：

● **malloc()**：代表 "memory allocation"（記憶體配置），在主記憶體中保留指定位元組數量的空間。

● **calloc()**：代表 "contiguous allocation"（連續配置），在主記憶體中保留指定位元組數量的空間，並且將它們的值都設成 0。

● **realloc()**：代表 "re-allocation"（重新分配），用於調整動態記憶體空間。

● **free()**：釋放記憶體空間。

malloc() 函式的原型（也就是語法定義）如下，函式傳回值的 void* 型態，代表所配置的記憶體沒有限定資料型態：

傳回「指向任意型態的記憶體位址」　　　　　　　要求配置的位元組大小

```
void* malloc( size_t size );
```

底下敘述要求作業系統配置一個整數型態大小的記憶體空間；**動態配置的記憶體空間沒有名字，一律透過位址存取。**

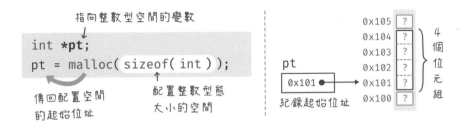

指向整數型空間的變數

```
int *pt;
pt = malloc( sizeof( int ));
```

傳回配置空間　　　配置整數型態
的起始位址　　　　大小的空間

pt

`0x101`

紀錄起始位址

0x105	?
0x104	?
0x103	?
0x102	?
0x101	?
0x100	?

4 個位元組

malloc() 函式呼叫敘述前面通常會加上型態轉換：

明確指出用於儲存「整數」型資料

```
int *pt = ( int * )malloc( sizeof( int ) * 40 );
```

要求配置40個整數型大小的空間

要求配置空間的大小可直接填入數字，但不建議，因為不同型態在不同作業系統佔用的大小可能不同：

```
char *addr = ( char * )malloc(40);   // 配置可儲存40個字元的空間
```
指向字元型態　　　　　要求配置40位元組

calloc() 也用於配置記憶體空間，但 malloc() 所配置的記憶體空間是維持未初始化狀態，也就是未定值，而 calloc() 會將記憶體空間初始化為 0。calloc() 函式的原型如下：

執行 calloc() 配置 4 個整數型態空間並初始化為 0 的敘述：

程式執行完畢或不再需要動態配置的記憶體空間時，須執行 **free()** 交還給系統，範例程式如下：

```
#include <stdio.h>
#include <stdlib.h>        // 內含配置記憶體的函式

int main() {
  int *pt = malloc(sizeof(int));
  *pt = 345;               // 在動態配置的空間中存入資料
  printf("動態配置空間的儲存值：%d\n", *pt);  // 顯示資料值
  free(pt);                // 釋放記憶體空間
  printf("空間釋放之後：%d\n", *pt);  // 嘗試讀取已釋放的空間
}
```

編譯執行結果顯示，若嘗試讀取已釋放的空間，將得到沒有意義的值。

```
動態配置空間的儲存值：345
空間釋放之後：-1295901192
```

動態配置連續記憶體空間

若配置記憶體空間時出現問題，例如，要求的記憶體大小超過可用的空間，malloc() 或 calloc() 函式將傳回 NULL。因此，要求配置記憶體之後，最好確認配置空間沒問題。

```
// 配置 1000 個整數型態空間
int *pt = (int*)malloc(sizeof(int) * 1000);
if (pt == NULL) {
    // 處理記憶體分配出錯的敘述
    // 例如，結束程式或縮減要求的記憶體大小，再試一次
}
```

底下程式示範動態配置 4 個整數型態空間，並如同陣列一般存取 4 個值。

```
#include <stdio.h>
#include <stdlib.h>    // 內含配置記憶體的函式
#define SIZE 4          // 配置的空間數量

int main(){
  int i, *pt, *start;

  pt = (int*)malloc(sizeof(int) * SIZE);
  if (pt == NULL) {
    printf("malloc 分配記憶體錯誤～\n");
    return 1;           // 中止主程式
  }

  start = pt;           // 紀錄配置空間的起始位址
  for (i = 0; i < SIZE; i++) {
    pt[i] = i * 5;
  }

  for (i = 0; i < SIZE; i++) {
    printf("元素[%d]:%d\n", i, *pt);

    pt++;               // 指標移到下一個整數型態空間
  }

  free(start);          // 釋放配置的空間（起始位址）
}
```

編譯執行結果：

```
元素[0]:0
元素[1]:5
元素[2]:10
元素[3]:15
```

使用 memset 設定記憶體內容

string.h 內含設定記憶體內容的 memset（代表 memory set，記憶體設定）函式，函式原型如下：

代表接受指向任意型態記憶體空間的指標

```
void *memset( void *str, int c, size_t n );
```

要填入記憶體的數值　　　填入數量（單位是位元組）

這個例子宣告了一個字元型態的陣列，然後透過 memset() 從它的第 4 個元素開始，寫入 3 個 '-' 字元，編譯執行結果顯示 "swf.---.tw"。

```c
#include <stdio.h>
#include <string.h>        // 內含 memset() 函式

int main() {
  char txt[] = "swf.com.tw";
  memset(txt+4, '-', 3*sizeof(char));  // 設定記憶體內容
  printf("%s", txt);
}
```

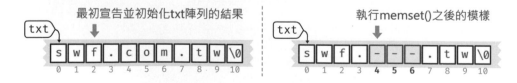

最初宣告並初始化txt陣列的結果　　　執行memset()之後的模樣

這個例子把 malloc() 動態配置的 3 個整數型態空間設定成 0：

```c
#include <stdio.h>
#include <stdlib.h>        // 內含 malloc() 宣告
#include <string.h>        // 內含 memset() 宣告

void printArray(int arr[], int size) {
  for (int i=0; i<size; i++)
    printf("%d ", arr[i]);
}

int main() {
  int n = 3;
  // 此行可改寫成：int arr[n];
  int *arr = (int*)malloc(n*sizeof(int));
  // 從 arr 位址填入 0，共 n 個整數大小
  memset(arr, 0, n*sizeof(int));
  printArray(arr, n);       // 輸出 arr 空間的內容
}
```

編譯輸出結果如下：

請注意，雖然 memset() 的第 2 個參數是整數型態，但實際設定記憶體內容時，它是每次寫入一個位元組，以上面的例子來說，一個整數空間佔 4 個位元組，因此 memset() 實際上寫入 4 個 0。當然，寫入 4 個 0 的結果仍舊是 0。

但如果填入值不是 0（如：5），其結果就跟預期相左：

memset(arr, **5**, n ∗ sizeof(int));　　← 實際上填入0x050505
　　　　↑
　每個元素空間填入5

　　　　　　　　　　　　　　│05│05│05│05│05│05│05│05│05│05│05│05│
　　　　　　　　　　　　　　　　　　↓
　　　　　　　　　　　　　84215045　← 10進位值

因為電腦採用 2 的補數來表示負數，-1 整數的 2 進位值是 0b11111111，所以填入 -1 等於把每個位元組值都設成 1：

```
memset( arr, -1, n * sizeof( int ));
```

FF FF FF FF FF FF FF FF FF FF FF FF

0b1111 1111

動態配置記憶體空間的 calloc()，等同執行 malloc() 加上 memset()，把配置內容都初始化為 0。理論上，calloc() 花費的執行時間比 malloc() 長，但實際測試並非如此，兩者的執行時間大都幾乎相同。根據 Nathaniel J. Smith 先生的 "Why does calloc exist?" 貼文（https://bit.ly/3SFjpVA）指出，基於安全考量、避免其它應用程式的資料外洩，當今的作業系統在把閒置記憶體空間劃分給程式使用之前，都會先清零，所以 calloc() 沒有必要自行設置 0，相當於只執行 malloc()，也因此兩者的執行時間差不多。

認識堆疊（stack）和堆積（heap）記憶體區域

電腦的主記憶體，依照用途大致被作業系統分成四大區塊：

● **程式（code）**：存放執行中的程式碼

● **靜態（static）**：存放全域變數以及用 static 宣告的變數，其內容可被所有程式碼存取。

● **堆疊（stack）**：存放執行中的函式結束後要返回的位址與區域變數，當函式執行完畢，這些內容將自動從堆疊區移除。

● **堆積（heap）**：存放動態建立的變數；malloc() 建立的變數都存在這裡。

右圖是主記憶體分區的示意圖；除了堆積區，每個空間大小都是固定的（由程式編譯器或電腦系統決定）；以個人電腦來說，主記憶體越大，堆積區就越大（主記憶體不足時，現代作業系統會把硬碟空間當成記憶體來用）：

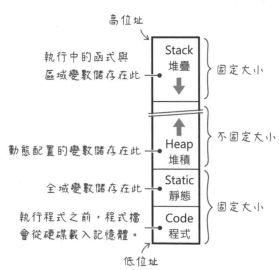

當函式被呼叫執行時，其返回位址與區域變數都會被系統自動存入堆疊區；當函式執行完畢，它們也將被自動清除。存入堆疊的資料會依序從最高位址往低位址存放。

動態建立的變數都存在堆積區，程式必須自行刪除不再使用的空間，否則這些變數會持續佔用記憶體空間而造成**記憶體流失**（memory leak）現象，也就是系統可配置的記憶體空間變少，導致效能低落甚至當機。

某些程式語言（如：Python 和 JavaScript）具備自動**記憶體管理**（Memory Management）和**垃圾回收**（Garbage Collection，簡稱 GC）功能，會自動回收內容為 NULL 的記憶體空間，但這些機制也是背後有程式不停地偵測記憶體使用狀況，因此多少都需要付出一點時間代價。

變更動態記憶體空間

如果動態分配的記憶體大小不足或超出需求，可呼叫 realloc() 函式調整先前分配的空間大小。realloc() 函式的原型：

傳回配置空間的起始位址，　　　　　　要調整大小的記憶體位址　　　　新的大小，若設為0則代表
若配置失敗則傳回NULL。　　　　　　　　　　　　　　　　　　　　　清除配置，並傳回NULL。

```
void* *realloc( void *pt, size_t size );
```

底下敘述先要求 8 個位元組（字元）大小的動態記憶體空間，接著要求調成 12 位元組大小。

```
char *url = (char *) malloc(8);    // 要求 8 位元組
     : 略
url = (char *) realloc(url, 12);   // 要求調成 12 位元組
```

完整的範例程式如下，編譯執行後顯示 "網域：swf.com.tw"。

```
#include <stdio.h>
#include <stdlib.h>          // 內含配置記憶體的函式
#include <string.h>          // 內含處理字串的函式
```

```
int main () {
  char *url = (char *) malloc(8);
  strcpy(url, "swf.com");          // 複製 "swf.com" 到 url 空間

  url = (char *) realloc(url, 12);
  strcat(url, ".tw");              // 附加 ".tw" 到 url 空間
  printf("網域:%s\n", url);
  free(url);
}
```

程式最初要求 8 位元組空間，起始位址存入 url 變數：

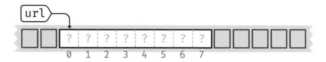

透過 strcpy() 函式複製 (copy) 字串到 url 指向的位置：

然後要求調整 url 指向的空間大小，調大空間之後，原有內容將原封不動地保留：

最後執行 strcat()，在 url 指向的字串後面**連接（concatenate）**新字串：

 你不覺得 realloc() 傳回調整之後的起始位址是多餘的嗎？調整之後的空間位址，不就是我傳給它的那個 url 變數值嗎？

 好問題！假設程式先前要求配置 a, b 兩個空間，電腦系統可能會把它們安排在鄰近的位置，像這樣：

如果程式要求調大 a 指向的空間變成 6 位元組。這個空間必須是連續的,但 a 的後面並沒有足夠的空間,所以系統會另尋一個區域並傳回它的起始位址:

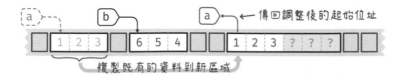

 原來如此啊!

透過動態配置記憶體與雙重指標模擬二維陣列操作

知道如何建立動態配置的一維陣列之後,再來看看動態配置二維陣列的辦法。指標變數用於紀錄某個記憶體位址,若再有另一個指標變數指向指標,則構成**指標的指標**,或者**雙重指標**,變數名稱前面有兩個*號:

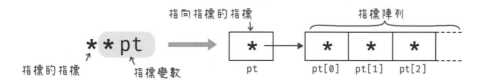

pt 相當於指向二維陣列的垂直列**的指標:

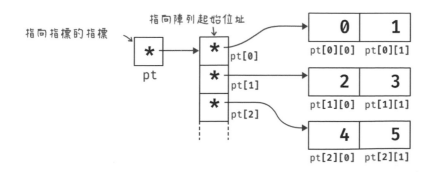

底下就嘗試動態建立一個如上圖結構的動態記憶體空間。首先宣告一個指向整數型態的空白雙重指標：

```
int **pt;
```

執行 malloc 配置 3 個整數型態指標的記憶體空間，再指派給 pt 變數：

```
pt = malloc(sizeof( int* ) * 3);
```

或者，明確指出資料型態。

```
pt = ( int** )malloc( sizeof( int* ) * 3 );
```

指向整數型態的指標

然後透過迴圈執行 malloc，替每一列新增兩個整數型態空間的配置，這樣就完成指向二維陣列的雙重指標：

```
for( int i = 0; i < 3; i++ ) {
  pt[i] = ( int* )malloc( sizeof( int ) * 2 );
}
```

可省略

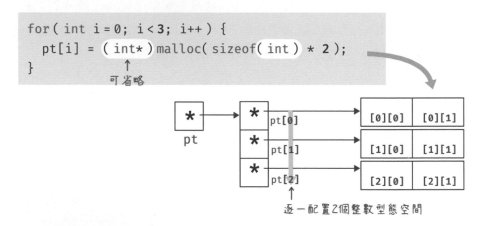

逐一配置 2 個整數型態空間

上面的程式分兩階段配置記憶體，釋放空間時也要分兩階段完成。首先釋放最末端的配置空間：

```
for( int i = 0; i < 3; i++ ){
    free( pt[i] );
}
```

最後釋放雙重指標指向的配置空間：

```
free( pt[i] );
```

pt

底下程式碼將宣告一個雙重指標，指向動態配置的 3×2 二維陣列、存入數字
0~5、顯示每個元素值、最後釋放全部的配置記憶體空間。

```
#include <stdio.h>
#include <stdlib.h>   // 內含 malloc 函式

#define COL 2  // 水平行的大小
#define ROW 3  // 垂直列的大小

int main(){
  int i, j;
  int **pt;     // 宣告雙重指標

  // 配置 3 列指向整數的記憶體空間
  pt = (int**)malloc(sizeof(int*) * ROW);

  for(i=0; i < ROW; i++){
    // 配置 2 行整數記憶體空間並指向它
    pt[i] = (int*)malloc(sizeof(int) * COL);
  }

  for(i=0; i < ROW; i++){   // 設置元素值
    for(j=0; j < COL; j++){
      pt[i][j] = i * COL + j;
    }
  }

  for(i=0; i < ROW; i++){   // 顯示元素值
    for(j=0; j < COL; j++){
      printf("%d, ", pt[i][j]);
    }
    printf("\n");
  }

  for(i=0; i < ROW; i++){   // 釋放水平行指向的記憶體
    free(pt[i]);
  }
  free(pt);                 // 釋放雙重指標指向的記憶體
}
```

編譯執行結果：

```
0, 1,
2, 3,
4, 5,
```

12-2 函式中的雙重指標參數

雙重指標不只用在存取「二維陣列」元素，也常見於函式參數。「指標的指標」
其實就是存放另一個指標的所在位址，感覺有點拗口，看看底下的例子就很容
易明白：

```c
#include <stdio.h>

int main() {
  int n = 18;
  int *pt = &n;          // pt 指向 n；pt 存放 n 的位址
  int **dpt = &pt;       // dpt 指向 pt；dpt 存放 pt 的位址

  printf("%d\n", **dpt); // 取出 dpt 指向內容所指向的值
}
```

**dpt 等同 *(*dpt)，也等同 *(pt)，下圖展示在電腦記憶體中存放 3 個變數的
示意圖（圖中的位址是虛構值），從中可看出 dpt 存放了 dp 所在的位址：

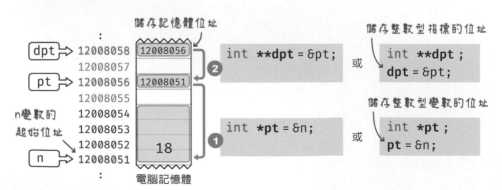

程式中的 dpt 透過 pt 間接取得變數 n 的值，因為 pt 存放了整數型態資料的
位址，所以 dpt 的型態也是 int：

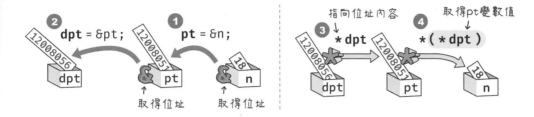

底下是用雙重指標當作函式參數的例子，主程式最後一行的 msg(&txt) 呼叫敘
述，txt 把自己的位址傳給 msg，而 txt 本身紀錄了字串的起始位址，所以 msg
函式的 dpt 參數是雙重指標：

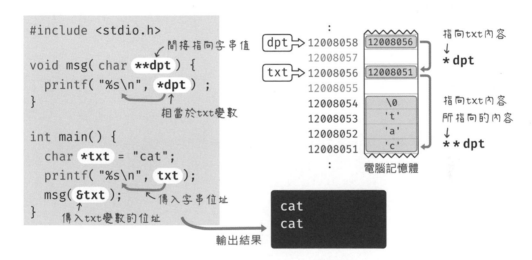

但如果只是要把陣列傳給函式，用單一指標即可，像底下的程式片段，msg()
函式也能取得 txt 字串值：

```c
void msg(char *pt) {      // 接收參數指向的內容
  printf("%s\n", pt) ;   // 顯示 "cat"
}

int main() {
  char *txt = "cat";
  msg(txt);                 // 傳遞 txt 指向的內容給 msg 函式
}
```

在函式中使用雙重指標的目的是為了改變參數指向的內容。底下的例子把原本 txt 指向的 "cat" 改成 "dog"：

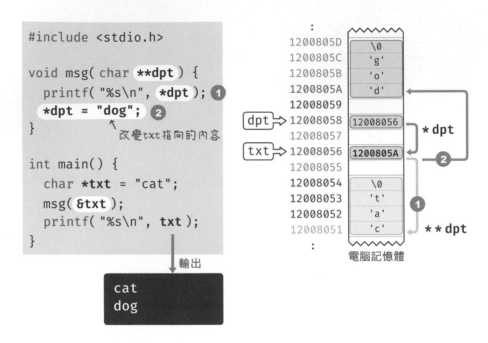

```c
#include <stdio.h>

void msg( char **dpt ) {
  printf( "%s\n", *dpt ); ①
  *dpt = "dog"; ②
}
          改變txt指向的內容

int main() {
  char *txt = "cat";
  msg( &txt );
  printf( "%s\n", txt );
}
```

輸出

```
cat
dog
```

下文使用的字串轉數字函式 strtol()，其中一個參數也是雙重指標。

字串值轉換成數字

 第 8 章提到的 main() 函式的參數型態是字串，那如果要製作一個像底下這樣，計算參數值加總的程式，該怎麼辦？

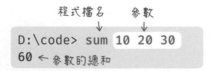

程式檔名　　參數

```
D:\code> sum 10 20 30
60 ← 參數的總和
```

 C 語言具有把字串轉換成整數或浮點數字的函式，先透過**字串轉數字函式**，把命令行參數（字串）轉成數字再計算加總。

字串轉整數或浮點數字的函式,都宣告在 stdlib.h 函式庫,底下列舉一部分:

strtol()	代表 string to long int (字串轉長整數)
strtoul()	代表 string to unsigned long int (字串轉無號長整數)
strtof()	代表 string to float (字串轉浮點數)
strtod()	代表 string to double (字串轉雙倍精度浮點數)

也可以使用 C99 版本之前定義的下列函式,但不建議 (稍後說明),它們被保留下來是為了維持舊程式碼的相容性。

atoi()	把字串 (字元陣列) 轉成 10 進位整數 (int 型態)
atof()	把字串轉成雙倍精度浮點數 (double 型態)

strtol() 函式原型 (語法定義) 如下,它將把輸入字串轉成指定進制的數字:

代表此函式不會變更字串內容
↓
```
long int strtol( const char *str, char **endptr, int base );
```
傳回長整數型態　　　　　　　　輸入字串　　指向最後一個數字　數字的進位
　　　　　　　　　　　　　　　　　　　　　　　的下一個字元

轉換字串成浮點數字的 strtof() 函式原型如下,比起轉換整數少了一個「進位」參數,其餘都一樣,所以下文僅示範轉換整數。

```
float strtof (const char* str, char **endptr);
```

假設程式宣告了一個 txt 字元陣列,存入包含數字的字串值:

```
char str[] = "165cm";
char *pt;
```

⟶ str ⟩ '1' '6' '5' 'c' 'm' \0
　　　　　 0　 1　 2　 3　 4　 5

透過 strtol() 函式把 txt 字串轉換成整數的敘述如下,字串的開頭必須是數字或 +, – 字元,否則無法被轉換成正確的數字值。轉換過程中,遇到非數字值即停止,pt 變數將記錄數字後面的字元位址:

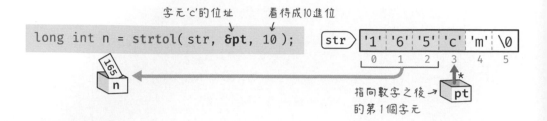

底下是完整的程式碼:

```c
#include <stdio.h>
#include <stdlib.h>     // 內含 strtol() 宣告

int main() {
   char *pt, *txt = "165cm";
   long n = strtol(txt, &pt, 0);
   printf("%ld\n", n);   // 顯示轉換成數字的值
   printf("%s\n", pt);   // 顯示數字後面的字串
}
```

從編譯執行結果可看出 pt 變數指向數字之後的字串:

```
165
cm
```

strtol() 的第三個參數可設定介於 2~36 的「進位」,下圖左指定用 16 進位解讀字串數字,16 進位包含 A~F (大小寫無關) 字元,因此 "165C" 將被解讀成 5724 (10 進位):

```c
char str[] = "165cm";
strtol( str, &pt, 16 );
```
↑ 把 "165c" 看待成16進位數字

```
5724
m
```

```c
char str[] = "0x165cm";
strtol( str, &pt, 10 );
```

```
0
x165cm
```

第三個參數若設成 0，代表讓 strtol() 函式自動判斷數字格式，例如，0x 開頭的數字代表 16 進位，0 開頭的數字代表 8 進位：

如果不需要紀錄數字後面的字串，strtol() 函式的第 2 個參數請設成 NULL：

```
long int n = strtol( str, NULL, 10 );
```
不在乎數字後面的字元

綜合以上說明，計算命令行參數值總和的完整程式碼如下：

```
#include <stdio.h>
#include <stdlib.h>            // 內含 strtol() 函式宣告

int main(int argc, char *argv[]) {
  long int sum = 0;

  if(argc>1) {                 // 確認參數是否超過一個…
    for(int i=1;i<argc;i++) {  // 從參數[1]開始加總
      long n = strtol(argv[i], NULL, 10);
      sum += n;
    }
  }
  printf("總和:%ld\n", sum);
}
```

編譯執行結果：

先輸入一些用空格
分開的數字參數

最後說一下，不建議使用另一個轉換整數的 atoi() 函式，因為它不具備轉換進位的功能，而且無法判別字串值是否包含非數字；若輸入的字串不含數字，它將傳回數字 0：

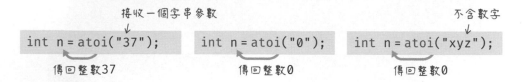

若是用 strtol() 轉換，可從 pt 指標的目標值判斷字串是否包含非數字字元。例如，若 pt 指向字串結尾的 '\0'，代表字串內容都是數字：

底下是個判斷字串是否包含非數字值的程式片段，它將顯示 "字串包含非數字"。

```c
int main() {
  char *pt, *txt = "$37";
  long n;

  n = strtol(txt, &pt, 10);
  if (*pt != '\0') {    // 判斷 pt 指向的值
    printf("字串包含非數字 \n");
    return -1;
  }
  printf("數字值 :%ld\n", n);
}
```

12-3 鏈結串列資料結構

前面章節介紹了能儲存多個相關數據的「陣列」資料結構,其元素緊接排列在連續空間,可透過索引直接存取。從陣列後面新增或刪除資料很簡單,但若要從前面或中間新增或刪除資料,就麻煩了:

另有一種儲存多筆數據、廣泛使用的**鏈結串列**(linked list,簡稱**串列**)資料結構。串列的一個資料元素叫做**節點**(node),節點透過指標串接在一起:

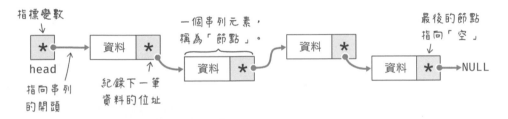

刪除或新增串列節點,只要改變節點的串連位址:

陣列和串列各有優缺點,若用「列車」來比喻,串列相當於只有一個出入口的列車,由於**每個節點只知道下一個鄰接節點的位址**,要存取第 n 個節點,都要從頭詢問:「下一個節點在哪?」,所以鏈結串列屬於**循序存取**型結構:

陣列則像是遊樂園裡的觀光列車，開放式座位，可以隨意進出。陣列元素存在連續的記憶體空間，個別元素的位址很容易推算出來，所以陣列屬於**隨機存取型**結構：

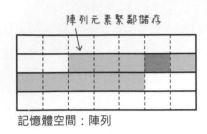

記憶體空間：陣列

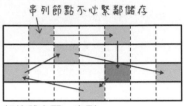

記憶體空間：串列

如果讓串列的最後一個節點指向第一個節點，就構成**環狀串列**：

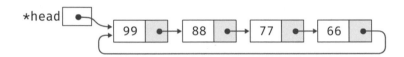

替每個節點新增一個指向前一個節點的指標，則構成**雙向鏈結串列**，可提升存取資料的靈活性：

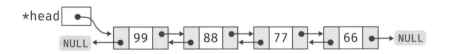

陣列和串列結構各有優劣，右表列舉各種操作所需時間的比較。

表 12-1

	存取	新增	刪除	插入
陣列	O(1)	O(n)	O(n)	O(n)
串列	O(n)	O(1)	O(1)	O(1)

使用結構體建立串列節點

串列透過追蹤「指標」來存取各個節點的「資料」，也因此一個節點至少包含兩個部分：資料和指標。串列節點使用 struct 結構體宣告，假設一個節點可儲存一個整數資料，基本的節點宣告如下：

自訂的結構體名稱

```
typedef struct node_t {
    int data;              // 資料
    struct node_t *next;   // 指向下個節點的指標
} NODE;
```

資料 →

指標 →

自訂的型態名稱

指向下一個相同結構體資料，
所以型態是 struct node_t。

結構體內部有成員指向同一種結構體型態，稱為**自我參照結構體**（Self Referential Struct）。節點的資料並不限於單一值，例如，假設要紀錄學員的學號和姓名，可以像這樣宣告節點結構體：

```
struct NODE {
    int  id;              // 學號
    char name[50];        // 姓名
    struct NODE *next;    // 下個節點的指標
};
```

資料 →

指標 →

採用這個結構體定義一個節點的範例程式碼：

```c
#include <stdio.h>

typedef struct node_t {
  int data;
  struct node_t * next;
} NODE;          // 自訂「節點」資料型態

int main() {
  NODE *head;  // 宣告一個指向串列開頭的指標變數
  NODE node0;  // 宣告一個節點

  node0.data = 168;
  node0.next = NULL;
  head = &node0;

  printf("節點資料:%d\n", head->data);
}
```

上面的程式片段宣告了 head 變數、指向配置給 **node_t 結構體**的記憶體空間：

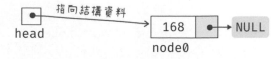

使用 malloc 函式動態配置單一節點的串列

底下程式片段透過 malloc 函式動態配置一個串列節點所需的記憶體大小，然後設定節點資料：

完整的程式碼如下，編譯執行結果顯示 "節點資料：168"。

```c
#include <stdio.h>
#include <stdlib.h>    // 內含 malloc 函式

typedef struct node_t {
  int data;
  struct node_t *next;
} NODE;                // 自訂「節點」結構體型態名稱

int main() {
  // 動態建立一個串列節點
  NODE *node0=(NODE *)malloc(sizeof(NODE));
  node0->data=168;     // 設定節點資料
  node0->next=NULL;    // 代表沒有下一個節點
  printf("節點資料:%d\n", node0->data);
}
```

串接動態配置的串列節點

依據同樣的邏輯,我們可以建立串接 3 個節點的串列,紀錄整個串列起始位址的指標命名為 head (代表「起頭」),後面的資料節點其實沒有名字,下圖裡的 node0, node1 和 node2 僅僅是為了區別它們而加上的標示:

動態建立兩個串列節點的程式片段如下:

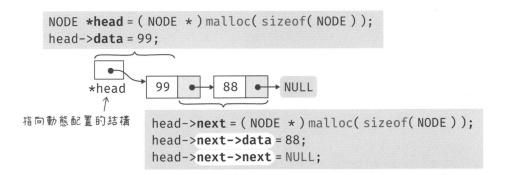

底下是動態建立三個串列節點的 main() 函式,為了簡化程式碼,此處紀錄串列開頭的 head 變數採用全域變數,下文再剖析原因。

```c
#include <stdio.h>
#include <stdlib.h>

typedef struct node_t {
  int data;               // 整數型態資料
  struct node_t * next;   // 下個節點的指標
} NODE;                    // 自訂型態名稱為 NODE

NODE *head=NULL;           // 定義指向串列開頭的全域變數,指向「無」

int main() {
  // 建立第一個節點,讓 head 指向它
  head = (NODE *)malloc(sizeof(NODE));
  head->data = 99;
```

```
    head->next = (NODE *)malloc(sizeof(NODE)); // 串接下一個節點
    head->next->data = 88;
    // 串接下一個節點
    head->next->next = (NODE *)malloc(sizeof(NODE));
    head->next->next->data = 77;
    head->next->next->next = NULL;

    printf("節點 0 資料:%d\n", head->data);
    printf("節點 1 資料:%d\n", head->next->data);
    printf("節點 2 資料:%d\n", head->next->next->data);
}
```

編譯執行結果顯示：

```
節點 0 資料:99
節點 1 資料:88
節點 2 資料:77
```

巡覽整個串列節點的自訂函式

上一節程式透過連續跟隨 next 指標，巡覽整個串列，逐一取出接續節點的資料。很顯然地，此一連續行為可以用迴圈程式完成。筆者把列舉串列的全部節點的程式寫成 printNode 函式：

```
void printNode() {
  int count = 0;          // 紀錄節點的編號和數量
  NODE *pt;               // 指向串列結構型態的指標

  if (head == NULL) {
    printf("這是空串列～");
  }

  pt = head;              // 複製串列開頭節點的起始位置
  while (pt != NULL) {    // 持續執行到 pt 指向「空」為止…
    printf("節點%d 的資料:%d\n", count, pt->data);
    count ++;
    pt = pt->next;        // 複製下一個節點的起始位置
```

```
    }

    printf("\n 總共%d 個節點。\n", count);
}
```

刪除上一節 main() 函式裡面，顯示節點資料的這三行敘述：

```
printf("節點 0 資料:%d\n", head->data);
printf("節點 1 資料:%d\n", head->next->data);
printf("節點 2 資料:%d\n", head->next->next->data);
```

改成呼叫 printNode() 函式：

```
void printNode() {   // 顯示串列的全部資料
  :略
}

int main() {
  :略
  printNode();
}
```

編譯執行結果：

```
節點 0 的資料:99
節點 1 的資料:88
節點 2 的資料:77
總共 3 個節點。
```

在串列開頭新增節點

假設串列目前有一個節點：

在它前面新增一個節點的步驟如下：

1 新增一個指標（此處命名為 pt），將它指向新配置的節點空間。

2 在新配置的節點存入資料（假設為 88），然後複製 head 指向的位址給新
節點的 next 成員：

3 把 pt 指標指向的位址複製給 head，如此，head 就指向了新的節點。

筆者把上面的運作邏輯寫成 addNode 函式，紀錄串列開頭的 head 仍舊是
全域變數：

```
void addNode( int val ) {
    NODE *pt = (NODE *) malloc(sizeof(NODE));   ①  新增指標，
    pt->data = val;                                  指向新建節點。
    pt->next = head;   ②  新建節點的「下一個」指向串列開頭
    head = pt;   ③  複製新建節點的位址
}     ↑
      全域變數
```

無傳回值　　　　　　資料值

透過它新增節點的範例程式碼如下：

```
#include <stdio.h>
#include <stdlib.h> // 內含 malloc 函式

typedef struct node_t {
  int data;          // 整數型態資料
  struct node_t * next; // 下個節點的指標
} NODE;              // 自訂型態名稱為 NODE
```

```
NODE *head=NULL;      // 定義指向串列開頭的全域變數，指向「無」

void addNode(int val) {
  NODE *pt = (NODE *) malloc(sizeof(NODE));
  pt->data = val;
  pt->next = head;
  head = pt;
}

void printNode( ) {
  : 略
}

int main() {
  addNode(77);   // 新增一個節點
  addNode(88);   // 新增第二個節點
  addNode(99);   // 新增第三個節點

  printNode();
}
```

編譯執行結果：

```
節點 0 的資料：99
節點 1 的資料：88
節點 2 的資料：77
總共 3 個節點。
```

12-4 使用區域變數指向串列的開頭

上文提到「紀錄串列開頭的 head 變數採用全域變數」，但其實採用區域變數
也行，只是程式會變得複雜，本單元將示範並説明原因。首先把 head（串列開
頭）變數設成 main() 函式的區域變數：

```
int main() {
  NODE *head=NULL;                // 定義串列的「頭部」，指向「無」
   : 略
  printNode(head);
}
```

addNode() 函式也要改成接收 head（起頭）值，不過由於它會更新 head 值，若改成傳送 head 變數的位址給它，就能直接更新它的內容：

main 函式的程式敘述改成底下這樣：

```
int main() {
  NODE *head=NULL;        // 定義串列的「頭部」，指向「無」

  addNode(&head, 77);   // 從頭部新增一個節點
  addNode(&head, 88);
  addNode(&head, 99);

  printNode(head);
}
```

編譯執行結果：

```
節點 0 的資料：99
節點 1 的資料：88
節點 2 的資料：77
總共 3 個節點。
```

以上對串列的操作函式，像是新增節點或者列舉節點內容，都必須傳入起頭指標（head），原本採用全域變數的程式顯然比較簡潔易懂，所以底下單元程式都將使用全域變數版本的寫法。

12-5 在串列的結尾新增節點

假設鏈接串列的內容如右：

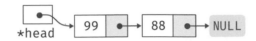

在它的結尾新增節點的步驟：

1 定義一個 NODE 型態指標（此處命名為 temp），指向新配置的節點：

2 定義另一個 NODE 型態指標（此處命名為 pt），指向串列的開頭：

3 沿著節點的 next，不停地移動 pt 指標，直到抵達末端節點：

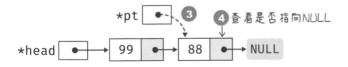

4 最後把原先末端節點的 next 值改成 temp 指向的新節點：

筆者把上述的處理流程寫成 appendNode 函式：

```c
static NODE *head=NULL;        // head 是全域變數

void appendNode(int val) {   // 接收一個「節點資料」參數
  NODE *pt, *temp;
  temp = (NODE *)malloc(sizeof(NODE));
  temp->data = val;
  temp->next = NULL;

  if (head == NULL) {          // 如果鏈接串列是空的…
    head = temp;               // 令頭部指向新增的節點
    return;                    // 結束函式
  }

  pt = head;                   // 紀錄串列的開頭
  while(pt->next != NULL) {   // 一直巡覽到末端的節點…
    pt = pt->next;
  }
  pt->next = temp;             // 末端節點指向新增的節點
}
```

呼叫 appendNode 函式新增兩個節點的範例程式碼：

```c
int main() {
  appendNode(55);              // 在串列末端新增節點
  appendNode(66);
  printNode( );                // 列舉所有節點
}
```

編譯執行結果：

```
節點 0 的資料：55
節點 1 的資料：66


總共 2 個節點。
```

12-6 搜尋鏈接串列的內容

本單元的範例使用鏈接串列紀錄班級成績，每個節點包含學號、姓名和成績三個欄位。編寫一個從開頭新增節點的 addNode 函式，以及使用人名查詢成績的 search 函式：

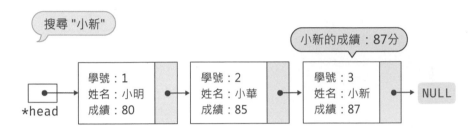

底下是鏈接串列節點的結構定義：

```
typedef struct node_t {
  int id, score;              // 學號和成績
  char *name;                 // 姓名
  struct node_t * next;       // 下個節點的指標
} NODE;                       // 自訂型態名稱為 NODE
```

新增節點和列舉全部節點的自訂函式如下：

```
static NODE *head=NULL;       // head 是全域變數

// 在開頭新增節點：接收學號、姓名和成績 3 個參數，無傳回值
void addNode(int id, char name[], int score) {
  NODE *pt = malloc(sizeof(NODE));   // 新增節點
  pt->id = id;                 // 在新節點中存入學號
  pt->score = score;           // 存入成績
  // 配置儲存姓名的空間
  pt->name = (char *)malloc(strlen(name) + 1);
  strcpy(pt->name, name);      // 複製字串
  pt->next = head;        // 把第一個節點的位址複製給新節點的 next
```

```
    head = pt;                // 開頭指向新節點
}

// 列舉所有節點
void printNode() {
  NODE *pt;                   // 指向串列結構型態的指標

  if (head == NULL) printf("這是空串列～");

  pt = head;                  // 紀錄串列開頭節點的起始位址
  while (pt != NULL) {        // 顯示姓名和成績
    printf("%s %d 分\n", pt->name, pt->score);
    pt = pt->next;            // 紀錄下一個節點的起始位址
  }
}
```

搜尋鏈接串列節點

搜尋鏈接串列節點的步驟：

1️⃣ 宣告 NODE 結構類型的指標 pt 並讓它指向串列開頭。

2️⃣ 比對目前節點的 name 欄位（成員）和搜尋字串：

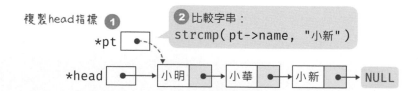

3️⃣ 如果兩個字串不一樣（即 strcmp 的結果非 0），則把目前節點的 next 值
設給 pt，讓它指向下一個節點：

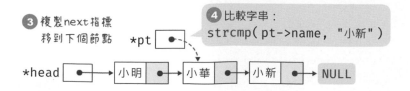

4 再次比對字串，直到發現相同的文字或者到移到 NULL（串列結尾）為止。

搜尋節點的函式命名為 search，它接收一個字元陣列（字串）參數，傳回 NODE 型態指標。若搜尋到目標字串，則傳回該字串所在節點的位址，否則傳回 NULL：

傳回目標節點的 →
位址或NULL

```
NODE* search( char name[] ){
    :略
    return NULL;   // 傳回NULL代表「未找到符合的目標」
}
```

完整的函式定義以及範例程式碼如下：

```c
#include <stdio.h>
#include <stdlib.h>        // 內含 malloc 函式
#include <string.h>        // 內含 strcmp 函式

typedef struct node_t {
   :定義節點的結構，略。
} NODE;

static NODE *head=NULL;   // head 是全域變數

void addNode(int id, char name[], int score) { // 在開頭新增節點
   :略
}

void printNode() {        // 列舉所有節點
   :略
}

NODE* search(char name[]){
  NODE *pt = head;

  while (pt != NULL) {    // 持續搜尋到串列結尾
    if (strcmp(pt->name, name) == 0) {
      return pt;          // 傳回找到的節點的位址
    }
```

```
      pt = pt->next;
  }
  return NULL;      // 傳回 NULL 代表「未找到符合的目標」
}

int main() {
  addNode(1, "小明", 80);          // 從串列開頭新增節點
  addNode(2, "小華", 85);
  addNode(3, "小新", 87);
  // printNode();                  // 列舉所有節點

  NODE *pt = search("小華 ");    // 查詢" 小華"的成績

  if (pt != NULL) {
    printf("\n%s的成績：%d 分\n", pt->name, pt->score);
  } else {
    printf("\n查無此人～\n");
  }
}
```

編譯執行結果：

小華的成績：85 分

12-7 刪除節點

延續「搜尋」節點單元的鏈接串列結構，寫一個自訂函式刪除指定節點，例如，刪除 "小華" 節點：

刪除節點的處理流程：

1 宣告一個 pt 指標變數並複製 head 值給它，讓 pt 指向第一個節點：

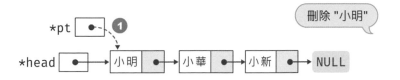

2 取出第一個節點的 name 值，若等同刪除對象的字串，則把 pt 指向節點的 next 指標值複製給 head，再釋放 pt 指向節點的記憶體空間。如此，head 就指向原先的第 2 個節點了：

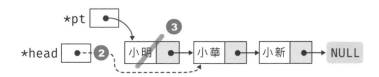

3 如果刪除對象不是開頭的節點，程式需要兩個指標，一個指向目前搜尋中節點 (pt)，另一個指向前一個節點 (prev)：

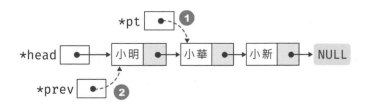

4 搜尋到目標時，把 pt（目前）節點的 next 值複製給 prev（前一個）所在節點的 next，然後再釋放 pt 指向的節點：

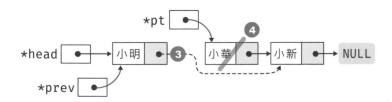

刪除節點的函式取名為 delete，它接收一個字元陣列（字串）參數，若節點刪除成功，傳回 0；若找不到刪除目標，傳回 -1。

```c
int delete(char name[]){
  NODE **prev_next = &head;  // 指向前一個節點的 next
  NODE *temp;                // 指向找到的節點

  while(*prev_next != NULL) {
    if (strcmp((*prev_next)->name, name) == 0){ // 若字串相同…
      temp = (*prev_next);     // 記錄找到的節點
      // 讓前一節點的 next 指向下個節點
      *prev_next = (*prev_next)->next;
      free(temp);    // 釋放（刪除）當前節點
      return 0;      // 代表刪除成功
    }
    prev_next = &((*prev_next)->next); // 往下一個節點搜尋
  }
  return -1;         // 搜尋不到目標
}
```

延續上一節的程式，加入 delete 函式之後，把 main 函式改成：

```c
int main() {
  addNode(1, "小明", 80);
  addNode(2, "小華", 85);
  addNode(3, "小新", 87);
  printNode();

  int r = delete("小新");
  if (r==0) {
    printf("\n 刪除之後：\n");
    printNode();
  } else {
    printf("\n\\ 查無此人 /");
  }
}
```

完整程式碼：

```c
#include <stdio.h>
#include <stdlib.h>
#include <string.h>

typedef struct node_t {
  int id, score;              // 學號和成績
  char *name;                 // 姓名
  struct node_t * next;       // 下個節點的指標
} NODE;                       // 自訂型態名稱為 NODE

static NODE *head=NULL;       // head 是全域變數

// 在開頭新增節點：接收學號、姓名和成績 3 個參數，無傳回值
void addNode(int id, char name[], int score) {
  NODE *pt = malloc(sizeof(NODE));  // 新增節點
  pt->id = id;                // 在新節點中存入學號
  pt->score = score;          // 存入成績
    // 配置儲存姓名的空間
  pt->name = (char *)malloc(strlen(name) + 1);
  strcpy(pt->name, name);     // 複製字串
  pt->next = head;            // 把第一個節點的位址複製給新節點的 next
  head = pt;                  // 開頭指向新節點
}

// 列舉所有節點
void printNode() {
  NODE *pt;                   // 指向串列結構型態的指標

  if (head == NULL) printf("這是空串列～");

  pt = head;                  // 紀錄串列開頭節點的起始位址
  while (pt != NULL) {        // 顯示姓名和成績
    printf("%s %d 分\n", pt->name, pt->score);
    pt = pt->next;            // 紀錄下一個節點的起始位址
  }
}
```

```
int delete(char name[]){
   : 略
}

int main() {
  addNode(1, "小明", 80);   // 新增節點
  addNode(2, "小華", 85);
  addNode(3, "小新", 87);

  int result = delete("小華");

  if (result==0) {
    printf("刪除之後：\n");
    printNode();
  } else {
    printf("\n 查無此人");
  }
}
```

APCS 觀念題練習

List 是一個陣列，裡面的元素是 element，它的定義如下。List 中的每一個 element 利用 next 這個整數變數來記錄下一個 element 在陣列中的位置，如果沒有下一個 element，next 就會記錄- 1。所有的 element 串成了一個串列 (linked list)。例如在 list 中有三筆資料：

1	2	3
data = 'a'	data = 'b'	data = 'c'
next = 2	next = -1	next = 1

它所代表的串列如右圖：

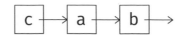

RemoveNextElement 是一個程序，用來移除串列中 current 所指向的下一個元素，但是必須保持原始串列的順序。例如，若 current 為 3（對應到 list[3]），呼叫完 RemoveNextElement 後，串列應為：

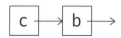

請問在空格中應該填入的程式碼為何？（APCS 105 年 3 月觀念題）

```
struct element {
  char data;
  int next;
}

void RemoveNextElement (element
list[], int current) {
  if (list[current].next != -1) {
    /*移除 current 的下一個 element*/

    

  }
}
```

A) list[current].next = current ;

B) list[current].next = list[list[current].next].next ;

C) current = list[list[current].next].next ;

D) list[list[current].next].next = list[current].next ;

答 B 從題目推演出的 list 陣列結構如下：

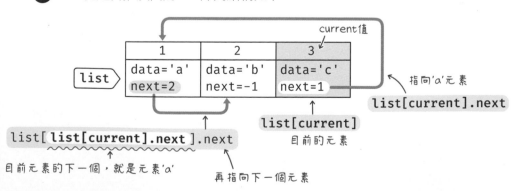

所以，略過元素 'a'，讓元素 'c' 串接 'b' 的敘述如下：

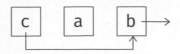

```
list[current].next = list[list[current].next].next;
```
目前元素的下一個　　　　　　指向元素 'b'

APCS 實作題　定時 K 彈（約瑟夫問題）

105 年 10 月 APCS「定時 K 彈」試題，完整題目內容請參閱 ZeroJudge 網站：
https://bit.ly/3OYUGd6。題目大意：N 個人圍成一圈，由 1 號依序到 N 號，從 1
號開始依序點名，每次點到第 M 個人，此人即出局離開，然後從下一位開始點
名，在出局 K 個人之後停止，而此時在第 K 個出局者的下一位可拿到獎品。假
設 N=5, M=2, K=4，每次點到第 2 人出局，會有 4 人出局，依序是 2, 4, 1 和
5，最後獲獎人是 3 號：

輸入格式說明	輸出格式說明
輸入一行三個正整數，依序為 N、M 與 K，數字用一個空格分開。其中 1≤K<N。	獲獎者的號碼，以換行符號結尾。

輸入範例 1	輸出範例 1		輸入範例 2	輸出範例 2
5 2 4	3		8 3 6	4

解題說明：

先依照輸入的 N（人數）值，建立有 N 個節點的串列，每個節點（NODE）包含
人員的編號，以及指向下個節點的指標。底下是建立單一節點的串列的程式片
段：

```
typedef struct _node {
    int id;          ← 紀錄編號
    struct _node *next;  ← 指向下個節點的指標
} NODE;  ❶
```

指向串列頭部的指標

```
NODE *head, *pt;  ❷   *head [ • ]
                      *pt  [ • ]
```

追蹤節點位址的指標

動態配置節點空間

```
head = malloc( sizeof( NODE ));
❸  head->id = 1;
   pt = head;
```

為了形成環狀串列，新增節點的 next（下個節點指標）都要指向第 1 個節點，像這樣：

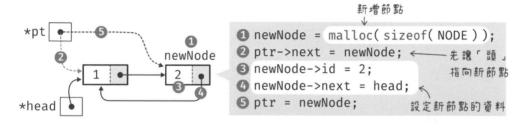

新增節點

```
❶ newNode = malloc( sizeof( NODE ));
❷ ptr->next = newNode;  ← 先讓「頭」
❸ newNode->id = 2;         指向新節點
❹ newNode->next = head;  ← 
❺ ptr = newNode;           設定新節點的資料
```

重複上面的步驟，即可完成包含 N 個人員記錄的環狀串列：

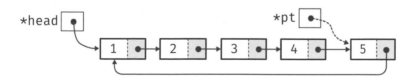

先假設 N, M 和 K 都是固定值，建立環狀串列的迴圈程式碼如下：

```
NODE *head, *pt, *newNode;     // 節點的指標變數
int i, N = 5, M=2, K=4;
head = malloc(sizeof(NODE));   // 宣告第 1 個節點
head->id = 1;
pt = head;
for (i = 2; i <= N; i++) {
    newNode = malloc(sizeof(NODE));
    pt->next = newNode;
```

```
    newNode->id = i;
    newNode->next = head;
    pt = newNode;
}
```

包含所有參與者編號的環形串列建立完畢，便可開始找出得獎人。先把原本指
向最後一個節點的 pt，指向第 1 個節點，接著剔除第 2 個節點，辦法是把第
2 個節點的 next 成員值（指向第 3 個節點）複製給第 1 個節點的 next 成員：

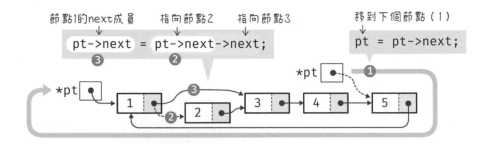

然後移到下一個節點，此時的第 1 位是 3 號，要移除的第 2 位是 4 號：

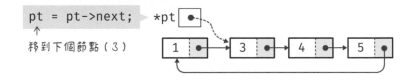

重複之前的步驟，把 3 號的 next 指向 5 號：

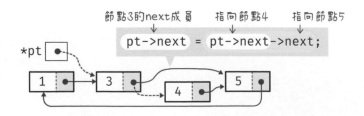

現在的第 1 順位是 5 號，要剔除 1 號，所以 5 號的 next 將指向 3 號：

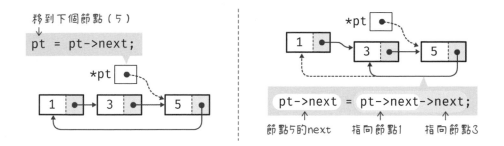

現在的第 1 順位是 3 號，要剔除 5 號，最後剩下 3 號，它的 next 指向自己：

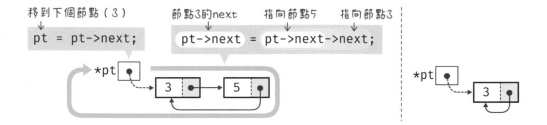

加入讀取 N, M 和 K 值的完整程式碼如下，編譯執行，用範例值測試過關。

```c
#include <stdio.h>
#include <stdlib.h>

typedef struct _node {
  int id;
  struct _node *next;
} NODE;

NODE *head, *pt, *newNode;

int main() {
  int N, M, K, i, count;
  printf("請輸入 N, M, K：");
  scanf("%d %d %d", &N, &M, &K);
  // 建立包含所有參與者的環形串列
  head = malloc(sizeof(NODE));
  head->id = 1;
  pt = head;
```

```
for (i = 2; i <= N; i++) {
  newNode = malloc(sizeof(NODE));
  pt->next = newNode;
  newNode->id = i;
  newNode->next = head;
  pt = newNode;
}
for (count = K; count > 0; count--) {
  for (i = 0; i < M - 1; ++i) {
    pt = pt->next;
  }
  pt->next = pt->next->next;
}
printf("贏家:%d\n", pt->next->id);
}
```

約瑟夫問題 (Josephus problem)

「定時 K 彈」其實是著名的「約瑟夫問題」，請參閱維基百科的**約瑟夫斯問題**條目說明，網址：https://bit.ly/3P8CXQm。重新思考題目內容，假設共有 5 個元素，起始索引編號為 0，被剔除元素的下一個重新編號為 0，直到最後發現，剩下的那一個元素編號就是 0。

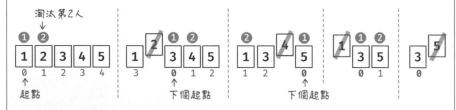

但問題不是要求元素的編號，而是那個編號的值 (3)，也就是要將重新編號 K 次的元素 0，逆向推導出它的原始編號 (2)。假設這個處理函式名叫 jp (代表 Josephus)，從剩下 4 個元素，推導回 5 個元素的敘述如右，先不用管 jp() 函式的內容，只要知道它的結果：

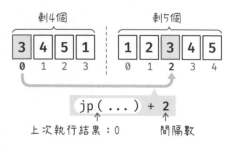

再分析從剩餘 3 個元素推導回剩餘 4 個元素的情況；我們一開始將元素從 0 編號，就是為了配合取餘數 (%) 運算：

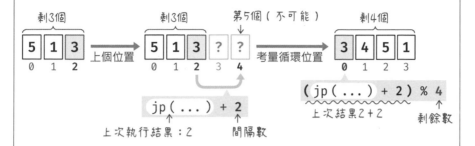

從上面的推論可知，jp() 代表「上次執行的結果」，而最終結果是「位在索引 0 的值」，所以我們可以整理出下圖左的公式，而「剩餘量」是 N-K 值：

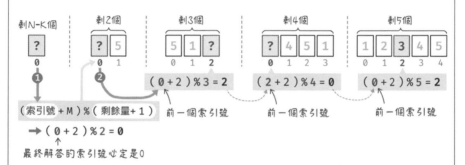

用一個迴圈執行這個公式就能找出解答；最終結果是元素的索引編號，加上 1 才是內容值。編譯執行，輸入範例值，結果符合預期。

```c
#include <stdio.h>

int main() {
  int n, m, k, num = 0;
  printf("請輸入 N, M, K：");
  scanf("%d %d %d", &n, &m, &k);

  for (int i = n - k; i < n; i++) {   // 從剩餘 n-k 開始…
    num = (num + m) % (i+1);
  }
  printf("贏家:%d\n", num + 1);       // 輸出解答
}
```

 **M E M O**

13

樹狀結構

小昱正在 IG 上分享她用心智圖整理的烘焙筆記。

 電腦也經常使用如心智圖一般的**樹狀結構**來分類、梳理、串連資料的從屬關係。

 比方說？

 像電腦的資料夾和檔案之間的關聯，還有網路資源位址（網域）名稱也是樹狀結構，頂層的 edu 底下包含教育機構的網域、com 底下則是公司的網域，像 google.com, apple.com：

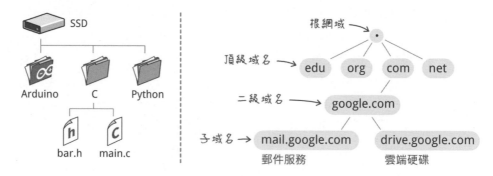

樹狀圖也能呈現決策分析的過程，像評估井字棋落子位置的後續可能結果：

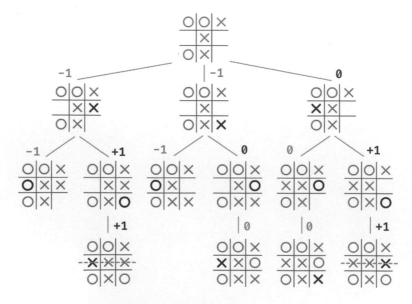

本章就來認識這個用途廣泛的資料結構。

13-1 樹狀結構

樹狀結構也是**組織資料**的利器，常用圓形和線條（有時會帶箭頭）組成。底下是虛構的零食分類樹狀圖，一個圓圈代表一筆資料；圓圈又稱為**節點（node）**或**頂點（vertex）**。節點之間的關係連線，稱為**線（line）**或**邊（edge）**。

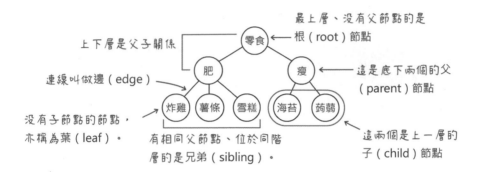

樹狀結構的一個基本要件是不能有迴路（cycle），或者說兩個節點之間只存在唯一一條路徑：

樹狀結構並沒有限制單一節點的子節點數量，但有一種最多只有兩個子節點的**二元樹（binary tree）**，常用在**資料排序和搜尋**。每個子節點按照位置，分成左、右；除了根節點以外的節點，都可被當作是其**子樹（subtree）**的根：

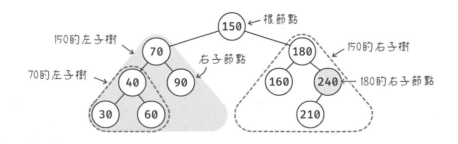

從一個節點往下到最遠的**葉節點**的距離（邊數）稱為**高度（height）**；一個節點到**根節點**的距離稱為**深度（depth）**：

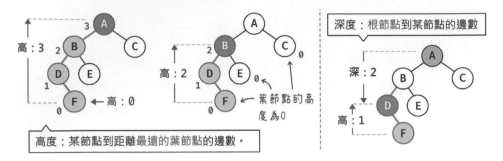

APCS 實作題 / 樹狀圖分析

106 年 10 月 APCS 測驗有個「樹狀圖分析」實作測驗，大意是這樣：讓使用者輸入一組樹狀圖資料，節點編號是 1 到 n 的正整數。資料第一行是節點數 n，接下來有 n 行，第 i 行的第一個數字 k 代表節點 i 有 k 個子節點，第 i 行接下來的 k 個數字就是這些子節點的編號。每一行的相鄰數字間以空白隔開：

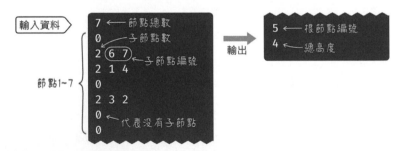

題目要求程式從輸入資料中找出根節點的編號，以及節點高度的總和。觀察上面的輸入資料，可得知從第二行開始的每一行編號就是節點的編號，而未出現在「子節點編號」的那一個，就是根節點。下圖的全部節點高度總和為 4：

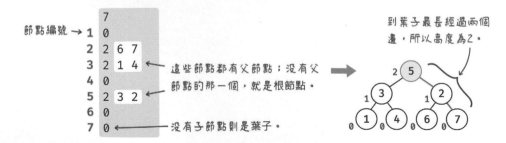

本單元程式採用左下的樹狀圖為範例。編寫程式之前,要先決定資料儲存結構,2 維陣列是可行的辦法,因為這個考題裡的節點是不重複的 1~n 連續值,正好對應陣列的索引編號:

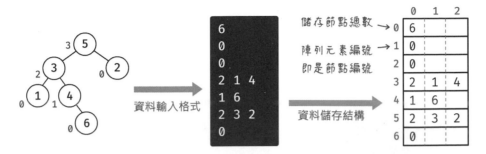

2 維陣列的列數可從輸入的第一個值(此例第一行的 6)加 1 決定,但因為無法預知每個節點的子節點數量,所以要預留較多行,上圖為 7×3,實際最多就是 7×6,因為樹狀結構最極端就是其他節點都是根節點的子節點:

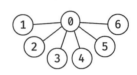

為了避免浪費記憶體空間,本程式宣告一個 NODE (代表「節點」) 型態,在其中連結動態產生的子節點陣列,全部節點資料用一維陣列 t 儲存;節點總數存在另一個變數 n:

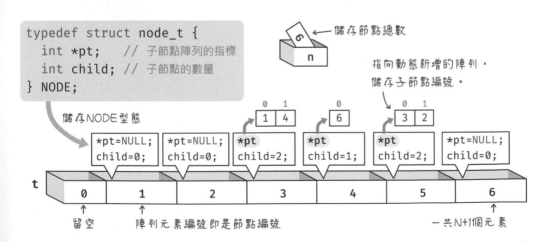

題目的一個要求是找出樹狀圖的根節點，也就是沒有父節點的那一個。筆者宣告一個預設為 0 的陣列 pa，把陣列索引當作子節點編號，在取得使用者輸入的節點資料時，把父節點編號存入各個元素。除了元素 0，其值為 0 的元素就是根節點：

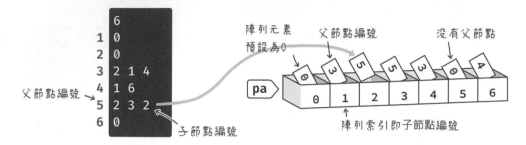

根據以上分析，先完成讀取與儲存使用者輸入資料、走訪（列舉）節點以及找出根節點的程式碼：

```c
#include <stdio.h>
#include <stdlib.h>          // 內含 malloc 函式

typedef struct node_t {      // 宣告 NODE 型態
  int *pt;                   // 指向子節點陣列
  int child;                 // 子節點數量
} NODE;

void printNodes(NODE *t, int n);   // 宣告走訪節點的自訂函式

int main() {
  int n, k, i, j;
  scanf("%d", &n);           // 讀取節點數量
  NODE t[n+1];               // 宣告儲存節點的陣列
  int pa[n+1];               // 紀錄根節點

  for (i=0; i<=n; i++) {
    t[i].pt = NULL;          // 預設沒有子節點
    t[i].child = 0;          // 預設子節點數為 0
    pa[i] = 0;               // 每個元素都預設為 0
  }

  for (i=1; i<=n; i++) {
```

```
    scanf("%d", &k);   // 讀取子節點數量
    t[i].child = k;   // 儲存子節點數量
    // 動態宣告儲存子節點的陣列
    int *arr = (int *) malloc(sizeof(int) * k);

    for (j=0; j<k; j++) {
      scanf("%d", &arr[j]);   // 讀取子節點編號
      // 以子節點編號當作索引，存入根節點編號
      pa[arr[j]] = i;
    }
    t[i].pt = arr;   // 指向子節點陣列
  }

  printNodes(t, n);  // 列出所有節點資料

  // 從元素 1 開始，找出其值為 0 者，即是根節點
  for (i=1; i<=n; i++) {
    if (pa[i] == 0) {
      break;
    }
  }
  printf("根節點:%d\n", i);

  for(i=1; i <=n; i++){          // 釋放子節點陣列記憶體
    free(t[i].pt);
  }
}

void printNodes(NODE *t, int n) { // 走訪所有節點的自訂函式
  int i, j;

  for (i=1; i<=n; i++) {          // 從節點陣列 1 取到最後一個元素…
    int child = t[i].child;   // 取得子節點數量
    int *arr=t[i].pt;            // 指向子節點陣列
    printf("%d ", child);
    for (j=0;j<child;j++) {
      printf("%d ", arr[j]); // 顯示每個子節點編號
    }
    printf("\n");
  }
}
```

遞迴走訪樹狀圖節點

要取得某個節點的高度，必須走訪它的每個子節點，算出到達葉節點的邊數，然後取高度較大者。以計算下圖節點 3 的高度為例，分別走訪左、右子樹到葉節點，可知高度各為 1 和 2，高度值取較大者，所以節點 3 的高度為 2：

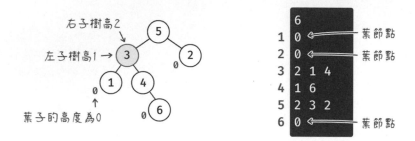

先在程式開頭定義一個從兩個數字中，取得較大數字的巨集 MAX：

```
#define MAX(x, y) (((x) > (y)) ? (x) : (y))
```

走訪子樹的遞迴函式命名為 h()，它接收「節點陣列」以及「節點編號」兩個參數，結束遞迴的條件是節點值為 0：

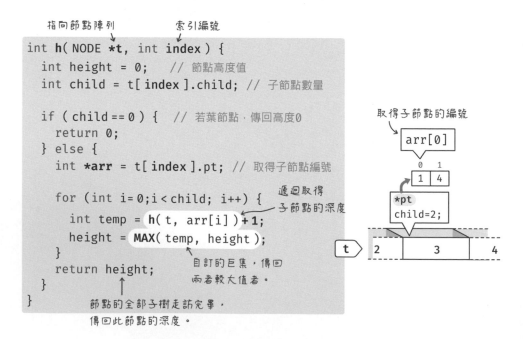

指向節點陣列　　索引編號

```
int h( NODE *t, int index ) {
  int height = 0;    // 節點高度值
  int child = t[ index ].child; // 子節點數量

  if ( child == 0 ) {  // 若葉節點，傳回高度0
    return 0;
  } else {
    int *arr = t[ index ].pt; // 取得子節點編號

    for (int i = 0; i < child; i++) {
      int temp = h( t, arr[i] )+1;
      height = MAX( temp, height );
    }
    return height;
  }
}
```

取得子節點的編號

arr[0]

*pt
child=2;

遞迴取得子節點的深度

自訂的巨集，傳回兩者較大值者。

節點的全部子樹走訪完畢，傳回此節點的深度。

h() 函式內部有兩個紀錄節點高度的 height（預設 0）和 temp 變數，其虛擬碼及對應的程式碼如下，child 變數值為子節點數：

走訪每個子節點
　遞迴計算子樹的高度
　比較不同子樹的高度，取較大者。

傳回子節點的最大高度

函式傳回的高度值+1

```
for (int i= 0;i < child; i++) {
  int temp = h( t, arr[i] )+1;
  height = MAX( temp, height );
}
return height;
```

下圖顯示從節點 3 開始，計算節點高度的過程。節點 3 有兩個子節點，先從節點 1 開始走訪，它傳回 0，結束遞迴。此時 temp 值為 1，height 也將變成 1：

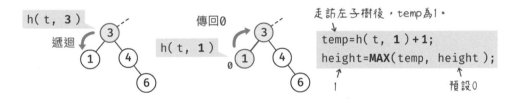

左子樹的遞迴呼叫結束了，但 for 迴圈尚未結束，繼續走訪節點 4 的右子樹：

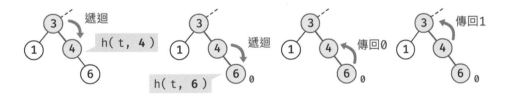

右子樹走訪完畢，temp 值將是 2，跟左子樹的 height 結果 1 比較，取較大者傳回 2。

h() 函式將傳回指定節點的高度，而非全部節點的高度總和，所以底下的完整程式碼另外透過 printHeight() 函式顯示高度總和。程式編譯執行結果跟預期相符。

```
#include <stdio.h>
#include <stdlib.h>  // 內含 malloc 函式
// 取較大值的巨集指令
```

```
#define MAX(x, y) (((x) > (y)) ? (x) : (y))

typedef struct node_t {  …宣告 NODE 型態… } NODE;

void printNodes(NODE *t, int n);   // 走訪節點的自訂函式
int h(NODE *t, int index);         // 取得節點高度的遞迴函式


/* 計算節點高度總和
參數*t：節點陣列
參數 n：節點數量 */
void printHeight(NODE *t, int n) {
  int total = 0;

  for (int i=1; i<=n; i++) {        // 從 1 到 n 節點…
    int height = h(t, i);           // 取得各節點的高度
    total += height;                // 加總高度
  }
  printf("節點高度總和：%d\n", total);
}


int main() {
    : 略
  printf("根節點：%d\n", i);
  printHeight(t, n);                // 顯示高度總和

  for(i=1; i <=n; i++){
    free(t[i].pt);                  // 釋放記憶體
  }
}
```

13-2 二元樹與平衡二元樹

本章開頭大致介紹了二元樹，本單元將說明採用鏈結串列建立二元樹的程式
寫法。符合「二元樹」的三大條件：

● 只有一個根節點

● 每個節點可以有 0~2 個子節點

● 從根節點通往任一子節點的路徑只有一條

下圖展示幾個「二元樹」與「非二元樹」的例子：

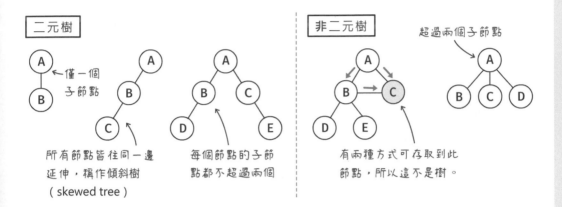

在排序應用中，有一種特殊的二元樹結構，叫做**二元搜尋樹**（binary search tree），展現了「二分搜尋法」的資料結構；所有新增資料，都要按大小排在父節點的左邊或右邊。假設要在底下的結構中加入 90，程式將從根路徑開始找出合適的位置，90 小於 150、大於 70，所以最後成為 70 的右子節點：

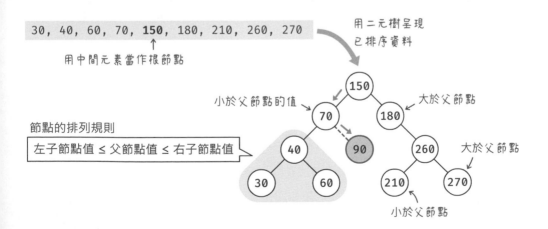

平衡二元樹

存入二元樹的資料都已按照規則排列，使得搜尋資料變得容易。以搜尋左下圖裡的 3 為例，花費 3 個步驟就能找到，每個步驟都能排除另一半資料：

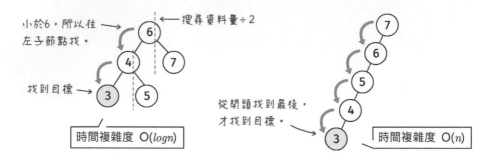

但樹狀結構若呈現如右上的傾斜形式，宛如單一鏈接串列，在總數 n 個節點中找到目標，最多將花費 n 個步驟。

為了降低搜尋資料的時間複雜度，二元樹最好能呈現**平衡狀態**。**平衡**的條件是：**每個節點左、右子樹的高度差不大於 1**。下圖根節點（n0）的左右子樹高度差 1、n1 節點的左右子樹高度差 1、n2 節點的左右子樹高度差也是 1。n3 節點左邊高 1，右邊高 0，相差 1，所以下圖的結構是**平衡二元樹（Balanced Binary Tree）**：

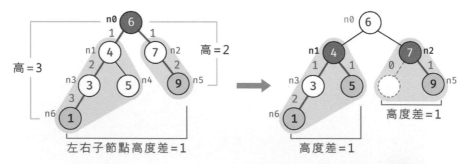

右圖的左、右子樹的高度差 2，所以不是平衡二元樹。讓輸入資料自動排列成平衡二元數的演算法，最知名的是 **AVL 樹**，相關說明請參閱維基百科的 AVL 樹條目（https://bit.ly/3PA5wHR）：

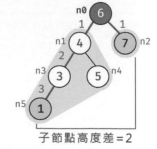

13-3 使用鏈接串列建立二元樹

底下單元將用「鏈接串列」的形式建立二元樹結構,也就是用指標串接節點,基本的二元樹的節點具有兩個指標成員,分別指向左、右節點:

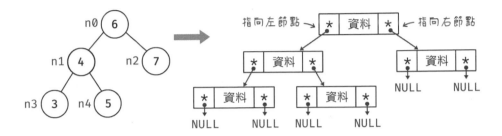

底下是用結構體宣告包含一個整數資料成員的自訂節點型態(NODE)的例子:

```
typedef struct node_t {
    int value;  // 整數資料
    struct node_t *left;
    struct node_t *right;
} NODE;
```

建立二元樹

接下來的範例將採用左下的宣告來定義節點;一個節點包含兩個資料成員:

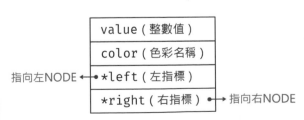

```
typedef struct node_t {
    int  value;
    char color[10];
    struct node_t *left;
    struct node_t *right;
} NODE;
```

底下是建立二元樹節點的函式，它接收兩個參數：整數值和色彩名稱字串。

```
NODE* createNode(int val, char color[]) {
  NODE* node = (NODE*)malloc(sizeof(NODE));

  if (node != NULL) {
    node->left = NULL;          // 左右子節點的指標預設為「空」
    node->right = NULL;
    node->value = val;          // 設定節點的 value 整數成員值
    strcpy(node->color, color); // 複製字串到節點的 color 成員
  }

  return node;
}
```

底下兩個程式片段示範透過此函式建立 5 個節點，然後手動將它們組成二元樹，稍後再說明讓新增節點自動排列組成二元樹的程式寫法：

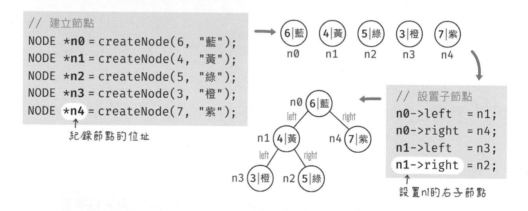

建立上圖的二元樹的完整程式碼如下，這個程式沒有顯示任何訊息。

```
#include <stdio.h>
#include <stdlib.h>  // 內含 malloc 函式
#include <string.h>  // 內含 strcpy 函式

typedef struct node_t {
  // 定義節點的結構
```

```
} NODE;

NODE* createNode(int val, char color[]) {
    // 建立節點
}

int main() {
    NODE *n0=createNode(6, "藍");
    NODE *n1=createNode(4, "黃");
    NODE *n2=createNode(5, "綠");
    NODE *n3=createNode(3, "橙");
    NODE *n4=createNode(7, "紫");
    // 設置子節點
    n0->left  = n1;
    n0->right = n4;
    n1->left  = n3;
    n1->right = n2;
}
```

13-4 走訪與搜尋二元樹的節點資料

本節將編寫一個遞迴函式，從二元樹的指定節點（通常是根）開始，列舉所有節點的整數值和顏色，節點前面用虛線呈現它的深度。下圖右顯示此函式的執行結果：

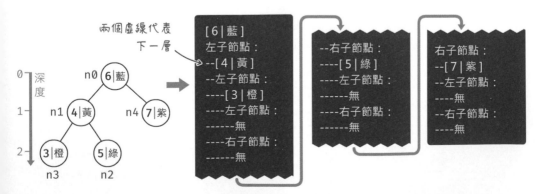

顯示深度虛線的函式命名為 dash，接收一個深度階層數字參數。

```c
void dash(int level) {  // 顯示指定階層深度的虛線
  for (int i=0; i < level; i++) {
    printf("--");
  }
}
```

取得節點及其所有子節點的遞迴函式：

　　　　　　　　　　　　　　節點　　　　　節點階層
```c
void printNode( NODE *node, int level ) {
  if (node == NULL) {
    dash(level); printf("無\n");
    return; // 結束遞迴
  }
                顯示虛線      節點值         色彩文字
  dash(level); printf( "[ %d | %s ]\n", node->value, node->color );
  dash(level); printf("左子節點:\n");
  printNode(node->left, level+1);   // 遞迴列舉左子節點
  dash(level); printf("右子節點:\n");
  printNode(node->right, level+1);  // 遞迴列舉右子節點
  printf("\n");
}
```

若要從根節點開始列舉所有節點資料，只需呼叫 printNode(n0, 0)，它就會遞迴瀏覽所有子節點，像這樣：

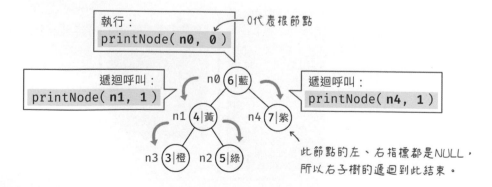

走訪二元樹的全部節點資料的程式碼如下：

```c
#include <stdio.h>
#include <stdlib.h>       // 內含 malloc 函式
#include <string.h>       // 內含 strcpy 函式

typedef struct node_t {  // 宣告自訂二元樹節點型態
  : 略
} NODE;

NODE* createNode(int val, char color[]) {  // 建立節點
  : 略
}

void dash(int level) {   // 顯示指定階層深度的虛線
  : 略
}

void printNode(NODE *node, int level) {   // 走訪所有子節點
  : 略
}

int main() {
  NODE *n0=createNode(6, "藍"); // 建立節點
    : 略
  n0->left  = n1;     // 組織二元樹
  n0->right = n4;
  n1->left  = n3;
  n1->right = n2;

  printNode(n0, 0);   // 從 n0 節點開始走訪全部子節點
}
```

搜尋節點資料

搜尋節點程式的運作邏輯是透過比較目標值，決定下一個搜尋路徑，以搜尋數字 5 為例，過程如下：

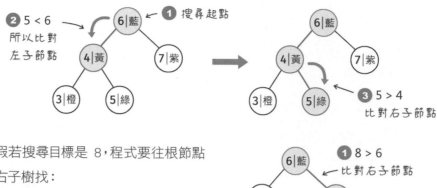

假若搜尋目標是 8，程式要往根節點
右子樹找：

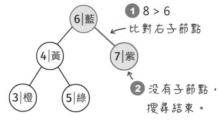

筆者把搜尋節點的函式命名為 searchNode，請把它放在 main() 之前：

```
/*  searchNode：搜尋節點
    參數 1：root，根節點的位址
    參數 2：val，搜尋目標的整數值
    傳回值：找到節點的位址或 NULL 代表查無資料   */
NODE* searchNode(NODE *root, int val){
  NODE *node = root;

  while(node != NULL){              // 若節點不是 NULL
    if(val < node->value){          // 若「值」小於「目前節點的值」
      node = node->left;            // 指向「目前的左子節點」
    } else if(val > node->value){ // 若「值」大於「目前節點的值」
      node = node->right;           // 指向「目前的右子節點」
    } else {                        // 否則…代表找到了…
      return node;                  // 傳回找到的節點
    }
  }
  // 執行到此，代表 while 迴圈遇到 NULL，沒找到目標值
  return NULL;
}
```

然後在 main() 加入搜尋目標值的敘述，編譯執行結果將顯示："找到：橙"。

```
int main() {
   : 略

NODE* result = searchNode(n0, 3); // 從根節點開始搜尋數字 3 的節點
if (result == NULL) {
    printf("查無資料");
} else {
    printf("找到:%s\n", result->color);  // 取得該節點的色彩值
}
}
```

13-5 新增二元樹的節點

新增節點的流程是持續比較**新值**與**節點值**，一直走訪到適合的位置。以新增節點 8 為例，原本節點 7 的右子節點指向 NULL，改成指向新增的節點 8：

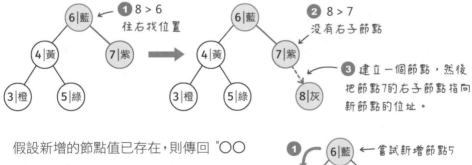

假設新增的節點值已存在，則傳回 "○○已存在～" 訊息、不再新增節點：

根據以上分析，可整理成如下的虛擬程式碼：

```
if 節點參數 == NULL，則:
    建立節點並傳回它的位址            // 新增根節點
```

```
    結束程式
迴圈開始：
    if 資料 < 節點的值：                    // 往左找尋合適的位置
        if 節點沒有左子節點：
            建立新節點，並將它連成節點的左子節點
            結束迴圈
        else：
            節點 = 當前的左子節點              // 下次迴圈的比對起點
    else if 資料 > 節點的值：               // 往右找尋合適的位置
        if 節點沒有右子節點：
            建立新節點，並將它連成節點的右子節點
            結束迴圈
        else：
            節點 = 當前節點指向的右子節點     // 下次迴圈的比對起點
    else：                                  // 資料與目前的節點值相同
        顯示 "資料已存在～"
        結束迴圈
```

筆者把新增節點的函式命名為 addNode，它接收 3 個參數。

```
/* addNode：新增節點
   root：節點的位址或者輸入 NULL 新建節點
   val：新節點的整數值
   color：新節點的顏色字串
   傳回值：節點的位址
*/
NODE* addNode(NODE *node, int val, char color[]){
    // 若第一個參數的值為 NULL，代表新增根節點
    if(node == NULL){
        return createNode(val, color);  // 新增節點並傳回節點的位址
    }

    while(1) {
        if(val < node->value){              // 若新值小於節點值…
            if(node->left == NULL){         // 若此節點沒有左子節點…
                // 左子節點連到新增的節點
                node->left = createNode(val, color);
                break;                      // 離開迴圈
            }
```

```
      node = node->left;              // 準備探詢左子節點
    } else if(val > node->value){     // 若新值大於節點值…
      if(node->right == NULL){        // 若此節點沒有右子節點…
        // 右子節點連到新增的節點
        node->right = createNode(val, color);
        break;                        // 離開迴圈
      }
      node = node->right;             // 準備探詢右子節點
    } else {
      printf("%d 已存在～\n", val);
      break;                          // 離開迴圈
    }
  }

  return node;                        // 傳回節點的位址
}
```

利用此函式新增節點並自動組成二元樹的範例程式如下，編譯執行結果與上文「走訪與搜尋二元樹的節點資料」程式的結果相同。

```
#include <stdio.h>
#include <stdlib.h>         // 內含 malloc 函式
#include <string.h>         // 內含 strcpy 函式

typedef struct node_t {
  : 略
} NODE;

NODE* createNode(int val, char color[]) {
  : 略
}

void dash(int level) {      // 顯示指定階層深度的虛線
  : 略
}

void printNode(NODE *node, int level) { // 列舉（走訪）所有節點
  : 略
```

```
}

NODE* addNode(NODE *node, int val, char color[]){  // 新增節點
   : 略
}

int main() {
   // 新增節點，一開始沒有根節點，所以第一個參數為 NULL
   // 建立根節點，要儲存它的位址
   NODE* root = addNode(NULL, 6, "藍");
   addNode(root, 4, "黃");    // 新增節點，可不儲存新節點的位址
   addNode(root, 7, "紫");
   addNode(root, 5, "綠");
   addNode(root, 3, "橙");
   addNode(root, 8, "灰");

   printNode(root, 0);         // 從根節點開始，走訪整個二元樹
}
```

13-6 刪除節點

刪除二元樹節點需要考慮該節點是否有子節點，如果有的話，還要重新連結子節點，所以程式稍微複雜一些。本單元先完成最簡單的部分：如果沒有子節點（如下圖中的 210），則依照底下步驟刪除：

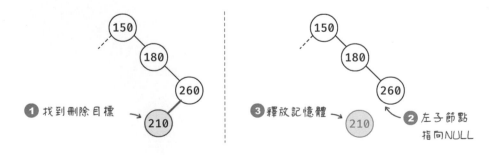

筆者把「刪除沒有子節點的節點」的程式寫成 delNoChildNode 函式，它接收 3 個參數並傳回根節點的位址。

```
/*    刪除沒有子節點的節點
      參數 root：根節點的位址
      參數 node：要刪除節點的位址
      參數 parent：要刪除節點的父節點的位址 */
NODE* delNoChildNode(NODE *root, NODE *node, NODE *parent){
  if(parent != NULL){           // 如果有父節點…
    // 如果父節點的「左子節點」指向此節點…
    if(parent->left ==  node){
      parent->left = NULL;      // 父節點的「左子節點」設成 NULL
    } else {                    // 否則…
      parent->right = NULL;     // 父節點的「右子節點」設成 NULL
    }
    free(node);                 // 釋放節點的記憶體空間
  } else {                      // 若沒有父節點…
    free(node);
    root = NULL;                // 根節點設成 NULL
  }

  return root;
}
```

刪除有一個子節點的節點

假如要刪除的節點有一個子節點（如下圖中的 260），則要重設父節點的指標：

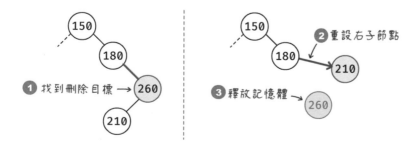

或者先把子節點的資料全都複製給父節點，再刪除子節點：

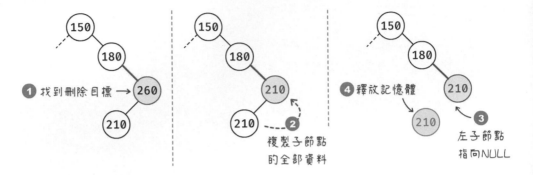

「刪除有 1 個子節點的節點」的函式命名為 delOneChildNode，它接收 3 個參數並傳回根節點的位址。

```
/*  刪除有 1 個子節點的節點
    參數 root：根節點的位址
    參數 node：要刪除節點的位址
    參數 child：要刪除節點的子節點的位址 */
NODE *delOneChildNode(NODE* root, NODE* node, NODE* child){
  node->value = child->value;         // 複製子節點的整數資料
  strcpy(node->color, child->color); // 複製子節點的色彩字串
  node->left = child->left;    // 複製子節點的「左子節點」指標
  node->right = child->right; // 複製子節點的「右子節點」指標

  free(child);                      // 釋放已複製資料的子節點
  return root;
}
```

刪除有兩個子節點的節點

若要刪除的節點有兩個子節點（如下圖裡的 70），則要從它的左子節點開始往下，找出其中最大值的節點。**數值最大的節點，可能有左子節點，但必定沒有右子節點。**

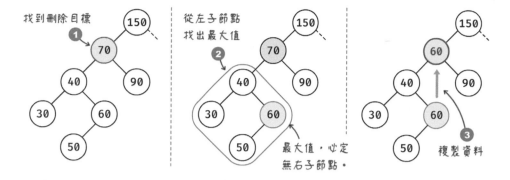

找到最大值的子節點之後，先複製資料再依據「沒有」或者「有一個」子節點的
刪除節點方式，將它刪除：

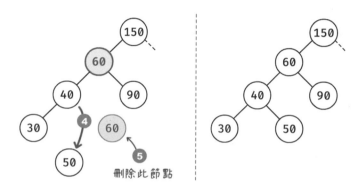

「刪除有 2 個子節點的節點」的函式取名 delTwoChildNode，它接收 2 個參數
並傳回根節點的位址。

```
/* 刪除有 2 個子節點的節點
   參數 root：根節點的位址
   參數 node：要刪除節點的位址   */
NODE *delTwoChildNode(NODE *root, NODE *node){
  NODE *max;
  NODE *maxParent;

  max = node->left;           // 從左子節點中尋找最大值的節點
  maxParent = node;           // 指向最大值的父節點

  while(max->right != NULL){  // 一直探索到沒有右子節點
    maxParent = max;          // 指向最大值的節點
```

```
        max = max->right;
    }
    printf("找到了最大值：%d\n", max->value);
    // 複製最大值節點的資料給要刪除的節點
    node->value = max->value;
    strcpy(node->color, max->color);  // 複製色彩字串

    if (max->left == NULL){    // 若最大值節點也沒有左子節點…
        // 執行「刪除沒有子節點的節點」函式
        root = delNoChildNode(root, max, maxParent);
    } else {
        // 執行「刪除有 1 個子節點的節點」函式
        root = delOneChildNode(root, max, max->left);
    }

    return root;
}
```

這個函式的運作邏輯如下，node 參數指向要刪除的節點，max 則指向它的左
子節點。接著透過 while 迴圈瀏覽其下的每個右子節點，直到該子節點指向
NULL，代表它是這個區域內的最大值：

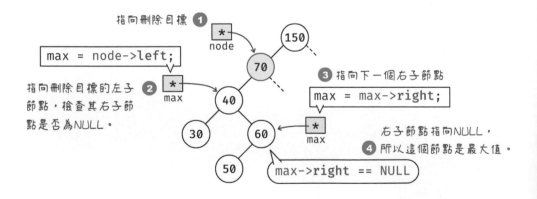

刪除節點的範例程式

以上單元說明了各種刪除節點的處理函式，在主程式中運用它們刪除指定節
點的流程如下：

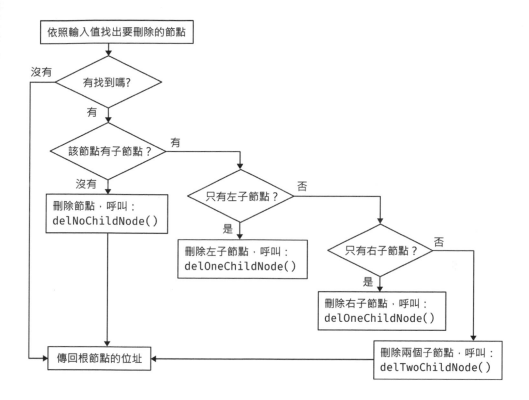

刪除節點的函式叫做 delNode，它接收兩個參數並傳回根節點的位址：

```
/* 刪除節點
   參數 root：根節點的位址
   參數 val：要刪除節點的值 */
NODE* delNode(NODE* root, int val){
  NODE* node;
  NODE* parent;

  if(root == NULL){
    return NULL;
  }

  node = root;
  parent = NULL;

  while (node != NULL){
    if(val < node->value){
```

```
      parent = node;
      node = node->left;
    } else if (val > node->value){
      parent = node;
      node = node->right;
    } else {
      break;
    }
  }

  if(node == NULL){   // 若找不到指定資料的節點…
    printf("找不到資料 %d\n", val);
    return root;
  }

  printf("刪除 [ %d | %s ] 節點 \n", node->value, node->color);

  if(node->left == NULL && node->right == NULL){ // 沒有子節點
    root = delNoChildNode(root, node, parent);
  } else if (node->left != NULL && node->right == NULL) {
    // 只有左子節點
    root = delOneChildNode(root, node, node->left);
  } else if (node->right != NULL && node->left == NULL) {
    // 只有右子節點
    root = delOneChildNode(root, node, node->right);
  } else {
    // 刪除有兩個子節點的節點
    root = delTwoChildNode(root, node);
  }

  return root;
}
```

底下是整合新增與刪除節點的程式範例：

```
#include <stdio.h>
#include <stdlib.h>  // 內含 malloc 函式
#include <string.h>  // 內含 strcpy 函式
```

```
typedef struct node_t { …定義 NODE 節點型態的結構體 } NODE;
void dash(int level) { …繪製虛線的函式 }
void printNode(NODE *root, int level) { …列舉節點的函式 }
NODE* createNode(int val, char color[]){ …建立新節點 }
NODE* addNode(NODE *root, int val, char color[]){ …新增節點 }

NODE* delNoChildNode(NODE *root, NODE *node, NODE *parent){
  // 刪除沒有子節點的節點
}

NODE *delOneChildNode(NODE* root, NODE* node, NODE* child){
  // 刪除只有一個子節點的節點
}

NODE *delTwoChildNode(NODE *root, NODE *node){
  // 刪除有兩個子節點的節點
}

NODE* delNode(NODE* root, int val){
  // 刪除節點的函式
}

int main() {
  NODE* result;   // 儲存新增和刪除節點之後傳回的根節點位址
  NODE* root=addNode(NULL, 6, "藍"); // 新增根節點
  addNode(root, 4, "黃");       // 從 root（根節點）新增節點
  addNode(root, 5, "綠");
  addNode(root, 8, "灰");
  addNode(root, 3, "橙");
  addNode(root, 7, "紫");

  result = delNode(root, 4); // 刪除節點 "4"
  printf("\n 刪除節點之後的二元樹：\n");
  if (result != NULL) {
    printNode(root, 0);
  }
}
```

編譯執行結果：

```
刪除 [ 4 | 黃 ] 節點
找到了最大值：3

刪除節點之後的二元樹：
[ 6 | 藍 ]
左子節點：
--[ 3 | 橙 ]
-- 左子節點：
---- 無
-- 右子節點：
----[ 5 | 綠 ]
---- 左子節點：
------ 無
---- 右子節點：
------ 無


右子節點：
--[ 8 | 灰 ]
-- 左子節點：
----[ 7 | 紫 ]
---- 左子節點：
------ 無
---- 右子節點：
------ 無


-- 右子節點：
---- 無
```

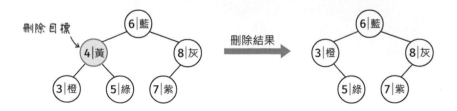

APCS 觀念題練習

1. 以下函式以 F(7) 呼叫後回傳值為 12，則 <condition> 應為何？（APCS 105
   年 10 月觀念題）

```
int F(int a) {
  if ( <condition> )
    return 1;
  else
    return F(a-2) + F(a-3);
}
```

A) a < 3   B) a < 2   C) a < 1   D) a < 0

答 **D**　在紙上用樹狀圖分析遞迴運算找出解答，如下圖所示，若參數
a<0，運算結果為：2＋2＋3＋3＋2=12：

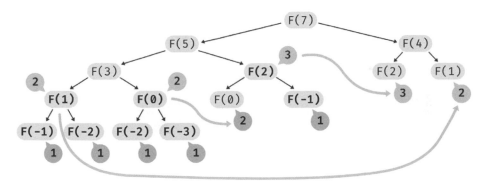

2. 若以 F(5, 2) 呼叫以下 F() 函式，執行完畢後回傳值為何？

```
int F (int x, int y) {
  if (x<1)
    return 1;
  else
    return F(x-y, y)+F(x-2*y, y);
}
```

A) 1   B) 3   C) 5   D) 8

答 C 同樣在紙上用樹狀圖分析遞迴運算找出解答，運算結果為：
2＋1＋2=5：

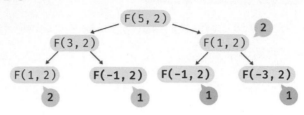

APCS 實作題 | 自動分裝（旅行團團員分配）

109 年 2 月 APCS 有個「自動分裝」測驗題，完整內容請參閱 ZeroJudge 網站：https://bit.ly/3nVrjwP，筆者把題目改成旅行團分配團員。

旅行社採用一套軟體依據人數分配出團，軟體的架構與運作邏輯如下：有 n 個團隊以及 n-1 個分配器，分配器紀錄了旗下團隊的總人數，並負責把報名的團員分配到目前人數較少的團隊；如果團隊人數相同，則分配到編號較小的團隊。

底下是 n=7 的例子，圓形代表分配器，有 n-1 個，編號 1~6；方形代表團隊，有 n 個，編號 7~13。從架構圖可看出此分配系統是二元樹結構：

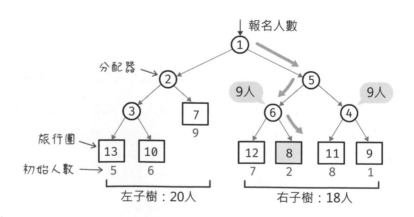

新進的人數值從節點 1 進入，由於右子樹的總人數較少，因此他們被安排到節點 5；節點 5 的兩個子節點人數相同，所以進入節點 6，最後到編號 8 的團隊。

請設計一個模擬此組團系統的程式，輸入此系統的連接架構與目前各個團隊的人數，以及接下來依序進入的 m 個報名者的人數，最後輸出這 m 個報名者被安排的團隊編號。

輸入說明	輸出說明
第一行為兩個正整數 n 和 m。	輸出一行有 m 個整數，依序代表 m 個報名數被分配到的團隊編號，數字之間以一個空白間隔。
第二行有 n 個整數，依序是編號為 n ~ 2n-1 個團隊的初始人數。	
第三行有 m 個正整數，代表依序報名人數。	
第四行開始有 n-1 行，這些是系統架構的資訊：每一行有三個整數 p，s 與 t，代表裝置 p 的左右出口分別接到裝置 s 與 t，其中 p 一定是一個分配器的編號 (1≤p<n)。	
同一行數字之間以空白間隔。	

輸入範例 1	輸出範例 1
4 5	4 6 7 5 5
0 0 0 0	
5 3 4 2 1	
1 2 3	
2 4 5	
3 6 7	

輸入範例 2	輸出範例 2
7 2	8 7
9 2 1 6 8 7 5	
2 3	
1 2 5	
2 3 7	
3 13 10	
4 11 9	
6 12 8	
5 6 4	

解題說明:

本題的解題關鍵是計算二元樹的每個子樹的總和,而這二元樹的特別之處是葉節點編號從 n 開始,只需判斷目前走訪節點的編號是否大於或等於 n,就能得知該節點是否為葉節點。

以下將採用輸入範例 1 做說明,依照題目規則分析,執行結果顯示團隊編號順序 4 6 7 5 5:

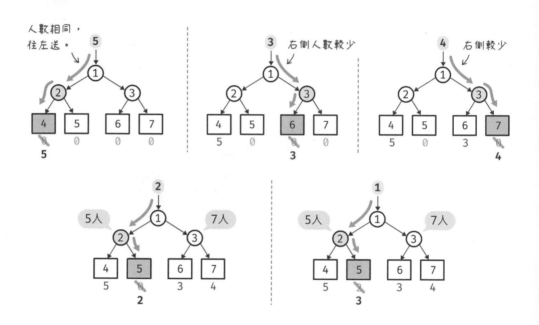

先使用 int 型態的變數 n 和 m 紀錄輸入第一行的旅行團數 (n) 和報名次數 (m)。接著宣告 2n 大小的陣列 (w),記錄輸入第 2 行的各隊初始人數,團隊數 (n) 為 4,所以陣列 w 的大小為 8;各團的初始人數為 0 0 0 0,陣列 w 的內容如下:

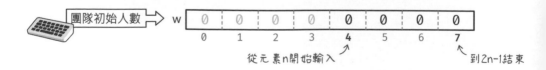

宣告另一個陣列 (in) 紀錄輸入第 3 行的 m 個報名人數：

宣告兩個陣列 (left 與 right) 儲存輸入 n-1 行的樹狀結構資訊，假設輸入值為 1 2 3，陣列 left 和 right 的儲存內容將變成：

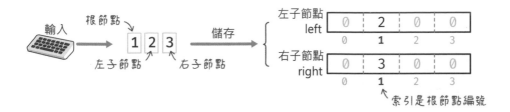

當然啦，我們也可以自訂一個包含兩個整數的結構體來記錄左、右子節點編號，不過這個寫法比較簡單。

讀完 n-1 行的節點資料，即可在這兩個陣列中建立此樹狀結構的樣貌：

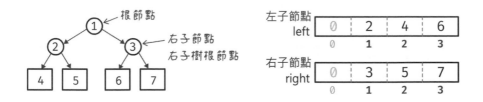

解題需要依據每個分配器 (父節點) 的人數判斷流向，所以程式要從根節點開始走訪，把每個節點的人數記在陣列 w 裡面。此例的團隊初始人數都是 0，因此所有節點的人數也都是 0：

節點的人數值，可透過底下的遞迴函式求得：

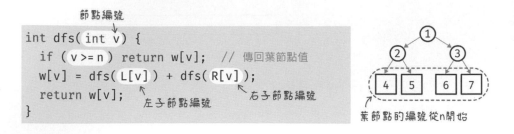

```
int dfs( int v ) {
  if ( v >= n ) return w[v];  // 傳回葉節點值
  w[v] = dfs( L[v] ) + dfs( R[v] );
  return w[v];
}
```

樹狀架構建立完成，即可帶入資料實際模擬組團情況。讀入第 1 個報名人數，根節點 1 的兩個子節點編號，可從 left 和 right 陣列查到，如右下圖：

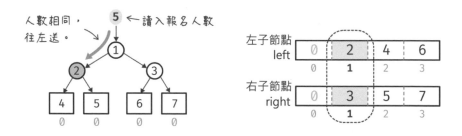

從陣列 w 可查到節點 2 和 3 的人數相同，因此把新人安排到節點 2：

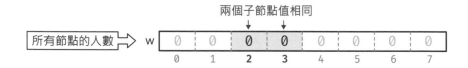

新人來到節點 2，對照 left 和 right 陣列，可知它的子節點是 4 和 5：

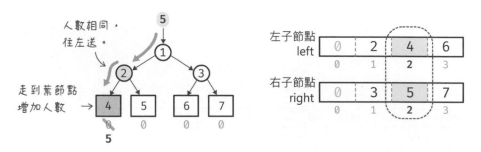

查詢 w 陣列可知，這兩個子節點的值相同，而且節點編號大於 n，所以它們是葉節點（旅行團編號），所以新進人數加入左葉節點(4)：

兩個子節點值相同　　選擇左邊　　原值加上新值

重複上面的讀取人數的步驟，直到最後一個商品，即可得出答案。完整的程式碼如下，輸入兩個範例值，結果都符合預期。

```c
#include <stdio.h>

int n;

// 遞迴計算人數，因所有陣列都是區域變數，
// 所以呼叫此函式時，需要傳入陣列
int weight(int v, int w[], int L[], int R[]) {
  if (v >= n) return w[v];      // 這是葉節點
  w[v] = weight(L[v], w, L, R) + weight(R[v], w, L, R);
  return w[v];
}

int main() {
  int m, i;
  scanf("%d%d", &n, &m);
  int w[n * 2];                  // 儲存旅行團初始人數
  int in[m];                     // 儲存依序報名的人數
  int L[n], R[n];                // 左、右子節點

  for (i = n; i < n * 2; i++)   // 讀入旅行團初始人數
    scanf("%d", &w[i]);

  for (i = 0; i < m; i++)        // 讀入依序報名人數
    scanf("%d", &in[i]);

  for (i = 0; i < n - 1; i++) {
    int v;
    scanf("%d", &v);
    scanf("%d%d", &L[v], &R[v]);
  }
```

```
    weight(1, w, L, R);              // 遞迴搜尋，根節點=1

    for (i = 0; i < m; i++) {        // 開始測試
        int v = 1;
        while (v < n) {              // 直至抵達葉節點
            if (w[L[v]] <= w[R[v]])
                v = L[v];            // 往左子節點
            else
                v = R[v];            // 往右子節點
            w[v] += in[i];
        }
        if (i > 0) printf(" ");      // 輸出空格
        printf("%d", v);
    }
    printf("\n");                    // 題目規定用新行結尾
}
```

14

圖形、佇列、最長距離
與最短路徑

對我這種路痴，導航軟體真是偉大的發明，到哪都是識途老馬。

 的確，要是沒有它幫外送小哥訂出最佳路線，就做不到快、熱送了。導航軟體所採用的基礎資料結構稱為「圖形」，本章就一起來學習圖形及其相關知識吧！

14-1 圖形結構

「圖形」用於展示不同資料之間的關聯性，日常生活和電腦程式常可見到相關應用，像大眾運輸系統的路線圖，用**點**（vertex 或 node）代表一站，用線串連行經路徑；社群媒體也用圖來記錄使用者之間的連結（社交關係），以及使用者自身的資料連結，例如：興趣、消費習慣、生活作息、活動區域…等。第 13 章的「樹狀圖」也是一種圖形結構：

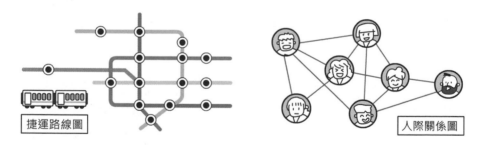

圖形的**邊**（edge）可加上代表距離、油耗量、時間、親密度、費用…等的**權值**（weight），像下圖顯示 A 和 B 距離 3 公里，也可以說：A 到 B 的**開銷**（cost）是 3：

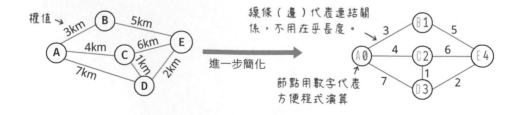

圖形中的「點」的大小以及「邊」的長短粗細都不重要，圖形的傳達重點是連結關係。節點之間的連結分成**有方向性**（簡稱「有向」）和**無方向性**（簡稱「無向」），像在社群媒體「追蹤」某人，但對方並不反過來追蹤你，屬於「有向」連結；互加好友，則屬於「無向」連結：

走訪節點所經過的邊和順序構成**路徑**（**path**）；若起始節點和終點相同，這樣的封閉路徑圖稱為**迴路**（**circuit**）。其他跟圖形結構相關的術語如下：

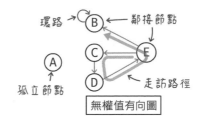

● 鄰接（adjacent）節點：直接相連的節點

● 孤立（isolated）節點：沒有連接任何點的節點

● 環路（cycle）：指向自己的邊，相當於出發之後立即折返原地。

圖形資料結構：鄰接矩陣及鄰接串列

儲存圖形的資料結構常見的有**陣列**和**串列**，底下是用 2 維陣列儲存的例子，這種結構稱為**鄰接矩陣**（adjacent matrix），對於「無權值圖」，資料以 0 代表「不相連」、1 代表「相連」，這是有權值圖的例子：

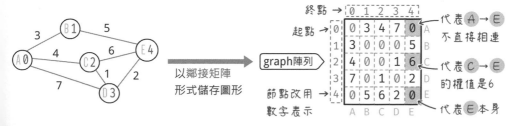

鄰接矩陣結構的優點是程式容易編寫，缺點是儲存空間需求較大；像上圖這種包含許多 0 值的陣列，又稱為**稀疏陣列**。用串列儲存節點資料，稱為**鄰接串列**（adjacent list），占用的儲存空間較小，但程式也較複雜：

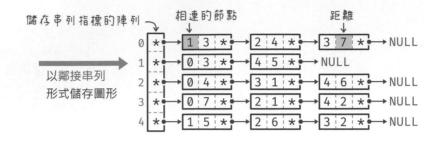

14-2 深度優先（DFS）與廣度優先（BFS）走訪

從開始節點依序找到所有節點，稱為**走訪**（traversal）或**拜訪**（visit）；走訪順序主要分成兩大類型：

● **深度優先搜尋**（Depth First Search，簡稱 DFS）：從根走訪到葉，再走訪另一個分支。

● **廣度優先搜尋**（Breadth First Search，簡稱 BFS）：分層走訪鄰接節點：

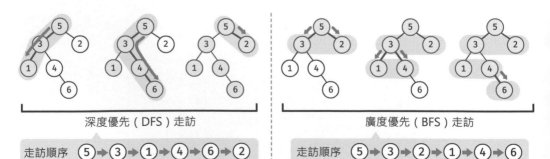

深度優先（DFS）走訪

深度優先走訪可透過**遞迴**或者**堆疊結構**完成，第 13 章的走訪樹狀結構的範例，採用遞迴，本節將說明使用堆疊結構走訪圖形節點的原理，大致步驟如下：

1 宣告一個儲存「已走訪」節點的**陣列**，以及儲存「鄰接節點」的**堆疊**。

2 把圖形的節點（一開始是起始節點）存入堆疊並加入已走訪陣列。

3 從堆疊取出節點。

4 把目前節點未走訪的鄰接節點存入堆疊並加入已走訪陣列。

5 重複步驟 3 和 4，直到堆疊變空。

以走訪底下的圖形為例，先把走訪起點 0 存入「已走訪」陣列，並且推入堆疊：

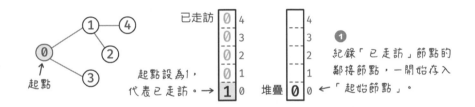

檢查堆疊是否為空，若不是空，先取出它並顯示其值：

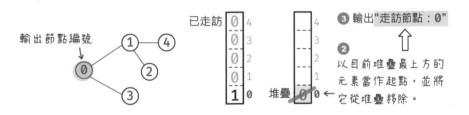

若從堆疊取出的節點有鄰接節點，則從編號較小的那一個開始探索：

探索全部鄰接節點，把它們都存入堆疊：

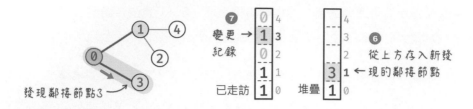

紀錄節點 0 的所有鄰接節點 (1 和 3) 之後，從堆疊最上方的節點開始走訪：

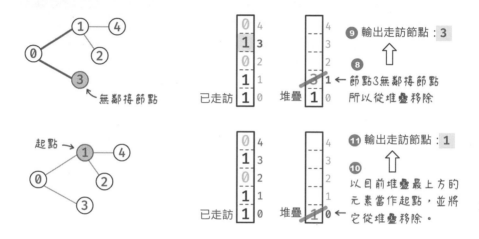

從節點 1 開始探索鄰接節點，發現節點 2 和 4，將它們存入堆疊：

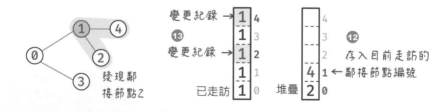

節點 4 和節點 2 都沒有鄰接節點，因此將它們從堆疊移除。當堆疊被清空，也就完成了深度優先走訪：

⑰ 輸出走訪節點：**2**

⑯ 節點2無鄰接節點
所以從堆疊移除

已走訪　　　堆疊

深度優先走訪範例程式（一）

根據上文的分析寫成的完整範例程式如下，編譯執行將顯示 "走訪節點：0 3 1 4 2 "。

```c
#include <stdio.h>
#define N 5            // 節點數量

int graph[N][N] = {
  {0, 1, 0, 1, 0},   // 節點 0
  {1, 0, 1, 0, 1},   // 節點 1
  {0, 1, 0, 0, 1},   // 節點 2
  {1, 0, 0, 0, 0},   // 節點 3
  {0, 1, 1, 0, 0}    // 節點 4
};

int stack[N];         // 紀錄子節點的堆疊
int top = -1;         // 紀錄堆疊最上層元素位置
int visited[N];       // 紀錄已瀏覽的節點

void push(int n) {   // 資料存入堆疊
  stack[++top] = n;
}

int pop() {           // 從堆疊取出資料
  // 堆疊內容並沒有被清除，只是往下移動索引
  return stack[top--];
}

// 若堆疊為空（索引移到 0 以下），傳回 1，否則傳回 0
int isStackEmpty() {
  return top == -1;
}
```

```
void DFS() {                               // 深度優先走訪
  int n = 0;                               // 先取出第一個節點
  push(n);                                 // 節點值存入堆疊
  visited[n] = 1;                          // 此節點設為已走訪
  printf("走訪節點：");
  while (!isStackEmpty()) {                // 重複執行到堆疊為空…
    n = pop();                             // 取出堆疊裡的節點
    printf("%d ", n);                      // 顯示節點編號

    for (int i = 0; i < N; i++) {          // 查看相鄰節點
      // 若有相鄰節點 且 尚未走訪
      if (graph[n][i] == 1 && visited[i] == 0) {
        push(i);                           // 將此節點存入堆疊
        visited[i] = 1;                    // 並設為「已走訪」
      }
    }
  }
}

int main() {
  DFS();
}
```

深度優先走訪範例程式（二）

深度優先走訪可用遞迴函式呼叫完成，因為遞迴本身就是仰賴堆疊機制完成的，底下是功能與上一節程式相同，改用遞迴函式實作的版本。

```
#include <stdio.h>
#define N 5

int graph[N][N] = { …跟上一節程式相同，故略… };
int v[N];                                  // 紀錄已瀏覽的節點

void DFS(int n) {                          // 接收一個「節點」參數
  v[n] = 1;                                // 此節點設為已走訪
  printf("%d ", n);                        // 顯示節點編號

  for (int i = 0; i < N; i++) {            // 對每個相鄰節點
    // 若有相鄰節點 且 尚未走訪
    if (graph[n][i] == 1 && v [i] == 0)
```

```
        DFS(i);                      // 遞迴呼叫
    }
}

int main() {
    printf("走訪節點：");
    DFS(0);
}
```

主程式一開始傳入起始節點 0 給 DFS() 函式，DFS() 函式裡的迴圈將檢視該節
點是否有鄰接節點，若有，則透過遞迴呼叫持續往下探索。下圖顯示探索的過
程、「已走訪」陣列 v 以及堆疊的變化：

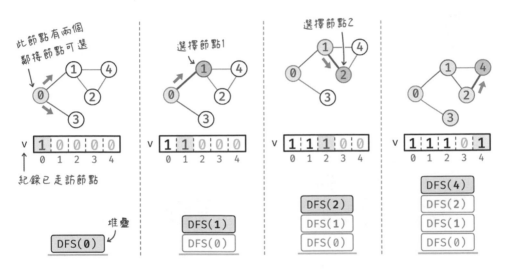

上圖右的 DFS(2) 函式呼叫結束後，返回 DFS(1)，它將探索到另一個相鄰節點 4：

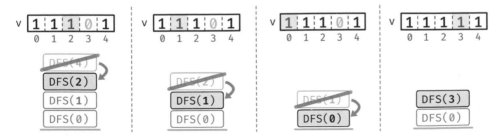

編譯執行程式將顯示："走訪節點：0 1 2 4 3 "。遞迴版是先走訪節點才遞迴
呼叫，所以走訪順序和堆疊版先堆入堆疊再取出走訪的順序不同，讀者可自行
推演確認。

14-3 佇列（queue）與 廣度優先（BFS）走訪

廣度優先走訪演算法會用到**佇列**（queue，也代表「排隊」）資料結構。佇列是一種先進先出（First In, First Out，簡稱 FIFO）的容器，如同排隊，先進入隊列的資料將先被處理：

佇列資料總是從**尾端**加入、從**頭端**取出，至少有一個索引指向最後一筆資料的位置：

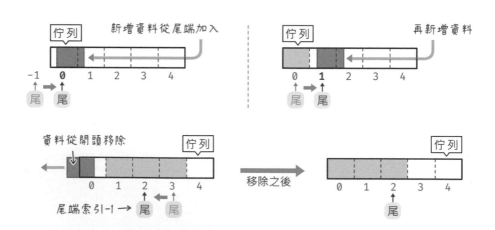

廣度優先（BFS）走訪

下文會說明實作**佇列資料結構**的程式寫法，在此先認識佇列結構在廣度優先走訪演算法當中的應用。廣度優先演算法的大致步驟如下：

1 宣告一個儲存「已走訪」節點的**陣列**，以及儲存「鄰接節點」的**佇列**。

2 把圖形的節點（一開始是啟始節點）加入佇列並同時存入已走訪陣列。

3 取出佇列最前面的節點。

4 把目前節點的**未走訪鄰接節點**存入佇列。

5 重複步驟 3 和 4，直到佇列變空。

以底下圖形為例，從第 0 層依序走訪到第 2 層的步驟如下，先把走訪起點 0 存入「已走訪」陣列並排入佇列：

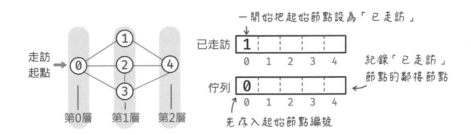

取出佇列最前面的節點，並開始探索是否有鄰接節點，此時發現節點 1，因此將它存入佇列。

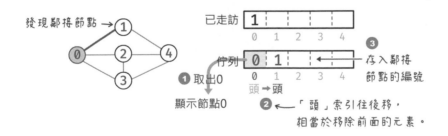

把探索到的節點 1 設成「已走訪」，繼續探索其他鄰接節點…發現節點 2 和 3：

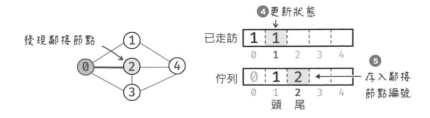

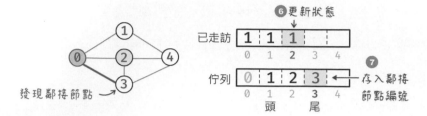

節點 0 已探索全部鄰接節點，開始從佇列中取出鄰接節點。取出節點 1 時，發現了節點 4，將它存入佇列：

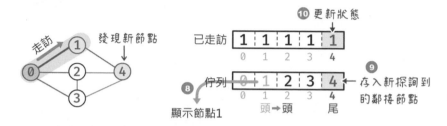

節點 1 沒有其他鄰接節點，繼續從佇列取出其他節點，直到佇列變空：

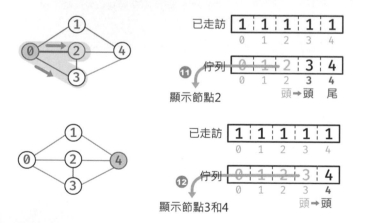

14-4 用陣列實作佇列

C 語言沒有內建佇列資料結構，要自己用**陣列**或**串列**實作，陣列的寫法比較簡單易懂。佇列結構有兩個必要的操作功能：

- **新增資料**：稱為 enqueue（en- 字首有「附加」之意），把資料加入現有元素後面。

- **移除資料**：稱為 dequeue（de- 字首有「移除」之意），在程式操作中並不真的把資料從陣列中刪除，而是改變開頭的索引

若按照佇列的**刪除**元素操作，從陣列開頭移除元素，那麼，後面的元素勢必要全部往前移動（複製）一格：

如果導入「開頭」索引，在刪除資料時把「開頭」索引往後移動一格，而非真的移除資料，就能免去 n-1 次複製元素的操作：

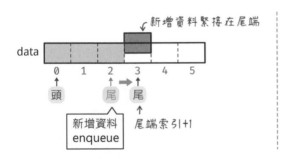

但持續往後挪動開頭索引，最後會導致佇列空間變 0，無法再容納新資料：

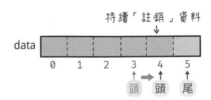

把陣列想像成環形

已註銷資料而遺留下來的空間，可再次運用。以左下圖的情況來看，新增資料可以置入陣列的開頭。把陣列看待成**頭尾相連的環形結構**會比較容易理解：

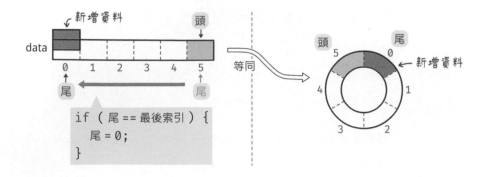

除了用條件式判斷新增或刪除元素之後的索引值，底下的運算式更為簡便：

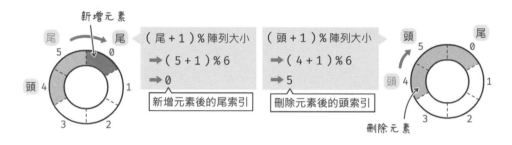

但這個想法有個問題：當佇列被**清空**以及**填滿**時，開頭和尾端的索引編號一樣，因此程式無法憑藉計算頭、尾索引差來辨別佇列的填充狀況：

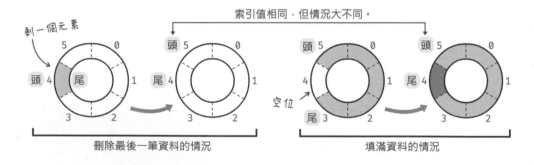

套用算式求取開頭索引編號測試看看：

$$（尾 + 1）\% 陣列大小 \Rightarrow（4 + 1）\% 6 \Rightarrow 5$$

$$\downarrow$$

$$（尾 + 1）\% 陣列大小 == 開頭索引$$

→ 佇列是空的
→ 佇列已經滿了

簡單的解決辦法是始終讓開頭的前一個空間保持空白、不使用。如此一來，**清空**與**填滿**佇列時的開頭索引值就不一樣了（尾端的索引值預設為 5）：

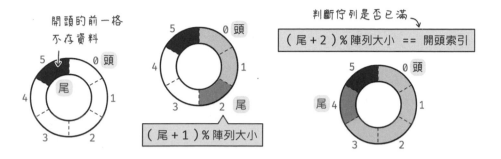

用陣列實作佇列資料結構的程式

筆者把自訂佇列的資料型態命名為 QUEUE，結構如下，當成佇列使用的陣列（data）始終有一個未使用空間，所以大小要加 1：

```c
#define MAX_SIZE 5+1      // 佇列大小
typedef struct queue_t {
  int head;               // 開頭索引
  int tail;               // 尾端索引
  int data[MAX_SIZE];     // 資料
} QUEUE;   // 自訂的佇列型態
```

一開始，要先建立 QUEUE 型態變數並且設定它的頭、尾索引：

```c
QUEUE q;                      // 宣告佇列
q.head = 0;                   // 初始化佇列的開頭索引
q.tail = MAX_SIZE - 1;        // 初始化佇列的尾端索引
```

筆者把判斷佇列是否為空的敘述寫成 isQueueEmpty() 函式、判斷是否滿了的敘述寫成 isQueueFull() 函式：

```c
// 若佇列為空，則傳回 1，否則傳回 0
int isQueueEmpty(QUEUE *q) {
  if ((q->tail + 1) % MAX_SIZE== q->head) {
```

```
      return 1;
  }
  return 0;
}


// 若佇列滿了，則傳回 1，否則傳回 0
int isQueueFull(QUEUE *q) {
  if ((q->tail + 2) % MAX_SIZE == q->head) {
    return 1;
  }
  return 0;
}
```

新增佇列資料的自訂函式名叫 enqueue()，透過上文解說的運算式求得開頭的
索引值，藉以判斷佇列是否滿了。

```
/* 把資料加入佇列
   參數 1：指向佇列結構變數
   參數 2：要存入佇列的整數值
*/
void enqueue(QUEUE *q, int n) {
  int tailIndex;            // 尾端的索引編號
  if (isQueueFull(q)) {
    printf("佇列滿了 \n");
    return;                 // 不做任何事，返回主程式
  }
  tailIndex = (q->tail + 1) % MAX_SIZE; // 計算新增元素的索引位置
  q->data[tailIndex] = n; // 在尾端存入資料
  q->tail = tailIndex;     // 變更尾端索引編號
}
```

把資料移出佇列的自訂函式叫做 dequeue()，如果佇列是空的，它將傳回 -1，否
則傳回從開頭被移出的整數資料值。

```
int dequeue(QUEUE *q) {                 // 把資料移出佇列
  int val;                              // 元素值

  if (isQueueEmpty(q)) {                // 若佇列為空，則結束函式 ⬇
```

```
      printf("佇列是空的 \n");
      return -1;
    }
    val = q->data[q->head];              // 讀取開頭資料
    q->head = (q->head + 1) % MAX_SIZE; // 變更開頭索引
    return val;                          // 傳回元素值
  }
```

底下是存取整個佇列，顯示每個元素值的 printQueue 函式，計算佇列內容大小時，要考慮頭、尾索引前後不同位置的情況：

接收QUEUE（佇列）型態資料的位址

```
void printQueue( QUEUE *q ) {
  int size;   // 佇列的大小

  if (isQueueEmpty(q)) {
    printf("佇列是空的\n");
    return;
  }
  if ( q->head <= q->tail ) {   // 若頭 <= 尾     情況1
    size = q->tail - q->head + 1;
  } else {
    size = q->tail + MAX_SIZE - q->head + 1;     情況2
  }
  printf("佇列內容：");
  for ( int i = 0; i < size; i++ ) {
    printf("%d ", q->data[ (q->head + i) % MAX_SIZE ]);
  }                            從頭計算每個索引值
  printf("\n");
}
```

包含新增 (enqueue)、移除 (dequeue) 佇列元素函式的完整程式碼如下，它將在佇列中陸續存入 5 個元素、取出兩個元素：

```
#include <stdio.h>
#define MAX_SIZE (5 + 1)         // 宣告佇列大小

typedef struct queue_t {
  int head;                      // 開頭索引
```

```
  int tail;                       // 尾端索引
  int data[MAX_SIZE];             // 佇列資料
} QUEUE;                          // 宣告自訂的佇列型態

int isQueueEmpty(QUEUE *q) {   // 若佇列為空，則傳回 1，否則傳回 0
  :略
}

int isQueueFull(QUEUE *q) {   // 若佇列滿了，則傳回 1，否則傳回 0
  :略
}


void enqueue(QUEUE *q, int n) { // 把資料加入佇列
  :略
}

int dequeue(QUEUE *q) {          // 把資料移出佇列
  :略
}

void printQueue(QUEUE *q) {
  :略
}

int main( ) {
  int val;                        // 儲存佇列元素值
  QUEUE q;                        // 宣告佇列
  q.head = 0;                     // 初始化佇列的開頭索引
  q.tail = MAX_SIZE - 1;          // 初始化佇列的尾端索引

  enqueue(&q, 2);                 // 向佇列存入資料
  enqueue(&q, 5);
  enqueue(&q, 3);
  val = dequeue(&q);              // 從佇列取出一個值
  printf("佇列開頭的資料:%d\n", val);
  val = dequeue(&q);              // 從佇列取出一個值
  printf("佇列開頭的資料:%d\n", val);
  enqueue(&q, 6);
  enqueue(&q, 7);
  printQueue(&q);                 // 列舉所有佇列內容
}
```

編譯執行結果顯示：

佇列開頭的資料：2
佇列開頭的資料：5
佇列內容：3 6 7

14-5 廣度優先走訪（BFS）程式實作

本單元程式將示範走訪這個無權值圖：

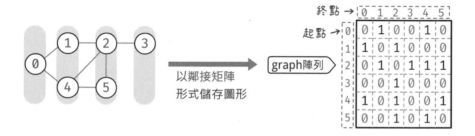

圖形資料用陣列儲存，陣列宣告敘述如下：

```
#define N 6                 // 節點數
#define MAX_SIZE (N + 1)    // 宣告佇列大小

int graph[N][N] = {
  {0, 1, 0, 0, 1, 0},      // 節點 0
  {1, 0, 1, 0, 0, 0},      // 節點 1
  {0, 1, 0, 1, 1, 1},      // 節點 2
  {0, 0, 1, 0, 0, 0},      // 節點 3
  {1, 0, 1, 0, 0, 1},      // 節點 4
  {0, 0, 1, 0, 1, 0},      // 節點 5
};
```

從節點 0 開始走訪，先把節點 0 排入佇列並記錄為已走訪。讀取 graph 陣列的第 0 列，把其中數值為 1 的行號（1 和 4）存入佇列。

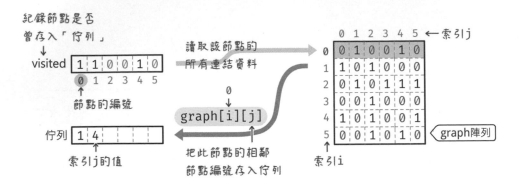

接著取出佇列裡的節點編號、走訪它們的鄰接節點，直到佇列為空。執行廣度優先走訪的敘述，在此寫成 bfs() 自訂函式。

```c
void bfs(QUEUE *q) {
  int n, i;
  int visited[N] = {0};          // 「已造訪」陣列，預設 0

  enqueue(q, 0);                 // 節點 0 排入佇列
  visited[0] = 1;                // 節點 0，已走訪

  printf("走訪節點：");
  while (!isQueueEmpty(q)) {      // 直到佇列為空…
    n = dequeue(q);              // 取出佇列裡的節點
    printf("%d  ", n);           // 顯示節點編號

    for (i = 0; i < N; i++) {    // 查看該節點的相連節點
      // 若有相連節點 且 尚未走訪
      if (graph[n][i] == 1 && visited[i] == 0) {
        enqueue(q, i);           // 排入佇列
        visited[i] = 1;          // 設為「已走訪」
      }
    }
  }
  printf("\n");
}
```

底下是完整的 BFS 走訪程式，編譯執行將顯示：造訪節點：0　1　4　2　5　3

```c
#include <stdio.h>
#define N 6                         // 節點數
#define MAX_SIZE (N + 1)            // 宣告佇列大小

int graph[N][N] = {
    :節點資料，略
};

typedef struct queue_t {
    int head;                       // 開頭索引
    int tail;                       // 尾端索引
    int data[MAX_SIZE];             // 佇列資料
} QUEUE;                            // 宣告自訂的佇列型態

void enqueue(QUEUE *q, int n);      // 把資料加入佇列
int dequeue(QUEUE *q);              // 把資料移出佇列
int isQueueEmpty(QUEUE *q);         // 傳回佇列是否為空
int isQueueFull(QUEUE *q);          // 確認佇列是否滿了
void bfs(QUEUE *q);                 // 進行廣度優先走訪

int main() {
    QUEUE q;
    q.head = 0;                     // 初始化佇列的開頭索引
    q.tail = -1;                    // 初始化佇列的尾端索引

    bfs(&q);                        // 廣度優先走佇列
}
```

105 年 3 月的 APCS 測驗有個圖形相關的實作題目，大意是以樹狀圖顯示家族的血緣關係（如下圖右），根節點（7）相當於「祖父母」，葉節點則是孫字輩。題目要求找出其中最遠的血緣關係，也就是最長的兩個節點距離：

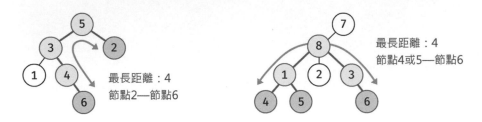

這個題目近似 106 年 10 月的「樹狀圖分析」實作測驗，差別在於這個題目要取得「左、右子樹的最大高度」再加總。所以程式要準備兩個變數，此處命名為 max1 和 max2，分別存放兩個高度。

以下圖為例，節點 3 的子節點的最長距離值是 3、節點 5 的子節點的最長距離則是 4。兩者比較，可得最長距離是 4：

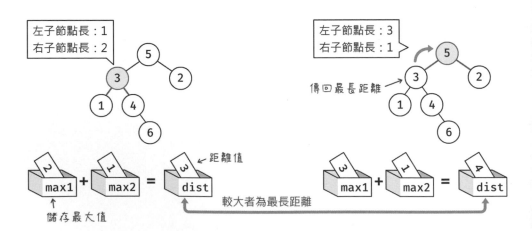

如果子節點不只兩個，程式仍要取得其中最長距離的兩個子節點。以底下的節點 8 為例，長距離數字要存入 max1，短距離數字存入 max2，如果第 3 個節點的距離大於 max2，則替換 max2 的值，如此便能合計算出最長距離為 4：

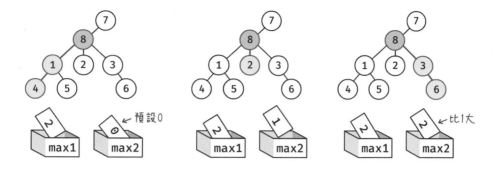

找出最長路徑的程式碼：

根據上文的分析整理而成的「找出最長路徑」的運作流程和程式碼如下，首先宣告 3 個全域變數，計算子樹最大高度的函式命名為 h。自訂節點的 NODE 資料型態定義與第 13 章「樹狀圖分析試題」單元的程式相同。

```
typedef struct node_t {
  int *pt;              // 指向子節點陣列
  int numChild;         // 子節點數量
} NODE;                 // 自訂 NODE 資料型態

int max1, max2, dist;   // 全域變數，預設值為 0

/* 計算兩個子樹的最大高度
   參數 1：節點陣列
   參數 2：節點編號 */
int h(NODE* t, int index) {
```

```
int temp=0;
int child = t[index].numChild;

if (child==0) {
  return 0;
} else {
  int *arr = t[index].pt;

  if (child == 1) {
    return h(t, arr[0])+1;
  } else {
    for (int i=0; i<child; i++) {
      temp = h(t, arr[i])+1;
      if (i==0) {
        max1 = temp;
      } else if (i==1) {
        if (temp <= max1) {
          max2 = temp;
        } else {
          max2 = max1;
          max1 = temp;
        }
      } else {
        if (temp >= max1) {
          max2 = max1;
          max1 = temp;
        } else if (temp > max2) {
          max2 = temp;
        }
      }
    }
                   儲存距離的全域變數
                         ↓
    dist = MAX(dist, max1+max2);
    return max1;
  }
}
```

取得指定節點的子節點

是葉節點？ — 是 → 傳回高度0

否

1個子節點？ — 是 → 傳回此節點的高

否

第1個子節點？ — 是 → max1=此節點的高 ⓐ

否

第2個子節點？ — 是 → 跟max1比較此節點高 較大者存入max1 較小者存入max2 ⓐ

否

跟max1比較此節點高 較大者存入max1 前max1存入max2

跟max2比較此節點高 較大者存入max2 ⓐ

計算距離，跟之前的相比，取大者。 傳回此節點的最大高度值

然後在 main() 函式裡面透過一個迴圈，計算每個節點的左右子樹高度，此迴圈執行完畢後，max1 和 max2 的合，就是最長距離。

```
for (int i = 0; i < n; i++) {   // 從 1 到 n 節點…
  h(t, i);                      // 計算各節點的子樹高度
}
printf("最長距離:%d\n", max1 + max2);
```

這樣就大致完成找出最長路徑的程式，但可惜的是，這個「血緣關係」題目的資料輸入格式跟「樹狀圖分析」題目不一樣，這意味著處理資料輸入的程式碼要改寫。

調整輸入資料格式：

下圖是「血緣關係」題目的資料輸入格式範例，第一行是總節點數，第 2 行開始的 n-1 行，每行有兩個數字，代表父節點和子節點：

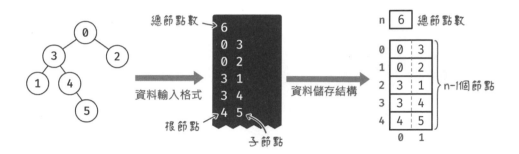

雖然節點資料可直接用二維陣列儲存，但後續的處理程式需要逐列查詢、統計根節點的子節點數。把輸入資料存成和「樹狀圖分析」題目相同的格式，比較容易處理：

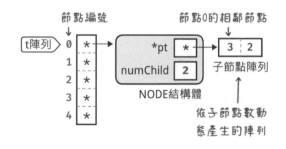

附帶一提，如需找出根節點，可從輸入資料另外建立一個 pa 陣列：

為了減少處理時間，最好在讀取輸入資料之後，就將資料依照規劃的格式儲存，處理流程如下：

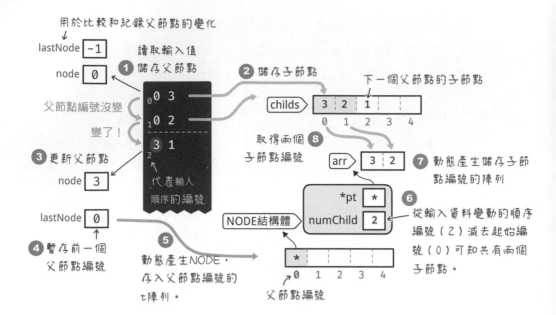

使用者輸入的子節點數字，全都存入右上角的 childs 陣列。當輸入的父節點數字變動時（如：從 0 變成 3），代表新存入的 childs 的子節點隸屬於另一個父節點。

儲存節點資料的程式碼：

每當偵測到輸入的父節點數字不同，程式將執行底下的 saveNode() 函式（代表「儲存節點」），傳入新節點的結構體、子節點陣列（childs）、父節點編號以及子節點索引參數。下圖說明透過子節點索引計算出子節點數量的方式：

```
int lastChildIndex = 0;   // 子節點的起始索引全域變數
```

childs ⟩ | 3 | 2 | 1 |
          0   1   2   3   4

lastChildIndex初始值 → 0   目前寫入資料的索引值 → 2

```
void saveNode( NODE *t, int *childs, int node, int index ) {
  int numChild = index - lastChildIndex;
      :                  ↑
                    求取此父節點的子節點數量
  lastChildIndex = index;
}                  ↖ 更新子節點的起始索引
```

根據上面的解析編寫而成的完整程式碼如下：

```c
#include <stdio.h>
#include <stdlib.h>        // 內含 malloc 函式
#define MAX(x, y) (((x) > (y)) ? (x) : (y)) // 取較大值的巨集指令

int lastChildIndex = 0;  // 子節點的起始索引全域變數
int max1, max2, dist;      // 兩個最大高度值，一個距離值

typedef struct node_t {  // 宣告自訂的 NODE 型態
  int* pt;                 // 指向子節點陣列
  int numChild;            // 子節點數量
} NODE;

void saveNode(NODE* t, int* childs, int node, int index) {
  int numChild = index - lastChildIndex; // 求取子節點數量
  int* arr = (int*)malloc(sizeof(int) * numChild);

  for (int i = 0; i < numChild; i++) {
    arr[i] = childs[lastChildIndex + i]; // 複製子節點資料
  }
  t[node].numChild = numChild;          // 子節點數量
  t[node].pt = arr;                     // 指向子節點陣列
  lastChildIndex = index;               // 更新子節點的起始索引
}

int h(NODE* t, int index) {              // 計算節點的高度
  :略
}

int main() {
  int i, n, node, child;
  int lastNode = -1;
  printf("請輸入節點數：");
  scanf("%d", &n);
  int childs[n];          // 暫存子節點
  NODE t[n];              // 宣告儲存節點的陣列，節點編號從 0 開始

  for (i = 0; i < n; i++) {
    t[i].pt = NULL;                 // 預設沒有子節點
    t[i].numChild = 0;              // 預設子節點數為 0
```

```
    }

    printf("請輸入節點資料：");
    for (i = 0; i < n - 1; i++) {
        scanf("%d %d", &node, &child);
        childs[i] = child;              //儲存子節點

        if (i == 0)                     // 儲存第一筆
            lastNode = node;

        if (node != lastNode) {
            saveNode(t, childs, lastNode, i);
            lastNode = node;
        }
        // 處理到最後一筆都沒有變動的數據，參閱下文說明
        if (i == n - 2) {
            saveNode(t, childs, lastNode, i + 1);
        }
    }

    for (int i = 0; i < n; i++) {   // 從 1 到 n 節點…
        h(t, i);                    // 取得各節點的高度
    }
    printf("最長距離：%d\n", dist);

    for (i = 0; i < n; i++) {
        free(t[i].pt);              // 釋放記憶體
    }
}
```

讀取使用者輸入的節點資料時，程式根據前後列的父節點數字不同，來判定是否儲存父節點。換言之，倘若輸入的父節點沒有變動，父節點就不會被存下來，像底下輸入資料的最後一筆（根節點 2）：

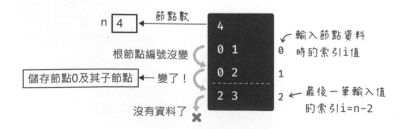

因此，程式必須要檢查輸入資料是否為最後一筆，若是，則要將它儲存下來。

```
if (i == n - 2) {   // 處理直到最後都沒有變動的輸入值
   saveNode(t, childs, lastNode, i + 1);
}
```

程式編譯執行結果：

14-6 計算最短路徑： Dijkstra（戴克斯特拉）演算法

使用導航軟體時，使用者通常期望程式能找出最快抵達目的地的路徑，也就是最短路徑。以下圖為例，假設外送小哥要從 A 送餐到 E，最短距離是 7，路徑是 A→C→D→E：

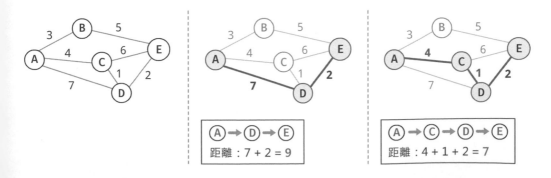

計算最短路徑的知名演算法有 Dijkstra（戴克斯特拉）、Bellman - Ford（貝爾曼 - 福特），它們都用發明者的名字命名，還有 A* 演算法（可參閱筆者網站的「A* 路徑搜尋初探」譯文，網址：https://swf.com.tw/?p=67）

本文採用 Dijkstra，這個演算法會探索從起點到目的地的所有可能路徑，並且在過程中記錄以及更新各條路徑的距離，也就是藉由持續更新 A 到某個節點，以及此節點到其他節點的距離來更新 A 到任一節點的最短距離。Dijkstra 的演算過程如下：

1 　紀錄圖上的全部節點、鄰接節點以及彼此的距離。

2 　如果一個節點有不同邊，選擇權值最小的那個開始走訪：

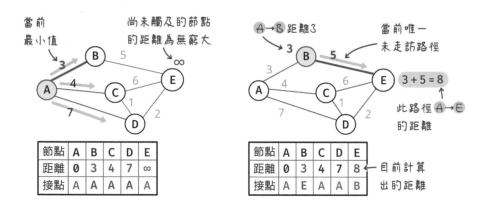

3 　回到起點，找尋其他可能路徑。A→C 的距離小於前次計算的距離值，所以走訪 C：

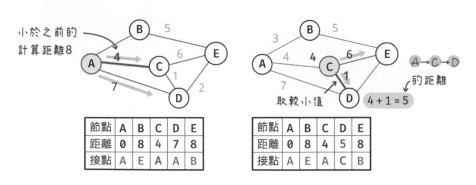

4 最後找到最短路徑是 A→C→D→E：

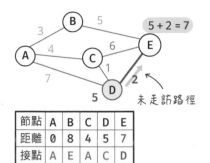

節點	A	B	C	D	E
距離	0	8	4	5	7
接點	A	E	A	C	D

此未走訪節點距離不小於之前計算的距離（7），因此不必走訪。結束探訪路徑。

Dijkstra 演算法程式實作

為了簡化程式碼，本文範例程式採用陣列儲存圖形資料，這個圖形共有 5 個節點，因此二維陣列 graph 的大小是 5×5：

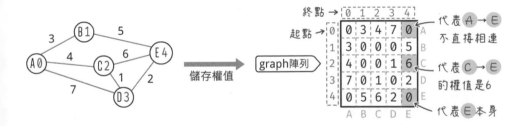

在探索路徑以及判斷哪一條是最短路徑的過程中，程式需要知道走訪各個鄰接節點的開銷（距離或時間等）、目前已知的起點到各節點的最短距離，還要紀錄哪些節點尚未走訪，這些資訊分別用 cost（開銷）、dist（距離）和 visited（已走訪）三個陣列儲存：

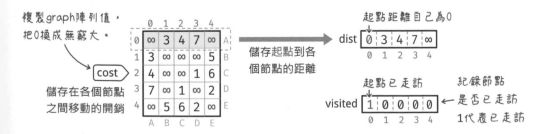

無窮大數字（INFINITY）在此用 99999 代表，這個值只要「遠大於兩個節點最長距離」即可。走訪節點的演算過程如下，首先宣告一個儲存當前最短距離的 minDist 變數，從原點開始，若該節點尚未走訪且距離小於「當前最短距離」，則走訪該節點，像右下圖距離 3 的「節點 1(B)」：

```c
#define INFINITY 99999   // 無窮大值
#define NUM 5     // 節點數
   : 略
int i, nextNode, minDist = INFINITY;

for (i = 0; i < NUM; i++ ) {
  // 如果距離小於「目前最短距離」且「未走過」
  if ( dist[i] < minDist && !visited[i] ) {
    minDist = dist[i];  // 設為「目前最短距離」
    nextNode = i;       // 下一個節點編號
  }
}
// 「最短距離」設為「已走訪」
visited[nextNode] = 1;
```

開始走訪節點 1(B)，對照 cost（移動開銷）陣列，與它相連的節點中，0（起點）已走訪、1 是它自己，所以從節點 2 開始查看是否相連，從下圖可知唯一未走訪的是距離 5 的節點 4(E)：

相應的程式片段如下，執行之後，儲存距離值的 dist 陣列的變化如下：

```
for (i = 0; i < NUM; i++ ) {
  if ( !visited[i] ) {   // 若尚未走訪...
    // 確認距離
    if ( minDist + cost[nextNode][i] < dist[i] ) {
      dist[i] = minDist + cost[nextNode][i];
    }
  }
}
```

本來是無窮大

dist[4]為無窮大

取得cost[1][4]的值

以上的演算過程必須套用到所有與原點相連，且尚未走訪的節點，因此上面的敘述要寫在一個迴圈裡面。完整的程式碼如下：

```
#include <stdio.h>
#define INFINITY 9999
#define NUM 5

void dijkstra(int graph[NUM][NUM]) {
  int cost[NUM][NUM], dist[NUM];
  int visited[NUM], minDist, nextNode, i, j, count;

  for (i = 0; i < NUM; i++)
    for (j = 0; j < NUM; j++)
      if (graph[i][j] == 0)
        cost[i][j] = INFINITY;
      else
        cost[i][j] = graph[i][j];

  for (i = 0; i < NUM; i++) {
    dist[i] = cost[0][i];
    visited[i] = 0;
  }

  dist[0] = 0;           // 到原點的距離為 0
  visited[0] = 1;        // 原點設為「已走訪」
  count = 1;             // 紀錄已走訪的節點數量

  /*
  共 5 個節點，0 是起點，最後一個元素是 4 (n-1)
  所以 while 迴圈從 1~3：
  */
```

```c
  while (count < NUM - 1) {
    minDist = INFINITY;              // 最短距離預設為無窮大

    for (i = 0; i < NUM; i++) {
      // 如果距離小於「目前最短距離」且「未走過」
      if (dist[i] < minDist && !visited[i]) {
        minDist = dist[i];           // 設為「目前最短距離」
        nextNode = i;
      }
    }
    visited[nextNode] = 1;           // 「最短距離」設為「已走訪」
    for (i = 0; i < NUM; i++) {
      if (!visited[i]) {             // 如果尚未走訪…
        // 最短距離
        if (minDist + cost[nextNode][i] < dist[i]) {
          dist[i] = minDist + cost[nextNode][i];
        }
      }
    }
    count++;
  }

  for (i = 0; i < NUM; i++) {
    if (i != 0) {
      printf("\n 從原點到 %d 的距離:%d", i, dist[i]);
    }
  }
}

int main() {
  int graph[NUM][NUM] = {
    {0, 3, 4, 7, 0},
    {3, 0, 0, 0, 5},
    {4, 0, 0, 1, 6},
    {7, 0, 1, 0, 2},
    {0, 5, 6, 2, 0}};

  dijkstra(graph);
}
```

14

編譯執行結果：

```
從原點到 1 的距離：3
從原點到 2 的距離：4
從原點到 3 的距離：5
從原點到 4 的距離：7
```

APCS 實作題　機器人移動路徑

108 年 6 月 APCS 有個機器人的移動路徑考題，完整題目請參閱 ZeroJudge 網站：https://bit.ly/3zbxblG。題目大意：有個 n×m 個格子的地圖，每個格子標示非負數、不相同且小於 1000000 的數字。機器人從最小值的那一格開始，不停地往上、下、左、右四周較小值，而且沒有走過的那一格移動，直到無路可走。程式要求計算機器人走過格子的數值總和。

輸入說明	輸出說明
第一行有代表地圖格子數量的兩個數字 n, m。	輸出移動路徑的數字總和
接著有 n 行，每行有 m 個數字，用空白隔開。	

輸入範例	輸出範例
1 6	109
2 4 1 3 5 100	

解題說明：

這個題目的迷宮沒有固定的入口和出口，要從最小數字開始，往四周較小數值的那一格移動。解題的第一步是要確認起點，也就是找出輸入值當中的最小值。

每當需要比較出最小值，程式可以先預設一個存入「無限大」數字的變數，讓它跟輸入值比較，若遇到更小的數值，就用它來取代「無限大」數字，最後就能獲得「最小數字」。

假設儲存最小值的變數叫做 mini，這個題目提到每個格子的最大值都小於 1000000，所以 mini 變數的預設值可以設成 1000000。以底下這個 3×4 大小的地圖為例，第 1 個格子值是 11，小於 mini，所以 mini 變成 11。後面遇到 7 和 2，再也沒有比 2 更小的數字，所以 mini 值就是 2。更新 mini（最小值）的同時，也要並記下它的 x, y 座標位置：

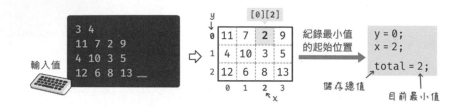

地圖資料建立完畢，便能開始走訪。2 的四周最小值為 3，所以機器人將移向 3，接著移往 5 和 9，所以總和是 19。為了避免重複走訪相同的格子，走過的格子數值要設成 -1，因為題目的格子值都是正整數，兩者可區別開來：

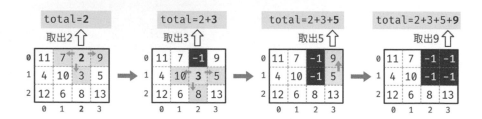

解題程式（一）：

首先編寫接收鍵盤輸入值、建立地圖陣列以及找出最小值的程式碼。

```c
#include <stdio.h>
int n, m, total;  // 儲存輸入的 n 和 m 值，以及總值的變數

// 檢查 y, x 是否在 n*m 的範圍內，且此格未走訪（其值非 -1）
int isValid(int y, int x, int arr[n][m]) {
  if (x >= 0 && x < m && y >= 0 && y < n && arr[y][x] != -1)
    return 1;
```

```
    return 0;
}

int main() {
  scanf("%d %d", &n, &m);        // 讀入 n 和 m 值
  int arr[n][m];                 // 宣告儲存地圖的陣列
  // 紀錄最小值，先設定一個大於所有可能值的數字
  int mini = 1000000;
  int x, y;                      // 紀錄最小值的位置

  for (int i = 0; i < n; i++) {
    for (int j = 0; j < m; j++) {
      scanf("%d", &arr[i][j]); // 讀取輸入值並存入陣列
      if (arr[i][j] < mini) {   // 查看是否為最小值
        mini = arr[i][j];       // 取得最小值
        x = j;                  // 紀錄最小值的位置
        y = i;
      }
    }
  }
  total = mini;                  // 設置「總值」的初值
}
```

地圖資料建立完成，即可開始走動，這部分的虛擬碼如下：

```
持續執行下列步驟，直到無路可走…
  是否能往右走？
  如果可以，右邊格子的值比目前的最小值更小嗎？
  若是：
     更新最小值
     把 x, y 座標（索引）更新成右邊的格子座標

  是否能往下走？
  如果可以，底下格子的值比目前的最小值更小嗎？
  若是：
     更新最小值
     把 x, y 座標（索引）更新成底下的格子座標

     // 處理往左和往上走的邏輯都一樣，故略…
```

實際的程式碼如下，請把它插入 main() 函式裡面的最後一行，total = mini; 後面。

```
while (1) {
  int mini = 1000000;               // 紀錄最小值
  int dx, dy;                        // 紀錄更新的 x, y 座標

  if (isValid(y, x + 1, arr)) {      // 往右
    if (arr[y][x + 1] < mini) {      // 右邊格子的值更小嗎？
      dx = x + 1;                    // 更新座標
      dy = y;
      mini = arr[y][x + 1];          // 更新最小值
    }
  }

  if (isValid(y + 1, x, arr)) {      // 往下
    if (arr[y + 1][x] < mini) {      // 底下格子的值更小嗎？
      dx = x;                        // 更新座標
      dy = y + 1;
      mini = arr[y + 1][x];          // 更新最小值
    }
  }

    : 處理往左和往上走的邏輯都一樣，故略

  if (mini == 1000000) {
    // 如果最小值沒有更新，代表無路可走，退出 while 結束程式
    break;
  } else {
    arr[y][x] = -1;                  // 把目前所在格子的值設成 -1
    x = dx;                          // 更新座標值
    y = dy;
    total += mini;                   // 累計走過格子的值
  }
}
printf("路徑總和:%d\n", total);
```

編譯執行程式，輸入範例值測試，結果符合預期。

解題程式（二）：

上一節的「嘗試移動」部分的程式邏輯都一樣，只是移動的 x, y 參數不同，我們可以把「嘗試往四個方向移動」的四段程式，用一個 for 迴圈取代：

```
if ( isValid( y, x + 1, arr ) ) {
  if ( arr[ y ][ x + 1 ] < mini ) {
    dx = x + 1;
    dy = y;
    mini = arr[ y ][ x + 1 ];
  }
}
```
嘗試往右

```
if ( isValid( y + 1, x, arr ) ) {
  if ( arr[ y + 1 ][ x ] < mini ) {
    dx = x ;
    dy = y + 1;
    mini = arr[ y + 1 ][ x ];
  }
}
```
嘗試往下

首先宣告一個 dir（代表 directions，方向）陣列，儲存往 4 個方向的 y 和 x 軸增、減值。例如，{0, 1}代表 y 軸不動，x 軸加 1，也就是水平往右移動 1 格：

```
int dir[4][2] = { {0, 1},   ← 往右(y+0, x+1)
                  {1, 0},   ← 往下(y+1, x+0)
                  {0, -1},  ← 往左
                  {-1, 0} };
```
y方向值：dir[3][0]　　x方向值：dir[3][1]

套用到「嘗試移動」的條件式的結果如下：

```
for (int i = 0; i < 4; i++) {
  if ( isValid( y + dir[i][0], x + dir[i][1], arr ) ) {
    if ( arr[y + dir[i][0]][x + dir[i][1]] < mini ) {
      dx = x + dir[i][1];
      dy = y + dir[i][0];
      mini = arr[dy][dx];
    }
  }
}
```

底下是改寫後的完整程式碼，執行結果一樣。

```c
#include <stdio.h>
int n, m;
int dir[4][2] = {{0, 1},
                 {1, 0},
                 {0, -1},
                 {-1, 0}};    // 定義四個方向的 y, x 移動值

// 檢查 x, y 是否在 n*m 的有效範圍內
int isValid(int y, int x, int arr[n][m]) {
  if (x >= 0 && x < m && y >= 0 && y < n && arr[y][x] != -1)
    return 1;

  return 0;
}

int main() {
  scanf("%d %d", &n, &m);
  int arr[n][m];
  int mini = 1000000;             // 紀錄輸入的最小值
  int x, y;                       // 紀錄最小值的位置
  for (int i = 0; i < n; i++) {
    for (int j = 0; j < m; j++) {
      scanf("%d", &arr[i][j]);
      if (arr[i][j] < mini) {
        mini = arr[i][j];
        x = j;                    // 紀錄最小值的位置
        y = i;
      }
    }
  }

  int total = mini;
  while (1) {
    int mini = 1000000;
    int dx, dy;

    for (int i = 0; i < 4; i++) {  // 嘗試往四個方向移動
      if (isValid(y + dir[i][0], x + dir[i][1], arr)) {
        if (arr[y + dir[i][0]][x + dir[i][1]] < mini) {
```

```
            dx = x + dir[i][1];
            dy = y + dir[i][0];
            mini = arr[dy][dx];
        }
      }
    }

    if (mini == 1000000) {
      break;
    } else {
      arr[y][x] = -1;
      x = dx;
      y = dy;
      total += mini;
    }
  }
  printf("%d\n", total);
}
```

M E M O

15

動態規劃

本章來談談動態規劃（dynamic programming），簡稱 DP。

 programming 不就是「程式設計」嗎？

 它的另一個意思是「規劃」，就像 "TV Program" 是「電視節目表」。

 哦～我知道 dynamic 還可以形容人「思維活躍」或者「充滿活力」。

 嗯，學習程式設計能讓妳思緒飛揚、朝氣滿滿！

 聽起來很像機能飲料的廣告。

15-1 計算費式數列

費式數列（Fibonacci numbers）是經典的遞迴案例，代表從 0 開始的一串數字，除了 0 和 1，每一個數字都是前兩項的和，數學的定義如下：

$$f(n) = \begin{cases} 0 & if\ n=0 \\ 1 & if\ n=1 \\ F(n\text{-}1)+F(n\text{-}2) & if\ n>1 \end{cases} \xrightarrow{\text{等同}} \boxed{n \quad if\ n=0,1}$$

下表列舉數字 n 從 0 到 10 的費式數列值：

n	0	1	2	3	4	5	6	7	8	9	10
計算值			0+1	1+1	1+2	2+3	3+5	5+8	8+13	13+21	21+34
$f(n)$	0	1	1	2	3	5	8	13	21	34	55

以計算 n=5 的費式數列為例，函式要往前逐步推導至已知值為 1 和 0 的 f(1) 和 f(0)，才能計算加總：

$$f(5) = f(4) + f(3)$$
$$= f(3) + f(2) + f(2) + f(1)$$
$$= f(2) + f(1) + f(1) + f(0) + f(1) + f(0) + 1$$
$$= f(1) + f(0) + 1 + 1 + 0 + 1 + 0 + 1$$
$$= 1 + 0 + 1 + 1 + 0 + 1 + 0 + 1$$
$$= 5$$

底下計算費式數列的自訂函式 fib()，基本上就是套用數學定義，左右兩個函式的寫法略為不同，但功能一樣：

```c
int fib(int n) {
  if (n==0) {
    return 0;
  } else if (n==1) {
    return 1;
  } else {
    return fib(n-1) + fib(n-2);
  }
}
```

```c
int fib(int n) {
  if (n <= 1)
    return n;

  return fib(n-1) +
          fib(n-2);
}
```

呼叫計算 fib(10) 的範例程式如下，編譯執行後將輸出："f(10)=55"。

```c
#include <stdio.h>
#define NUM 10    // 費式數列的計算 n 值

int fib(int n) {  // 計算費式數列的遞迴函式
  : 略
}

int main() {
    printf("f(%d)=%d\n", NUM, fib(NUM));
}
```

改善費式數列遞迴程式

若分析費式數列的遞迴程式運作，你會發現許多數字被重複計算多次。例如，為了求出 n 為 3 和 4 的費式數列值，要先計算出 3 和 2，以及 2 和 1 的數列值，下圖顯示求取 n 為 5 的費式數列的遞迴過程：

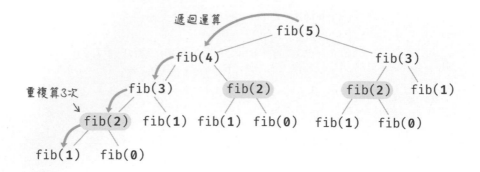

為了避免重複計算，可將計算值儲存下來，以後遇到相同的計算數列，就直接取出儲存值，這就是**動態規劃**的手法。底下是修改後的費式數列函式，使用一個陣列 f 儲存 n 項計算值，f 陣列元素值預設為 0：

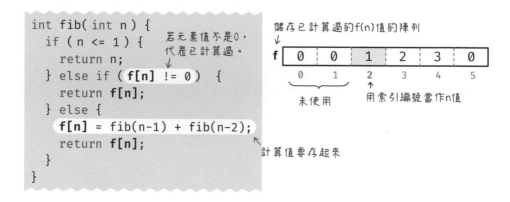

呼叫此 fib() 函式的完整程式範例如下，執行結果將顯示：f(10) = 55。

```
#include <stdio.h>
#define NUM 10      // 費式數列的計算 n 值

int f[NUM] = {0}; // 暫存計算值的 n 個元素陣列，全部元素預設為 0

int fib(int n) {   // 計算費式數列的遞迴函式
  ：略
}

int main() {
  printf("f(%d) = %d", NUM, fib(NUM));
}
```

不用遞迴的費式數列計算程式

根據費式數列 f(n) 的定義，若 n 大於 1，f(n) = f(n-1) + f(n-2)。所以程式可用兩個變數，暫存 n-1 和 n-2 值，另一個變數儲存計算結果，像這樣不必經過遞迴也能求解。用右下圖裡的 fib() 函式定義取代上一節的同名函式，執行結果一樣：

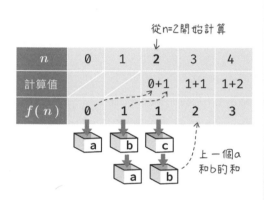

```
int fib( int n ) {
  int a = 0, b = 1, c;
  if( n <= 1 )
    return n;
  for ( int i = 2; i <= n; i++ ) {   從n=2開始計算
    c = a + b;
    a = b;
    b = c;
  }
  return c;   ←最終結果存在c
}
```

15-2 背包問題

以下單元將介紹三個動態規劃的經典問題。第一個是「背包 (knapsack) 問題」，大意是：給定一個容器以及數個不同價值和大小的物品，要求出容器填裝物的最大價值。

舉例：烏鴉發現三顆寶石，每顆寶石的體積和價值都不一樣，烏鴉有個容積 5 的瓶子，請問能裝入瓶子的寶石最大價值是多少？每顆寶石必須保持完整，不可切割。

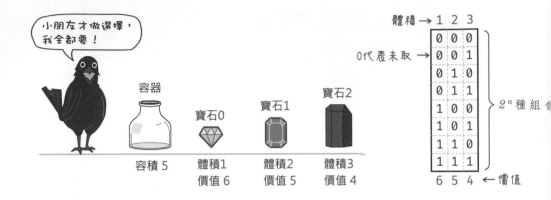

每顆寶石，烏鴉都可以選擇**拿**或**不拿**。把這些狀態全部列舉出來，可得到右上圖的表格，共有 23 種組合。若能帶走所有寶石，可獲得最高價值，但瓶子的容量有限，用樹狀圖分析決策，可看出最大價值是帶走寶石 0 和寶石 1：

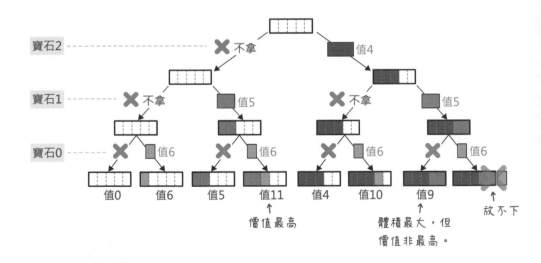

每一個寶石都是在兩個處理辦法中，採取價值回報較高的那一個。從決策樹的最上方來看，如果選擇**不拿寶石 2**，代表整個瓶子都用來裝寶石 1 或 / 和寶石 0，而其最終價值也不包含寶石 2。如果選擇**拿寶石 2**，則只剩下扣除寶石 2 體積的空間給寶石 1 或 / 和寶石 0，而且最終價值要計入寶石 2：

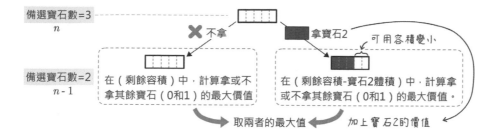

同樣地，若選擇「拿寶石 2」，烏鴉可**拿**或者**不拿**寶石 1，接著比較在剩餘容積中，選擇**拿**或者**不拿**寶石 0，哪個價值比較高。此外，從右下的分析看出，拿了寶石 2 和 1 之後，就沒有空間放入其他寶石了：

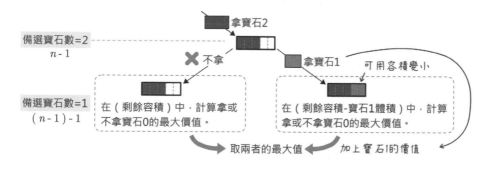

所以挑選寶石的過程都在重複執行同一套邏輯推演，這種方案也稱作**由上而下**（**top-down**）的解法。假設程式宣告了底下的變數存放相關資料：

```
int w[] = {1, 2, 3};   // 物件體積
int v[] = {6, 5, 4};   // 物件價值 (value)
int n = 3;             // 寶石數量
int c = 5;             // 容器的容量 (capacity)
```

評估放入容器的寶石價值的函式叫做 knapsack（代表「背包」），主要的處理流程可寫成：

傳回兩者最大者 → MAX(
　　　　　可用容積　　　備選寶石數
　　knapsack(c, n-1),
　　v[n-1] + knapsack(c-w[n-1], n-1)　　備選寶石數
);　備選寶石的價值　　　扣除備選寶石的體積

完整的程式碼如下，編譯執行結果顯示：最大價值：11。

```c
#include <stdio.h>
// 取較大值的巨集指令
#define MAX(x, y) (((x) > (y)) ? (x) : (y))

int knapsack(int c, int w[], int v[], int n) {
  if (n == 0 || c == 0)
    return 0;

  // 若放入的寶石超出背包容量，則不納入考量
  if (w[n - 1] > c) {
    return knapsack(c, w, v, n - 1);
  } else {
    // 傳回這兩個情況中，較大價值者：
    // 「不拿寶石 n」以及「拿寶石 n」
    return MAX(
      knapsack(c, w, v, n - 1),
      v[n - 1] + knapsack(c - w[n - 1], w, v, n - 1)
    );
  }
}

int main() {
  int w[] = {1, 2, 3};                     // 物件體積
  int v[] = {6, 5, 4};                     // 物件價值 (value)
  int n = sizeof(w) / sizeof(w[0]);   // 寶石的數量
  int c = 5;                               // 背包容量 (capacity)

  printf("最大價值 :%d\n", knapsack(c, w, v, n));
}
```

使用表格交叉分析背包承重和受重的價值

為了方便說明，本單元採用以下的範例解說：

承重8　　重量3　　重量4　　重量6　　重量5
　　　　價值1　　價值2　　價值3　　價值4

```
int w[] = {3, 4, 5, 6};  // 重量
int v[] = {1, 2, 4, 3};  // 價值
```

透過遞迴解決背包問題，程式很簡潔，但過程中將重複多次推演相同案例：

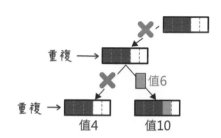

常見的解題手法是整理一個如下的表格，每一格代表一個狀態的解。從代表
「剩餘物件為 0」的第 0 列開始，依序填入在背包剩餘承重 0~8 的情況下，可
再放入的物件數量：

值	重		0	1	2	3	4	5	6	7	8
		0	0	0	0	0	0	0	0	0	0
1	3	1	0	0	0	1	1	1	1	1	1
2	4	2									
4	5	3									
3	6	4									

背包剩餘承重 →

← 第0列的每一行都填入0，
代表沒有東西可以放了。

依序填入
物件的價值

從剩餘承重3kg開始，
在剩下1個3kg物件的情況下，
只能再放入1個3kg物件。

依重量排序　　剩餘物件數量

繼續填寫「剩餘物件為 2」的那一列，物件的重量為 4，所以在背包的 0~3 剩
餘承重範圍內，只能放入 1 個重量 3 的物件，因此只需要照抄上一列 0~3 行
的價值（步驟 1）：

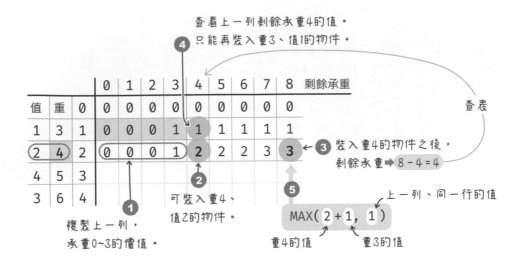

查看上一列剩餘承重4的值。
④ 只能再裝入重3、值1的物件。

查表

③ 裝入重4的物件之後，剩餘承重 ➡ 8 - 4 = 4

⑤ 上一列、同一行的值

MAX(2 + 1, 1)

重4的值　重3的值

① 複製上一列，承重0~3的價值。

② 可裝入重4、值2的物件。

填寫到「剩餘承重 7 和 8」這兩行時，因為放入重 4 的物件後，還可以再放入重 3 的物件，查表可知其值為 1(步驟 4)，最後和上一列的值比較，儲存較大者(步驟 5)。

填寫最後兩列。最後一列 (重 6)，從「剩餘承重 6」那一行開始，即可放入一個重 6 的物件，但它的價值 3，小於重 5 的價值 4，所以取大者，填入 4：

查看上一列剩餘承重3的值。
② 只能再裝入重3、值1的物件。

查表

值	重	0	1	2	3	4	5	6	7	8	剩餘承重
		0	0	0	0	0	0	0	0	0	
1	3	1	0	0	0	1	1	1	1	1	
2	4	2	0	0	0	1	2	2	2	3	
4	5	3	0	0	0	1	2	4	4	5	5
3	6	4	0	0	0	1	2	4	4	5	5

① 裝入重5的物件之後，剩餘承重 ➡ 8 - 5 = 3

③ 複製上一列，承重0~5的價值。

④ 放不下其他物件了

MAX(3 + 0, 5)

重6、值3

上面的填表過程體現了「動態規劃」的概念：有些內容不必重複運算，可透過複製前面的已知值，或者查閱之前的紀錄取得。這個表格右下角的元素值(5)，就是背包所能承裝的最大價值，此方案也稱為**自下而上(bottom-up)** 的解法。

15

背包問題的動態規劃解法

根據以上的推演，我們可以準備一個陣列 k 來紀錄背包內容，另外準備陣列 v 和 w，紀錄物品的價值和重量（**列表依重量遞增排序**），然後透過一個運算式求得陣列 k 的全部元素值：

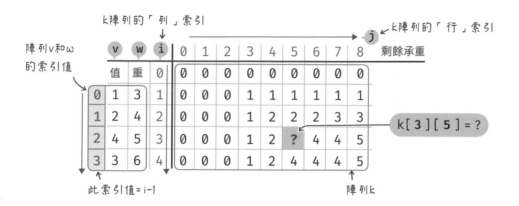

以求取 k[3][5] 的值為例，根據上一節的推演整理成的運算式的計算結果為 4：

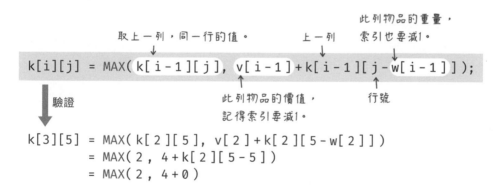

```
k[3][5] = MAX( k[2][5], v[2]+k[2][5-w[2]] )
        = MAX( 2, 4+k[2][5-5] )
        = MAX( 2, 4+0 )
```

求取陣列 k 的全部元素值的虛擬碼如下：

若**列號**（i）為 0 或者**行號**（j）為 0：
　　這一格填入 0
否則，若**行號**（j）不在此列物品重量的範圍內：
　　複製上一列的值到這一格
否則：
　　執行上面的公式填入值

底下是完整的程式碼，假設有 4 個物件，背包的承重為 8。執行結果顯示：最大價值：5。

```c
#include <stdio.h>
// 取較大值的巨集指令
#define MAX(x, y) (((x) > (y)) ? (x) : (y))

int knapsack(int c, int w[], int v[], int n) {
  int k[n + 1][c + 1];            // 宣告表格 k
  int i, j;                       // 表格的索引

  for (i = 0; i <= n; i++) {   // 開始填表
    for (j = 0; j <= c; j++) {
      if (i == 0 || j == 0)
        k[i][j] = 0;
      else if (w[i - 1] > j)
        k[i][j] = k[i - 1][j];
      else
        k[i][j] =
          MAX(k[i - 1][j], v[i - 1] + k[i - 1][j - w[i - 1]]);
    }
  }
  return k[n][c];                // 傳回表格右下角的元素值
}

int main() {
  int w[] = {3, 4, 5, 6};        // 物件的重量
  int v[] = {1, 2, 4, 3};        // 物件的價值
  int c = 8;                     // 背包承重
  int n = sizeof(w) / sizeof(w[0]);
  printf("最大價值：%d\n", knapsack(c, w, v, n));
}
```

15-3 找零所需的最少硬幣數量

所需最少硬幣問題的大意是：給定某個金額（如：7），以及可用的硬幣面額（如：1, 2 和 5），假設每個面額硬幣的數量都沒有限制，要求計算出所需最少的硬幣數量。

我們可以用樹狀圖分析所有方案，例如，全部用 1 元硬幣，需要 7 枚；用五枚 1 元和一個 2 元，總共要 6 枚硬幣；最佳解是各用一枚 2 元和 5 元，總共兩枚硬幣：

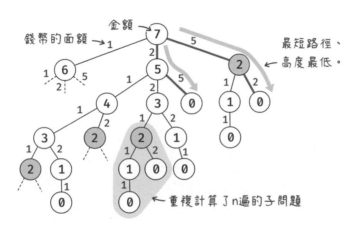

每個子樹的父節點，都要從子節點的傳回值，取出最小值。以下圖的節點 2 為例，假設計算硬幣數量的函式為 f(n)，f(5) 的結果理當是 -3，但它必須傳回「無窮大」，交給父節點選取最小值時，它才不會被選上：

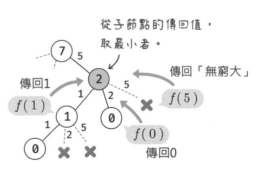

完整的程式碼如下，計算硬幣數量的遞迴函式叫做 minCoins()，編譯執行結果顯示：最少硬幣數：2。

```c
#include <stdio.h>
#define MAX_NUM 9999                    // 代表「很大的數字」

/*  找出最小硬幣數量
    參數 1：coins[]金額陣列
    參數 2：錢幣面額的數量
    參數 3：餘額（目標金額） */
int minCoins(int coins[], int s, int val) {
  if (val == 0) return 0;           // 走訪到葉節點

  int n = MAX_NUM;   // 最少硬幣數，預設為「很大的數字」

  for (int i = 0; i < s; i++) {  // 逐一測試每個錢幣面額
    if (coins[i] <= val) {        // 若錢幣面額小於餘額
      // 傳回此面額的最少硬幣數（遞迴執行到傳回 0）
      int sub = minCoins(coins, s, val - coins[i]);

      // 如果硬幣數 +1 小於之前的數量…
      if (sub != MAX_NUM && sub + 1 < n)
        // 更新硬幣數（也就是取較小值，換一個錢幣所以 +1）
        n = sub + 1;
    }
  }
  return n;               // 傳回這個節點的最少硬幣數（或無窮大）
}

int main() {
  int coins[] = {1, 2, 5};                    // 硬幣面額
  int s = sizeof(coins) / sizeof(coins[0]);   // 面額種類
  int val = 7;                                // 找零的金額
  printf("最少硬幣數：%d\n", minCoins(coins, s, val));
}
```

最少硬幣數量的動態規劃解法

為了避免重複計算已知值，本例同樣用表格紀錄指定金額所需的最少兌換硬幣數量。假設有 1, 3, 5 和 7 四種面額的硬幣，從 0 到 10 元，兌換表格整理如下：

雖然我們憑直覺就能判斷，用 3 元硬幣兌換 3 元那一格可以放一枚 3 元硬幣，但是我們要把心裡的想法用一個「演算規則」描述出來，才能讓電腦處理。推算 3 元可用 1 枚 3 元硬幣的過程如下：

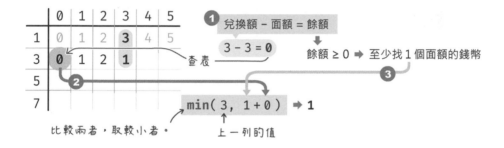

經過上圖步驟的計算和查表，跟上一列的結果相比，取最小值，得出最佳解是 1 枚硬幣。用同樣的演算流程填寫後面的格子，可得知金額 4 至少要用兩枚硬幣兌換：

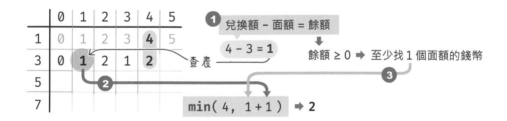

最後嘗試填寫用 5 元硬幣兌換 10 元的格子，分析結果顯示，最少方式為兩枚 5 元硬幣：

	0	1	2	3	4	5	6	7	8	9	10
1	0	1	2	3	4	5	6	7	8	9	10
3	0	1	2	1	2	3	2	3	4	3	**4**
5	0	1	2	1	2	**1**	2	3	4	3	**2**
7	0	1	2	1	2	1	2	1	2	3	2

① 兌換額 – 面額 = 餘額

10 – 5 = **5**

餘額 ≥ 0

查表

②

③

min(4, 1+1) ➡ 2

採用上述演算法完成的程式碼如下:

```c
#include <stdio.h>
// 取較小值的巨集指令
#define MIN(x, y) (((x) < (y)) ? (x) : (y))
#define MAX_NUM 99999   // 代表「很大的數字」

int minCoins(int coins[], int s, int val) {
  int t[val + 1];        // 儲存錢幣數量的表格
  t[0] = 0;

  // 除了第 0 格，表格內容預設為「最大值」
  for (int i = 1; i <= val; i++)
    t[i] = MAX_NUM;

  // 從第 1 格開始填表
  for (int i = 1; i <= val; i++) {
    // 逐一嘗試填入每個面額的硬幣
    for (int j = 0; j < s; j++) {
      // 如果面額小於或等於這一格的金額
      if (coins[j] <= i) {
        // 根據上文的運算過程，取最小值填入這一格
        t[i] = MIN(t[i], t[i - coins[j]] + 1);
      }
    }
  }

  // 如果到最後找不出解答，則傳回 -1
  if (t[val] == MAX_NUM)
    return -1;
```

```
  return t[val];                              // 傳回硬幣數量
}

int main() {
  int coins[] = {1, 3, 5, 7};                 // 硬幣面額
  int s = sizeof(coins) / sizeof(coins[0]); // 面額種類
  int val = 18;                               // 找零的金額
  printf("最少硬幣數:%d\n", minCoins(coins, s, val));
}
```

15-4 最長共同子序列

最長共同子字串 (Longest Common Subsequence，簡稱 LCS) 也是經典的演算法考題，其出發點是找出兩筆資料之間的相似程度，例如，比較兩個物種的 DNA 序列的相似度、兩份論文內容的相似度…等。

LCS 問題用兩個英文字母組成的字串來代表兩筆資料，「子序列」指的是兩個字串中，相同順序出現的字元，但不一定要連續。例如：

字串1	字串2	共同子序列	字串1	字串2	共同子序列
"AACXDFGE"	"ACDDXE"	➡ "ACDE"	"KNFGT"	"NCFT"	➡ "NFT"

最長共同子序列問題的答案是子序列的長度，所以 "KNFGT" 和 "NCFT" 的 LCS 解答是 3。

下圖展示了採用遞迴函式解決 LCS 問題的過程。假設此 lcs 函式接收兩個字串，程式每次都比較兩者最後一個字元，若發現相同，則將它們刪除，然後把「子序列長度」值加 1：

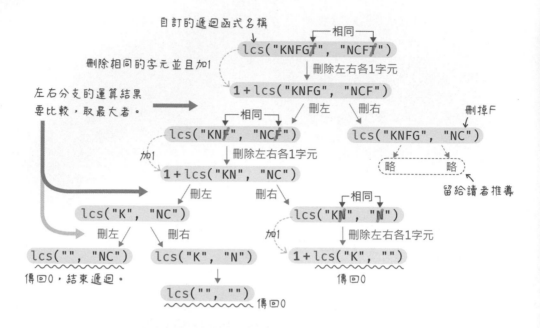

自訂的遞迴函式名稱

刪除相同的字元並且加1

左右分支的運算結果要比較，取最大者。

相同
lcs("KNFG", "NCF")

刪除左右各1字元

1 + lcs("KNFG", "NCF")

相同
lcs("KNF", "NCF")

刪左
刪右

刪掉F
lcs("KNFG", "NC")

略　　　略
留給讀者推導

加1

刪除左右各1字元
1 + lcs("KN", "NC")

刪左
刪右

相同
lcs("KN", "N")

lcs("K", "NC")

加1

刪除左右各1字元
1 + lcs("K", "")

傳回0

刪左
刪右

lcs("", "NC")
傳回0，結束遞迴。

lcs("K", "N")

lcs("", "")
傳回0

如果兩個字串的結尾字元不一樣，則分別刪除其中一個字串的結尾字元再比較，直到其中一個或者兩個字串變成空字串為止。其中的「刪除字元」並不需要真的刪除，只要縮減字串長度即可完成「類刪除」，像底下這個字串 "s1"：

字串長：5

s1 | K | N | F | G | T | \0
0　1　2　3　4　5
↑
最後一個字元索引

偽刪除最後一字元

字串長：4

s1 | K | N | F | G | T | \0
0　1　2　3　4　5
↑
最後一個字元索引

隨著每一次縮減字串，問題也跟著被簡化。實際的 lcs() 遞迴函式接收 4 個參數，完整的範例程式碼如下：

```
#include <stdio.h>
#include <string.h>  // 內含 strlen (字串長度) 函式
// 取較大值的巨集指令
#define MAX(x, y) (((x) > (y)) ? (x) : (y))

/*  傳回「最大共同子序列長度」的遞迴函式
    參數 s1：字串 1
```

```
    參數 s2:字串 2
    參數 l1:字串 1 長度
    參數 l2:字串 2 長度 */
int lcs(char *s1, char *s2, int l1, int l2) {
  if (l1 == 0 || l2 == 0)        // 若其中一個字串長度為 0…
    return 0;
  if (s1[l1 - 1] == s2[l2 - 1]) // 若發現相同字元
    // 1+ 刪除兩個字串的結尾字元
    return 1 + lcs(s1, s2, l1 - 1, l2 - 1);
  else // 若字元不同…分別刪除字串 1 和字串 2 的結尾字元
    return MAX(lcs(s1, s2, l1, l2 - 1),
               lcs(s1, s2, l1 - 1, l2));
}

int main() {
  char s1[] = "KNFGT";
  char s2[] = "NCFT";
  int l1 = strlen(s1);           // 字串 1 長度
  int l2 = strlen(s2);           // 字串 2 長度

  printf("LCS 長度:%d\n", lcs(s1, s2, l1, l2));
}
```

編譯執行的結果顯示:LCS 長度:3。

最長共同子序列的動態規劃解法

如果你把上文的 lcs() 遞迴呼叫的整個過程 (樹狀圖) 描繪出來,可以發現其中重複執行的部分。動態規劃的解法同樣是用表格 (2 維陣列) 紀錄函式執行的結果。假設要求取字串 "NCFT" 和 "KNFGT" 的 LCS,處理函式命名為 lcs(),首先繪製像下圖的表格:

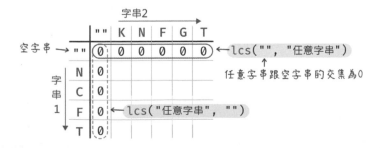

從第 1 個字元開始比對，由於兩個字元不同，根據之前的遞迴處理過程可知，程式要「**從兩個字串中，分別刪除一個字元，取比對結果的最大者**」，而**刪除一個字元的比對結果，已經列在左邊和上面那一格**。所以 ("N", "K") 格填入 0：

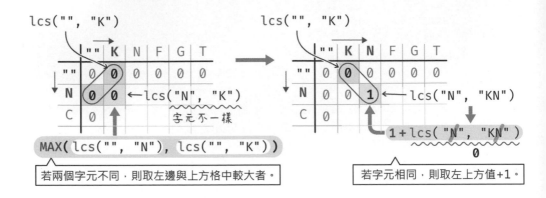

右上圖顯示 ("N", "KN") 的比對過程，兩者最後一個字元相同，所以要取刪除最後一個字元的結果，也就是 ("", "K") 的值，再加上 1。

用相同的演算方式填寫所有格子，最右下角的那一格就是解答：

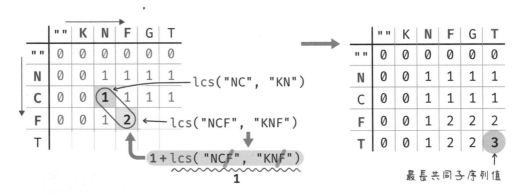

依據上述分析填表編寫而成的程式碼如下，編譯執行結果顯示：LCS 長度：3。

```c
#include <stdio.h>
#include <string.h>          // 內含 strlen (字串長度) 函式
// 取較大值的巨集指令
#define MAX(x, y) (((x) > (y)) ? (x) : (y))
```

15

15-20

```
int lcs(char *s1, char *s2, int l1, int l2) {
  int t[l1 + 1][l2 + 1];   // 宣告儲存資料的表格（2 維陣列）

  for (int i = 0; i <= l1; i++) {         // 填寫表格
    for (int j = 0; j <= l2; j++) {
      if (i == 0 || j == 0)
        t[i][j] = 0;
      else if (s1[i - 1] == s2[j - 1])   // 若發現相同字元
        t[i][j] = 1 + t[i - 1][j - 1];   // 1+ 左上方格
      else   // 字元不同…取左邊與上方格，最大者
        t[i][j] = MAX(t[i - 1][j], t[i][j - 1]);
    }
  }

  return t[l1][l2];        // 答案在最後一格
}

int main() {
  char s1[] = "KNFGT";
  char s2[] = "NCFT";
  int l1 = strlen(s1);   // 字串長度
  int l2 = strlen(s2);

  printf("LCS 長度：%d\n", lcs(s1, s2, l1, l2));
}
```

APCS 實作題　置物櫃（板凳）出租

107 年 10 月的 APCS 有個出租置物櫃的考題，筆者把置物櫃換成板凳，題目大意如下：小明經營共享板凳的生意，共有 M 個板凳，已租給 n 個客戶，某日他自己需要使用 S 個，如果剩下的板凳數量不夠，就得讓客戶退租。對每位租客，都可以選擇**不退**或者**全退**（數量不可分割），而退租 i 個的損失金額等同退租數量 i，請求出最低損失金額。

輸入資料有兩行數字，第一行的數字依序分別是租客數、板凳數和需要的數量，每個數字之間用空格相隔；第 2 行是每個客戶租用的數量。輸出資料是退租的數量。例如：

輸入	輸出	輸入	輸出
3 10 6	5	5 20 14	15
4 4 1		8 2 7 2 1	

題目的意思是租金和數量相同，退租 4 個將損失 4 元。第一個輸入範例 3 10 6，指出共有 3 位租客，共 10 張板凳，要回收 6 張。已出租數量 4, 4 和 1 的總和為 9，根據底下的樹狀決策分析，可知符合回收數量（與金額）的解答是退租 4 和 1，最低損失 5 元：

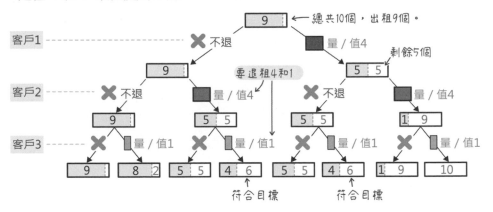

此題的解題關鍵在於，**先列舉所有可能的承租數量的組合**，再從中篩選出需要的數量。請看底下的解題過程，先準備一個「承租數量組合表」：

然後以「承租數量」為索引，把那一格設為 1。以題目的範例出租範例數字 "4 4 1" 為例，填完表格的結果如下，共有 6 種可能的組合：

15-22

題目需求是 6 個，根據底下的計算式可知至少得回收 5 個。查閱上表，回收 5 在選項之列，所以答案就是 5。假設至少要回收 6 個，上表的 6 和 7 都是 0，不在選項之列，最接近值是 8：

演算步驟分析（一）：

假設有兩個承租戶，分別租用 4 個和 1 個板凳，表格記錄的內容將是：

代表業者可收回0個、1個、4個或5個

	0	1	2	3	4	5	6	7	8	9	10
承租戶1：租4個 承租戶2：租1個	1	1	0	0	1	1	0	0	0	0	0

所有租用數量的合

底下嘗試依照使用者輸入的承租數量來推演填表的過程，假設共有 3 個承租數字，第 1 個數字是 4，所以表格 t 的元素 4 要設成 1：

t	0	1	2	3	4	5	6	7	8	9	10
承租戶1：租4個	1	0	0	0	1	0	0	0	0	0	0

t[4] = 1

第 2 個輸入數字為 2，**第 2 格和第 2+4（第 1 個輸入數字）格**都要設成 1：

t	0	1	2	3	4	5	6	7	8	9	10
承租戶1：租4個 承租戶2：租2個	1	0	1	0	1	0	1	0	1	0	0

t[2] = 1　　　　t[4+2] = 1

第 3 個輸入數字為 1，從填表過程可看出，程式需要把使用者的輸入值也用陣列保存，然後透過兩個迴圈計算：

● 分別計算這個輸入數字與其他數字的和。

● 計算這個輸入數字與其他數字的總和：

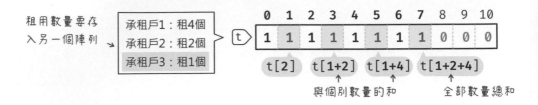

演算步驟分析（二）：

另一種方法是在使用者輸入承租數字之後，從表格 t 的最後一格往前找尋其值為 1 的格子，再把那些格子的索引編號加上承租數字，當作新設值的索引。例如，假設使用者輸入 1，程式發現第 6 格的值為 1，所以把 (6+1) 格的值設為 1：

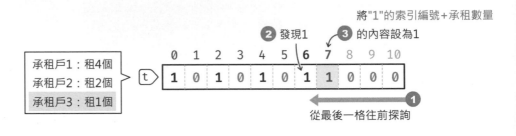

底下是發現第 2 格為 1 的情況，(2+1) 格的內容被設為 1。探詢到第 0 格，結束之前，記得在承租數量 (1) 的那一格填入 1：

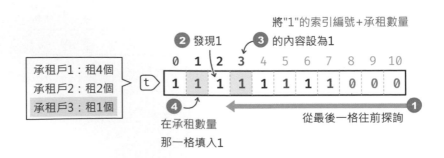

探詢表格 t 的迴圈必須從最後一格開始，假如從第 0 格開始，那麼最後每一格的值都是 1（假設承租數量是 1）。底下是第 6 格和第 7 格的分析情況：

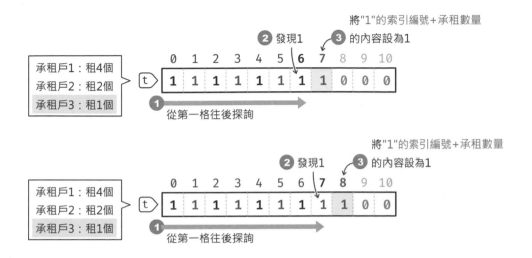

回收承租物品的程式碼：

表格填寫完畢，結果就呼之欲出了。底下是根據「演算步驟分析（二）」完成的程式碼，用考題的兩個範例值測試，結果都符合預期。

```c
#include <stdio.h>

int main() {
  int n, M, S, i, num;
  printf("請輸入 n, M, S\n");
  scanf("%d %d %d", &n, &M, &S);

  int t[M + 1];    // M 是出租物品的數量
  for (i = 1; i <= M; i++) {
    t[i] = 0;      // 除了第 0 格，全部預設為 0
  }
  t[0] = 1;        // 第 0 格設為 1
  int rents[n];    // 儲存每個承租的數量
  printf("請輸入租用資料 \n");
  int total = 0;   // 儲存已出租的總數
  for (i = 0; i < n; i++) {
```

```c
    scanf("%d", &num);
    rents[i] = num;
    total += num;           // 目前租用的數量
  }
  // 開始填寫表格 t
  num = rents[0];           // 取出第一個承租數量
  t[num] = 1;               // 把這一格設成 1

  for (i = 1; i < n; i++) {
    for (int j = M; j > 0; j--) {
      if (t[j] == 1) {
        num = rents[i] + j;
        t[num] = 1;
      }
    }
    num = rents[i];
    t[num] = 1;
  }

  int left = M - total;   // 剩餘的數量
  if (left >= S) {
    printf("不用退租");
    return 0;
  }

  // 輸出結果
  for (i = (S - left); i < M; i++) {
    if (t[i] == 1) {
      break;
    }
  }
  printf("結果:%d\n", i);
}
```

APCS 實作題 ／ 勇者修練

109 年 10 月 APCS 有個走訪路徑的「勇者修練」實作題，完整題目網址：https://bit.ly/3cCJeWD。題目大意：有個 m × n 大小的方格矩陣，每個格子包含介於 -100 與 100 之間的整數經驗值，玩家扮演的角色每次走入一個格子，將累積或扣除經驗值

角色可以從最上面一排任何一個位置進入，從最下面一排任何一個位置離開。移動規則：只能選擇往左、往右或往下走，不能走回已經走過的格子。請計算角色最多可以獲得的經驗值總和。

輸入說明	輸出說明
第一行有兩個正整數 m, n（ 1 ≦ m ≦ 50, 1 ≦ n ≦ 10000 ） 接下來 m 行，每行包含 n 個整數。第 i 行的第 j 個數字表示在 (i, j) 位置可以得到的經驗值。	最大經驗值總和

輸入範例 1	輸出範例 1
1 5 3 2 4 -7 4	9

輸入範例 2	輸出範例 2
3 5 2 1 5 -7 4 6 -9 12 -3 15 7 -13 6 -5 11	44

解題想法：

假設經驗值只有一列，那麼，最大經驗值是從 5 開始往左加總到 2，或者從 2 開始往右加總到 5，其他移動方式都無法取得最大經驗值：

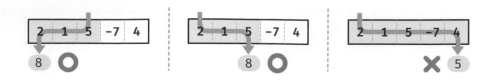

這個題目並不需要紀錄移動路線，只要求出最大經驗值。單獨看每一列時，勇者只能從進入點往左、右移動。程式可以針對每一格分別計算從上方、左方、或是右方進入的最大經驗值，計算的方法是使用 L、R 兩個矩陣，分別計算從左往右以及從右往左的累計經驗值，計算時要比較上方經驗值與相鄰格子的累計經驗值較大者。對於矩陣的第一列，上方的經驗值視為 0。以剛剛的單列矩陣為例：

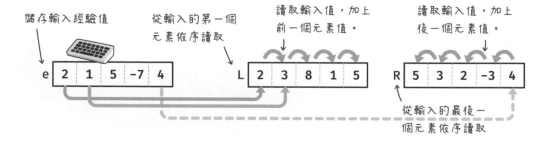

把 L, R 兩個陣列各個元素的較大值，存入另一個陣列 dp，再篩選出其中的最大值 8 就是解答。篩選的方式可用「快速排序」法，從大到小降冪排序，第 1 個元素就是答案：

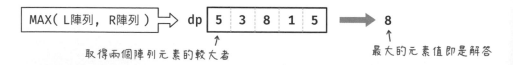

如果經驗值資料有兩列或更多，往下移動時必須串連到能夠取得該列最大經驗值的起點，這其實就是取這一列和上一列的最大總和。例如：

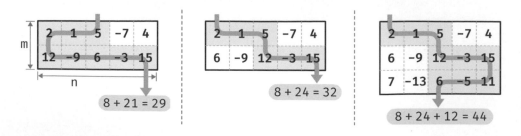

解題程式：

首先宣告四個陣列，使用 dp 陣列儲存多列的最大經驗值加總，運算期間它需要讀取「上一列」資料，所以 dp 陣列的資料從**列 1** 開始儲存，如此，它的上一列就是**列 0**：

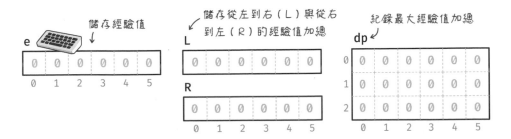

假設輸入的經驗值有 2 × 5 個。處理過程如下，處理輸入的每一列經驗值時，都要把「上一次」的最大經驗值納入考量：

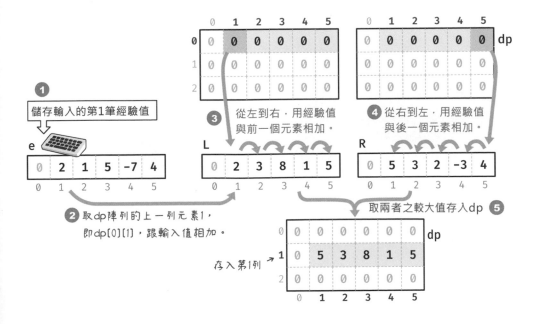

輸入的數據經過計算之後，第一次累計的較大經驗值將存入 dp 陣列的第 1 列，數據的第一行也統一從 1 開始。

第 2 列輸入資料的處理流程和上面相同：

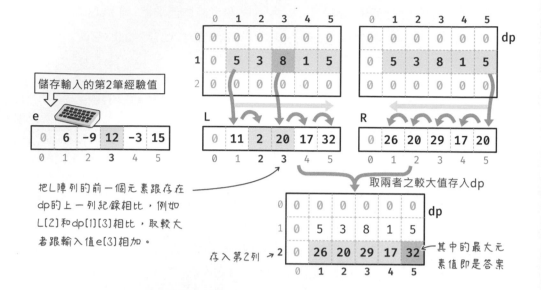

儲存輸入的第2筆經驗值

把L陣列的前一個元素跟存在
dp的上一列紀錄相比，例如
L[2]和dp[1][3]相比，取較大
者跟輸入值e[3]相加。

取兩者之較大值存入dp

存入第2列

其中的最大元
素值即是答案

15

根據以上分析寫成的完整程式碼如下，題目有說，矩陣大小 m × n，m 值介於
1 到 50、n 介於 1 到 10000，所以底下程式把 m 和 n 相關陣列的大小分別設
成 51 和 10001（因為資料從元素 1 開始存入）。

```c
#include <stdio.h>
// 取較大值的巨集指令
#define MAX(x, y) (((x) > (y)) ? (x) : (y))

int m, n, ans;   // 全域整數變數和陣列的預設值都是 0
int e[10001], L[10001], R[10001], dp[51][10001];

int main() {
  // 讀取 m 值（資料行數，在程式中是「列」數）和 n 值
  scanf("%d %d", &m, &n);
  for (int y = 1; y <= m; y++) {     // 從第 1 列開始處理到 m 列
    // 從左到右…
    for (int x = 1; x <= n; x++) {   // 從第 1 行開始處理到 n 行
      scanf("%d", &e[x]);            // 讀取經驗值
      if (x == 1)                    // 若是第 1 行…
        // 讀取 dp[前一列][1]，加 e[1]存入 L[1]
```

```
          L[x] = dp[y - 1][x] + e[x];
      else
          // 比較 dp 的前一列與 L 的前一格，取較大者，
          // 加上這一個輸入值
          L[x] = MAX(dp[y - 1][x], L[x - 1]) + e[x];
    }
    // 從右到左…
    for (int x = n; x >= 1; x--) {
      if (x == n)
        R[x] = dp[y - 1][x] + e[x];
      else
        R[x] = MAX(dp[y - 1][x], R[x + 1]) + e[x];
      dp[y][x] = MAX(L[x], R[x]);
    }
  }
  // 取出 dp 陣列中的最大值，此處用最簡單的循序比較方式
  // 讀者可自行嘗試改用快速排序法找出最大值
  for (int i = 1; i <= n; i++) {
    ans = MAX(ans, dp[m][i]);
  }
  printf("%d", ans);
}
```

編譯執行後，輸入範例的測試資料，結果相符。

M E M O

16

回溯法與雜湊表

社群網站的貼文隨處可見 # 號開頭，標記內文屬性、連結相關貼文的 hashtag（標題標籤，hash 是井字號之意）。在程式演算法領域，則有另一個知名的 hash，通常譯作「雜湊」，代表對應某個資料值的唯一數字，本單元將介紹它的原理和應用，在此之前，先來認識兩個知名的演算法問題：迷宮和 N 個皇后。

16-1 走出迷宮

本單元將編寫一個輸出迷宮通關路徑的程式。典型的迷宮長這樣，有一個入口和一個出口：

下圖是本範例的迷宮，一個格子代表一個移動單位，入口在左上角、出口在右下角、黑色方塊代表牆壁、白和灰色是通路。程式輸出用 '@' 代表通關路徑，'-' 代表忽視的區域：

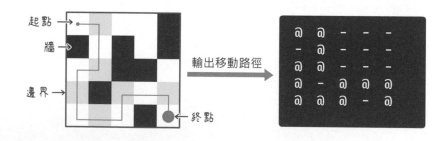

在迷宮中移動時，要遵循下列規則：

● 每次只能往上、下、左、右方向移動一格。

● 邊界和牆壁都不能通行。

● 除非無路可走，不走回頭路。

迷宮的結構使用二維陣列紀錄，筆者將此陣列命名為 m（代表 maze，迷宮），
每個格子的座標和設定值如下：

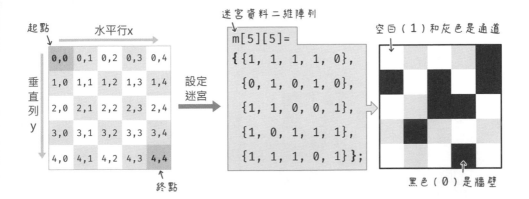

移動之前先測試目前所在位置的上、下、左、右，四周的格子是否為 1，若是，
則把目前座標更新為可移入的格子座標。假設變數 y 紀錄垂直座標值、變數 x
紀錄水平方向值，加、減 x 和 y 值便能往四個方向移動：

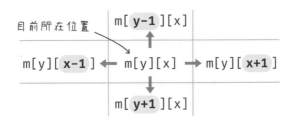

迷宮問題也屬於圖形問題，格子相當於「節點」，入口是根節點，四個移動方向
構成「邊」，所有邊串聯起來變成「路徑」；搜尋迷宮出口就是從根 (0, 0) 探索
到葉 (n, n) 的路徑：

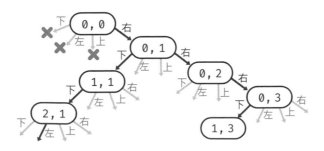

動手編寫程式之前,先模擬走訪迷宮路線的過程。從起點開始,程式先查看下一個可移動的方向,從下圖可知,只能往水平方向移動 1 格;抵達 [0][1] 時,下一個可移動的方向有「右」和「下」,假設程式每次都決定先往右走,最後會走到右下圖的位置:

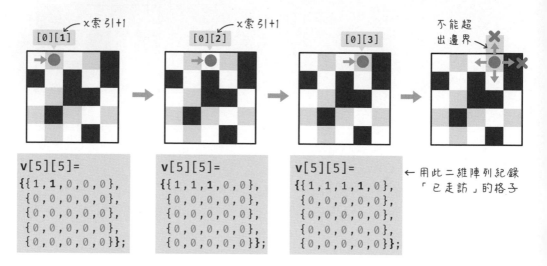

v[5][5]=
{{1,1,0,0,0},
 {0,0,0,0,0},
 {0,0,0,0,0},
 {0,0,0,0,0},
 {0,0,0,0,0}};

v[5][5]=
{{1,1,1,0,0},
 {0,0,0,0,0},
 {0,0,0,0,0},
 {0,0,0,0,0},
 {0,0,0,0,0}};

v[5][5]=
{{1,1,1,1,0},
 {0,0,0,0,0},
 {0,0,0,0,0},
 {0,0,0,0,0},
 {0,0,0,0,0}};

← 用此二維陣列紀錄「已走訪」的格子

上面的解說圖定義一個叫做 v(代表 visited,已走訪)的陣列,它有兩個用途:

● 紀錄已走過的格子,避免重複走訪。

● 從入口到出口的走訪路徑即是題解。

如果沒有紀錄「已走訪」路徑,當遇到牆壁或邊界時,假設程式設置的方向順序是先「右」再「左」,則它會往「左」移動一格,抵達左邊那一格,程式發現可以往右移動,結果就會如下圖左一般,在這兩個格子來回移動:

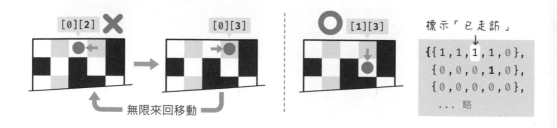

標示「已走訪」
{{1,1,1,1,0},
 {0,0,0,1,0},
 {0,0,0,0,0},
 ... 略

16

16-4

如果有紀錄「已走訪」路徑，程式就多了一個判斷依據，排除右、左和上方向，往下移動。上圖右是走到死路的情況，程式必須往回走，但為了避免再次走入死胡同，可以在「已走訪」紀錄中的回頭路標示不同的數值，例如：-1：

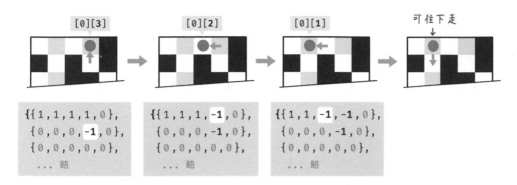

每次往回走一步，也要查看是否有其他路可走；例如，退到 (0, 1) 時發現可以往下走。假設走訪節點的函式叫做 go，它接收節點的 x, y 編號，走訪過程就是一連串的遞迴呼叫：

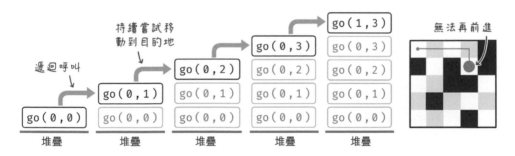

若走到死路 (亦即，嘗試過每個方向都不行)，go() 函式結束並傳回 0。這個走回頭路的過程稱為**回溯 (backtrack)**：

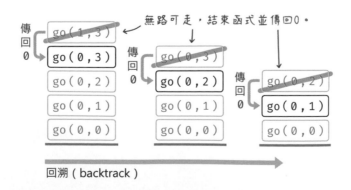

16-5

go() 函式的虛擬碼如下，若前一個遞迴函式結束傳回 0，代表「下一步」無路可走，並且把這個位置的「已走訪」設成 -1。

```
// 常數 N 代表陣列的大小，如：5
go(x, y) {
  若抵達目的地 (即：y==N-1, x==N-1)，則傳回 1;
  若此格已走過 (即：v[y][x]==1)，則傳回 0;
  此格設成「已走訪」(v[y][x]=1);

  若可向右走 (即：呼叫 go(y, x+1) 傳回 1)，則傳回 1;
  /*
  假設 go(y, x+1) 傳回 0，代表無法向右，
  呼叫 go() 函式結束後，將回到這裡執行下一行，探詢其他方向。
  */
  若可向下走 (即：呼叫 go(y+1, x) 傳回 1)，則傳回 1;
  若可向左走 (即：呼叫 go(y, x-1) 傳回 1)，則傳回 1;
  若可向上走 (即：呼叫 go(y-1, x) 傳回 1)，則傳回 1;

  若以上皆非，則
     把 v[y][x] 設成 -1 (回溯);
     傳回 0;   // 代表走到死路，回到上次呼叫函式
}
```

根據上面的虛擬碼，原本 go(0, 1) 函式執行向右走，傳回 0 之後，再嘗試往下走，呼叫 go(1, 1)，繼續探索新路 (走訪新節點)，直至抵達出口：

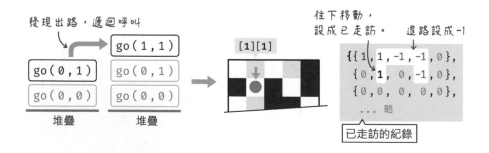

走訪迷宮的程式

根據以上分析寫成的程式碼如下，編譯執行之後，輸入範例測試的結果與預期相符。

```
#include <stdio.h>
#define N 5    // 迷宮的大小

void printSolution(int v[N][N]) {    // 輸出迷宮路徑
  for (int y = 0; y < N; y++) {
    for (int x = 0; x < N; x++)

      printf(" %c ", v[y][x] == 1 ? '@' : '-');
```

         └ 資料是字元型態   └ 若元素值為1，則輸出'@'，
                                             否則輸入'ㄦ'。

```
    printf("\n");
  }
}


// 檢查 x, y 是否在 N*N 迷宮的有效範圍內
int isValid(int x, int y, int m[N][N]) {
  // 如果 x, y 在迷宮邊界之內，而且是「道路」則傳回 1
  if (x >= 0 && x < N && y >= 0 && y < N && m[y][x] == 1)
    return 1;

  return 0;
}

// 走訪路徑的遞迴函式
int go(int x, int y, int m[N][N], int v[N][N]) {
  // 若抵達目的，傳回 1
  if (x == N - 1 && y == N - 1 && m[y][x] == 1) {
    v[y][x] = 1;
    return 1;
  }

  if (isValid(x, y, m)) {             // 檢查 m[y][x] 是否可走訪
    if (v[y][x] == 1)                 // 若目前位置已走訪過，則離開
      return 0;

    v[y][x] = 1;                      // 把目前位置標記為「已走訪」
    // printf("目前位置 m[%d][%d]\n", y, x);
    if (go(x + 1, y, m, v))  // 右
      return 1;
```

```
      if (go(x, y + 1, m, v))  // 下
        return 1;
      if (go(x - 1, y, m, v))  // 左
        return 1;
      if (go(x, y - 1, m, v))  // 上
        return 1;

      printf("退後:[%d][%d]\n", y, x);
      v[y][x] = -1;   // 若無法走訪,則該地點設為 -1 (回溯)
      return 0;
  }

  return 0;
}

int solveMaze(int m[N][N]) {
  int v[N][N] = {{0, 0, 0, 0, 0},
                 {0, 0, 0, 0, 0},
                 {0, 0, 0, 0, 0},
                 {0, 0, 0, 0, 0},
                 {0, 0, 0, 0, 0}};

  if (!go(0, 0, m, v)) {
    printf("無解!");
    return 0;
  }

  printSolution(v);
  return 1;
}

int main() {
  int m[N][N] = {{1, 1, 1, 1, 0},
                 {0, 1, 0, 1, 0},
                 {1, 1, 0, 0, 1},
                 {1, 0, 1, 1, 1},
                 {1, 1, 1, 0, 1}};

  solveMaze(m);
}
```

16-2 N 皇后問題

西洋棋中實力最強的是皇后,可往橫、豎、斜向八個方位不限距離移動。N 個皇后的問題是,在一個 N×N 大小的棋盤中(N 值通常為 8,所以也稱為 **8 個皇后問題**),擺放 N 個皇后,每個皇后的移動路徑都不能和其他皇后重疊,像右下圖的其中一個皇后位置是錯的:

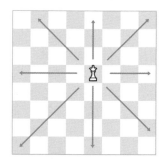 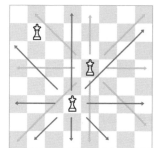 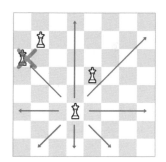

成功的擺放 N 個皇后,就算完成一個解法,我們要用程式找出所有可能的解法。

程式演算步驟說明

擺放皇后之前,要先檢查八方路徑上的格子,是否已經有皇后,如果有,則移到下一位置繼續檢測:

為了紀錄棋盤的狀態,可以像下圖那樣宣告二維陣列(假設棋盤大小為 4×4),數值為 1 的元素,代表該位置有皇后:

假設陣列的水平行索引變數為 x、垂直列索引變數為 y，增加或減少 x 和 y，即可檢測元素的水平和垂直位置是否有其他棋子；下圖說明檢測對角線方向的演算式，由於 4×4 棋盤太小，這裡改用 8×8 棋盤解說：

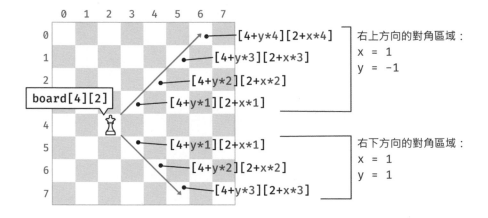

按照上面的分析，用一個 dir 陣列定義 8 個方向 y, x 軸乘數，取得右上角方向的棋盤值的程式片段如下：

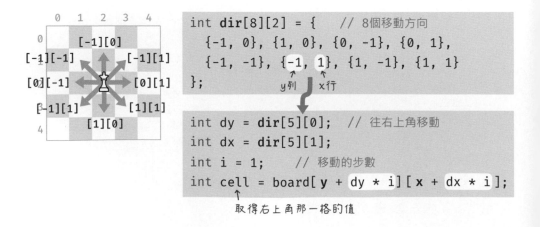

但從 [0][0] 開始逐列往下嘗試擺放
皇后，其實只要檢測目前所在列的格
子，跟上面格子是否交錯，不用往下
比對，所以只需檢查三個方向：

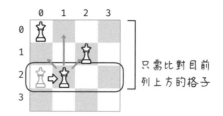

筆者把檢查指定位置是否能擺放皇后的自訂函式命名成 placeQueen，如果可
以，傳回 1，否則傳回 0。

```
#define QUEEN 1            // 代表「有皇后」的常數

/* 確認指定位置是否能放皇后
   參數 r：列號（row）
   參數 c：行號（column） */
int placeQueen(int r, int c) {
  int x, y;
  for (y = 0; y < r; y++) {  // 從第列 0 檢測到列 r
    if (board[y][c] == QUEEN)
      return 0;  // 若上面方向有皇后，傳回 0
  }

  for (y = r, x = c; y >= 0 && x >= 0; y--, x--) {
    if (board[y][x] == QUEEN)
      return 0;  // 若左上對角線方向有皇后，則傳回 0
  }

  for (y = r, x = c; y >= 0 && x < N; y--, x++) {
    if (board[y][x] == QUEEN)
      return 0;  // 若右上對角線方向有皇后，則傳回 0
  }

  return 1;
}
```

回溯解決 n 皇后問題的程式碼

N 皇后問題可用回溯法解決，擺放之前先確認該位置是否合理，擺好之後就換下一列：

依照上圖的擺法，列 3 沒有地方擺放，所以要回溯到上一列，換個位置：

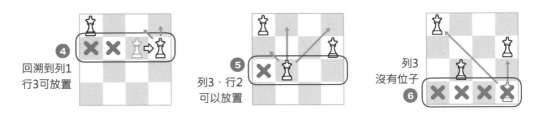

重複以上流程，回溯到列 0，第一個皇后改放在列 0、行 1，便可解決問題：

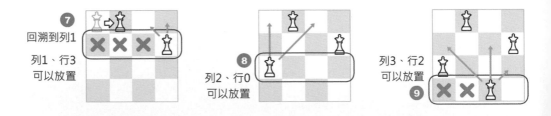

處理以上流程的自訂函式命名成 nQueen，它接收一個「列」號整數：

```
1. void nQueen(int r) {
2.   if (r == N) {          // 若成功放置了 N 個皇后，則顯示解法
3.     count++;
4.     printSolution();  // 列舉 board 陣列內容，參閱下文
5.     return;
6.   }
```

16

```
7.    // 嘗試在這一列（r）的每一行（x）放置皇后
8.    for (int x = 0; x < N; x++) {
9.      if (placeQueen(r, x)) {    // 如果可以放皇后…
10.       board[r][x] = QUEEN;    // 這一格設成「有皇后」
11.       nQueen(r + 1);         // 遞迴處理下一列
12.       board[r][x] = 0;       // 把皇后從這一格拿走（回溯）
13.     }
14.   }
15. }
```

執行 nQueen 函式時，傳遞編號 0 的列號，經過 placeQueen() 確認（程式第 9 行），可以在 [0][0] 放置第一個皇后。接著開始遞迴呼叫，傳入列號 1（程式第 11 行）：

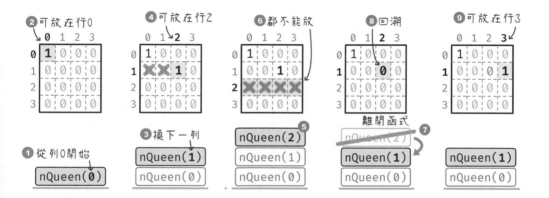

遞迴執行列號 2 時，因為沒有位置擺放，所以 nQueen(2) 結束函式，程式執行到第 12 行，把之前列 1 的那一格回溯成 0。接著 for 迴圈繼續嘗試列 1 的下一行，如上圖右的步驟 9。

其餘的處理步驟留給讀者自行推敲。完整的程式碼如下：

```
#include <stdio.h>
#define N 8              // 棋盤的水平和垂直方向的格子數
#define QUEEN 1          // 代表「有皇后」的常數

int board[N][N] = {0};   // 初始化棋盤陣列
int count = 0;           // 解決方案的數量統計
```

```
int placeQueen(int r, int c) {   // 確認指定位置是否能放皇后
  : 略
}

void printSolution() {   // 顯示解法
  printf("第 %d 種解法:\n", count);
  for (int y = 0; y < N; y++) {
    for (int x = 0; x < N; x++) {
      printf("%c ", board[y][x] == QUEEN ? 'Q' : '-');
    }
    printf("\n");
  }
  printf("\n");   // 顯示解法之後空一行
}

void nQueen(int r) {     // 開始擺放皇后
  : 略
}

int main() {
  nQueen(0);        // 從列 0 開始擺放皇后
}
```

編譯執行結果顯示 8×8 大小的棋盤共有 92 種解法:

APCS 實作題　美麗彩帶（完美序列）

APCS 108 年 6 月有個「美麗的彩帶」考題，完整內容請參閱 ZeroJudge 網站：https://bit.ly/3vUoOiF。筆者把題目改成「完美序列」：有一個 n 個整數組成的序列，包含 m 個不同的數字，數字隨機排列。若在長度為 m 的區間內，每個數字都各出現一次，則稱為「完美序列」

以這個序列為例，它包含 4 個不同數字，共有 3 段長度為 4 的完美序列：

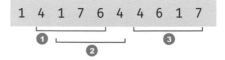

給定數字 m 和 n，以及一段 n 個數字的序列，請找出共有幾段完美序列。

輸入說明	輸出說明
第一行有兩個以空白區隔的非負整數 m 和 n，滿足 $2 \leq m \leq n \leq 2e5$。 第二行有 n 個以空白區隔的非負整數。	有幾段完美序列

輸入範例 1	輸出範例 1
3 9 3 1 3 3 2 1 3 2 3	3

輸入範例 2	輸出範例 2
4 10 1 4 1 7 6 4 4 6 1 7	3

解題說明：

題目的數字區間範圍可能達到 20 萬（2e5），也就是說，假設共有三個數字，其值可能是 1, 2, 3，也可能是 11, 2234, 198765。整理解題想法時，先用小範圍數字簡化問題，首先設想幾個需要用到的變數：

m 3 ← 關鍵數字的數量（區間長度）

n 9 ← 資料數量

start 0 ← 區間開頭的前一個位置

codes 0 0 0 0 0 0 0 0 0 ← 此陣列的索引即是關鍵數字，
　　　　0 1 2 3 4 5 6 7 8　　假設可能值為0~8。

codes 陣列的元素值是數字出現的位置，預設 0 代表尚未出現。下圖顯示在輸入資料的過程中，程式同步把該數字的出現位置存入 codes 陣列：

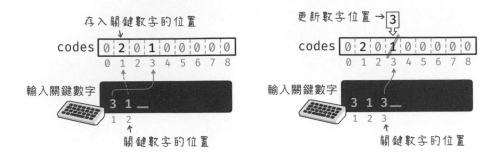

在更新 codes 資料之前，若現值不是 0，代表數字重複出現，以右上圖為例，**數字 3** 前次出現在**位置 1**，現在**位置 3**，前後相差 2，代表這個區間內只可能有兩種數字，不足以構成「完美序列」。

因此，序列區間的起始點改成目前讀入資料的位置：

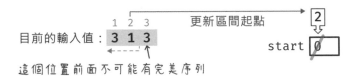

讀入的下一個數字同樣是 3，所以再次更新序列區間的起點：

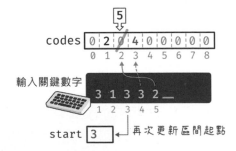

讀入 2 的時候，如果從「上一次出現相同數字的距離為 5」來看，似乎已構成「完美序列」條件，但實際上並沒有，因為 start 是 3，所以 2 出現的位置 5 與 start 僅相距 2 個數字，尚未達到 3 個數字，並沒有構成完美序列。

但凡 start 在上一次出現此數字的位置之前，就表示目前的區間內有重複數字，因此要把 start 移到此數字上一次出現的位置。而目前輸入值 2 的位置，和區間的起點只相差 1，不可能是「完美序列」。

解題程式：

按照上面的想法整理而成的完整程式碼如下：

```c
#include <stdio.h>

int main() {
  int m, n, i, x, start = 0, count = 0;
  int codes[200001] = {0};    // 儲存數字 m，最大值是 20 萬
  scanf("%d %d", &m, &n);

  for (i = 1; i <= n; i++) { // 共有 n 個數字
    scanf("%d", &x);          // 讀入一個數字

    if (start < codes[x])     // 若區間起點 < 數字 x 的位置
      start = codes[x];       // 更新區間起點

    if (i - start == m)       // 若重複的間隔等於 m，找到完美序列…
      count++;

    codes[x] = i;             // 紀錄此數字的出現位置
  }
  printf("%d\n", count);
}
```

16-3 可壓縮儲存空間的「雜湊表（Hash Table）」

上文的「完美序列」把輸入的序列數字看待成陣列的索引，可讓搜尋資料的次數縮減成 1，也就是「立即找到」。以底下的例子來說，陣列 arr 存放了一組不重複的正整數（下圖左），若用**循序搜尋法**在其中找尋數字 6，最長需要花費 O(n)。若將數值當作陣列的索引（下圖右），查詢時間將是常數 O(1)：

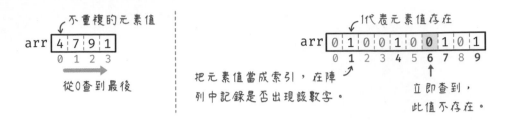

但右上圖的方式有些缺點：

1　陣列的大小會隨著數值的增加而變大

2　若各個數值差異很大，但數量不多，會浪費大量記憶體空間。假設有 3 個
　　不重複數字 n，且 1 ≤ n < 1000，陣列大小就要設成 1000：

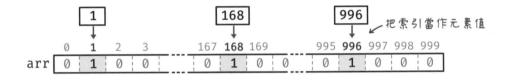

3　元素資料型態僅限於「正整數」。若元素值是負數、浮點數字或者字串，
　　這個方法就不適用了。

我們可以設想一個**把大範圍值壓縮存入小容量空間**的機制，這個機制叫做「雜湊 (hash)」。以右下圖為例，我們知道輸入資料最多只有 3 筆，所以儲存空間只要 3 個，這裡預留 5 個 (稍後說明)，然後透過一個運算式把輸入值存入對應的儲存空間：

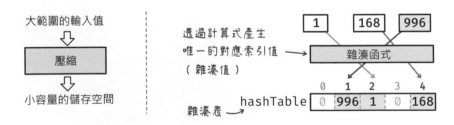

從輸入值計算出對應儲存空間編號的函式叫做**雜湊函式**，要注意的是，這個對應關係必須具有**確定性**，例如：輸入 168、輸出必定是 4，不然存取資料會出錯。

產生對應值的運算式要盡可能簡單，若像「循序搜尋」一樣，每次從中取出資料都要花費許多時間，那就沒必要重新設計資料儲存架構了。**雜湊函式**的輸出值稱為**雜湊值**，儲存輸入值和雜湊值對應關係的表格（陣列），稱為**雜湊表**（hash table）。

 我想一下…之前的「完美序列」程式就是把 N 個不重複數字用一個 20 萬大小的陣列存放。為了節省記憶體空間，同時兼顧存取效率，我們要把 N 個數字存入雜湊表，然後透過雜湊函式存取這些數字，對嗎？

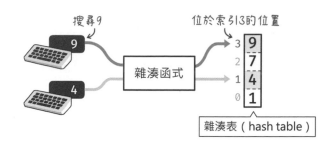

 對。想像一下到新開幕的百貨公司踩點，我們可以自己看樓層圖，逐層找尋目標商店的位置或者詢問客服。客服宛如具備雜湊函式和雜湊表的程式，可立即回應商店所在樓層：

雜湊函式的輸入和輸出必須具備確定性，像 "書店" 的輸出必定是 "8 樓"，不會是其他樓層。雜湊函式的輸入值也稱為**鍵**（key，代表關鍵字），底下先來寫一個符合底下兩個條件的簡單雜湊函式。

● 執行結果要一致：相同的值輸入雜湊函式的對應輸出值必須相同。

● 運算式簡單，執行效率高。

產生雜湊值的雜湊函式

提到「把數值限定在某個範圍」，我們就會聯想到「取餘數」，比方説，把某數除 5，其餘數必定介於 0~4，所以雜湊函式裡的計算式，可以用 % 運算來實現。一個簡單的雜湊函式的架構如下，假設雜湊表（陣列）的大小是 SIZE，它能把輸入的正負整數限縮在 SIZE 大小的正整數範圍：

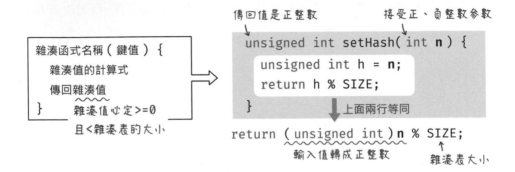

一個簡單的範例如下，編譯執行後顯示 "雜湊值:4"。

```
#include <stdio.h>
#define SIZE 5                    // 自訂的雜湊表大小

unsigned int setHash(int n) {   // 接收正負整數鍵值的雜湊函式
  unsigned int h = n;
  return h % SIZE;
}

int main() {
  printf("雜湊值:%d\n", setHash(-127));
}
```

底下是處理字串型態鍵值的雜湊函式，這個例子取**輸入字串的全部字元的 ASCII 編碼總和**來計算雜湊值。輸入 "book store" 傳回 1；輸入 "toys" 傳回 3：

"toys" ➡ (116 + 111 + 121 + 115) % 5 ➡ 3
鍵　　　　　't'　　'o'　　'y'　　's'　　　　　雜湊值

```
#include <stdio.h>
#include <string.h> // 內含 strlen (字串長度) 函式
#define SIZE 5       // 自訂的雜湊表大小

unsigned int setHash(char *str) {
  int sum = 0;
  for (int i = 0; i < strlen(str); i++) {
    sum += str[i];  // 所有字元的 ASCII 編碼總和
  }
  return sum % SIZE;
}

int main() {
  // 雜湊值:1
  printf("'book store' 的雜湊值:%d\n", setHash("book store"));
  // 雜湊值:3
  printf("'toys' 的雜湊值:%d\n", setHash("toys"));
}
```

雜湊值重複（碰撞）的處理方式

上文的雜湊函式雖符合「執行結果一致」和「運算簡單」兩個條件，但雜湊值不保證是唯一的，這會產生問題，以下圖情況來看，996 和 1 的儲存位置都是 1。產生重複雜湊值的情況稱為**碰撞（collision）**，必須要設法排解：

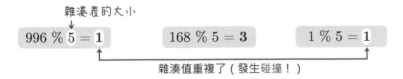

處理碰撞的方式大致有兩種做法：

● **另外找空間**（open addressing）：在雜湊表中搜尋尚未使用的空間，這個處理方式比較簡單，下文將採用這個方案。

● **在相同位置存入新元素**（closed addressing）：在同一個位置用陣列或串列存入新的元素，這種方式也稱為 **chaining（串接）**：

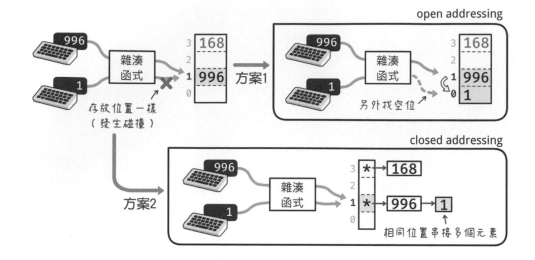

除了「取餘數法」，計算雜湊值的常見方式有：

● 中間平方法：將輸入值（鍵）平方之後，取中間幾位數字（如十位和百位數），或再用這些值取餘數：

| 5 | 43 | 76 | 98 | ➡ | 25 | 1849 | 5776 | 9604 | ➡ | 2 | 84 | 77 | 60 |

輸入值　　　　　　　　　　平方　　　　　　　　　　取中間值

● 摺疊法：把輸入值分割成幾個位數再相加，例如，取兩位數相加：

| 2345 | 6789 | 432 |

輸入值

拆成兩位數再相加 ➡

```
  23        67        43
+ 45      + 89      +  2
────      ────      ────
  68       156        45
```

雜湊值 ↗

● 數字分析法：輸入值可能有一部分都是相同的，像是商品代碼、電話號碼，固定重複部分以外的數字可當作雜湊值，如電話號碼最後幾位數：

```
04-2224-5200    04-2251-2871
04-2224-5246    04-2251-3985
04-2224-4201    04-2251-3252
```

中市西區　　　　　中市西屯區　　↖ 雜湊值

16

16-4 具備碰撞處理機制的雜湊函式

雜湊值盡可能均勻分散、減少碰撞。為了降低碰撞機率，可先嘗試**增加雜湊表的大小**，就像搭電梯一樣，人少、空間大，因此發生碰撞的機率低。以「完美序列」為例，假設有 5 個不同數字，雜湊表的大小可以設成 7。

雜湊表的已使用空間和它的大小比例值，叫做**載荷因子**（load factor，也譯作**載入密度**），為了降低碰撞，雜湊表的載荷因子應限制在 0.7-0.8 以下（參閱維基百科的《**雜湊表**》條目：https://bit.ly/3QvNS7H）：

$$載荷因子 = \frac{已使用的空間數量}{雜湊表的大小} \quad \longrightarrow \quad \frac{5}{7} \fallingdotseq 0.7$$

為了盡可能產生均勻分散的雜湊值，雜湊表的大小（除數），最好選用**質數**（如：7, 11, 13, …等）。底下是個極端不均勻分散雜湊值的例子，輸入值都是 4 的倍數，因此雜湊值皆為 0，除了第一個鍵，其餘都得另外找空間存放：

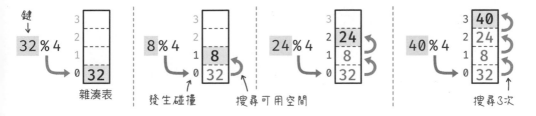

假設除數是 12，而 12 的因數有 1, 2, 3, 4, 6, 12。若鍵值是 6 的倍數，如：6, 18, 30, … 執行 %12 運算的結果是 6；4 的倍數 4, 16, 28, …執行 %12 運算的結果是 4。由此可知，若「鍵」是因數的倍數，其餘數都會集中在某些數字而發生碰撞。**質數的因數只有 1 和它本身，比較能產生均勻分散的數字**。

以**另外找空間**（open addressing）的處理方式來說，常見的辦法有三種：

● **循序探測**（linear probing）：從目前的位置索引持續加 1，一個接一個找尋可用的空間。

- 平方探測（**quadratic probing**）：類似循序搜尋，只是搜尋間隔改成「平方」值，參閱下文說明。

- 雙重雜湊（**double hashing**）：用不同的參數再次計算雜湊值，直到沒有碰撞。

循序探測（linear probing）

底下是包含採用「循序探測」方式的雜湊函式。

```c
#include <stdio.h>
#define SIZE 5                      // 雜湊表的大小
int hashTable[SIZE] = {0};          // 定義雜湊表

unsigned int setHash(int n) {
  unsigned int h = n;               // 轉成正整數
  h = h % SIZE;                     // 計算雜湊值

  if (hashTable[h] == 0) {          // 若雜湊表的這個位置沒有值
    hashTable[h] = n;               // 存入鍵值
  } else {
    printf("跟 %d 發生碰撞，重新取值。\n", h);
    while (hashTable[h] != 0) {     // 直至遇到這個位置沒有值…
      h ++;                         // 雜湊值每次加 1
      h %= SIZE;   // 更新後的雜湊值仍要限制在雜湊表的範圍內
    }

    hashTable[h] = n;               // 在找到的空位存入鍵值
  }
  return h;                         // 傳回雜湊值
}
int main() {
  printf("%d 的雜湊值：%d\n", 996, setHash(996));
  printf("%d 的雜湊值：%d\n", 168, setHash(168));
  printf("%d 的雜湊值：%d\n", 1, setHash(1));
  printf("%d 的雜湊值：%d\n", 76, setHash(76));
}
```

SIZE 值為 5 的執行結果：　　　SIZE 值為 7 的執行結果：

```
996 的雜湊值：1
168 的雜湊值：3
跟 1 發生碰撞，重新取值。
1 的雜湊值：2
跟 1 發生碰撞，重新取值。
76 的雜湊值：4
```

```
996 的雜湊值：2
168 的雜湊值：0
1 的雜湊值：1
76 的雜湊值：6
```

從執行結果來看，最後一個輸入值 76，程式搜尋 3 次才找到空位；若雜湊表從 5 增大到 7，雜湊值都沒有發生碰撞。上面 setHash() 函式裡的 if 條件式是為了顯示「發生碰撞訊息」而設的，可將它刪除簡化成這樣：

```c
unsigned int setHash(int n) {
  unsigned int h = n;  // 轉成正整數
  h = h % SIZE;        // 計算雜湊值

  // 如果一開始找到的位置是空的，底下的 while 迴圈就不會被執行
  while (hashTable[h] != 0) {
    h ++;              // 雜湊值每次加 1
    h %= SIZE;         // 更新後的雜湊值仍要限制在雜湊表的範圍內
  }
  hashTable[h] = n;    // 在找到的空位存入鍵值

  return h;            // 傳回雜湊值
}
```

平方探測（quadratic probing）

把「循序探測」程式 while 迴圈當中的 h++ 改成 h 加上 i 平方，就變成了「平方探測」：

```c
int i = 1;
while ( hashTable[h] != 0 ) {
  h = ( h + i * i ) % SIZE;
                    取平方值
  i++;
}
```

SIZE 值為 5 的執行結果：　　　　SIZE 值為 7 的執行結果：

996 的雜湊值：1
168 的雜湊值：3
跟 1 發生碰撞，重新取值。
1 的雜湊值：2
跟 1 發生碰撞，重新取值。
76 的雜湊值：0

996 的雜湊值：2
168 的雜湊值：0
1 的雜湊值：1
76 的雜湊值：6

雙重雜湊（double hashing）

把「循序探測」程式 while 迴圈當中的 h++ 改成 h 加上另一個雜湊值計算式，
就變成「雙重雜湊」：

```
while ( hashTable[h] != 0 ) {
    h = ( h + n * 31 ) % SIZE;
}
      前次雜湊    鍵  用不同參數再次計算雜湊
```

SIZE 值為 5 的執行結果：

996 的雜湊值：1
168 的雜湊值：3
跟 1 發生碰撞，重新取值。
1 的雜湊值：2
跟 1 發生碰撞，重新取值。
76 的雜湊值：4

讀取雜湊值

存入雜湊表的資料，也需要能迅速、正確地被取出來。讀取雜湊值的演算法必
須和存入雜湊表的方法一致，底下的讀取程式假設寫入雜湊表時採用「循序探
測」法：

①輸入168

```c
int getHash( int n ) {
  unsigned int h = n;
  h = h % SIZE;        ← ── h值為1 ②
  while ( hashTable[h] != 0 && hashTable[h] != n ) {
    h++;
    h %= SIZE;
  }            ③查看索引1的元素
  return (hashTable[h] == 0) ? -1 : h;
}        找不到時傳回 -1
```

4	76
3	168
2	1
1	996
0	0

找到了！ ⑦
h++再比對 ⑥
h++再比對 ⑤
④
索引1的值不是168

寫入與讀取雜湊表的範例程式碼如下:

```c
#include <stdio.h>
#define SIZE 7                 // 雜湊表的大小
int hashTable[SIZE] = {0};     // 定義雜湊表

unsigned int setHash(int n) {  // 寫入雜湊值的函式
   :略
}

int getHash(int n)  {          // 讀取雜湊值的函式
   :略
}

int main() {
    printf("%d => %d\n", 996, setHash(996));  // 寫入雜湊值
    printf("%d => %d\n", 168, setHash(168));
    printf("%d => %d\n", 1, setHash(1));
    printf("%d => %d\n", 76, setHash(76));

    printf("%d <= %d\n", getHash(168), 168);  // 讀取雜湊值
    printf("%d <= %d\n", getHash(1), 1);
}
```

編譯執行結果顯示：

```
996 => 2
168 => 0
1 => 1
76 => 6
0 <= 168
1 <= 1
```

完美序列（雜湊版）

回到之前的「完美序列（美麗的彩帶）」程式，我們將改用雜湊表存放不重複的序列號碼。一個雜湊表元素要儲存「序列數字」和「出現位置」兩筆資料，筆者把它們定義成結構體 CODE：

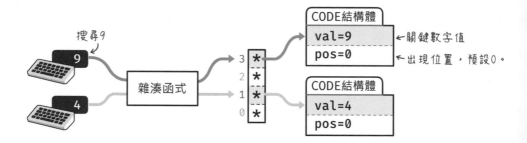

原本存在 codes 陣列的關鍵數字現在會經過雜湊運算存入 hashTable（雜湊表），便於迅速檢索。此外，為了降低雜湊的碰撞機率，筆者把雜湊表的大小設成關鍵數字數量的 1.3 倍，也就是多出 30%：

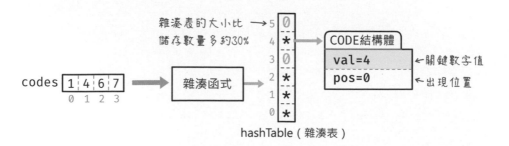

比對序列數字的程式運作邏輯跟之前的相同，完整的程式碼如下，編譯執行輸入測試資料結果無誤。

```c
#include <stdio.h>
#include <stdlib.h>              // malloc() 宣告在這裡
#define LOAD_FACTOR 1.3          // 雜湊表的大小，增大空間 30%

typedef struct code_t {
  int val;                      // 數字值
  int pos;                      // 出現位置
} CODE;

/*   設定儲存關鍵數字的雜湊表
     參數 n：要存入的數字
     參數 pos：數字的出現位置
     參數 size：雜湊表大小
     參數 table[]：自訂結構體 CODE 型態的雜湊表陣列 */
void setHash(int n, int pos, int size, CODE* table[]) {
  int h;
  h = n % size;

  while (table[h] != NULL) {
    h++;                        // 計算 hash
    h %= size;
  }
  CODE* code = (CODE*)malloc(sizeof(CODE));
  code->val = n;
  code->pos = pos;
  table[h] = code;
}

/*   取得輸入關鍵數字的索引（雜湊值）
     參數 size：雜湊表大小
     參數 table[]：自訂結構體 CODE 型態的雜湊表陣列
     參數 n：要查詢雜湊值的關鍵數字
     傳回值：關鍵數字的雜湊值，-1 表示不存在 */
int getHash(int size, CODE* table[], int n) {
  int h = n % size;

  // 確認雜湊表中有此數字
  while (table[h] != NULL && table[h]->val != n) {
```

```
      h++;
      h %= size;
    }

    return (table[h] == NULL) ? -1 : h;   // 找不到時傳回 -1
}

int main() {
  int m, n, i, x, count = 0, start = 0;
  scanf("%d %d", &m, &n);
  int data[n + 1];                        // 儲存原始輸入資料
  int size = m * LOAD_FACTOR + 1;         // 雜湊表的大小
  CODE* hashTable[size];                  // 雜湊表

  for (i = 0; i < size; i++)
    hashTable[i] = NULL;                  // 初始化雜湊表

  for (i = 1; i <= n; i++) {              // 一一讀入數字
    scanf("%d", &x);
    data[i] = x;
    // 數字原本對應到陣列的索引，在此要從「雜湊表」取得
    int index = getHash(size, hashTable, x);
    if (index != -1) {                    // 數字之前出現過
      CODE* c = hashTable[index];         // 取得數字的結構體
      if (c->pos > start)                 // 當前數列內出現過此數字
        start = c->pos;                   // 將數列開頭往後推進
      c->pos = i;                         // 更新此數字的出現位置
    } else {                              // 首次出現的數字
      setHash(x, i, size, hashTable);     // 把數與對應位置存入雜湊表
    }
    if (i - start == m) { // 若數列長度等於 m 表示找到完美序列
      for (int j = start + 1; j <= i; j++) // 印出找到的完美數列
        printf("%d ", data[j]);
      printf("\n");
      count++;                            // 遞增找到的完美數列數量
    }
  }

  printf("%d\n", count);
}
```

程式開發工具、GCC 以及
Makefile 編譯命令檔

編寫程式的終極目標，就是製作出可在電腦上執行的應用程式。如果我的程式寫好了，也在線上編輯器執行成功，那要怎樣下載編譯好的可執行檔呢？

 線上程式編輯器多半沒有提供下載已編譯檔案的功能，而且就算有提供，下載到本機電腦恐怕也不能用，因為執行線上編譯器的電腦，通常採用叫做 Linux 的作業系統，所以編譯出來的應用程式只能在那個系統平台上執行。

如果要編譯出適用於 Windows 或 macOS 的可執行檔，最簡單的辦法就是在那個系統上編譯原始檔：

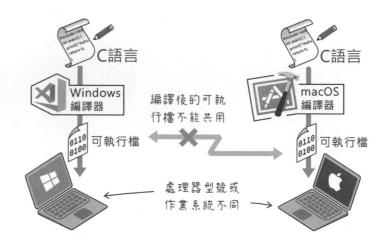

 也就是說，我在 Windows 電腦上只能開發 Windows 版本的應用程式囉？

 不，有一種叫做 Cross-Compiler（**交叉編譯器**）的東東，能在 A 系統建置 B 系統的編譯環境（工具鏈），例如，在 Windows 電腦安裝 Android 手機系統的開發環境，就可以開發在安卓手機執行的 App。還有妳國中生活科技課學過的 Arduino，也是一種交叉編譯器，在電腦上編譯出微電腦控制板程式：

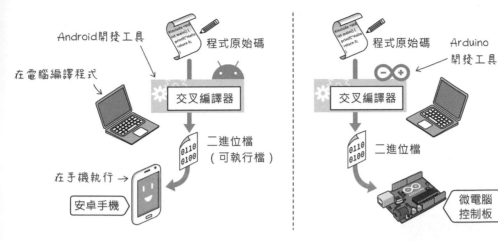

Arduino（唸法類似「阿杜伊諾」）是一種微電腦控制板，像是安裝在家電產品裡的微電腦控制器，廣受電子 DIY 人士喜愛。國中小的電腦和生活科技課程依學校規畫而定，不一定會用到 Arduino。

先別管這些，我們的目標是在自己的電腦上安裝 C 程式開發工具，然後編譯出可執行檔。在網路上搜尋 "free C IDE" 關鍵字，可找到免費的 C 程式開發工具；IDE 是 Integrated Development Environment（整合開發環境）的縮寫，代表包含程式開發所需的編輯器和編譯器等工具的合集。

免費 C 程式開發工具有 Code::Blocks, Dev C++, Visual Studio, Eclipse, ⋯ 等。APCS 測驗的官網有提到，考場的電腦有安裝 Code::Blocks 這套開放原始碼的 C 程式開發工具，所以我們選用它。

APCS 官網的「系統環境」頁（https://reurl.cc/qNa0LD）提到考場的電腦使用叫做 "Lubuntu Desktop" 的 Linux 作業系統。一般人的電腦系統通常不是 Linux，所幸 Linux 也有圖形介面，基本操作也很簡單，但考試之前最好先用過，才不會因為看到不熟悉的介面而心慌。

無論是執行哪種作業系統的電腦，都能透過安裝「虛擬機」軟體，在現有的系統同時執行另一個作業系統。有些虛擬機軟體是免費的，例如 VirtualBox（https://www.virtualbox.org/）和 UTM（https://mac.getutm.app/），APCS 的系統環境頁面也有提供在 Windows 系統上執行 VirtualBox 虛擬機、安裝 Linux 系統的教學文件，還有相關的檔案下載連結，請讀者自行參考。

A-1　安裝 Code::Blocks 程式開發工具

瀏覽到 Code::Blocks 的下載頁（https://bit.ly/2ZepjXk），點擊 **binary release**（穩定版安裝程式）：

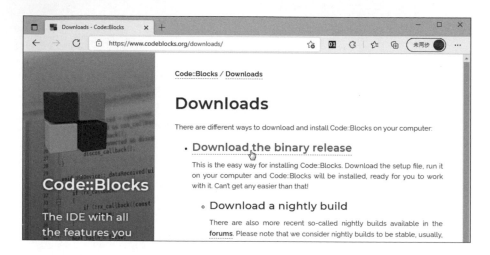

在這個下載頁底下可以下載 Code::Block 的原始碼（source code），而 **"binary"**，直譯為「二進位」，代表從原始碼編譯成的**可執行檔**。另一個 "nightly build" 則是「每日建構版」，因為開放原始碼程式允許任何人修改或改善程式碼，所以程式碼可能隨時有更新版本，「每日建構」代表當日建置而成的最新可執行版，但因為尚未經過大眾驗證，所以穩定性可能不及 binary release（在此稱為「穩定版」）。

進入「穩定版安裝程式」下載頁面，可以選擇下載 Windows, Mac 或 Linux 版，但在筆者撰寫本文時，Mac 版最新只到 13.12 版，不支援目前的 macOS 系統，使用 Mac 的讀者請安裝虛擬機和 Linux 系統練習。Code::Blocks Windows 版有不同類型的安裝程式，它們大致分成：**不含 C 編譯器**、**包含 C 編譯器**以及 **32 位元版**三大類型。除非你的電腦系統是 32 位元版本，請選擇下載包含 C 編譯器的安裝程式（各有兩個載點，點擊任一載點即可）：

不含 C 編譯器

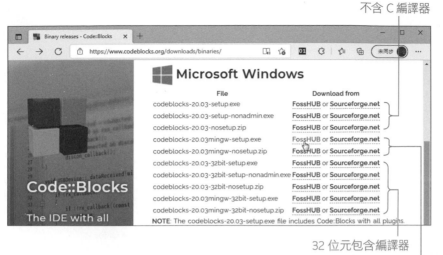

32 位元包含編譯器

包含 C 編譯器

根據 APCS 官網於 110 年 08 月 04 日公佈的電腦軟硬體規格，其安裝的 Code::Blocks 版本是 17.12 版，而筆者撰寫本文時，Code::Blocks 的最新版是 20.03 版。筆者先後安裝測試過這兩個版本，它們的操作介面和基本功能都一樣，如果讀者要安裝 17.12 版，請到這個網址下載，安裝步驟都一樣：https://bit.ly/3u9sHy7 。

下載完畢後，雙按它，開始進行安裝：

codeblocks-20.03
mingw-setup.exe

進入安裝畫面，按 Next（下一步）繼續：

這個畫面顯示的是**授權條款**，請按下 **I Agree**（**我同意**）繼續：

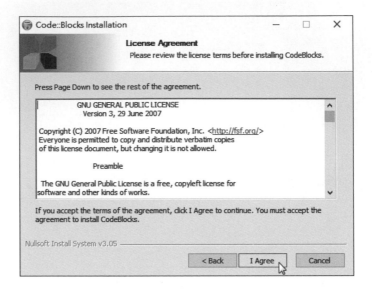

這是**選擇元件**畫面，使用預設的選擇所有元件選項，按 **Next**（**下一步**）繼續：

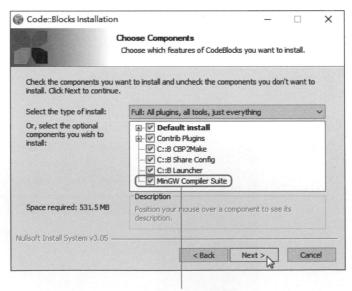

這個是 C 語言編譯器

這是**選擇程式安裝路徑**畫面，使用預設路徑，按 **Install** 開始安裝：

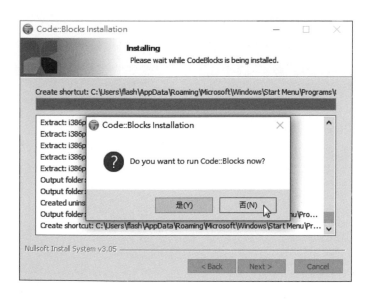

所有程式元件都複製到電腦之後，它將詢問你「是否現在要開啟 Code::Blocks 軟體？」，請按**否**：

按 **Next**（下一步），再按 **Finish**（結束）完成安裝：

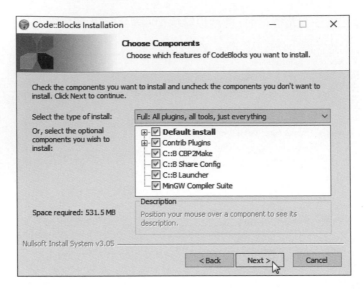

安裝完畢後，桌面上將出現一個 CodeBlocks 捷徑。雙按它，
或者從 Windows 的**開始**選單，都可啟動 Code::Blocks 軟體：

CodeBlocks

使用 Code::Blocks 開發 C 程式

第一次開啟 Code::Blocks，它會自動偵測電腦系統上的 C 語言編譯器，底下畫
面顯示它偵測到一款編譯器，請按右上角的按鈕，它將**設成預設編譯器**：

設成預設編譯器

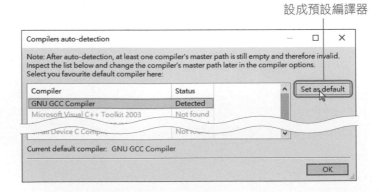

GNU GCC 是**自由軟體基金會**（專門推廣自由、開放軟體的組織）發起的專
案，也是目前最廣泛使用的 C 語言編譯器，而之前在軟體元件安裝畫面看到
MinGW Compiler Suite（程式編譯套件）則是 Windows 版的 GNU GCC。

按下 **OK** 之後，如果出現這個對話方塊，它是在詢問我們，是否要把 **C 程式碼檔案（副檔名為 .c）** 和這個軟體關聯在一起，如果選擇第三個選項（代表「是」），日後只要雙按 .c 檔案，就能開啟這個工具：

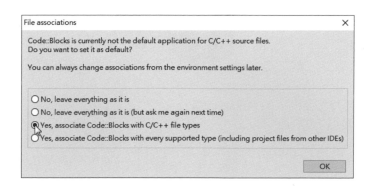

終於看到 Code::Blocks 本尊了，這開發工具介面看起來有點複雜，但實際上，我們大多只用到幾個按鈕，所以即使它沒有官方中文版也不用在意：

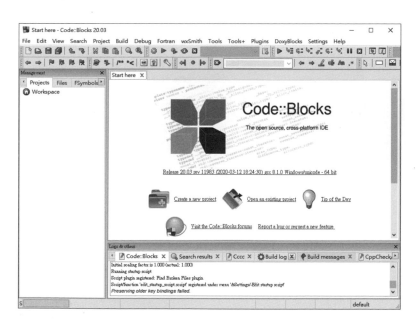

按 Ctrl + Shift + N 鍵開啟新檔，或選擇主功能表的『**File/New/Empty file（檔案/新增/空白檔案）**』指令，或者按一下工具列上的**新增檔案**鈕，選擇 **Empty file（空白檔案）**：

在文件窗格裡面輸入 C 程式碼：

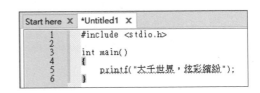

按下 Ctrl + S 鍵存檔，筆者在 D 磁碟機根目錄新增一個 "C 練習" 資料夾，然後將此檔案命名 "hello.c" 存入。你可以將檔案存在任何位置：

按一下 **Build and run（建置並執行）** 鈕，「建置」相當於「編譯」：

建置並執行

這個**管理員**窗格現在用不到，可以按此關閉它

過一會兒，畫面將出現如下的「程式輸出」視窗；按一下任意鍵將關閉此視窗（結束程式）：

這段訊息表示：程式傳回 0、執行時間 0.351 秒

按任意鍵繼續

如果程式碼有錯，像是敘述後面缺少分號結尾，在程式編譯過程，底下的窗格將出現錯誤訊息：

這個紅色方塊代表該行有錯

這裡指出文字插入點目前位於
第 5 行、第 24 欄、第 77 個字元

好啦，現在你隨時都可以在電腦上編寫並測試 C 程式了！

關閉此應用程式時，若出現如下的對話方塊，告知應用程式裡的版面（視窗面板大小、工具列的位置）有變動，是否要儲存版面？請按下**是**：

勾選這個選項，它就不會再問了

C 程式的原始檔可以存在任何地方嗎？

 可以，但通常會存入以「應用程式專案名稱」命名的資料夾，假設妳要開發一個計算 BMI 的程式，可以將此資料夾命名成 "BMI"，以後跟此應用程式相關的程式或者聲音、影像等素材檔案，都放入此資料夾以利管理。

解決程式裡的中文變成亂碼的問題

關閉程式後，若再次開啟 hello.c 程式檔，裡面的中文可能會呈現亂碼。解決的方法是，選擇『**Settings/Editor（設置/編輯器）**』：

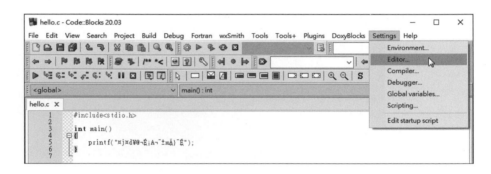

然後勾選下圖的選項，第 3 章有介紹過文字編碼：

1 切換到編碼設置頁

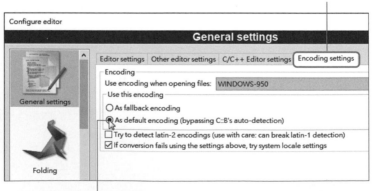

2 勾選使用預設的編碼

代表開啟檔案時，採用 Windows 繁體中文編碼。

關閉 hello.c 程式檔，再從『**File/Recent files（檔案/最近的檔案）**』，開啟 hello.c 檔，就能看到正確顯示的中文字了：

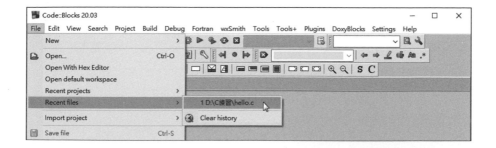

補充說明，若要重新開啟之前關閉的面板，可從『**View（檢視）**』功能表選擇對應的面板名稱，例如，『**View/Manager（檢視/管理員）**』，開啟**管理員**面板。

執行編譯完成的可執行檔

編譯好的**可執行檔**存放於原始檔的相同資料夾，以筆者的電腦為例，位於「C 練習」資料夾，目前裡面有三個檔案：

- hell.c：之前編寫的 C 程式碼原始檔。

- hello.exe：編譯完成的可執行檔。

- hello.o：編譯過程中產生的**目的檔**（object file，參閱第一章「C 程式的編譯過程」單元），可以刪除：

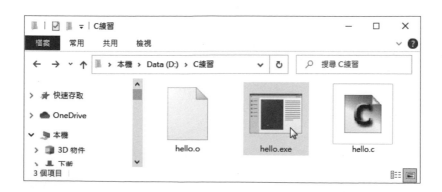

為什麼我雙按 hello.exe 檔，視窗只是閃了一下就消失了？

 那是因為 hello.exe 的程式顯示一段文字訊息之後很快就結束了，在 Code::Blocks 中執行的話，會自動幫我們加上等待的功能，但若是單獨執行，就必須自行加入等待。在顯示訊息的敘述後面加上代表暫停的指令，就可以讓執行程式的視窗保持在開啟狀態：

```c
int main() {
  printf("大千世界，炫彩繽紛 \n\n");
  system("pause");  // 暫停此程式
}
```

再次按下 **Build and run**（**建置並執行**）或者 **Build** 鈕，重新編譯。之後再雙按執行 hello.exe 檔，程式就會停在這個畫面，按任意鍵即可關閉它：

按任意鍵繼續

如果不想讓執行畫面出現 "Press any key to continue…" 訊息，可改用等待讀取用戶輸入的 getchar() 函式來暫停程式：

程式執行到這一行時，
將讀取鍵盤輸入…

```c
int main() {
  printf("大千世界，炫彩繽紛");
  getchar();
}
```

…直到讀到 Enter 鍵，再往下執行

再次重新編譯程式之後的執行畫面：

輸入提示游標

A-2　手動編譯 C 程式

在線上程式編輯器或 Code::Blocks 編寫程式，按個鍵，程式就編譯完成了。為了實際感受編譯器的作用，本節將示範自己執行 gcc 編譯器，以手動方式編譯程式：

安裝 Code::Blocks 開發工具時，它一併安裝了 C 語言編譯器 (GCC)。程式碼的原始檔是純文字檔，意思是用**記事本**軟體就能開啟。假設你在網路上複製了一段 C 程式碼，除了將它貼入 Code::Blocks 編譯，也能貼入**記事本**並以 .c 為副檔名儲存，例如，命名成 "demo.c"：

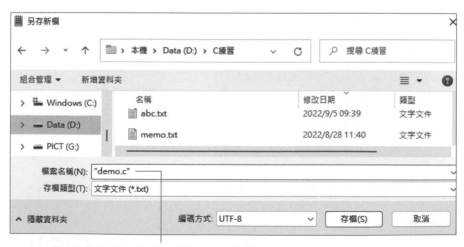

檔名用雙引號包圍，避免被加上 .txt 副檔名

然後，在**命令提示字元**或 **Terminal（終端機）**當中，用文字命令編譯、執行程式。在**命令提示字元**中，用文字命令編譯程式的步驟：

1 按下 + 鍵,在**執行**方塊中輸入 "cmd":

2 按下**確定**,即可開啟**命令提示字元**,讓我們透過文字命令操作電腦:

認識「命令提示字元」與「終端機」

先等一下,「命令提示字元」具體是什麼東西?

早期的電腦沒有像 Mac 和 Windows 這種操作介面,也不用滑鼠,只能透過敲打文字命令操作。純粹用文字命令操作電腦的介面,稱為**命令行介面**(command-line interface,簡稱 CLI):

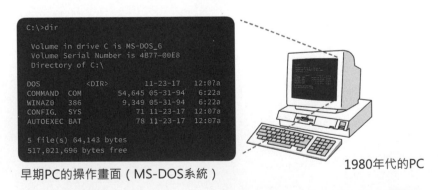

早期PC的操作畫面(MS-DOS系統)

1980年代的PC

當今的 macOS 和 Windows 圖形介面作業系統仍舊保有使用文字操作的功能;macOS 上的命令行介面軟體叫做 **Terminal**(終端機),在 Windows 系統則是**命令提示字元(cmd)**,還有 **PowerShell** 和 **Terminal**(下載網址:https://bit.ly/3Try9bT)等軟體。

我們經常使用的 Google, YouTube, Instagram, …等網站，其背後都有數以萬計的電腦在運作（提供這些服務的電腦統稱「伺服器」），為了避免浪費處理器資源和記憶體，這些電腦都沒有**圖形操作介面（GUI）**，也沒有連接顯示器和鍵盤，工作人員大都從遠處透過網路連入，用文字命令操作。

此外，有些操作用文字命令比較迅速方便，而且 CLI 介面也支援透過程式執行自動化或批次處理作業（也就是一次執行多項作業），所以文字命令並沒有因視窗操作介面的出現而消失。

設定環境變數

在**命令提示字元**輸入 gcc -v 或者 gcc --version 命令，可確認電腦安裝的 gcc 版本，但執行此命令會出現錯誤訊息：

開啟**命令提示字元**時，它會進入 "C:\Users\你的使用者名稱\" 路徑，而 Code::Blocks 工具安裝的 gcc 則是存放在 "C:\Program Files\CodeBlocks\MinGW\bin" 路徑，因此出現上面的錯誤訊息：

要讓某個程式可以在任意路徑被找到並執行，我們要將程式的名稱以及路徑紀錄在電腦系統的**環境變數**。讓電腦知道 gcc 所在路徑的操作步驟如下：

1 在**開始**上按滑鼠右鍵，選擇**系統**：

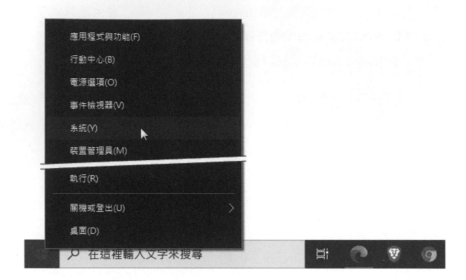

2 螢幕上將出現如下的電腦系統規格畫面，捲到底下，點擊**進階系統設定**：

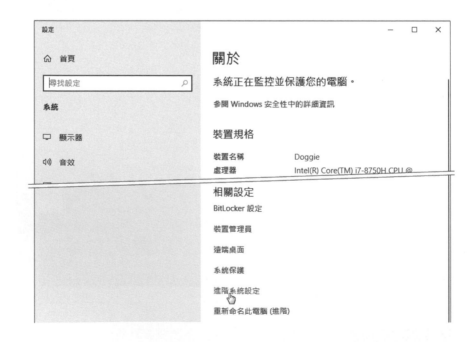

3 按下**環境變數**：

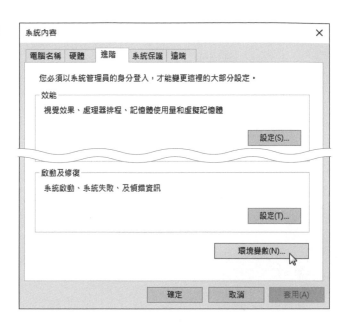

4 選取**系統變數**裡的 **Path**，然後按下**編輯**：

此即儲存應
用程式路徑
的變數

5 按下**新增**：

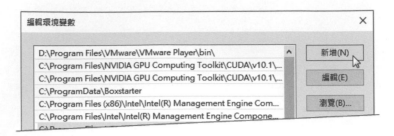

6 輸入或者複製貼上 gcc 程式的資料夾路徑：

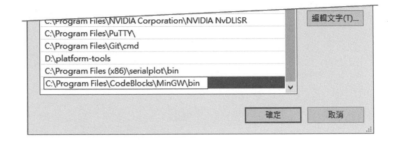

按下**確定**鈕，關閉面板，開啟**命令提示字元**（如果之前沒有關閉，請先關閉它，再重開），查看 gcc 的版本。這次可順利執行了，代表我們可以在任何資料夾裡面啟動 gcc 程式：

這裡顯示 gcc 的版本

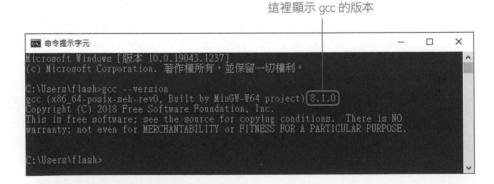

手動執行 gcc 編譯 C 程式碼

先在**命令提示字元**中執行 cd（代表 change directory，變更路徑）命令，切換到包含 C 程式檔的 "C 練習" 路徑：

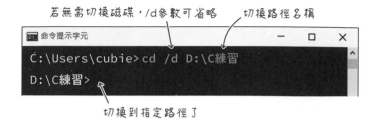

若無需切換磁碟，/d參數可省略　切換路徑名稱

切換到指定路徑了

有個在目前所在的資料夾開啟「命令行介面」的簡單方法，在檔案總管中目前的資料夾內按滑鼠右鍵（在 Windows 10 中，要先按著 Shift 鍵），選擇**在終端中開啟**：

即可開啟命令行介面，在 Windows 11 系統中，它將開啟 PowerShell 或 Terminal。

最基本的編譯指令語法如下圖左，它預設會產生一個檔名為 "a" 的可執行檔；加上 -o（小寫字母 o，代表 output，輸出）選項，可自訂檔名：

gcc 原始碼檔名

hello.c　編譯結果　a.exe

gcc 原始碼檔名 **-o** 輸出檔名

hello.c　編譯結果　hello.exe

編譯輸出的可執行檔通常不寫副檔名，以便讓此 gcc 命令相容於各種作業系統，像這樣：

```
gcc hello.c -o hello
```

因為 Linux 和 macOS 系統的可執行檔不用 .exe 副檔名。在 Windows 系統執行 gcc 產生的可執行檔，它會自動加上 .exe 變成 hello.exe。

編譯完成後，直接在**命令提示字元**中輸入可執行檔的檔名即可執行它：

```
D:\C練習> hello      ←──── 執行時，可執行檔的.exe副檔名可省略不寫
大千世界，炫彩繽紛
D:\C練習>
```

 在 PowerShell 或 macOS 和 Linux 的終端機執行程式時，檔名前面要加上 ./代表「在目前的路徑」：

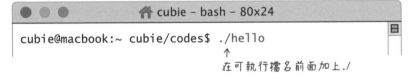

```
🏠 cubie – bash – 80x24

cubie@macbook:~ cubie/codes$ ./hello
                                  ↑
                          在可執行檔名前面加上./
```

如要手動建立目的檔 (object file，.o 檔)，請加入 -c 選項：

```
gcc -c hello.c -o hello.o
```

但目的檔只是半成品，最終還是要再編譯 (組合成) 可執行檔：

```
gcc hello.o -o hello
```

編譯多個程式檔

我們來編譯第 9 章的 main.c 和 air.c 程式試試，先把相關的程式檔都存入 aircon 資料夾 (假設此資料夾存入 "C 練習" 資料夾)：

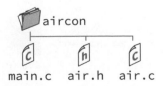

在文字命令行視窗中切換到 aircon 資料夾：

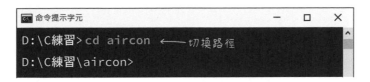

然後在 gcc 命令中列舉所有 .c 程式檔便可成功編譯：

列舉所有.c程式檔　　　輸出檔名的.exe副檔名可省略

gcc main.c air.c -o air

補充說明，假如程式檔不在相同資料夾，例如，air.h 和 air.c 程式庫位於 lib 子資料夾，主程式在引用 air.h 時，必須明確指出它的路徑，像這樣：

```
#include <stdio.h>
#include "lib/air.h"
              加上路徑名稱
int main(){
  printf("品名:%s\n", AIR_NAME);
  printf("型號:%d\n", AIR_ID);
  printf("功率:%gW\n", power(220, 1.2));
  setFanSpeed(2);  // 設定風速
}
```

aircon

main.c　　lib

air.h　air.c

執行 gcc 命令時，也必須指出 air.c
的路徑：

路徑名稱

gcc main.c lib/air.c -o air

A-3　其他 gcc 命令選項以及 gdb 除錯工具

APCS 官網的**系統環境**頁 (https://reurl.cc/qNa0LD) 提到考場的 gcc 命令選項設定，下文將說明這些選項的意思：

```
              輸出除錯資訊      C語言版本標準    引用數學函式庫    輸出檔名    原始檔名

Compiler: gcc -g -O2 -std=gnu99 -static -lm -o <a.out> <source>
編譯器命令:        最佳化程式碼      靜態函式庫形式   輸出

Runner: <a.out>
執行命令：輸出檔名
```

完整的 gcc 命令選項列表和基本說明，可執行 gcc --help 得知，底下列舉其中
一部分：

-c	編譯原始檔成目標檔
-o	小寫 o，編譯產生可執行檔
-S	大寫 S，編譯原始檔成組合語言碼
-g	產生除錯 (debug) 資訊，搭配 gdb 工具程式使用
-I	大寫 I，設置標頭檔的所在路徑
-L	設置函式庫檔案的所在路徑
-l	指定函式庫檔名
-O	大寫 O，程式碼大小以及執行時間的最佳化 (optimize) 設定
-std	指定採用哪個標準 (standard) 版本來編譯程式
-Wall	顯示所有警告 (warn) 訊息

最佳化設定（大寫 O 選項）相當於在不影響原意的情況下，調整翻譯的詞句或
者刪去贅餘的敘述，讓程式碼變得精簡、更有效率地執行。**選項 O 有 0~3 等
級，代表不同程度的程式檔大小和執行效率最佳化**，但也相對要付出更長的編
譯時間。通常最高建議設成 O2，因為以往的 O3 設置可能會導致過度修飾程
式碼而出錯。本書的程式碼都很短，不用考慮最佳化。

std 與 Wall 選項

第一章提過 C 語言有不同標準，**std 選項**可指定用哪一種標準來編譯程式
碼，通常設成 C99, C11 或 GNU11，新標準主要是加入新的語法，例如，C99
加入 "//" 單行註解（完整的說明可參閱維基百科的**C99**條目，網址：https://
bit.ly/3dF9YGP）或者調整語法，不同標準可能包含各自的「擴充語法」，宛如獨

門秘技，因為電腦處理器從 8 位元到 128 位元種類繁多，很難用同一套語言標準規範，像 GNU99 就是在 C99 標準上添加 GNU 組織自訂的擴充語法。本書的程式碼都能用這些標準編譯執行。

根據 GCC 8.1.0 版的說明文件 (https://bit.ly/3ShmBGZ) 指出，GCC 預設採行的標準是 GNU11，所以底下兩個編譯命令是一樣的：

```
gcc hello.c -O2 -std=gnu11 -o hello
gcc hello.c -O2 -o hello
```

以這個程式為例：

```c
#include <stdio.h>

int main() {
 for (int i=0; i<5;i++) {
   printf("*\n");
 }
}
```

編譯時指定採用 1989 年制訂的 C89 標準編譯會出錯，因為 C89 標準不支援在 for 敘述中初始化變數：

指定採用C89標準編譯程式碼

```
D:\code> gcc test.c -std=c89 -o test          這段說明指出僅C99或C11模式
test.c: In function 'main':                    允許for迴圈初始化變數
test.c:4:2: error: 'for' loop initial declarations are only
allowed in C99 or C11 mode
  for (int i=0; i<5;i++) {
  ^~~                              這段說明列舉建議的-std選項
test.c:4:2: note: use option -std=c99, -std=gnu99, -std=c11 or
-std=gnu11 to compile your code
```

顯示所有警告的 **Wall 選項**，直接用程式碼來示範。這個程式宣告了一個無用的變數 n：

```
#include <stdio.h>

int main() {
  int n=5;

  printf("hello!\n");
}
```

用這個 gcc 命令編譯沒問題，也沒有出現任何提示：

```
gcc hello.c -o hello
```

加入 -Wall 選項，它會提示下列警告：

```
D:\code> gcc hello.c -o hello -Wall
hello.c: In function 'main':
hello.c:4:7: warning: unused variable 'n' [-Wunused-variable]
    int n=5;          第4行第7個字有個未使用的變數n
        ^
```

使用 gdb 工具除錯

gdb 是 GCC 提供的除錯工具（gcc debugger），方便程式設計人員檢查程式的錯誤，具備顯示變數值和逐行執行原始碼的功能，也就是類似 pythontutor.com 提供的功能，只是 gdb 是純文字工具。

要利用 gdb 除錯的程式在編譯時都必須加上 -g 選項。以檢查這個（錯誤版）的階乘程式的 fact 變數值為例：

```
#include <stdio.h>

int main() {
  int n=5, fact, i;

  for (i = 1; i <= n; i++)
    fact *= i;

  printf("%d! = %d", n, fact);
}
```

筆者把這個程式命名成 bug.c，存在 code 資料夾，編譯並且用 gdb 工具單步執行 (step，也就是每次執行一行)、檢視變數值的過程如下：

加入參數g編譯 ⇨ `D:\code> gcc -g bug.c -o bug`
用gdb執行程式 ⇨ `D:\code> gdb ./bug`

```
GNU gdb (GDB) 8.1
Copyright (C) 2018 Free Software Foundation, Inc.
  ：略
Reading symbols from ./bug...done.
```
gdb執行中 ⇨ `(gdb)`

在此輸入gdb命令

這是本文用到的 gdb 命令，完整的命令列表和說明，請輸入 help 命令查看：

break	設定中斷點，讓執行中的程式暫停在指定的行數
run	開始執行要偵測的程式，此例為 "bug.exe"
step 或 s	從目前所在的行 (中斷點) 開始執行一行
print 或 p	輸出指定變數的值
quit	結束 gdb 工具

先在程式的第一行設定中斷點，再執行它：

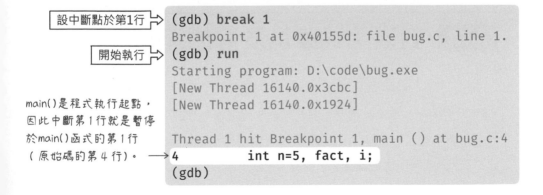

設中斷點於第1行 ⇨ `(gdb) break 1`
```
Breakpoint 1 at 0x40155d: file bug.c, line 1.
```
開始執行 ⇨ `(gdb) run`
```
Starting program: D:\code\bug.exe
[New Thread 16140.0x3cbc]
[New Thread 16140.0x1924]

Thread 1 hit Breakpoint 1, main () at bug.c:4
```
main()是程式執行起點，因此中斷第1行就是暫停於main()函式的第1行 (原始碼的第4行)。→ `4          int n=5, fact, i;`
`(gdb)`

輸入 s 或 step 單步執行，程式流程進入 for 迴圈。之後按下 Enter 鍵，gdb 將重複執行上一次命令：

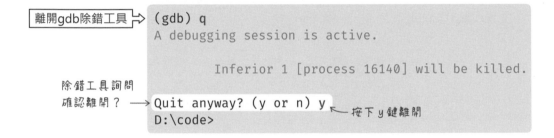

單步執行（step）→ (gdb) s
      6   for (i = 1; i <= n; i++)
按Enter鍵再次單步執行→ (gdb)
      7   fact *= i;
輸出變數fact的值→ (gdb) p fact
$1 = 0 ← 此變數值為0（原本的識別名稱會被
(gdb)　　　　　編譯器替換成其他代號，如：$1, $2）

重複上面的命令，可觀察其他變數。從檢驗過程可看出 fact 變數值並未如預期般變化，最後輸入 q，即可關閉 gdb 工具程式：

離開gdb除錯工具 → (gdb) q
A debugging session is active.

        Inferior 1 [process 16140] will be killed.

除錯工具詢問
確認離開？ → Quit anyway? (y or n) y ← 按下 y 鍵離開
D:\code>

這個程式的 fact 值沒有預設為 1，把它改成 fact=1，再重新編譯執行就正確了。

A-4 封裝函式庫以及靜態連結函式庫

一個大型的程式專案往往是由多人甚至多個機構共同完成的，每個人負責完成一部分功能並將它寫成函式庫。為了避免增加整體編譯時間，或者避免原始碼外流，函式庫可以先編譯成目標檔，再交給專案小組編譯、連結出最後的可執行檔。

典型的 GCC 程式專案，把自訂的標頭檔放在 **include 資料夾**，函式庫程式檔放在 **lib 資料夾**。本單元將使用一個簡單的例子，說明建立及封裝函式庫的步驟，這個 myfun.h 標頭檔宣告兩個函式原型：

避免重複宣告函式的
常數定義和預處理命令　　主程式檔　　　　　　　　　　　　　　存放函式庫

```
#ifndef MYFUN_H
#define MYFUN_H

int    cube(int x);
float tria(float w, float h);

#endif
```

code
main.c   include   lib

myfun.h   cube.c   tria.c

cube 和 tria 函式本體分別寫在兩個程式檔，存入 lib 資料夾，內容如下：

```
// cube.c 檔，計算 3 次方
int cube(int x) {
  return x * x * x;

}
// tria.c 檔，計算三角形面積
float tria(float w, float h){
  return w * h / 2;
}
```

底下是 main.c 主程式碼，其引用 myfun.h 標頭檔的敘述刻意未指出 "include" 路徑名稱，這個路徑可在 gcc 命令中設定。

```
#include <stdio.h>
#include <math.h>  // 內含 sqrt() 函式
#include "myfun.h" // 引用自訂的標頭檔，未指出 "include" 路徑

int main() {
  float t = tria(3.0, 8.0);
  printf("三角形面積 = %g\n", t);

  int q = cube(5);
  printf("5 的三次方 = %d\n", q);

  float a=3, b=12, c=9;
  float ans = sqrt(b*b - 4*a*c);
  printf("計算結果：%.2f\n", ans);
}
```

編譯與封裝函式庫

為了方便管理，多個目標檔可封裝 (archive) 成一個 .a 檔，封裝相當於把相關檔案包裝在一起，.a 檔也稱為「靜態封裝函式庫」。封裝檔案的命令是 ar，它有多種選項，本單元只用到右列 3 個，要瀏覽它的所有選項名稱和簡介，請執行 ar --help 命令。

c	建立 (create) 封裝檔
r	新增檔案到封裝檔或取代 (replace) 其中的舊檔
t	以表格 (table) 方式呈現封裝檔的內容

建立封裝檔的步驟：先把函式庫的 C 原始檔編譯成 .o 目標檔，再執行 ar 命令：

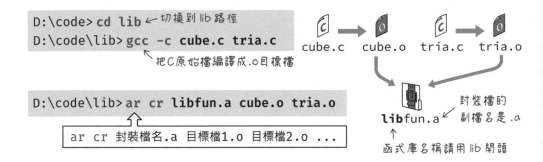

封裝檔建立完畢後，可透過選項 t 列舉它的內容：

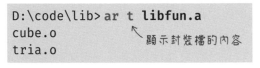

現在，專案程式資料夾包含如下的目錄結構：

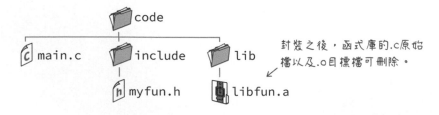

main.c 引用了 "myfun.h" 標頭檔，但未指名它的路徑，可在執行 gcc 時透過 I 選項 (大寫 I，代表 include，引用) 設定標頭檔所在的路徑名稱，此外，編譯這個範例程式也要指出函式庫的路徑和檔名。完整的編譯命令如下；

```
             指出函式庫位於 lib 路徑      輸出檔名
                        ↓              ↓
D:\code\lib> cd..
D:\code> gcc main.c -I include -L lib -l fun -o main
                     ↑                    ↑
       指出標頭檔位於 include 路徑      指出函式庫檔名，檔名前不
                                     加 "lib"，也無須 .a副檔名。
```

本專案程式的封裝函式庫檔名是 "libfun.a"，在 gcc 命令中引用時，要省略 lib 開頭和副檔名 .a，所以寫成 "fun"。gcc 命令也可以這樣寫：

```
D:\code> gcc main.c -Iinclude  -Llib  -lfun  -omain
                       ↑          ↑      ↑      ↑
              參數和參數值之間，可以沒有空格。
```

執行此程式檔的結果：

```
D:\code> ./main
三角形面積 = 12
5的三次方 = 125
計算結果: 6.00
```

附帶一提，在 Linux 系統中執行相同的 gcc 命令會出現找不到 sqrt 函式的 錯誤：

```
cubie@ubuntu:~/code $ gcc main.c -I include -L lib -lfun -o main
/usr/bin/ld: /tmp/ccvkb5V6.o: in function `main':
main.c:(.text+0x88): undefined reference to `sqrt'
collect2: error: ld returned 1 exit status
                                    ↑
                              未定義的參照到'sqrt'函式
```

加入 -lm 選項引用 math.h 函式庫才能成功編譯：

```
gcc main.c -I include -L lib -lm -lfun -o main
                              ↑
                    引用 math（數學）函式庫
```

> 幾乎所有電腦作業系統都是用 C 或 C++ 語言開發而成的，C 語言的標頭檔與函 式庫也內建於許多作業系統，像 Linux 系統的 "/usr/include" 路徑及 "/usr/lib" 路徑 裡的檔案。

靜態連結共享函式庫

程式在編譯、連結函式庫時，分成**靜態（static）**和**動態（dynamic）**兩種連結形式。作業系統裡面包含許多可分享給其他應用程式使用的函式庫，例如，Linux 系統有個 libc.so 檔，so 代表 "shared object"，直譯為「共享目標函式庫」，也就是**動態函式庫封裝檔**，libc.so 就是 C 程式的標準函式庫的封裝檔，裡面包含 stdio.h, stdlib.h, math.h, … 等標頭檔定義的函式（完整標頭檔列表請參閱維基百科 **C 標準函式庫**條目：https://bit.ly/3BozWXd）：

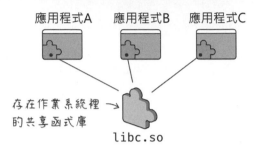

「共享」就是能讓其他軟體共用的意思，我們可以把 libc.so 想成一個共用的拼圖元件，有需要就拿去用。在 C 程式中引用標準函式庫的函式，如：printf()，其原始碼並不會和我們的程式編譯在一起，而是建立一個引用 libc.so 的連結，當程式執行 printf() 時，它會呼叫執行 libc.so 的 printf()。這種方式稱為「動態連結」。

動態連結的優點：

● 應用程式檔的大小變得精簡。

● 執行時，若指定的動態函式庫已載入記憶體，系統就無須重複載入，節省記憶體空間。

● 若函式庫的程式碼有變動，應用程式原始碼不用修改（除非函式名稱或參數有異動）。

缺點是：若指定連結的函式庫不存在，應用程式將無法執行。**.so 是 Linux 系統的動態函式庫檔案的副檔名，在 Windows 系統是 .dll，macOS 則是 .dylib**。如果你在 Windows 看到類似底下的錯誤訊息，代表這個應用程式嘗試引用某個動態函式庫，但是它找不到：

我們可以把所有引用的函式全都連結到應用程式檔,這樣就不用倚賴外部函式庫,這種方式稱為**靜態連結**,只要在編譯命令加入 -static 選項即可:

```
gcc main.c -I include -L lib -lfun -static -o main
```
↑
指定採用靜態函式庫

因為所有函式都整合到可執行程式檔,檔案會明顯變大,右圖是在 Linux 系統上編譯同一個程式原始碼的可執行檔大小比較:

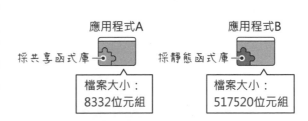

A-5 採用 makefile 檔編譯程式

編譯程式的時候要納入所有相關(依存)檔案,如果檔案很多,gcc 命令會變成一長串,不僅寫起來麻煩而且容易出錯。解決辦法是把編譯指令寫在一個叫做 makefile 的純文字檔(沒有 .txt 副檔名),只要寫一次,日後就能重複使用。

Makefile 內容寫法也有規範,下圖左是最基本的語法,它採用「倒敘式」,先寫出編譯的目標檔名和依存檔,再換行寫出編譯命令,命令前面一定要用 Tab 鍵縮排:

輸出檔名　　　輸入檔名

目標檔名：依存檔案
　　命令
在此按Tab鍵

```
hello: hello.c
    gcc hello.c -o hello
```

如果不用Tab而是用空白鍵分隔，
執行時將會發生"*** 缺少分隔符"錯誤。

把上圖右的內容敲入文字檔，若是在 Windows 上使用記事本編寫，請在存檔時用雙引號包圍檔名，像這樣 "makefile"，避免被擅自加上 .txt 副檔名：

把 makefile 檔案存放在專案主程式的相同
資料夾裡面：

執行 makefile 內容的命令是 make。在終端機輸入 make，它將執行 makefile 裡的命令，編譯 hello.c 檔：

```
D:\code> make
gcc hello.c -o hello
```
← 這裡將顯示makefile裡面，執行中的命令。

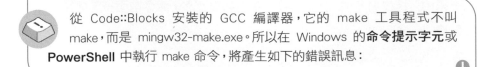

從 Code::Blocks 安裝的 GCC 編譯器，它的 make 工具程式不叫 make，而是 mingw32-make.exe。所以在 Windows 的**命令提示字元**或 **PowerShell** 中執行 make 命令，將產生如下的錯誤訊息：

```
D:\code> make        ←'make'不是內部或外部命令、可執行檔或批次檔。
'make' is not recognized as an internal or external
command, operable program or batch file.
```

mingw32-make.exe 檔預設位於 "C:\Program Files\CodeBlocks\MinGW\bin"
路徑：

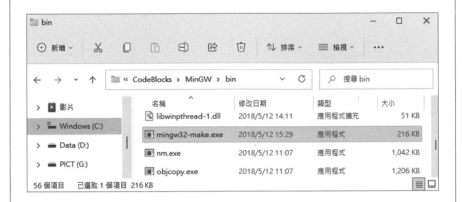

最簡單的解決辦法是複製貼上 mingw32-make.exe，將它重新命名成 make.
exe 檔。另一個辦法是建立一個名叫 "make.bat" 的批次檔，.bat 是操作
Windows 系統的命令檔。

請在**記事本**中輸入底下兩行，然後將此文件命名成 "make.bat" 存在桌面
上。這個 .bat 檔的作用是**要求系統執行目前所在資料夾裡的 mingw32-
make.exe**：

```
@echo off    ← 避免批次檔輸出訊息
"%~dp0mingw32-make.exe" %*
```
　"%~dp0"代表　　　make命令工具程式　　　"%*"代表全部參數
　目前的路徑

接著，把這個 make.bat 檔拖入 "C:\Program Files\CodeBlocks\MinGW\bin"
資料夾。此時，畫面上將出現如下的警告訊息，請按下**繼續**：

.bat 檔也是 Windows 系統的可執行檔,所以當我們輸入 make 命令時,make.bat 就被執行,由它來啟動 mingw32-make.exe 檔。

編譯多個相依檔的 makefile

若只要編譯一個檔案,當然不用寫 makefile,我們來看看如何用 makefile 編譯多個檔案。延用上文「編譯與封裝函式庫」的程式檔,為了簡化 makefile 的命令,先把 cube.c 和 tria.c 和 main.c 放在相同路徑:

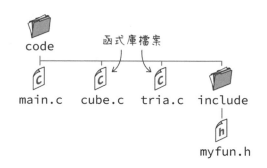

如此,分開編譯函式庫目標檔以及 main 主程式檔的 gcc 命令要這樣寫:

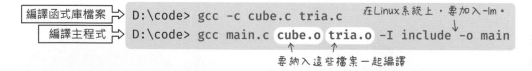

編譯之後的 code 資料夾內容:

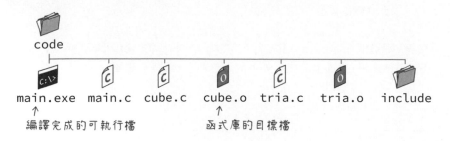

把上面的 gcc 命令寫在 makefile 裡面，將會是這樣：

```
               主程式有3個依存檔
          ┌──────────────────┐
main: main.c  cube.o  tria.o
      gcc main.c  cube.o  tria.o -I include -o main
編譯函式  cube.o: cube.c
庫的敘述      gcc -c cube.c

      tria.o: tria.c
          gcc -c tria.c
```

同樣用「倒敘式」，最終編譯目標 main 寫在前面，它所依賴的 cube.o 和
tria.o 的編譯命令寫在後面。刪除之前編譯完成的 main.exe, cube.o 和 tria.o，然
後再次於終端機輸入 make，它將執行此 makefile 裡的命令，先編譯出 cube.o
和 tria.o，再編譯完成 main：

```
D:\code> make
gcc -c cube.c
gcc -c tria.c
gcc main.c cube.o tria.o -I include -o main
```

日後若專案中的任何程式檔內容有變動，只需再次執行 make 命令重新編譯，
不用寫一大串 gcc 命令。更棒的是，假設你只修改了 main.c 程式，函式庫程式
碼不變，再次執行 make 命令，它只會編譯 main.c，不會重新編譯函式庫，節省
時間。假如沒有修改任何程式檔，再次執行 make 命令，它將回報 "已是最新"，
不會執行編譯命令：

```
D:\code> make
make:「main」已是最新。
```

使用變數設置編譯選項

刪除之前編譯完成的 main.exe, cube.o 和 tria.o，然後把 cube.c 和 tria.c 移回 lib 資料夾，來看看這樣的 makefile 該怎麼寫：

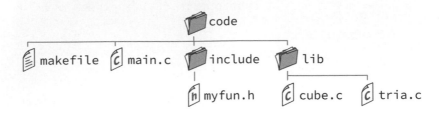

因為 cube.c 和 tria.o 位於 lib 路徑底下，所以它們的檔名前面都要加上 "lib/"，並在編譯函式庫目標檔的 gcc 命令後面加上 -o 選項，指定它們的存檔路徑：

```
main: main.c lib/cube.o lib/tria.o          ← 從lib路徑取得目標檔
    gcc main.c lib/cube.o lib/tria.o -I include -lm -o main

lib/cube.o: lib/cube.c
    gcc -c lib/cube.c -o lib/cube.o
                                            指定輸出的目標檔名以及路徑
lib/tria.o: lib/tria.c
    gcc -c lib/tria.c -o lib/tria.o
```

執行上述命令時，cube.o 和 tria.o 將被存入 lib 資料夾，所以編譯 main 的 gcc 命令也要從 lib 路徑取得這兩個目標檔。

隨著要編譯的檔案增多，makefile 的命令也變多，幸好 makefile 支援變數，可簡化重複設定值的敘述。

Makefile 文件的變數定義敘述很單純，不用指定資料型態，變數名稱字母大小寫有別（習慣上全部大寫），不可包含 ':', '#', '=' 和空白，也不建議採用英文字母、數字和底線以外的字元。底下敘述定義一個名叫 DIR 的變數，其值為函式庫路徑名稱 "lib"：

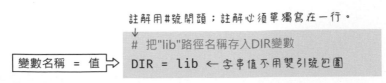

讀取變數值的語法是 **$ (變數名稱)**，像這樣：

定義另一個變數 →
```
# OBJS變數的值將是"lib/cube.o"
OBJS = $(DIR)/cube.o
```
取出變數值，跟其餘部分合併成字串。

十= 運算子可串接字串資料：

```
OBJS += $(DIR)/tria.o
```
⇐ OBJS的值："lib/cube.o lib/tria.o"

因此，本節開頭的 makefile 可修改成：

```
DIR = lib
OBJS = $(DIR)/cube.o      定義函式庫資料夾和路徑的變數
OBJS += $(DIR)/tria.o

main: main.c $(OBJS)      這個部分將被替換成目標檔名和路徑
    gcc main.c $(OBJS) -I include -lm -o main
```

Makefile 也支援代表任意字元組合的萬用字元，符號是 %；"%.c" 代表這個路徑裡的所有 .c 檔。Makefile 還有兩個代表輸入檔和輸出檔的特殊符號，搭配 gcc 命令使用，底下兩行敘述將能**把 DIR 變數指定路徑裡的全部 .c 檔，編譯成同名的 .o 檔**：

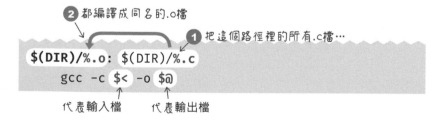

```
$(DIR)/%.o: $(DIR)/%.c
    gcc -c $< -o $@
```
代表輸入檔   代表輸出檔

最後，gcc 命令本身也經常被存入自訂變數 CC，放在 makefile 開頭，以方便替換使用不同的編譯器（例如下文提到的 clang）。編譯選項則習慣被存入自訂變數 CFLAGS，最後完成的 makefile 內容如下：

```
CC = gcc
CFLAGS = -I include -lm
DIR = lib
OBJS = $(DIR)/cube.o
OBJS += $(DIR)/tria.o

main: mainfun.c $(OBJS)
    $(CC) mainfun.c $(OBJS) $(CFLAGS)-o main

$(DIR)/%.o: $(DIR)/%.c
    $(CC) -c $< -o $@
```

執行 make 命令編譯的結果：

```
D:\code> make
gcc -c lib/cube.c -o lib/cube.o
gcc -c lib/tria.c -o lib/tria.o
gcc main.c lib/cube.o lib/tria.o -I include -lm -o main
```

刪除不再使用的檔案

編譯過程中產生的 .o 目標檔，最後都可以刪除掉。刪除檔案不是 gcc 命令的工作，我們要自己手動刪除。Windows 的 PowerShell、macOS 和 Linux 的終端機，都支援刪除檔案的 rm 命令 (代表 remove，移除)，其語法如下：

作業系統的命令也能寫在 makefile 裡面。Makefile 通常都包含一個刪除檔案的「目標」名稱，習慣上命名成 "clean" (代表「清除」)，放在 makefile 最後。這個例子將刪除所有 .o 檔和編譯完成的可執行檔：

```
DIR = lib
OBJS = $(DIR)/cube.o
  : 略
$(DIR)/%.o: $(DIR)/%.c
    gcc -c $< -o $@

clean:
    rm $(DIR)/*.o main
```

makefile檔

作業系統的刪除檔案命令，刪除
main，以及指定路徑的所有.o檔。

在 make 命令後面加上目標名稱
"clean" 當作選項，即可執行其中的
rm 命令，刪除指定的檔案：

```
D:\code> make clean
rm lib/*.o main
```

A-6 在 Mac 電腦上安裝與設置 C 程式開發工具

Code::Blocks 也有 Mac 版，但版本較舊，而且也不能在新系統中執行，下文將
示範安裝另一個操作簡易且免費的程式開發工具 **Geany**（發音似「吉尼」）。
Geany 不具備 C 程式編譯器，我們要自行安裝。

在 macOS 安裝 GCC 編譯器的步驟如下，先開啟位於 **/應用程式/工具程式**資
料夾的**終端機**軟體，然後：

1 在終端機中輸入 "gcc --version" 查看 gcc 的版本，如果出現如下的訊息，
代表這台電腦沒有安裝 gcc：

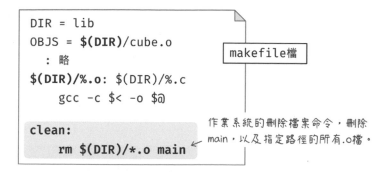

```
● ● ●                 📁 cubie — -zsh — 80×24
Last login: Sat Aug 13 20:21:01 on ttys000
cubie@macbook ~ % gcc --version
xcode-select: note: no developer tools were found at '/Applications/Xcode.app',
requesting install. Choose an option in the dialog to download the command line
developer tools.
cubie@macbook ~ %
```

這段訊息大意是找不到開發工具 (Xcode
是蘋果自家的軟體開發工具的名字)

同時，螢幕上會出現如
右的對話方塊，請按下
安裝：

系統將自動下載包含
gcc 在內的軟體開發工
具，如果畫面上出現**許
可協議**，請按下**同意**，軟
體將在下載完畢後自動
安裝：

2　安裝完畢後，再次於**終端機**輸入 "gcc --version"，它將顯示它的版本以及
　　安裝路徑：

編譯器的版本訊息

```
● ● ●                      🖥 cubie — -zsh — 80×24
Last login: Sat Aug 13 20:21:01 on ttys000
cubie@macbook ~ % gcc --version
xcode-select: note: no developer tools were found at '/Applications/Xcode.app',
requesting install. Choose an option in the dialog to download the command line
developer tools.
cubie@macbook ~ % gcc --version
Apple clang version 13.1.6 (clang-1316.0.21.2.5)
Target: arm64-apple-darwin21.6.0
Thread model: posix
InstalledDir: /Library/Developer/CommandLineTools/usr/bin
cubie@macbook ~ %
```

編譯器的安裝路徑

 咦？macOS 顯示的 gcc 名字怎麼是 "clang"？

 妳觀察很敏銳喔！C 程式語言的編譯器除了 gcc，還有其他選擇，蘋果公
司發起的 clang 是另一款開放原始碼的 C 語言編譯器，也是 macOS 預
設的 C 語言編譯器。知名的 C 語言編譯器（非開放原始碼）還有微軟的
Visual C++（簡稱 MSVC）和另一家軟體開發商的 Borland C++（現已很
少人使用）。

不同的編譯器宛如不同的翻譯人員，用字遣詞和詮釋方式可能有所不同，執行效率也略有差異，但最終成品都是電腦可正確理解的機械碼。

下載安裝 Geany 程式開發工具

Geany 有 Windows、Mac 和 Linux 版，在官網（https://geany.org/）點擊 **Downloads** 即可進入下載頁：

Windows 版本的安裝程式

Mac，Intel 處理器版本

Mac，蘋果自家的處理器（如：M1 和 M2）版

以 Mac 版為例，下載之後把 Geany 拖入 **Applications（應用程式）**資料夾，即可開啟使用：

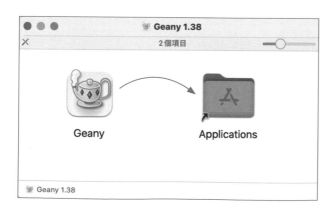

這是 Geany 的操作畫面，在中間的文件窗口輸入C程式碼，按下 ⌘ + S 鍵，命名成 hello.c 儲存（筆者將它存入**文件**的 "code" 資料夾）：

Symbols（符號）面板將列舉
程式的變數及函式名稱

建置　執行

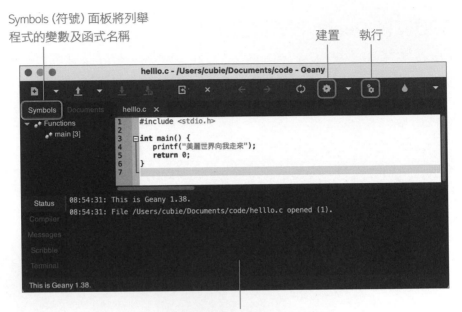

底下窗口將顯示編譯的訊息，也能
切換到 Terminal（終端機）畫面

依序按下**建置（Build）**和**執行（Run）**鈕，終端機視窗將自動開啟並顯示執行結果：

在線上嘗試不同的編譯器

有些線上程式開發環境提供不同的編譯器讓使用者測試，例如這兩個網站：

- **rextester.com**：可在線上測試執行多種程式語言和編譯器，但某些編譯器（如：微軟的 MSVC）需要付費贊助才能使用。

- **godbolt.org**：提供多種語言和處理器的編譯器，例如，電腦普遍採用的 x86 處理器，也提供智慧型手機的 ARM 處理器、微電腦控制板的 AVR 和 ESP32 處理器的編譯器。

GCC 編譯器自訂一個初始化陣列的語法，底下敘述將把 arr 陣列的 10 個元素全都初始化為 5：

初始化以及顯示全部陣列元素的簡單測試程式碼：

```c
#include <stdio.h>

int main() {
  int arr[10] = { [0 ... 9] = 5 };   // 宣告與初始化陣列

  for (int i=0; i<10; i++)           // 列舉陣列所有元素
    printf("%d ", arr[i]);
}
```

這是在 godbolt.org 選用 x86 處理器的 MSVC 編譯器的編譯結果，因為 MSVC 編譯器不支援 "[0 ... 9] = 5" 初始化陣列敘述，因而出現編譯錯誤：

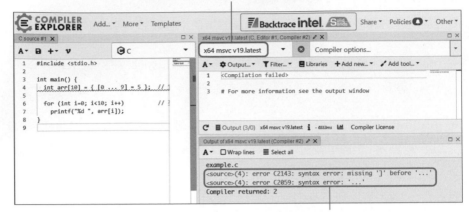

MSVC 編譯器發出的錯誤訊息

改用 GCC 編譯就沒問題，右側畫面顯示編譯後的組合語言碼：

改用 GCC 編譯器

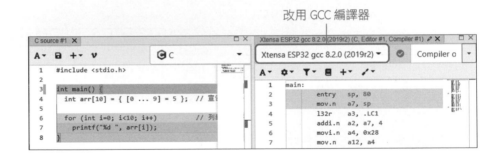

按一下程式編輯器窗格的 ⊞ 鈕，選 **Execution Only（僅執行）**，就會出現類似編譯窗格的執行窗格，也可以選用不同的編譯器編譯後執行，和編譯窗格獨立分開運作：

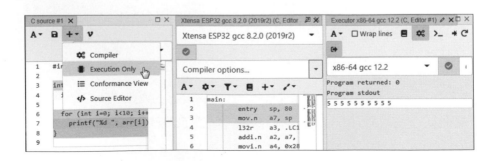

B

讀寫檔案

儲存在變數裡的資料，在程式結束時就消失了，要長久保存資料，必須將它存在外部檔案中。本附錄將介紹讀寫檔案的方式以及**資料流（stream）**的概念。

B-1　文字檔和二進位檔

電腦的檔案分成「文字」和「二進位」兩大類型，可以用記事本開啟、閱讀的檔案就是**文字檔**，副檔名不一定是 .txt，其他則是**二進位檔**，包括 .exe 可執行檔、影像、聲音…等等：

文字檔

二進位檔

 Word 檔（.doc 和 .docx）算不算文字檔？

 不算，文字檔只包含文字編碼（如：ASCII）構成的字串，而二進位檔多半只有特定應用軟體才能開啟和解讀。我們可透過以 16 進位值呈現檔案內容的編輯器，例如 HexEd.it 網站（https://hexed.it/）來檢視，即可清楚分辨文字檔和二進位檔

我事先用記事本建立一個包含 "123 GO!" 內容的 "go.txt" 文字檔，然後用這個網站開啟：

點擊開啟檔案，選擇一個文字檔

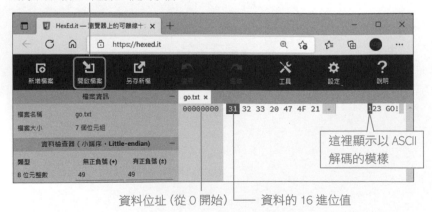

這裡顯示以 ASCII 解碼的模樣

資料位址（從 0 開始）　　資料的 16 進位值

對照第 3 章的 ASCII 編碼表，可看出 go.txt 文字檔的內容就是文字的 ASCII 編碼，例如，31 代表字元 '1'、20 是空格。

同樣在 Word 中輸入 "123 GO!" 存檔，然後在 HexEd.it 網站開啟，可看到 Word 文件包含許多無法用 ASCII 解讀的亂碼，因為 Word 文件除了文字資料，還包含許多額外資訊，如：版型尺寸、邊距、字體樣式、作者…等：

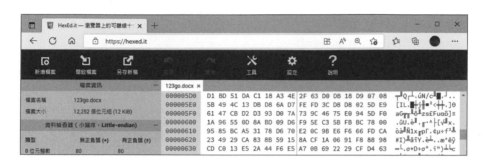

再來看一個例子，影像檔也是依特定編碼構成的檔案：

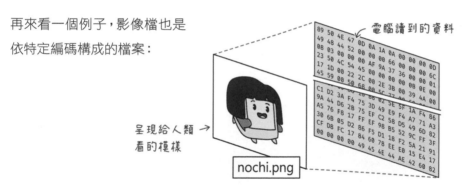

這是在 HexEd.it 網站開啟圖檔的模樣，如果任意變更其中一個數值，例如，把開頭的 89 改成 33，再另存新檔…

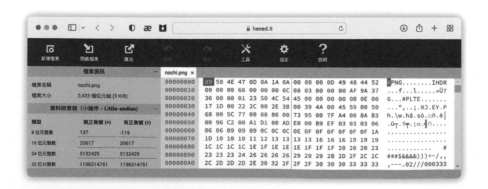

在本機電腦開啟修改後的圖檔，電腦將顯示「檔案已毀損」無法開啟。但在文字檔中修改任意編碼，文字檔仍可被開啟，只是內容變了。

B-2 操作檔案的函式

stdio.h 標準函式庫包含操作檔案的函式，底下是本單元使用到的函式，它們的名稱大都以 f 開頭，代表 file（檔案）。

fopen()	開啟檔案	fputc()	寫入一個字元
fclose()	關閉檔案	fputs()	寫入一段字串
fgetc()	讀取一個字元 (character)	fprintf()	寫入一段格式化字串
fgets()	讀取一段字串 (string)	feof()	檢查是否讀到檔案結尾
fscanf()	讀取一段格式化字串	rewind()	把游標移到檔案開頭

檔案處理程式可分成三大步驟，下文將説明對應的程式敘述，檔案處理完畢就要關閉它，才不會持續占用記憶體空間：

1 開啟檔案 ⟹ 2 讀取或寫入檔案 ⟹ 3 關閉檔案

開啟檔案

開啟檔案的 fopen 函式原型為：

若無法開檔則傳回NULL　　const（常數）代表函式程式不會修改此參數值，也就是不會更動檔名。

```
FILE * fopen( const char * filename, const char * mode );
```
檔案指標　　　　　　　　　　檔名字串　　　　　　　模式字串

● filename（檔名）參數：要開啟或新建的檔案名稱。

● mode（參數）：開檔模式，指出程式打算對檔案執行的操作，例如，寫入或讀取，請參閱表 B-1。

● 傳回值：檔案指標，若檔案無法開啟，則傳回 NULL。

檔案指標（file pointer）也稱為「資料流（stream，參閱下文說明）」或「檔案操作器（file handler）」。handler 有「握把」的意思，像大門的把手和水壺的把手都是 handler，日本人把「汽車方向盤」稱作 handler（發音似：寒多魯）。所以 file handler 相當於檔案操作器，為了貪圖方便，本文簡它為「檔案指標」，但實際上它是個 FILE 型態的結構體，內含檔案的指標。

表 B-1　開檔模式

參數	意義	說明
w	覆寫（write only）	建立新檔，若檔案已存在，**該檔內容將會被清除、覆蓋**；只能寫入文字，不能讀取檔案內容
r	僅讀（read only）	開啟既有的檔案，**若檔案不存在，將傳回 NULL**；只能讀取文字資料，無法寫入
a	附加（append）	在既有檔案內容之後，寫入新的文字資料，或者建立新檔
rb	二進位（binary）讀取	以二進位型式開啟既有的檔案；讀取內容時的傳回格式是「位元組（byte）」
wb	二進位覆寫	以二進位型式覆寫既有的檔案，或者建立新檔
ra	二進位附加	在既有二進位檔案內容後面寫入新的資料，或者建立新檔

表 B-1 列舉的開檔模式，資料都是往單方向移動，像 "w"（寫入）模式，只允許資料從程式流向檔案。在模式名稱後面加上 "+" 號，代表允許「雙向流動」資料，例如，**"r+" 代表允許讀取和寫入檔案。**

檔案開啟的時候，會有一個我們看不見的「游標」指出讀、寫資料的位置。以 "r" 或 "w" 模式開檔時，游標都位在第一個字元的地方：

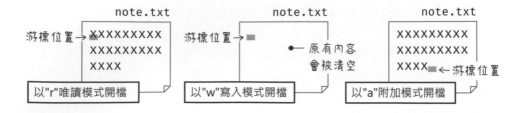

以"r"唯讀模式開檔　　　　以"w"寫入模式開檔　　　　以"a"附加模式開檔

關閉檔案

關閉檔案 fclose() 函式的原型為：

$$\text{int } \textbf{fclose}(\underset{\downarrow}{\overset{檔案指標}{\text{FILE }*\text{fp}}});$$

● 「檔案指標」參數：指定要關閉的檔案指標。

● 傳回值：0 代表關閉成功；若關閉檔案時出錯（例如：從隨身碟開啟檔案，隨身碟在關檔之前被拔除），則傳回 **EOF（End of File，檔案結尾）**。為了跟內文的編碼值區分，EOF 是負整數值（通常是 –1），定義在 stdio.h。

底下是個開啟文字檔的簡易範例程式，它將嘗試打開 note.txt 檔，請在線上 C 程式編輯器執行看看。

```c
#include <stdio.h>

int main() {
  FILE* fp;              // 宣告一個 FILE 型態的「檔案指標」變數
  fp = fopen("note.txt", "r"); // 以「唯讀」模式開啟 note.txt 檔
  if (fp == NULL) {
    printf("無法開啟檔案～");
  } else {
    printf("已開啟檔案");
    fclose(fp);         // 關閉檔案
  }
}
```

線上 C 程式編輯環境並不存在 note.txt 檔，所以執行結果顯示 "無法開啟檔案～"。

B-3 讀取文字檔

讀取文字的函式有讀取**一個字元**和讀取**一連串字元**兩種，底下是讀取一個字元的函式原型：

```
int fgetc(FILE *fp)
```

它接收一個「檔案指標」參數，傳回目前游標所在的字元編碼值，然後移動游標到下一個字元。若讀取出錯或游標已到檔案結尾，則傳回 EOF。

底下程式片段假設 fp 指向 note.txt 檔，該文字檔包含一段文字 "hello world"。第一次執行 fgetc(fp)，它將傳回 'h'（或者說 ASCII 值 72）：

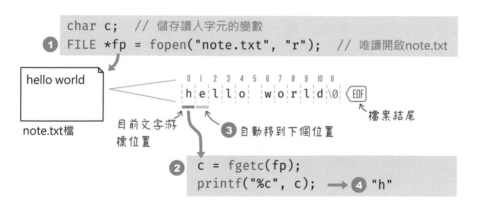

再次執行 fgetc(fp)，它將傳回 'e'… 以此類推，搭配迴圈便可讀取整個文字檔：

指派運算子的運算結果為fgetc()
的傳回值，副作用是存入變數c。

```
while ((c = fgetc(fp)) != EOF) {
    printf("%c", c);
}
```

只要fgetc()的傳回值不等於
EOF，便持續執行迴圈。

上面的迴圈敘述等同底下的程式片段：

```
c = fgetc(fp);        // 從檔案讀取一個字元（然後把游標移到下個字）
while (c != EOF) {  // 若此字元值不是檔案結尾
  printf("%c", c);
  c = fgetc(fp);      // 繼續讀取字元（然後把游標移到下個字）
}
```

在線上 C 語言編輯器測試讀取文字檔時，請先新增一個文字檔，筆者將它命名為 note.txt：

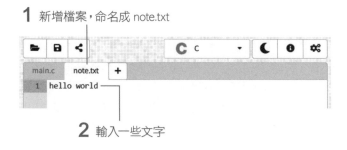

回到 main.c 程式編輯畫面，輸入底下的程式碼，編譯執行將顯示文字檔的內容 "hello world"。

```
#include <stdio.h>

int main() {
  char c;                               // 暫存字元
  FILE *fp = fopen("note.txt", "r"); // 以唯讀模式開啟 note.txt 檔

  if (fp == NULL) {
    printf("找不到檔案！");
    return 1;                           // 退出 main 函式（結束程式）
  }

  printf("文字檔內容：\n");
  while ((c = fgetc(fp)) != EOF) {
    printf("%c", c);
  }
  printf("\n");

  fclose(fp);                           // 關閉檔案
}
```

可以在一個程式中開啟、操作多個檔案嗎？

 可以，若要操作兩個不同檔案，就需要宣告兩個檔案指標：

```
FILE * fp1 = NULL;                    // 檔案指標 1
FILE * fp2 = NULL;                    // 檔案指標 2


fp1 = fopen("note_1.txt", "r"); // 開啟 note_1.txt
fp2 = fopen("note_2.txt", "r"); // 開啟 note_2.txt
```

讀取一段文字

讀取字串的函式原型是：

```
char *fgets(char *str, int n, FILE *fp);
```

- **參數 str**：儲存讀入字串的字元陣列指標

- **參數 n**：一次讀入的最大字元數（含字串結尾的 NULL），通常設置成參數 str 的陣列長度。

- **參數 fp**：檔案指標

- **傳回值**：傳回指向讀入字串的指標；若讀到檔案結尾（EOF）或發生讀取錯誤，則傳回 NULL。

底下程式片段宣告一個可儲存 10 個字元的 str 陣列，執行 fgets()，每次最多從 note.txt 文字檔讀入 10-1 個字元：

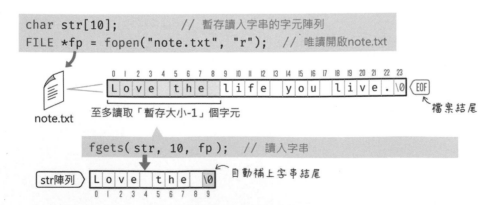

每次執行 fgets()，檔案游標就自動移到下一個字元，所以再次執行相同的 fgets()，它將讀取下一段字串：

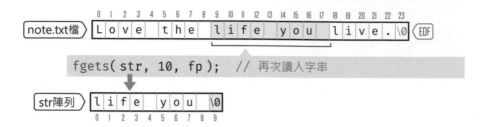

fgets() 會在讀到**新行 "\n" 字元**時停止。舉例來說，假如文字檔的內文像下圖左一樣分成數段，代表每一行文字後面接著新行 "\n" 字元，fgets() 每次最多讀取一行：

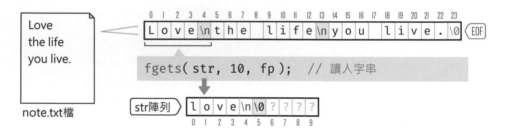

note.txt檔

同樣地，用迴圈即可讀取整個文字檔：

```
while ( fgets(str, 10, fp) != NULL ) {
  printf("%s", str);
}
```
只要fgets()的傳回值不等於 NULL，便持續執行迴圈。

檢測是否讀到檔案結尾（EOF）的條件，可改用 **feof() 函式**，它接收一個「檔案指標」參數，若已達檔案結尾它將傳回整數 1，否則傳回非 0 值。底下是相同功能的程式片段：

檢查游標是否位於檔案結尾
```
while ( !feof( fp ) ) {
  fgets(str, 10, fp);    // 儲存讀入的字串
  printf("%s", str);     // 顯示字串內容
}
```

B

假設線上 C 程式編輯器已新增 note.txt 檔，讀取 note.txt 內容的完整程式：

```c
#include <stdio.h>

int main() {
  FILE *fp = fopen("note.txt", "r");
  char str[10];          // 暫存字串

  if (fp == NULL) {
    printf("找不到檔案！");
    return 1;
  }

  printf("文字檔內容：\n");
  while ( fgets(str, 10, fp) != NULL ) {
    printf("%s", str);   // 顯示字串內容
  }
  printf("\n");

  fclose(fp);            // 關閉檔案
}
```

B-4 寫入文字檔

在文字檔中寫入一個字元，以及寫入一段字串的 fputs() 函式原型如下，第 1 個
參數是要寫入的字串，第 2 個則是檔案指標，如果寫入成功則傳回正整數值，
否則傳回 EOF。

```c
int fputc(int char, FILE *fp);          // 寫入一個字元
int fputs(const char *str, FILE *fp);   // 寫入一段字串
```

fprintf() 函式能將不同型態資料合併成一個字串，其函式原型如下，字串資料
裡面可以包含跟第 3 章介紹的 printf() 相同的格式符號：

可包含「格式符號」的字串   選擇性的用逗號分隔的資料

```
int fprintf( FILE *fp, const char *str, ... );
```

例如：

```
fprintf( fp, "時速%d公里", 280 );
```
⟶ 在fp所指的文字檔寫入 "時速280公里"

底下程式將嘗試新建一個 memo.txt 檔，然後執行兩項操作：

● 在 memo.txt 中寫入一段文字。

● 讀取檔案，確認文字有被寫入。

```c
#include <stdio.h>

int main( ) {
  char c;                              // 暫存讀入的字元
  FILE *fp;

  fp = fopen("memo.txt", "w");         // 以「寫入」模式開檔

  if (fp == NULL) {
    printf("無法開啟檔案！");
    return 1;
  }

  fputs("綠豆的英文不是 green bean", fp); // 寫入字串
  fclose(fp);                          // 關閉檔案

  fp = fopen("memo.txt", "r");         // 以「唯讀」模式開檔

  while ((c = fgetc(fp)) != EOF) {     // 讀取檔案內容
    printf("%c", c);
  }
  fclose(fp);                          // 關閉檔案
}
```

B

編譯執行程式將顯示 "綠豆的英文不是 green bean"。因為開檔模式指定為 "w"，所以如果 "memo.txt" 已存在，既有內容將被刪除。

執行程式時，memo.txt 不可以被其他軟體開啟，若像下圖這樣先在線上程式編輯器中新增一個 memo.txt 檔，將導致程式無法操作該檔：

認識資料流（stream）

C 語言透過**資料流**（stream，也稱作「串流」）在程式和周邊設備之間傳輸資料。資料流就是一連串位元組資料，當程式執行 scanf() 時，其實是從資料流讀取輸入設備（鍵盤）的資料；執行 printf()，則是把字串放入資料流，系統會將文字送往輸出設備（螢幕）：

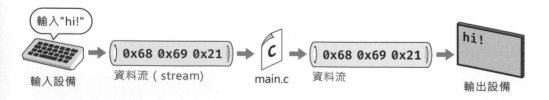

C 語言定義了三種基本的資料流：

stdin	標準輸入設備 (standard input)，用於接收輸入資料，通常代表鍵盤，但也可以是條碼掃描器、讀卡機…等裝置，前提是電腦系統已裝載相關的驅動程式及函式庫
stdout	標準輸出設備 (standard output)，通常代表螢幕或終端機，也可以是印表機、語音合成器…等裝置
stderr	標準錯誤輸出設備 (standard error)，用於輸出程式的錯誤訊息，通常是輸出到螢幕，但也可以寫入系統日誌 (log) 檔

寫入檔案的操作，也就是開啟一個連接檔案系統的資料流，然後放入資料：

資料流宛如「介面」或「管家」，C 程式透過資料流來接收輸入或者輸出資料給周邊裝置，資料流的一端是 C 程式，另一端是設備裝置。例如，fputs() 函式的作用是把一段字串放入資料流，一端是 C 程式，另一端則是檔案系統，但**資料流的端點是可以改變的**。

下圖左是寫入檔案的程式，程式必須自行開啟和關閉檔案資料流；下圖右則是把資料流定向到「標準輸出裝置」，執行結果是在螢幕上顯示一段文字：

內含操控標準輸入
裝置與檔案的函式

```
#include <stdio.h>

int main() {
  FILE *fp;                    ❶ 開啟檔案資料流
  fp = fopen("test.txt","w");
  fputs("123\n", fp);
  fclose(fp);                  ❷ 寫入資料流
}
  ❸ 關閉資料流
```

標準輸出裝置，無須
手動開啟和關閉。

```
#include <stdio.h>

int main() {
  fputs("123\n", stdout);
}
```

向螢幕輸出

```
123
```

儲存設備和螢幕是兩種截然不同的裝置,底層的驅動和控制程式完全不同,多虧資料流這個「介面」,C 程式的處理方式都一樣。

B-5　採用 "w+" 讀寫與 "r+" 寫讀模式開啟檔案

 上面的程式為了讀、寫檔案,分別開啟和關閉檔案兩次,有點煩欸~

 嗯,其實可以改用 "w+" 模式,允許寫入和讀取檔案。範例程式如下(省略是否開檔成功的條件敘述):

```c
#include <stdio.h>

int main() {
  char c;
  FILE *fp;

  fp = fopen("memo.txt", "w+");         // 以「讀、寫」模式開檔
  fputs("綠豆的英文不是 green bean", fp); // 寫入字串

  while ((c = fgetc(fp)) != EOF) {       // 讀取整份文字檔
    printf("%c", c);
  }
  fclose(fp);                            // 關檔
}
```

 咦?編譯執行沒有出現錯誤,但也沒有顯示文字內容?

 沒錯,這是因為游標將移動到寫入字串的結尾,而 fgetc() 會從游標位置開始讀取,所以馬上讀到檔案結尾然後就結束了:

　　綠豆的英文不是green bean＿ ← 執行fputs()之後,游標移到字串末尾。

解決辦法是在讀取資料之前,把游標移到檔案開頭。

使用 fseek() 移動游標

移動檔案游標的函式叫做 fseek()，其函式原型如下：

```
int fseek(FILE *fp, long int offset, int whence);
```

● **參數 fp**：檔案指標

● **參數 offset**：相對於「游標位置」參數的位移數（單位是位元組）。

● **參數 whence**：游標位置，其可能值為下列三個常數之一：

  ● **SEEK_SET**：檔案開頭

  ● **SEEK_CUR**；目前游標所在位置

  ● **SEEK_END**：檔案末尾

底下敘述代表把游標移到檔案開頭：

```
fseek( fp, 0, SEEK_SET );
```
游標移到「檔案開頭+0」　　　代表「檔案開頭」的位置

這個敘述則代表把游標移到「從檔案末尾倒數第 10 個位元組」的地方：

綠豆的英文不是green bean

```
fseek( fp, -10, SEEK_END );
```
游標移到「檔案末尾-10」　　　代表「檔案末尾」

上面的字串包含中文字，如果把游標從檔案末尾往前移 15 個位元組，將讀取到中文字「不」的一部分編碼，在本機電腦編譯執行的結果將顯示 "??是 green bean"。若在線上 C 編輯器測試執行，將游標移到有中文字的部分，整個輸出文字將呈現空白。

回到上一節寫入、讀取文字檔的例子，在讀取整份文字檔的 while 迴圈之前，加上移動游標到檔案開頭的 fseek() 敘述，即可從頭讀取所有文字內容：

```
fseek( fp, 0, SEEK_SET );          // 游標移到檔案開頭
while ((c = fgetc(fp)) != EOF) {   // 讀取整份文字檔
  printf("%c", c);
}
```

或者用 **rewind() 函式**，也能把游標移到檔案內容開頭。

```
rewind( fp );                      // 游標移到檔案開頭
while ((c = fgetc(fp)) != EOF) {   // 讀取整份文字檔
  printf("%c", c);
}
```

以 "r+" 讀取 + 寫入模式讀寫檔案

以 "w" 或 "w+" 模式開檔，若文件已存在，舊有內容將會被清除，若檔案不存在，則會開啟新檔。"r" 和 "r+" 用於**開啟舊檔**，"+" 代表同時具備寫入功能。假設程式檔的資料夾裡面有個 memo.txt 檔，使用 "r+" 模式開檔，游標將位於第一個字元位置。

以下程式將示範在讀取 memo.txt 的所有內容之後，寫入一段字串：

完整的程式碼如下，執行之前請先在程式檔所在資料夾建立一個 memo.txt 檔，編譯執行將顯示原有的內容以及新寫入的一行字。

> 由於在線上編譯器編輯的文字檔處於開啟狀態，與寫入檔案的開檔模式衝突, 因此本範例無法在線上編譯器測試。

```c
#include <stdio.h>

int main() {
  char c;                              // 暫存讀入字元
  FILE* fp = fopen("memo.txt", "r+");  // 以 r+ 模式開檔

  while ((c = fgetc(fp)) != EOF) {     // 讀取整份文字檔
    printf("%c", c);
  }
  fprintf(fp, "\nno diamonds.\n");     // 寫入字串

  printf("\n 從頭讀取檔案內容：\n");
  rewind(fp);                          // 令游標移到檔案開頭
  while ((c = fgetc(fp)) != EOF) {     // 讀取整份文字檔
    printf("%c", c);
  }

  fclose(fp);                          // 關檔
}
```

B-6 在文字檔案中新增文字

開檔模式 "w" 每次都會抹除原有的資料，"a" 模式可將文字附加在原有內容
之後。底下程式建立兩個函式，分別用於附加與讀取文字檔，執行結果顯示
memo.txt 寫入了兩行文字。

```c
#include <stdio.h>

void appendFile(const char *str) {     // 接收字串
  FILE * fp = fopen("memo.txt", "a");  // 以「附加」模式開檔
  fputs(str, fp);                      // 寫入字串
  fclose(fp);                          // 關閉檔案
}
```

```
void readFile() {
  char c;
  FILE * fp = fopen("memo.txt", "r");   // 以「讀取」模式開檔

  while ((c = fgetc(fp)) != EOF) {       // 讀取整份文字檔
    printf("%c", c);
  }
  fclose(fp);                            // 關閉檔案
}


int main() {
  appendFile("hello\n");                 // 附加一個字串
  appendFile("world\n");                 // 附加另一個字串
  readFile();
}
```

透過 exit() 退出程式

在 main() 函式中執行 return，會結束整個程式；在其他函式中執行 return，執行流程將回到呼叫函式的敘述之後：

```
#include <stdio.h>

int main() {
    :
  return 1;
    :
}
```

數字1代表「因執行過程發生錯誤」而退出

退出程式

```
#include <stdio.h>

int foo() {
    :
  return 1;
    :
}

int main() {
    :
  foo();
    :
}
```

回到呼叫函式的下一行

上文的讀寫檔案敘述寫在 main() 以外的函式，若讀寫出錯需要退出程式，可執行定義在 stdlib.h 標頭檔的 exit() 函式。底下兩個程式片段完全相同：

```c
#include <stdio.h>
#include <stdlib.h>

int foo() {
    :
    exit(1);
    :
}

int main() {
    :
    foo();
    :
}
```

內含exit()函式宣告以及相關常數定義

退出程式

```c
#include <stdio.h>
#include <stdlib.h>

int foo() {
    :
    exit(EXIT_FAILURE);
    :
}

int main() {
    :
    foo();
    :
}
```

此常數值為1

退出程式

stdlib.h 標頭檔包含下列兩個常數定義，其值分別為 0 和 1。退出程式傳回的 0, 1 或其他數值，將被作業系統接收，由系統決定後續的處置方式。

- **EXIT_SUCCESS**：數字 0，success 是「成功」，代表「程式正常結束」。
- **EXIT_FAILURE**：數字 1，failure 是「失敗」，代表「程式因錯誤而結束」。

使用 fscanf() 讀取並解析 CSV（逗號分隔）內容

CSV（comma-separated values，逗號分隔值）是一種用於儲存表格式資料的文字檔，每個欄位值之間用逗號（或其他符號）分隔，副檔名是 .csv：

1	小明	97.3
2	小智	95.2
3	阿華	93.8

用逗號分隔元素 →

```
1,小明,97.3
2,小智,95.2
3,阿華,93.8
```

本單元程式將讀取相同資料夾裡的 data.csv 檔，格式化輸出檔案內容：

```
1,小明,97.3
2,小智,95.2
3,阿華,93.8
```
data.csv → 輸入 → main.c → 輸出 →
```
第1名 小明 平均97.3分
第2名 小智 平均95.2分
第3名 阿華 平均93.8分
```

我們使用 scanf() 格式化讀取鍵盤輸入值；格式化讀取檔案資料，則使用 fscanf()，語法如下，其格式字元符號與 scanf() 相同：

```
int fscanf(檔案指標, 包含格式符號的字元, 變數 1, 變數 2, ...)
```

fscanf() 將傳回吻合格式的資料數，以底下的例子來說，有 3 個格式資料，所以傳回值是 3，但程式通常不理會傳回值。首先開啟檔案並宣告一些變數：

```
FILE *fp = fopen("data.csv", "r");  // 以讀取模式開檔
int rank;        // 儲存整數型「排名」資料
char name[50];   // 儲存「姓名」，最多可儲存 49 個字元 +\0 結尾
float avg;        // 儲存浮點型「平均」資料
```

底下敘述將讀取目前檔案游標所在的那一行：

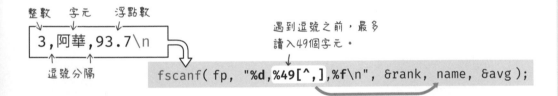

讀取 CSV 檔案每一行，並格式化輸出內容的完整程式碼，執行結果符合預期：

```
#include <stdio.h>

int main() {
  FILE *fp = fopen("data.csv", "r");
  int rank;              // 排名
  char name[50];         // 姓名
  float avg;             // 平均

  if (fp == NULL) {
    printf("找不到檔案！");
    return 1;
  }
```

```
while (!feof(fp)){   // 若游標未抵達檔案結尾…
  fscanf(fp, "%d, %49[^, ], %f\n", &rank, name, &avg);
  printf("第%d 名 %s 平均%.1f 分 \n", rank, name, avg);
}

fclose(fp);            // 關閉檔案
}
```

B-7 以二進位形式讀寫檔案

「二進位形式讀寫檔案」代表可以讀取或寫入任意類型的檔案，不限於文字檔；以二進位形式寫入和讀取檔案的函式分別是 fwrite() 和 fread()，函式原型如下，兩者的參數相同。

```
size_t fwrite(const void *buffer, size_t size, size_t num,
              FILE *fb);
size_t fread(void *buffer, size_t size, size_t num, FILE *fb);
```

● 參數 buffer：儲存寫入檔案的變數 (任意型態) 的位址

● 參數 size：寫入資料的大小 (位元組數)

● 參數 num：寫入資料的數量。

● 參數 fb：檔案指標

● 傳回值：寫入或讀入的資料數量 (不是位元組數)

本單元範例將採「二進位」模式，把**結構體陣列**資料寫入檔案。為了跟普通的文字檔區別，這個檔案的副檔名以 .dat 結尾 (代表 "data")，你用其他自創的副檔名也行。

筆者把資料檔命名成 scores.dat，以 "wb" 模式開檔：

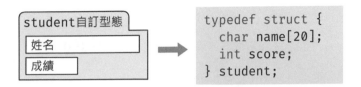

這是即將寫入檔案的自訂結構體型態：

以及三筆範例資料，它們都是文、數字，所以其實也可以用 .txt 副檔名儲存：

```
student st[] = {
  {"小明", 96},
  {"小華", 91},
  {"小新", 88}
};
```

底下的敘述可計算出 st 陣列的元素數量為 3：

```
int total = sizeof( st )/sizeof( student );
```

把 st 陣列資料寫入檔案的敘述有兩種寫法，底下第 1 行代表「寫入一整個陣列」；第 2 行代表「寫入 3 個結構體資料」：

```
fwrite( &st, sizeof( st ), 1, fp );
```
　　　或者
```
fwrite( &st, sizeof( student ), total, fp );
```

讀取二進位檔案當中的一筆資料的敘述如下：

讀取二進位檔模式

```
FILE *fp = fopen( "scores.dat", "rb" );
student st;   // 學生結構體型態
fread( &st, sizeof( student ), 1, fp );
```

傳回　　代表讀入 1 筆資料
　　　　1

讀取的檔案資料　　1個結構體的大小　　1筆資料
將存入st變數

底下的 while 迴圈將每次讀取一筆資料，直到全部資料讀取完畢：

只要讀入的資料筆數不是 0…

```
while( fread( &st, sizeof( student ), 1, fp ) )
    printf( "%s，%d分\n", st.name, st.score );
```

結構體的name（姓名）　　結構體的score（成績）

寫入以及讀取結構體陣列資料檔案的完整範例程式如下，

```c
#include <stdio.h>

typedef struct {     // 學生資料結構體
  char name[20];
  int score;
} student;

void writeFile() {
  // 以「寫入二進位」模式開檔
  FILE *fp = fopen ("scores.dat", "wb");

  student st[] = {  // 學生資料陣列
    { "小明 ", 96 }, { "小華 ", 91 }, { "小新", 88 }
  };
  int total = sizeof(st)/sizeof(student);  // 計算資料筆數
  printf("共 %d 筆資料 \n", total);

  fwrite (&st, sizeof(st), 1, fp);
  fclose (fp);
}

void readFile() {
  FILE *fp = fopen ("scores.dat", "rb");
```

```
  student st;    // 學生資料

  while(fread(&st, sizeof(student), 1, fp))
    printf ("%s，%d 分 \n", st.name, st.score);
  fclose (fp);
}

int main () {
  writeFile();  // 寫入檔案
  readFile();   // 讀取檔案
}
```

編譯執行將顯示：

```
共 3 筆資料
小明，96 分
小華，91 分
小新，88 分
```

二進位模式也能讀寫文字檔，畢竟所有電腦資料都是二進位格式。主要差別在於使用 **"w"（文字寫入）模式**開檔，寫入資料時，系統會自動轉換某些編碼。

例如，「換行」符號在 Windows 系統由 "\r\n" 兩個字元組成，在 macOS 和 Linux 系統則是 "\n" 一個字元。在不同系統執行 fputs() 寫入換行字元，再到 hexed.it 網站檢視文字檔的編碼值，即可發現不同：

```
FILE * fp = fopen("test.txt","w");
fputs("123\n", fp);
fclose(fp);
```

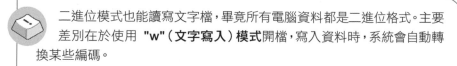

若使用**"wb"（二進位寫入）模式**開檔，資料將原封不動地寫入檔案，系統不會轉換字元。

複製圖檔

最後來看一個讀寫二進位檔的簡單例子。程式採用 "rb"（二進位讀取）模式讀取 PNG 圖檔，再用 "wb"（二進位寫入）模式，將它的內容寫入新檔來完成複製圖檔：被複製的圖檔（nochi.png）和主程式放在同一個資料夾：

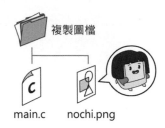

複製圖檔
main.c   nochi.png

因為讀取和寫入是兩個不同的檔案，所以要宣告兩個檔案指標，開啟檔案之後透過 while 迴圈從「來源」檔讀取每個位元組，再將它寫入「目的」檔就完成啦！編譯執行程式，程式檔所在的資料夾將新增一個 nochi_copy.png 複製圖檔。

```c
#include <stdio.h>

int main() {
  FILE *from, *to;                 // 宣告兩個檔案指標
  char data;
  char src[] = "nochi.png";        // 來源檔名
  char dest[] = "nochi_copy.png";  // 目的檔名

  // 以「讀取」二進位模式開檔
  if ( (from = fopen(src, "rb")) == NULL)
    return 1;                      // 若開檔失敗則退出程式

  // 以「寫入」二進位模式開檔
  if ( (to = fopen(dest, "wb")) == NULL)
    return 1;                      // 若開檔失敗則退出程式

  // 從來源讀取 1 個位元組
  while (fread(&data, sizeof(data), 1, from))
    // 寫入 1 個位元組到目的
    fwrite(&data, sizeof(data), 1, to);

  fclose(from);                    // 關閉來源檔
  fclose(to);                      // 關閉目的檔
  printf("檔案複製完畢！");
}
```

B-8　處理多國語系字串：wchar_t 型態以及語言環境設定

最後補充說明用於儲存 char 型態以外的文字的資料型態。char 型態可儲存 0~255 範圍的數值，至於哪個數字代表哪個字元，是由電腦系統採用的文字編碼而定，像 ASCII，還有通行美國和某些西歐國家的 **ISO8859-1 編碼**，是在原有的 ASCII 編碼定義的 0~127 個字元之後，再加入西歐語系的字元符號，全部不超過 256 個。

C 語言提供了稱為**寬（wide）字元**的 wchar_t 型態來儲存 char 無法表達的文字與符號，還有顯示寬字元的 wprintf() 函式，它們都定義在 **wchar.h 標頭檔**。

處理 wchar_t 型態的程式要搭配電腦作業系統的**語言環境設定（locale）**使用。不同國家、地區採行的文字編碼、貨幣單位、日期時間格式…等設定，在電腦系統中稱為**環境設定**，C 程式可透過 **setlocale() 函式**調整這些設定（僅影響此 C 程式，系統設定值不變），跟環境設定相關的函式及相關常數定義都位在 **locale.h 標頭檔**。

底下程式將顯示當前作業系統採用的文字編碼：

```
#include <stdio.h>
#include <locale.h>   // 內含環境設定相關的函式與常數定義

int main() {          代表語系設定的常數   空字串代表取得目前的設定值
  char *loc = setlocale( LC_CTYPE, "" );
  printf( "系統預設字元編碼：%s\n", loc );
}
```

setlocale() 敘述要寫在 main() 函式，**LC_CTYPE 常數**代表**文字編碼**，其他常數還有 LC_TIME（時間）、LC_MONETARY（貨幣）、LC_ALL（全部的設定）…等，本單元程式僅關注文字編碼。若設定文字編碼成功，setlocale() 將傳回 "語系.編碼" 格式的字串指標；傳回 NULL 代表設定失敗。

在線上編輯器編譯執行上面的程式，將顯示："系統預設字元編碼：C.UTF-8"；在繁體中文版 macOS 和 Linux 系統上，顯示："系統預設字元編碼：zh_TW.UTF-8"。在 Windows 系統本機上測試這個程式之前要稍微修改一下，稍後再說：

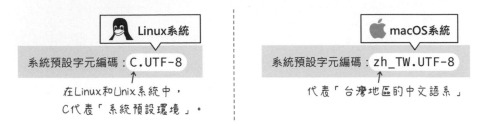

底下列舉幾個繁體、簡體中文系統和美式英文的環境語系編碼名稱：

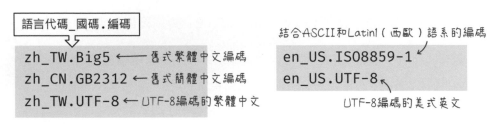

在 Linux 和 macOS 系統的終端機輸入 "locale -a" 命令，可列舉系統支援的文字編碼。這是在 Ubuntu Linux 系統執行此命令的結果：

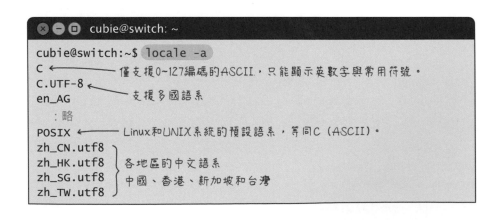

儲存與顯示寬字元

底下是儲存以及顯示寬字元字串的例子，輸出寬字串的格式符號是 %ls，就是在 s 前面多個小寫 l（代表 long）：

```
#include <stdio.h>
#include <locale.h>    // 引用區域設定函式庫
#include <wchar.h>     // 引用寬字元函式庫

                可改成LC_ALL
int main(){              代表使用系統預設的「區域設定值」
  setlocale( LC_CTYPE, "" );
                                      字串前面要加上大寫L
寬字元型態
  wchar_t str[] = L"扣人心弦CD";
  printf("str字元陣列佔%ld位元組\n", sizeof(str));
輸出寬字串
  wprintf(L"「%ls」共%ld個字\n", str, wcslen(str));
}
         大寫L   改成ls              計算寬字元字串的字數
```

在線上編輯器編譯執行，可看出中文字串的字數顯示正確了：

```
str 字元陣列佔 28 位元組
「扣人心弦 CD」共 6 個字
```

底下是在 Mac 上，字元編碼分別設置成**美式英文 UTF-8（en_US.UTF-8）**和**舊式簡體中文（zh_CN.GB2312）**編碼的執行結果：

macOS 系統內建中文字體，因此顯示正常

嘗試用簡體編碼來呈現「萬國碼」文字，變成亂碼

從這個輸出結果可知，**wchar_t 型態變數（此例為 str）儲存了文字的編碼值，但如何詮釋、轉換這些編碼對應的文字，由 locale（系統環境）設定值而定**。像右上圖的環境設定是「簡體中文」，但字串資料的編碼並非簡體中文的 GB2312，因而導致輸出文字變成亂碼。

在線上編輯器設定任意文字編碼，它依然會採用預設的 C.UTF-8 編碼。由於電腦系統不見得支援我們指定的文字編碼，所以在環境設定敘述之後應該接著判斷是否設置成功的條件判斷式，像這樣：

```c
int main() {
  // 設定採 "C.UTF-8" 編碼
  char *loc = setlocale(LC_CTYPE, "C.UTF-8");
  if (loc == NULL) {
    printf("字元編碼設置失敗～");
    return -1;
  }
  wprintf(L" C.UTF-8 編碼設置成功！");
}
```

在 Mac 上測試執行，因語系編碼無法設置成 C.UTF-8，setlocale() 傳回 NULL，所以終端機顯示 "字元編碼設置失敗～"，然後退出程式。

查詢文字符號的 Unicode 與 UTF-8 編碼

萬國碼 (Unicode) 不僅囊括世界大部分的文字系統，也包含各種符號，光是「右箭號」就有數十種。Unicode 有多種衍生格式，最常見的是 UTF-8，因為它的英文字母和符號的編碼值跟 ASCII 相同。所有萬國碼定義的字元和符號的 Unicode、UTF-8 與其他衍生的編碼值，都能在 unicode-table.com 網站搜尋得到：

在此輸入單一字元，例如："心"，可查詢它的編碼

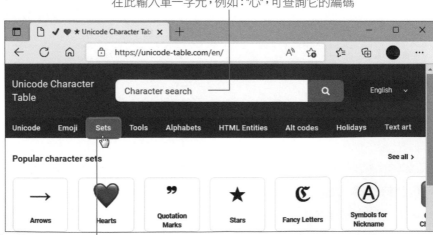

點擊 Sets (集合) 可瀏覽常用的符號

這個網站也分類整理了常用的符號集合（sets），例如，點擊導覽列的 Sets 選項，進入符號集合頁面，再點擊任一種符號分類，比方說 Heart Symbols（心型符號），即可看到各種心型符號：

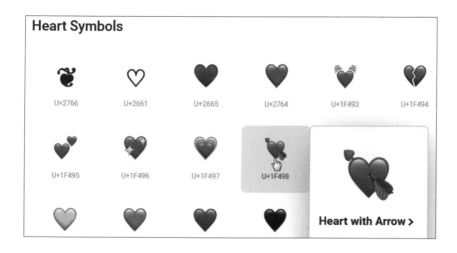

點擊任一符號，將切換到它的說明和編碼頁面。Unicode 編碼的正式寫法是用 U+ 開頭，後面跟著 16 進位編碼值。同一個頁面底下有列舉此符號字元的不同格式編碼，例如，此心型符號的 UTF-8 編碼是 F0 9F 92 98：

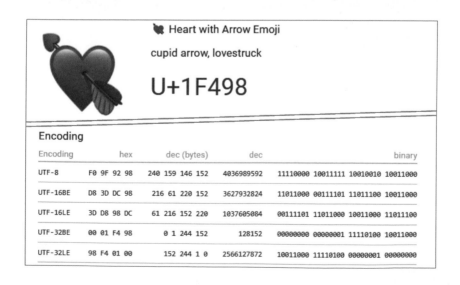

底下是在 wchar_t 字串中插入萬國碼字元的程式片段，**字元編碼要用 Unicode 格式**，把 U+ 改成 0x：

```
wchar_t heart = 0x1F498;  // 心型符號的Unicode編碼
wprintf( L"扣人%lc弦\n", heart );
```

改成lc

在線上編輯器、Mac 和 Linux 電腦都能呈現正確的結果：

Windows 平台的環境設置程式

在 Windows 10 或 11 的 Code::Blocks 編寫與執行包含寬字元的程式碼之前，程式編輯器的「文字編碼」要設成 UTF-8：

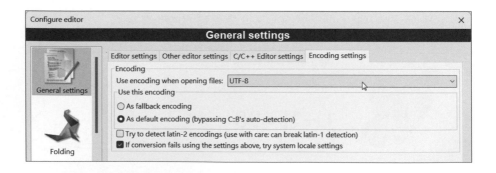

否則編譯程式時會出現類似下圖的 "illegal byte sequence"（不合法的位元組序列）錯誤：

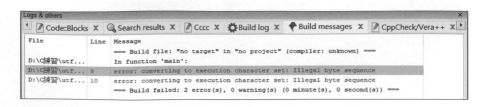

編輯器的文字編碼設成 "UTF-8" 之後，即可開新檔案，編寫 C 程式碼。底下程式碼將顯示 Windows 預設的文字編碼：

```c
#include <stdio.h>
#include <locale.h>              // 引用區域設定函式庫
#include <wchar.h>               // 引用寬字元函式庫

int main() {
  // 取得系統預設的語系編碼名稱
  char *loc = setlocale(LC_CTYPE, "");
  wprintf(L"系統預設文字編碼：");  // 使用 wprintf 顯示中文
  printf("%s\n", loc);            // 使用 printf 顯示字元指標內容
}
```

編譯執行結果顯示：

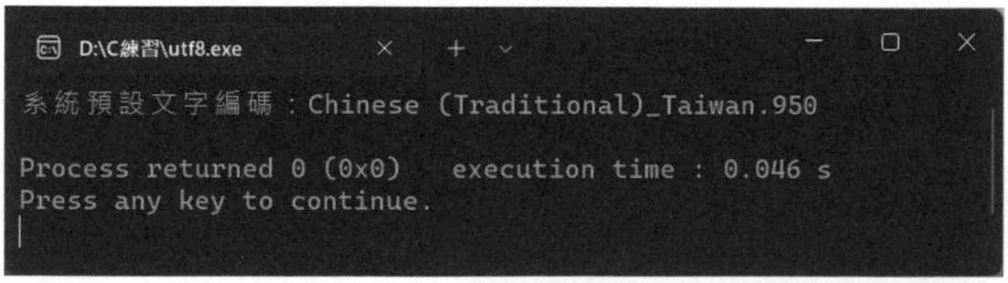

如果把上面的顯示文字編碼的敘述改寫成一行：

```c
printf("系統預設文字編碼：%s\n", loc);
```

編譯執行時將顯示亂碼：

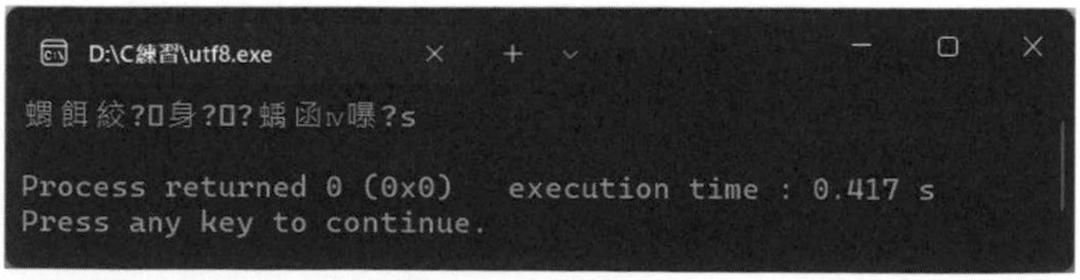

Windows 版本的 Code::Blocks 採用的是 MinGW-w64 GCC 編譯器，若要自行指定環境語系，在繁體中文系統中要設定成 "cht"，底下設定成 "zh_TW.UTF-8"，編譯結果顯示 "字元編碼設置失敗～"。

```c
int main() {
  // 設定成 "zh_TW.UTF-8" 編碼
  char *loc = setlocale(LC_CTYPE, "zh_TW.UTF-8");
  if (loc == NULL) {
    printf("字元編碼設置失敗～");
    return -1;
  }
  wprintf(L"zh_TW.UTF-8 編碼設置成功！");
}
```

C

C++

本單元將簡單説明 C 和 C++ 語言的幾個不同點，讓讀者對 C++ 語言有初步的認識。

C-1 處理標準輸出／輸入資料流以及命名空間

C++ 和 C 語言的處理標準輸出／入的函式庫名稱不同，指令名稱也不一樣。下圖左的 C 程式，可直接改用 C++ 編譯器編譯執行，但下圖右才是標準的 C++ 程式寫法 (main 函式最後的 return 0; 那一行也能省略)：

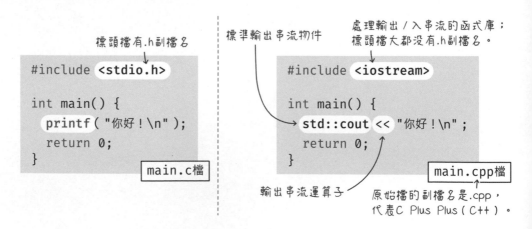

標頭檔有.h副檔名

```
#include <stdio.h>

int main() {
  printf( "你好！\n" );
  return 0;
}
```
main.c檔

處理輸出／入串流的函式庫；標頭檔大都沒有.h副檔名。

標準輸出串流物件

```
#include <iostream>

int main() {
  std::cout << "你好！\n";
  return 0;
}
```
main.cpp檔

輸出串流運算子

原始檔的副檔名是.cpp，代表C Plus Plus (C++)。

C++ 透過 "<<" (輸出串流運算子) 把資料導入標準輸出設備：

std::cout << "你好！\n";

你好！

<< 輸出串流運算子

"你好！\n" 資料

std代表 "standard (標準)"

cout代表 "character output (字元輸出)"

std::cout 標準輸出設備

"<<" 運算子可串接多個資料，最後通常會加上 std::endl (代表 "end line"，結束一行)，它不只輸出 "\n"，也會清空暫存在輸出串流的內容 (電腦會把輸出資料

暫時存放在稱作「緩存」的記憶體區域,等系統或裝置有空的時候,再傳遞過去):

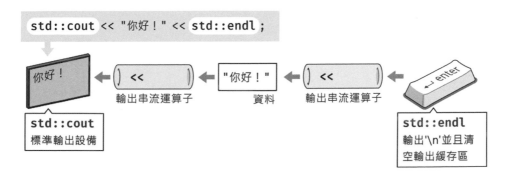

在線上編輯器測試 C++ 程式之前,請記得把程式語言改成 C++:

補充説明,"<<" 運算子可以串接任意型態的變數,像底下敘述的輸出將是 "定價 15 元"。

```
int n=15;
std::cout<<"定價 "<< n << "元" << std::endl;
```

命名空間 (name space)

程式裡的變數或其他識別字(如:函式名稱)不可重複,因為如果重複的話,電腦就無法確定程式指名的操控對象究竟是哪一個。為了避免重複命名產生的衝突,C++ 語言提供了「命名空間」機制,相當於把同名的識別字,再套上不同名稱的外包裝,這樣就能化解同名的問題。

底下程式片段把 price 變數分別用 pc 和 mac「命名空間」包裝，存取 price 時，
要透過 "::" 運算子指出「命名空間」：

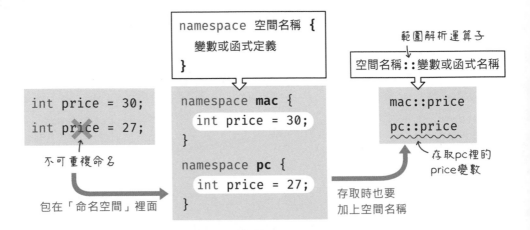

完整的範例程式碼如下，cout（標準輸出裝置）和 endl（行尾）定義在 std 命名
空間，所以前面要加上 "std::"。

```cpp
#include <iostream>

namespace mac {
  int price = 30;
  void hello() {
    std::cout << "hello\n";
  }
}


namespace pc {
  int price = 27;
}


int main() {
  std::cout<<"Mac 價格："<<mac::price<<std::endl;
  std::cout<<"PC 價格："<<pc::price<<std::endl;
  mac::hello();  // 呼叫位於 mac 命名空間裡的 hello()
}
```

編譯執行輸出：

```
Mac 價格：30
PC 價格：27
hello
```

每次取用某個命名空間的識別字，敘述前面都要加上空間的名字，有點囉嗦。為此，C++ 提供了簡化命名空間敘述的 "using"（代表「使用」）語法，底下的程式在開頭指定使用 std 命名空間，如此，在這個程式檔存取 std 命名空間的識別字，前面都不用再加上 "std::"：

上面的寫法固然方便，但有時會產生「語意含糊」的問題，例如，std 命名空間裡面有定義 max 和 min 函式名稱（分別用於傳回「最大值」和「最小值」，參閱下文說明），如果我們在程式裡面自行定義了 max 和 min 變數，存取它們的敘述就變得語意不明了。

```
// 導入 std 定義的所有識別字（成員），其中包含 max 和 min 函式名稱
using namespace std;
  : 略
int max = 0;    // 宣告 max 變數…這個名稱和 std::max 同名
```

std 命名空間定義了很多識別字，完整列表請參閱 cppreference.com 網站的 "std Symbol Index" 文件：https://bit.ly/3CAuXmR。為了避免「導入所有 std 定義的識別字」造成的混亂，建議採用底下的 using 語法，明確指定使用的識別字，像底下的程式僅導入 std::cout 和 std::endl，若要呼叫 std 裡的 max() 或 min() 函式，就得寫成 std::max() 和 std::min()：

```
#include <iostream>
using std::cout;
using std::endl;

int main() {
  cout << "你好！" << endl;
}
```

using 命名空間::成員；

指定使用命名空間的特定成員

標準輸入資料流

std::cin 用於接收來自標準輸入設備（鍵盤）資料：

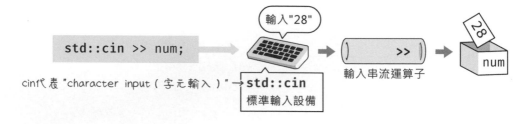

```
std::cin >> num;
```

cin代表 "character input（字元輸入）" → std::cin 標準輸入設備

輸入"28"

輸入串流運算子

num

底下是處理標準輸入／輸出的 C 程式和 C++ 的對比：

```
#include <stdio.h>
int main() {
  int num;        前面有&運算子
                      ↓
  scanf("%d", &num);
  printf("值：%d", num);
}
```
C語言

```
#include <iostream>
int main() {
  int num;        沒有&運算子
                      ↓
  std::cin >> num;
  std::cout << "值：" << num;
}
```
C++語言

">>" 輸入串流運算子也可以串接多筆、不同型態的資料，像底下的敘述將接收兩筆整數資料（資料之間用空白相隔）。

```
 int n1, n2;
 std::cin >> n1 >> n2;
 std::cout<<"n1 值："<< n1 << "，n2 值：" << n2 << std::endl;
```

字元陣列與常數實字

把 C 程式碼直接改用 C++ 的編譯器編譯執行，不見得會順利通過。以底下的
C 程式碼來說，用 C 編譯執行沒問題，但改用 C++ 就會出現警告訊息：

```
#include <stdio.h>
int main() {
  char t1[] = "hello";
  char *t2 = " world";
  printf("%s%s\n", t1, t2);
}
```

改用C++編譯器編譯：

```
warning: ISO C++ forbids
converting a string constant to
'char*' [-Wwrite-strings]
```

國際標準C++規範禁止把字串常數轉換成'char*'

原因出在 t1 陣列的元素值存在內容可改變的記憶體區域，而 t2 指向的資料
是不可變更的「常數」。C++ 的語法比較嚴謹，宣告時必須明確指出 t2 是指向
「常數」資料；解決辦法是在 t2 指標的宣告敘述前面加上 const 識別字：

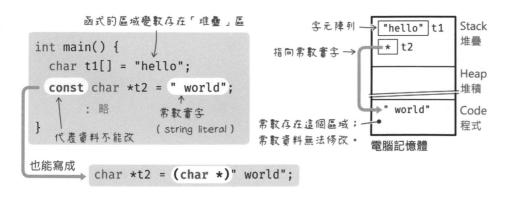

函式的區域變數存在「堆疊」區

```
int main() {
  char t1[] = "hello";
  const char *t2 = " world";
    ：略
}
```

代表資料不能改

常數實字
(string literal)

字元陣列 → "hello" t1

指向常數實字 → * t2

Stack
堆疊

Heap
堆積

常數存在這個區域；
常數資料無法修改。

" world"

Code
程式

電腦記憶體

也能寫成

```
char *t2 = (char *)" world";
```

補充說明，由於 t1 是陣列，所以它的元素值可修改，但右下的寫法是錯的：

```
char t1[] = "hello";
t1[1] = 'a';
```

⭕

字元陣列元素可修改

```
char *t2 = " world";
t2[0] = ',';
```

❌

字串實字 (字串常數) 不能改

底下是用 C++ 改寫的版本：

```
#include <iostream>

int main() {
  char t1[] = "hello";             // 定義陣列並設定其元素內容
  const char *t2 = " world";   // 宣告指向「字串實字」的指標
  std::cout << t1 << t2 << std::endl;
}
```

C-2 物件導向程式設計（OOP）與 string 字串物件

C 和 C++ 最大的不同，在於程式寫作的手法和觀念不一樣。C 語言的資料和函式定義是分開的，這種程式寫法也稱為 **程序式（procedural）程式語言**。C++ 語言中的資料與函式可以寫在一起，這種寫法稱為 **物件導向程式設計**（**object-oriented programming，簡稱 OOP**）。

假設我們要開發一個角色扮演遊戲，遊戲角色資料（如：生命值和裝備），在 C 語言裡面，可以用「結構體」定義，角色的行為（如：攻擊），要用函式定義，如下圖左：

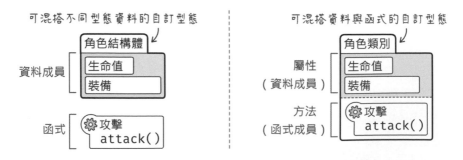

C++ 具備一種 **可包含資料與函式** 的自訂型態，叫做 **類別（class）**，定義在類別裡的資料與函式，分別稱為 **屬性** 和 **方法（method）**。底下是兩段分別用 C 和 C++ 語言建立的遊戲角色虛擬程式碼，在 C 語言中指定讓某個角色進行攻擊時，要執行 attack（攻擊）函式，並傳入角色參數：

右上圖則是採用 C++ 的物件導向寫法，由於角色類別（自訂型態，此處命名為 Player）內部已定義了 attack（攻擊）函式（方法），所以程式寫法是「指揮角色進行攻擊」。這個範例中的自訂類別型態變數（也稱為**類別物件**）是 npc，令它發出攻擊的敘述寫成 npc.attack()。

底下用操作字串資料的程式來比較 C 語言的程序式寫法，跟 C++ 的物件導向式寫法的不同。在 C 語言中，字串就是「字元陣列」資料，要操作字元資料，必須透過額外的程式完成，例如，string.h 函式庫包含許多操作字串資料的函式，像取得字串長度的 strlen() 函式：

處理字串的函式庫

```
#include <stdio.h>
#include <string.h>

int main() {
  char str[] = "hello";
  int len = strlen(str);
  printf("長度:%d", len);
}
```

「字元陣列」型態　　　　「字串長度」函式

類別程式庫，無 .h 副檔名。

```
#include <iostream>
#include <string>

int main() {
  std::string str = "hello";
  int len = str.length();
  std::cout << "長度:" << len;
}
```

「字串」類別型態　　執行「字串」類別的「長度」方法

C++ 內建的 string，則是結合「字元陣列」資料結構以及各種操作字串的函式（方法）的**字串類別**。上圖右宣告了 string 型態的 str 變數（字串物件），要取得它的長度，直接在該物件上執行 length() 方法即可。

再舉兩個例子，C 語言的串接字串和比較字串需要執行 string.h 函式庫的 strcat() 和 strcmp()，C++ 的 string 字串物件可直接透過 **+** 或 **+=** 運算子串接文字；若要串接數字，請先透過 to_string() 函式把數字轉成字串：

```
int year = 2030;
std::string str = "hello"; // 定義 sting 型態的字串物件
str += ", world " + std::to_string(year); // 串接字串和數字
std::cout << str; // 輸出 : "hello, world 2030"
```

也可以透過 **==** 和 **!=** **運算子**比較兩個字串的內容，底下片段將顯示 "不一樣"。

```
std::string str = "hello"; // 定義 sting 型態的字串物件

if (str == "hi") {  // 跟 "hi" 字串比較
  std::cout << "相同";
} else {
  std::cout << "不一樣";
}
```

string 類別的完整運算子、函式（方法）列表，請參閱 cplusplus.com 的線上
文件：https://bit.ly/3yFn7Hg。

讀取整行文字輸入

std::cin 讀入的資料以空白為分界，若要讀取整行句子，可透過 string 程式庫的
getline() 函式（直譯為「讀取整行」）。

```
#include <iostream>
#include <string>    // 內含 getline() 函式

int main() {
  std::string user;  // 宣告 string 型態的字串變數
  std::cout << "請問大名？\n";
  getline(std::cin, user);  // 從標準輸入裝置讀取文字，存入 user
  std::cout << user << "你好！\n";
}
```

編譯執行結果：

標準輸入裝置 std::cin 物件，也有內建 getline() 函式（方法），但語法不同。它接收兩個參數，第一個是字元陣列，第二個是字元數上限，範例程式如下，執行結果跟上面的程式碼一樣。

```cpp
#include <iostream>
#define CHAR_SIZE 30      // 定義字元陣列的大小

int main(){
  char user[CHAR_SIZE]; // 宣告字元陣列
  std::cout << "請問大名？\n";
  std::cin.getline(user, CHAR_SIZE); // 讀入字元陣列，字元數上限
  std::cout << user << "你好！\n";
}
```

C-3 函式簽名、多載以及預設參數值

函式定義敘述裡的名稱和參數部份（不含傳回值），稱為函式簽名（signature）。C++ 語言允許程式定義多個同名的函式（或者類別方法），只要簽名不同即可，這種特性稱為**函式多載（function overloading）**。例如，底下程式定義了兩個同名、但參數不同的 area() 函式，也就是函式簽名不一樣，所以合法：

底下是完整的範例程式碼：

```cpp
#include <iostream>
using namespace std;
```

```
int area(int n) {
  return n * n;
}

int area(int w, int h) {
  return w * h;
}

int main() {
  cout << "正方形面積：" << area(5) << endl;
  cout << "長方形面積：" << area(5, 8) << endl;
}
```

編譯執行顯示：

```
正方形面積：25
長方形面積：40
```

函式參數預設值

C++ 的函式參數定義後面可加上 "=" 設定預設值，像這個 price() 函式的 tax（稅率）參數預設為 1.05：

設定預設值

```
void price( int n, float tax=1.05 ) {
  std::cout << "含稅：" << (float) n * tax << std::endl;
}
```

呼叫時，可省略有預設值的參數：

```
price(30);        // 顯示 "含稅：31.5"
price(30, 1.02);  // 顯示 "含稅：30.6"
```

運算子多載（operator overloading）

不只函式，C++ 的運算子也支援多載，也就是**新增或重新定義運算子的功能**。舉例來說，'+' 運算子的基本功能是把它兩邊的數字相加；'+' 兩邊的運算元也可以是字串資料，此時的 '+' 就變成「字串相連」功能。還有 "<<" 運算子，可以串接數字，也能串接字串型態的資料，這都是「多載」，也就是多重功能的表現。

我們也可以自行擴充運算子的功能，例如，讓 "<<" 串接自訂的結構體。以這個 cookie（餅乾）結構體為例，C++ 的結構體語法跟 C 有點不同，它可直接指定型態名稱：

```
struct cookie {
  std::string name; // 品名
  int price;        // 定價
};
```

```
struct 自訂結構體型態名稱 {
    成員宣告
};
```

底下是宣告自訂 cookie 結構體變數，設定其成員資料，然後將其資料輸出到標準輸出裝置（螢幕）的敘述：

```
cookie c;   // 宣告 cookie 型態的變數
c.name = "蝴蝶酥";    // 設定 cookie 的品名
c.price = 25;         // 設定 cookie 的價格
// 輸出："蝴蝶酥，定價 25 元"
std::cout << c.name << "，定價 " << c.price << "元"<< srd::endl;
```

假設我們要把最後的輸出敘述改成底下這樣，直接在 << 後面串接 cookie 結構體，將會造成編譯錯誤，因為 << 不知道該如何處理 cookie 結構資料：

```
std::cout << c;   // 輸出 cookie 型態資料
```

底下是自訂運算子多載的範例，它像是自訂函式定義敘述，函式名稱必須用 operator（代表「運算子」）開頭，後面緊跟著要設定多載的運算子，此例為 "<<" 運算子。"<<" 運算子有左、右兩個運算元，它們分別被當成此函式的參數：

函式名稱用 **operator** 開頭，
後面緊接要多載的運算子。　　　空格可有可無　　以傳「參照」方式接　　接收cookie
　　　　　　　　　　　　　　　　　　　　　　收輸出串流型態物件　　結構型態資料

```
void operator <<( std::ostream &o, cookie &c ) {
參照到輸出串流→o << c.name << "．定價" << c.price << "元" << endl;
}
```

傳回值型態 **operator** 運算子(左側運算元, 右側運算元) {
　　// 定義此運算子新功能的敘述
}

> C++ 的函式參數支援透過「參照」傳遞，請參閱 8-8 頁說明。

"<<" 運算子左邊運算元是 ostream 型態資料 (代表 "output stream"，「輸出串流」，這個型態定義在 std 命名空間)，右邊的運算子則是我們自訂的 cookie 結構體型態。完整的範例程式碼如下：

```cpp
#include <iostream>
#include <string>
using std::cout;
using std::endl;

struct cookie {
  std::string name;
  int price;
};

// 多載 "<<" 運算子，讓它具備輸出 cookie 結構體的功能
void operator<<(std::ostream &o, cookie &c) {
  o << c.name << "，定價 " << c.price << "元" << endl;
}

int main() {
  cookie c = { "蝴蝶酥", 25 };  // 宣告並設定 cookie 結構資料值
  cout << c;  // 輸出 cookie 結構體
}
```

C-4 標準樣板程式庫（STL）

簡報和文書處理軟體都有提供**樣板（template）**，方便使用者套用、快速製作出相同格式的文件。C++ 也有提供類似的機制，網羅程式中常用的資料結構和演算法，集結成**標準樣板程式庫**（簡稱 STL）。這個程式庫的內容分成三大類：**容器**、**迭代器**和**演算法**，底下各節將大致介紹 STL 的用法：

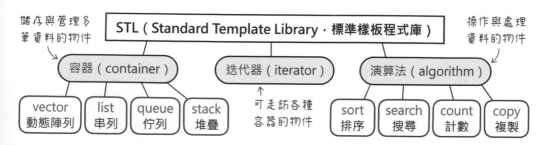

函式樣板（template）

底下兩個傳回兩者中最大值的 max() 函式，程式碼都一樣，但因為參數和傳回值的型態不同，所以必須分開寫成兩個函式：

```
int max( int a, int b ) {
  return a > b ? a : b ;
}
  : 略      整數型資料
int a = 3, b = 9;
printf("max:%d", max(a, b));
```
max:9

```
float max( float a, float b ) {
  return a > b ? a : b ;
}
  : 略      浮點型資料
float a = 3.7, b = 2.5;
printf("max:%g", max(a, b));
```
max:3.7

C++ 提供了製作「程式碼樣板」的語法，也就是指定程式中的「可替換部分」，於程式編譯時再設置替換內容。拿上面的 max() 來說，**資料型態名稱（typename）**就是可被替換的部分。

使用 C++ 的樣板語法改寫 max() 函式如下，其中的自訂型態名稱 "T"，將根據呼叫方的參數型態，自動設成 int, float 或其他型態：

```
#include <iostream>
using std::cout;
using std::endl;

template < typename T >
T max( T a, T b) {
  return a > b ? a : b;
}

int main() {
  cout << "max(3, 5) = " << max(3, 5) << endl;
  cout << "max(4.2, 3.8) = " << max(4.2, 3.8) << endl;
}
```

代表「型態名稱」，也可寫成class。

習慣上命名為T

```
template < typename 自訂型態名稱 >
自訂型態名稱  函式名稱( 自訂型態名稱  參數 ) {
    ...
}
```

整數型參數

浮點型參數

```
max(3, 5) = 5
max(4.2, 3.8) = 4.2
```

實際上，C++ 的 <algorithm> 程式庫（參閱下文說明）已定義了 max（取最大值）和 min（取最小值）函式，所以這個程式可改成直接呼叫 std::max()：

```
#include <iostream>
#include <algorithm>  // 內含 max() 定義
int main() {
  std::cout << "max(3, 5) = " << std::max(3, 5) << std::endl;
  std::cout << "max(3, 5) = " << std::max(4.2, 3.8) << std::endl;
}
```

vector 物件

STL 程式庫提供多種類型的容器，本單元將介紹其中的 vector 型態容器。Vector 直譯為「向量」，但它跟物理課程中定義物體移動方位的「向量」，完全沒有關係。Vector 相當於「不定長度的陣列」並且附帶操作資料的函式（方法），所以我們可以把 vector 看待成「動態陣列」。

Vector 跟陣列一樣，可以儲存多個相同型態、位於連續空間的元素，元素用
「索引」編號存取。**Vector 型態名稱**定義在 std 命名空間，所以型態名稱前面
要加上 std::。左下的敘述定義了名叫 data 的 vector，可儲存多個、不定數量的
整數元素：

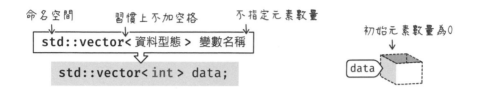

宣告 vector 時，可一併設定它的初始元素。執行它的 **push_back() 函式**（方
法），可**在空間不足時自動擴增容量**，並在最末端存入新元素值：

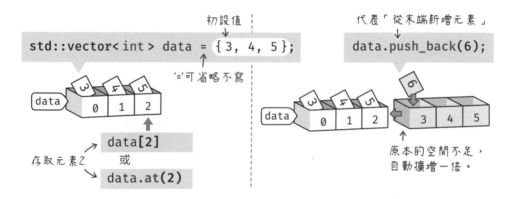

下表列舉 vector 物件的一些函式（方法）：

方法（函式）	說明
at(元素編號)	存取指定編號的元素值
capacity()	傳回 vector 物件目前的容量
size()	傳回 vector 物件目前存放的元素數量
max_size()	傳回 vector 物件的最大可能容量
push_back(新增元素值)	從 vector 物件末端擴充大小並存入元素值
pop_back()	刪除 vector 物件的最後一個元素
insert(位置, 值)	在 vector 物件的指定**相對位置**插入一個元素

size（大小）和 capacity（容量）的差異：capacity() 傳回的是可用的空間數量，size() 則是實際使用的空間數量：

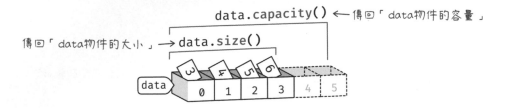

如果在 data 末端再新增一個元素值，size() 的大小將會改變：

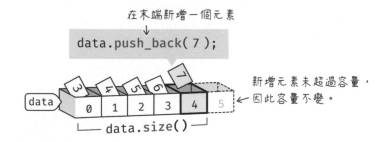

跟陣列一樣，程式可用 for 迴圈走訪、取出 vector 的所有元素值。只是 vector 內建傳回元素數量的 size()，不像陣列要透過 sizeof() 取得元素數量：

size()將傳回data的元素數量

```cpp
for ( int i = 0 ; i < data.size(); i++ ) {
  cout << data[i] << endl;
}
```

底下是定義與操作 vector 容器的範例程式碼：

```cpp
#include <iostream>
#include <vector>    // 內含 vector 物件的相關函式定義
using std::cout;
using std::endl;

int main() {
  std::vector<int> data{3, 4, 5};
```

```
    cout << "最初的容量：" << data.capacity() << endl;
    data.push_back(6);
    data.push_back(7);
    cout << "擴充後的容量：" << data.capacity() << endl;
    cout << "元素數量：" << data.size() << endl;
    cout << "容量上限：" << data.max_size() << endl;
    data.insert(data.end()-2, 8);
    cout << "列舉 data 的所有元素：" << endl;
    for (int i=0; i<data.size(); i++) {
      cout << data[i] << endl;
    }
}
```

編譯執行結果顯示：

```
最初的容量：3
擴充後的容量：6
元素數量：5
容量上限：2305843009213693951
列舉 data 的所有元素：
3
4
5
8
6
7
```

使用「範圍 for 迴圈」走訪容器元素

C++ 11 版新增了「範圍 for 迴圈 (range-based for-loop)」語法，簡化走訪容器元素的敘述。它彷彿是個提取容器元素的自動機械，告訴它操作的容器對象，它便從最前面的元素自動提取到最後。其中的「元素資料型態（如：int）」可改成 **auto（代表「自動判別資料型態」**，跟第 3 章的 auto 儲存等級意思不一樣），讓程式自行判斷元素的資料型態，底下的圖說假設 data 有 4 個元素：

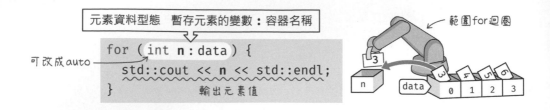

把上一節的 for 迴圈改成上圖的「範圍 for 迴圈」寫法，執行結果一樣。

透過迭代器（iterator）走訪容器內容

「迭代器」是 STL 內建，用於走訪各種容器（如：vector 和串列）元素的統一機制。底下敘述宣告一個可走訪整數型 vector 容器的迭代器，迭代器的名稱習慣上命名成 "it"：

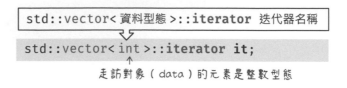

容器具有 begin() 和 end() 方法，分別用於指向容器的開頭和結尾的元素：

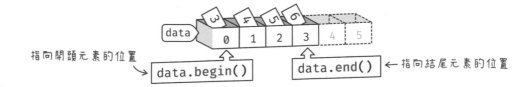

搭配 for 迴圈，透過迭代器逐一取出 data 所有元素的程式片段：

```
for ( it = data.begin(); it != data.end(); it++ ) {
  cout << *it << endl;
}
```

指向data的起始元素　　指向data的末尾元素　　移到下一個元素

取得迭代器指向的內容

迭代器物件（本例的 it）宣告敘述可放在 for 迴圈敘述，並且用 auto（自動判別型態）取代：

代表「依 data 的起始元素型態」自動宣告 it 變數的型態

```cpp
for ( auto it = data.begin(); it != data.end(); it++ ) {
  cout << *it << endl;
}
```

採用迭代器走訪 vector 物件的所有元素的範例程式碼如下：

```cpp
#include <iostream>
#include <vector>    // 內含 vector 物件的相關函式定義
using std::cout;
using std::endl;
using std::vector;

int main() {
  vector<int> data{3, 4, 5, 6, 7};   // 定義並初始化 vector
  for (auto it=data.begin(); it!=data.end(); it++) {
    cout << *it << endl;  // 從頭到尾逐一取出 data 元素值
  }
}
```

底下是在 vector 物件執行 insert（插入元素）的程式範例，透過迭代器物件的 end()，在倒數第 2 個位置插入數字 8：

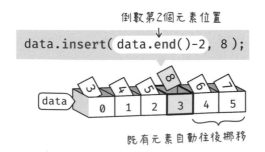

使用 sort 演算法排序資料

STL 內建許多常用的演算法,收納在 <algorithm> 程式庫,完整演算法清單請參閱 cppreference.com 的 algorithm 單元:https://bit.ly/2VWANsO。本單元採用其中的 sort (排序) 演算法示範排序 vector 資料:

```cpp
#include <iostream>
#include <vector>
#include <algorithm>  // 內含 sort() 函式定義

int main() {
  std::vector<int> data{4, 2, 3, 5, 1}; // 定義 vector 物件

                指定排序資料的範圍:data開頭和結尾。
                        ↓              ↓
  std::sort( data.begin(), data.end() ); // 由小到大,昇冪排序。
  ‿‿↑
  sort也是定義在std命名空間            , std::greater<int>()
                                              ↑
                              加入此函式呼叫,將變成「由大到小排序」。


  for (int n:data)
    std::cout << n << std::endl;
}
```

這個範例定義了未排序的 data 資料;4, 2, 3, 5, 1,編譯執行上面的程式,將逐行顯示昇冪排序結果:

```
1
2
3
4
5
```

索引

C 語言、編譯器與開發工具相關

標準輸出 / 輸入和標頭檔

數學運算相關

常數、變數和資料型態

流程控制

字元與字串相關

記憶體、自訂型態與資料結構

演算法相關

檔案處理

C++ 相關